普通高等教育"十二五"电子信息类规划教材

# 嵌入式系统

主　编　张军朝
副主编　高保禄　杨晓峰
参　编　赵荣香　方　昀　李文婷　田　华
主　审　陈俊杰

机械工业出版社

本书介绍了嵌入式系统的基础知识、嵌入式语言基础、嵌入式系统应用设备、嵌入式硬件与固件的设计、开发步骤和案例,以及嵌入式系统的应用等。第1章和第2章介绍了嵌入式系统的基本知识。第3章介绍了嵌入式的语言基础。第4~8章介绍了有关嵌入式硬件与固件设计的进阶知识,对于嵌入式系统的实践工程师来说,这些知识是非常有帮助的。第9~12章说明了嵌入式系统设计的应用环境及案例,该章的内容对实践工程师和项目经理都是有益的。每章内容讲述得比较详细,并使用简明的文字说明以及表格、图例来阐明相应概念。每章的末尾均有总结,概括了该章的知识。为了方便学生在实验室也能进行相关的实验,本书还在第13章提供了实验指导。本书还介绍了微控制器与ARM处理器,列举了贴近实际的最新嵌入式设计案例。

本书从组件技术的视角出发,讲述了嵌入式系统的基本原理和技术。全书每一章涵盖一个专题,包括与嵌入式系统设计相关的若干主要内容,如指令系统、CPU、开发平台、程序设计与分析、进程和操作系统等。

本书特别适合作为计算机、软件工程、电子信息、通信工程、物联网工程、自动化、电气工程及其自动化、机电一体化、仪器仪表及相关专业高年级本科生和研究生的教材,也适合相关的工程技术人员参考。

## 图书在版编目(CIP)数据

嵌入式系统/张军朝主编. —北京:机械工业出版社,2015.7(2018.8重印)
普通高等教育"十二五"电子信息类规划教材
ISBN 978-7-111-50616-4

Ⅰ.①嵌… Ⅱ.①张… Ⅲ.①微型计算机—系统开发—高等学校—教材 Ⅳ.①TP360.21

中国版本图书馆CIP数据核字(2015)第136906号

机械工业出版社(北京市百万庄大街22号 邮政编码100037)
策划编辑:王雅新  责任编辑:王雅新  路乙达
版式设计:霍永明  责任校对:陈 越
封面设计:张 静  责任印制:李 洋
北京宝昌彩色印刷有限公司印刷
2018年8月第1版第2次印刷
184mm×260mm · 20.75印张 · 563千字
标准书号:ISBN 978-7-111-50616-4
定价:45.00元

凡购本书,如有缺页、倒页、脱页,由本社发行部调换

电话服务  网络服务
服务咨询热线:010-88379833  机 工 官 网:www.cmpbook.com
读者购书热线:010-88379649  机 工 官 博:weibo.com/cmp1952
           教育服务网:www.cmpedu.com
封面无防伪标均为盗版  金 书 网:www.golden-book.com

# 前　言

在信息技术飞速发展的今天，随着物联网的兴起，嵌入式系统迎来了前所未有的发展契机，其研究和应用范围涉及各行各业，遍及千家万户。嵌入式系统已成为人们重点关注和学习的热点。中国作为世界上最大的嵌入式技术市场，嵌入式技术的研究和应用也十分广泛，如智能建筑、智慧城市、数字矿井、工业控制、军事应用、物流管理、医疗电子等。嵌入式系统软件、硬件设计人才，系统应用开发人才，综合性人才的需求又进一步带动了嵌入式系统的开发与研究。因此研究嵌入式技术，掌握嵌入式系统原理、设计方法与应用具有极其重要的意义。

利用嵌入式系统已经成熟的平台和产品，与应用传感单元相结合，扩展物联和感知的支持能力，发掘某种领域物联网应用。从作为物联网重要技术组成的嵌入式系统的视角来看待物联网有助于深刻、全面地理解其本质。第一，物联网的核心仍然是互联网，是在互联网基础上的延伸和扩展的网络；第二，其用户端延伸和扩展到了任何物品与物品之间，进行信息交换和通信，必须具备嵌入式系统构建的智能终端。因此，物联网系统是通过射频识别（RFID）、红外感应器、全球定位系统、激光扫描器等信息传感设备，按约定的协议，把任何物品与互联网相连接，进行信息交换和通信的系统架构。

物联网不仅提供了传感器的连接，其本身也具有智能处理的能力，能够对物体实施智能控制，这就是嵌入式系统能做到的。物联网将传感器和智能处理相结合，利用云计算、模式识别等各种智能技术，扩充其应用领域。并从传感器获得的海量信息中分析、加工和处理出有意义的数据，以适应不同用户的不同需求，发现新的应用领域和应用模式。

截至2015年，我国已有370所高校设置了物联网工程专业。数以万计的读者急需一本嵌入式系统的参考书，伴随自己进入物联网应用的开发殿堂。为适应社会发展的需求，市面上也出现了一些新编的基于物联网发展的嵌入式系统教材，但都偏重于理论知识和一些验证性实验，忽视了软件基础，对于应用开发环境，更是很少涉足。本书是一本理论联系实际具有实用价值的教材，一方面满足高校本科和研究生教学需求，另一方面满足物联网嵌入式系统应用开发人员工作参考需求。

本书注重软硬件结合、理论与实践并重的原则，将嵌入式系统和物联网应用开发有机地结合起来，以ARM 9嵌入式处理器和Ubuntu 10.10桌面应用Linux操作系统为主线，详细地介绍了嵌入式操作系统和软硬件应用开发环境与工具，并结合IAR和Qt开发环境和工具，对嵌入式系统开发流程做了详尽的介绍，内容包括嵌入式系统概述、ARM 9处理器和架构、ARM 9处理器的内存管理、MMU地址映射、协处理器CP15、ARM 9异常处理、Cortex-A15介绍；嵌入式C/汇编语言基础、伪指令、ARM汇编语言程序设计、嵌入式C语言程序设计、ARM汇编语言与C/C++的混合编程；嵌入式Linux概述、ARM-Linux boot Loader内核映像载入、内核数据结构初始化、外设初始化、内核执行init进程、Shell启动、ARM-Linux内存管理单元（MMU）、ARM-Linux内存管理机制、进程虚拟空间管理、ARM-Linux进程管理和调度、ARM-Linux模块机制、ARM-

Linux 中断管理、ARM-Linux 文件系统；嵌入式设备概述、LED、键盘、ADC/DAC、RS232、RS485、触摸屏、LCD、SD、IC 卡、RFID、Zigbee、WiFi、蓝牙、GPRS；传感器的定义、分类、特性、热电阻式传感器、热电偶式传感器、辐射式温度计、应变式压力传感器、压电式压力传感器、电容式压力传感器、霍尔式压力传感器；嵌入式接口概述、GPIO 接口、SPI 总线、$I^2C$ 总线、$I^2S$ 总线；嵌入式设备驱动设计概述、字符设备驱动设计、块设备驱动设计、网络设备驱动、FLASH 设备驱动、Android 系统驱动；交叉开发环境概述、IAR EWARM8.0 应用、Keil4 应用、嵌入式 Linux 软件开发环境、模拟器、仿真器与调试；嵌入式图形界面编程概述、Qt 应用编程、MiniGUI 应用编程；Android 应用开发等方面。本书最后给出了一个可以贯穿教材的嵌入式系统和物联网应用有机结合的工程框架结构，并对配套的软硬件开发平台进行了较为详尽的介绍。

本书每章均配有内容小结和习题，以及既可以统一练习又可以化整为零分配到每一章练习的工程案例，同时配有免费电子课件，是教师首选的授课教材，也是学生自学的大纲指南，更是开发者首选的参考手册。

作者从事嵌入式系统应用开发 10 余年，主持开发的嵌入式应用系统有：基于 Zigbee 和 GPRS 的路灯照明调光节能控制系统、大型建筑工地太阳能 3G 无线视频监控系统、大型流域和城市防洪预警会商系统、城市火灾预警和消防装备全生命周期管理系统。其中基于 Zigbee 和 GPRS 的路灯照明调光节能控制系统已在太原市滨河东路景观照明系统工程、太原市汾河公园照明工程、长风商务区景观照明工程、汾东商务区路灯照明工程、江苏宜兴团氿公园景观照明工程、山东曹县路灯照明工程、河南中牟县路灯照明工程中推广应用。

本书共 13 章，1～12 章建议授课学时为 48 学时，每章 4 个学时。第 13 章实验练习时间为 8 个学时，总计 56 个学时。

张军朝担任本书主编并编写了第 1（1、2、4 节）、3、12 章；高保禄担任副主编并编写了第 2、11 章；杨晓峰担任副主编并编写了第 8、9 章；方昀编写了第 1（3 节）、4 章；李文婷编写了第 5（10～17 节）、6 章；赵荣香编写了第 5（1～9 节）、10 章；田华编写了第 7 章；第 13 章由北京中软国际教育科技有限公司提供。本书由太原理工大学陈俊杰教授主审。

本书在编写过程中得到了计算机专业教学指导委员会委员、太原理工大学陈俊杰教授，电气工程及其自动化专业教学指导委员会委员、太原理工大学宋建成教授，太原理工大学萧宝瑾教授、田慕琴教授、马春燕教授、许春雨副教授、曲兵妮副教授、吝伶艳副教授、陈燕副教授、任鸿秋副教授、耿蒲龙老师、高云广老师、郑丽君老师、张建花老师，北京中软国际教育科技有限公司田荣华经理，山西太原天地方圆电子科技有限公司赵荣香高工、植耀汉工程师自始至终的支持和帮助。太原理工大学姚宇硕士、段蛟龙硕士、施苗苗硕士、耿泽新硕士、郭俊硕士、于亚运硕士、饶元淇学士、范超群学士在编写和校对过程中也做了大量的工作。在此一并致以衷心的感谢！

编者力求将理论和实践相结合，科研和教学相结合，工程和教学相结合，硬件和软件相结合，先进和实用相结合，编写出高质量、高水平的教材，但由于水平有限，书中错误和不当之处在所难免，敬请读者谅解和指正。来函敬请至：zhangjunchao@tyut.edu.cn。

张军朝<br>于太原理工大学 国交楼

# 目 录

前言
## 第1章 概述 ………………………………… 1
### 1.1 嵌入式系统简介 ……………………… 1
#### 1.1.1 嵌入式系统的历史发展 …………… 1
#### 1.1.2 嵌入式系统的定义 ………………… 2
#### 1.1.3 嵌入式系统的分类 ………………… 3
#### 1.1.4 嵌入式系统的特点 ………………… 3
#### 1.1.5 嵌入式系统的组成 ………………… 4
#### 1.1.6 嵌入式系统的应用 ………………… 6
#### 1.1.7 嵌入式系统的发展趋势 …………… 7
#### 1.1.8 嵌入式系统的学习 ………………… 7
### 1.2 嵌入式微处理器 ……………………… 8
#### 1.2.1 处理器的基本组成 ………………… 8
#### 1.2.2 嵌入式微处理器的特点 …………… 9
#### 1.2.3 两种处理器架构 …………………… 9
#### 1.2.4 嵌入式微处理器的分类 …………… 10
#### 1.2.5 嵌入式微处理器的技术指标 ……… 12
#### 1.2.6 嵌入式微处理器的选型 …………… 13
#### 1.2.7 嵌入式微处理器的发展方向 ……… 13
### 1.3 嵌入式操作系统 ……………………… 14
#### 1.3.1 嵌入式操作系统的概念 …………… 14
#### 1.3.2 嵌入式操作系统的分类 …………… 14
#### 1.3.3 嵌入式操作系统的特性 …………… 15
#### 1.3.4 经典的嵌入式操作系统 …………… 16
### 1.4 本书结构 ……………………………… 18
### 1.5 小结 …………………………………… 19
### 1.6 复习思考题 …………………………… 19

## 第2章 处理器和架构 ……………………… 20
### 2.1 ARM 处理器概述 ……………………… 20
### 2.2 ARM9 处理器架构 …………………… 21
#### 2.2.1 ARM9 处理器简介 ………………… 21
#### 2.2.2 ARM9 系列技术特点 ……………… 21
#### 2.2.3 ARM9 结构及特点 ………………… 22
#### 2.2.4 ARM9 与 ARM7 的比较 …………… 23
### 2.3 ARM9 处理器的内存管理 …………… 24
#### 2.3.1 内存管理单元（MMU）概述 …… 24
#### 2.3.2 MMU 地址映射的实现 …………… 24
#### 2.3.3 协处理器 CP15 …………………… 28
#### 2.3.4 设置 MMU ………………………… 30
### 2.4 ARM9 异常处理 ……………………… 31
### 2.5 Cortex-A15 介绍 ……………………… 32
### 2.6 小结 …………………………………… 33
### 2.7 复习思考题 …………………………… 33

## 第3章 嵌入式语言基础 …………………… 34
### 3.1 伪指令 ………………………………… 34
#### 3.1.1 符号定义伪指令 …………………… 34
#### 3.1.2 数据定义伪指令 …………………… 35
#### 3.1.3 汇编控制伪指令 …………………… 37
#### 3.1.4 宏指令 ……………………………… 38
#### 3.1.5 其他常用的伪指令 ………………… 39
### 3.2 ARM 汇编语言 ………………………… 43
#### 3.2.1 ARM 汇编语言常用符号 ………… 43
#### 3.2.2 ARM 汇编语言表达式和运算符 … 44
#### 3.2.3 ARM 汇编语言程序结构 ………… 45
#### 3.2.4 ARM 汇编语言的子程序调用 …… 46
#### 3.2.5 ARM 指令的寻址方式 …………… 46
#### 3.2.6 ARM 指令简介 …………………… 48
#### 3.2.7 Thumb 指令简介 ………………… 54
### 3.3 嵌入式 C 语言 ………………………… 57
#### 3.3.1 C 语言简介 ………………………… 57
#### 3.3.2 简单 C 语言程序的构成 ………… 58
### 3.4 ARM 汇编语言与 C/C++ 的混合编程 ……………………… 59
#### 3.4.1 C 程序调用汇编程序 ……………… 60
#### 3.4.2 汇编程序调用 C 程序 ……………… 60
#### 3.4.3 实例分析 …………………………… 61
### 3.5 小结 …………………………………… 63
### 3.6 复习思考题 …………………………… 63

## 第4章 嵌入式 Linux 操作系统基础 …… 65
### 4.1 嵌入式 Linux 概述 …………………… 65
#### 4.1.1 常见的嵌入式 Linux 系统 ……… 65
#### 4.1.2 嵌入式 Linux 的版本控制 ……… 66
#### 4.1.3 嵌入式 Linux 的优势 …………… 67
### 4.2 嵌入式 Linux 操作系统启动 ………… 67
#### 4.2.1 使用 bootloader 将内核映像载入 … 68
#### 4.2.2 内核数据结构初始化 ……………… 68

| 4.2.3 外设初始化 | 69 |
| 4.2.4 内核执行 init 进程 | 69 |
| 4.2.5 Shell 的启动 | 70 |
| 4.3 ARM-Linux 内存管理 | 70 |
| 4.3.1 内存管理单元（MMU） | 70 |
| 4.3.2 ARM-Linux 的存储管理机制 | 71 |
| 4.3.3 ARM-Linux 对进程虚拟空间的管理 | 74 |
| 4.4 ARM-Linux 进程管理和调度 | 77 |
| 4.4.1 Linux 下进程的结构 | 77 |
| 4.4.2 Linux 的进程调度 | 82 |
| 4.5 ARM-Linux 的模块机制 | 83 |
| 4.5.1 Linux 模块概述 | 83 |
| 4.5.2 模块的加载 | 83 |
| 4.5.3 模块的卸载 | 84 |
| 4.6 ARM-Linux 的中断管理 | 84 |
| 4.7 嵌入式 Linux 文件系统 | 88 |
| 4.7.1 Linux 文件系统简介 | 88 |
| 4.7.2 虚拟文件系统 | 89 |
| 4.7.3 常见的嵌入式文件系统 | 89 |
| 4.8 小结 | 94 |
| 4.9 复习思考题 | 94 |

## 第 5 章 嵌入式设备

| 5.1 嵌入式设备概述 | 95 |
| 5.2 LED | 95 |
| 5.3 键盘 | 96 |
| 5.3.1 传统键盘的介绍 | 96 |
| 5.3.2 新型键盘的硬件和软件实现原理 | 96 |
| 5.4 ADC/DAC | 98 |
| 5.4.1 ADC | 98 |
| 5.4.2 DAC | 101 |
| 5.5 RS-232 | 103 |
| 5.6 RS-485 | 104 |
| 5.7 触摸屏 | 105 |
| 5.8 LCD | 106 |
| 5.8.1 LCD 原理综述 | 106 |
| 5.8.2 LCD 的驱动方式 | 107 |
| 5.9 SD 卡 | 110 |
| 5.9.1 SD 模式 | 111 |
| 5.9.2 SPI 模式 | 111 |
| 5.10 IC 卡 | 112 |
| 5.10.1 IC 卡的定义 | 112 |
| 5.10.2 IC 卡的分类 | 112 |
| 5.10.3 接触式 IC 卡 | 113 |
| 5.10.4 IC 卡的优点 | 114 |
| 5.11 RFID | 114 |
| 5.11.1 RFID 的基本组成 | 114 |
| 5.11.2 分类 | 115 |
| 5.11.3 RFID 基本原理 | 115 |
| 5.11.4 RFID 的特性 | 116 |
| 5.12 Zigbee | 117 |
| 5.12.1 Zigbee 技术基础 | 118 |
| 5.12.2 Zigbee 的节点 | 118 |
| 5.12.3 Zigbee 技术的特点 | 118 |
| 5.13 WiFi | 119 |
| 5.14 蓝牙 | 120 |
| 5.14.1 射频特性 | 120 |
| 5.14.2 TDMA 结构 | 120 |
| 5.14.3 使用跳频技术 | 120 |
| 5.14.4 蓝牙设备的组网 | 121 |
| 5.14.5 软件的层次结构 | 121 |
| 5.15 GPRS | 122 |
| 5.16 小结 | 124 |
| 5.17 复习思考题 | 125 |

## 第 6 章 传感器

| 6.1 传感器概述 | 126 |
| 6.1.1 传感器的定义 | 126 |
| 6.1.2 传感器的分类 | 126 |
| 6.1.3 传感器的特性 | 127 |
| 6.2 传感器原理及应用 | 129 |
| 6.2.1 传感器的组成 | 129 |
| 6.2.2 传感器的应用 | 129 |
| 6.3 验证语音、笔迹和指纹等特征的传感技术 | 132 |
| 6.3.1 AVVS 型验证语音和笔迹的装置 | 132 |
| 6.3.2 语音验证系统 | 133 |
| 6.3.3 用于身份验证的压电笔 | 133 |
| 6.3.4 签字验证书写台 | 134 |
| 6.3.5 指纹自动识别仪 | 134 |
| 6.4 小结 | 134 |
| 6.5 复习思考题 | 134 |

## 第 7 章 嵌入式接口

| 7.1 嵌入式接口概述 | 135 |
| 7.1.1 接口功能 | 135 |
| 7.1.2 接口结构 | 135 |
| 7.1.3 接口数据传输方式 | 136 |

| | | |
|---|---|---|
| 7.1.4 | 接口设计的一般方法 …………… | 136 |
| 7.2 | 嵌入式总线 ……………………………… | 137 |
| 7.2.1 | 总线及总线分类 ………………… | 137 |
| 7.2.2 | 嵌入式系统总线的层次结构 …… | 137 |
| 7.2.3 | 衡量总线的参数 ………………… | 138 |
| 7.3 | GPIO 接口 ……………………………… | 138 |
| 7.3.1 | GPIO 概述 ……………………… | 139 |
| 7.3.2 | GPIO 的引脚描述 ……………… | 139 |
| 7.3.3 | GPIO 的寄存器描述 …………… | 139 |
| 7.3.4 | GPIO 的构成 …………………… | 140 |
| 7.3.5 | GPIO 的工作模式 ……………… | 141 |
| 7.3.6 | GPIO 的优点 …………………… | 141 |
| 7.4 | SPI 总线 ………………………………… | 142 |
| 7.4.1 | SPI 总线概述 …………………… | 142 |
| 7.4.2 | SPI 总线的工作原理 …………… | 142 |
| 7.4.3 | SPI 总线的内部结构 …………… | 143 |
| 7.4.4 | SPI 总线的特点 ………………… | 144 |
| 7.4.5 | SPI 总线的应用 ………………… | 144 |
| 7.5 | $I^2C$ 总线 ………………………………… | 145 |
| 7.5.1 | $I^2C$ 总线概述 …………………… | 146 |
| 7.5.2 | $I^2C$ 总线的工作过程 …………… | 146 |
| 7.5.3 | $I^2C$ 总线的内部结构 …………… | 147 |
| 7.6 | $I^2S$ 总线 ………………………………… | 148 |
| 7.6.1 | $I^2S$ 总线概述 …………………… | 149 |
| 7.6.2 | $I^2S$ 总线的工作过程 …………… | 149 |
| 7.6.3 | $I^2S$ 总线的内部结构 …………… | 150 |
| 7.7 | 小结 ……………………………………… | 151 |
| 7.8 | 复习思考题 ……………………………… | 151 |

## 第8章 嵌入式设备驱动设计 ……………… 152

| | | |
|---|---|---|
| 8.1 | 嵌入式设备驱动设计概述 ……………… | 152 |
| 8.1.1 | 设备的分类及特点 ……………… | 153 |
| 8.1.2 | 设备文件及设备号 ……………… | 153 |
| 8.1.3 | 与其他模块的关系 ……………… | 154 |
| 8.1.4 | 如何使用模块机制 ……………… | 154 |
| 8.1.5 | sysfs 虚拟文件系统 …………… | 156 |
| 8.1.6 | Linux 内核设备模型 …………… | 158 |
| 8.1.7 | Linux 内核驱动模型 …………… | 160 |
| 8.2 | 字符设备驱动设计 ……………………… | 164 |
| 8.2.1 | 设备驱动举例 …………………… | 164 |
| 8.2.2 | 相关的数据结构以及操作介绍 … | 167 |
| 8.2.3 | 增加字符设备驱动的功能 ……… | 171 |
| 8.3 | 块设备驱动设计 ………………………… | 173 |
| 8.3.1 | 块设备的 I/O 特点 ……………… | 173 |
| 8.3.2 | 块设备的相关概念 ……………… | 174 |

| | | |
|---|---|---|
| 8.3.3 | 块设备驱动举例 ………………… | 174 |
| 8.3.4 | 与块设备相关的数据结构 ……… | 178 |
| 8.3.5 | 改变块驱动程序设计 …………… | 184 |
| 8.4 | 其他设备驱动 …………………………… | 185 |
| 8.4.1 | 网络设备驱动 …………………… | 185 |
| 8.4.2 | Flash 设备驱动 ………………… | 186 |
| 8.4.3 | Android 系统驱动 ……………… | 187 |
| 8.5 | 小结 ……………………………………… | 187 |
| 8.6 | 复习思考题 ……………………………… | 188 |

## 第9章 嵌入式开发环境 …………………… 189

| | | |
|---|---|---|
| 9.1 | 交叉开发环境概述 ……………………… | 189 |
| 9.1.1 | 宿主机与目标板的连接方式 …… | 189 |
| 9.1.2 | 文件传输 ………………………… | 190 |
| 9.1.3 | 宿主机环境 ……………………… | 191 |
| 9.1.4 | 交叉编译工具链 ………………… | 191 |
| 9.1.5 | 嵌入式软件开发流程 …………… | 192 |
| 9.2 | IAR EWARM 集成开发环境 …………… | 193 |
| 9.2.1 | IAR EWARM 创建应用程序 …… | 194 |
| 9.2.2 | 测试应用程序 …………………… | 201 |
| 9.3 | Keil 集成开发环境 ……………………… | 202 |
| 9.3.1 | 创建应用程序 …………………… | 202 |
| 9.3.2 | 测试应用程序 …………………… | 209 |
| 9.4 | 嵌入式系统开发流程 …………………… | 212 |
| 9.5 | 小结 ……………………………………… | 214 |
| 9.6 | 复习思考题 ……………………………… | 214 |

## 第10章 图形界面编程 …………………… 215

| | | |
|---|---|---|
| 10.1 | 嵌入式图形编程概述 …………………… | 215 |
| 10.1.1 | Linux 图形开发基础 …………… | 215 |
| 10.1.2 | 嵌入式 Linux 图形用户界面简介 | 220 |
| 10.2 | Qt 编程基础 …………………………… | 221 |
| 10.2.1 | Qt/Embedded 概述 …………… | 222 |
| 10.2.2 | 创建 Qt/Embedded 编程环境 … | 224 |
| 10.2.3 | Qt Creator 介绍 ………………… | 232 |
| 10.3 | Qt 编程实例 …………………………… | 234 |
| 10.3.1 | 实现功能 ………………………… | 234 |
| 10.3.2 | 实现原理 ………………………… | 234 |
| 10.3.3 | 实现过程 ………………………… | 234 |
| 10.4 | MiniGUI 编程基础 …………………… | 243 |
| 10.4.1 | 事件驱动编程 …………………… | 243 |
| 10.4.2 | MiniGUI 的三种运行模式 ……… | 243 |
| 10.4.3 | 运行模式适用范围 ……………… | 244 |
| 10.4.4 | MiniGUI 进程 …………………… | 244 |
| 10.5 | MiniGUI 编程实例 …………………… | 245 |

| | | |
|---|---|---|
| 10.5.1 | 头文件 | 246 |
| 10.5.2 | 程序入口点 | 247 |
| 10.5.3 | 加入层 | 247 |
| 10.5.4 | 创建和显示主窗口 | 247 |
| 10.5.5 | 进入消息循环 | 248 |
| 10.5.6 | 窗口过程函数 | 250 |
| 10.5.7 | 屏幕输出 | 250 |
| 10.5.8 | 程序的退出 | 250 |
| 10.6 | 小结 | 250 |
| 10.7 | 复习思考题 | 251 |

## 第 11 章 Android 应用 ……… 252

- 11.1 Android 概述 ……… 252
  - 11.1.1 Android 背景介绍 ……… 252
  - 11.1.2 Android 的系统构架 ……… 253
  - 11.1.3 Android 应用程序框架 ……… 255
  - 11.1.4 OMS 介绍 ……… 256
- 11.2 Android 开发环境搭建 ……… 257
  - 11.2.1 相关软件的下载与安装 ……… 257
  - 11.2.2 虚拟设备的创建和使用 ……… 264
- 11.3 Android 应用开发 ……… 267
- 11.4 Android 应用开发扩展 ……… 272
- 11.5 小结 ……… 277
- 11.6 复习思考题 ……… 277

## 第 12 章 楼宇供能智能控制系统应用案例 ……… 278

- 12.1 中央空调监测控制子系统 ……… 278
  - 12.1.1 现场考察及用户意见总结 ……… 278
  - 12.1.2 技术方案 ……… 279
  - 12.1.3 设备选型 ……… 280
  - 12.1.4 中央空调监测控制子系统结构图 ……… 282
- 12.2 给排水监测控制子系统 ……… 282
  - 12.2.1 给排水系统主要架构 ……… 282
  - 12.2.2 给排水系统实现功能 ……… 283
  - 12.2.3 给排水系统改造方案 ……… 284
  - 12.2.4 传感器选型 ……… 286
- 12.3 供配电监测控制子系统 ……… 289
  - 12.3.1 供配电系统改造整体方案 ……… 289
  - 12.3.2 改造后供配电系统的主要功能 ……… 289
  - 12.3.3 供配电系统具体改造方案 ……… 290
- 12.4 系统整体架构 ……… 294
- 12.5 软件应用系统 ……… 295
  - 12.5.1 能耗监测数据采集功能模块 ……… 295
  - 12.5.2 能耗监测数据分析功能模块 ……… 295
  - 12.5.3 能耗监测智能决策功能模块 ……… 295
  - 12.5.4 能耗监测远程控制功能模块 ……… 295
  - 12.5.5 系统扩展功能 ……… 295
- 12.6 工程施工内容 ……… 295
  - 12.6.1 通信网络构建及设备安装 ……… 295
  - 12.6.2 系统供电 ……… 296
  - 12.6.3 接地 ……… 296
- 12.7 系统特点 ……… 296
- 12.8 效益分析 ……… 296

## 第 13 章 嵌入式系统实验指导 ……… 297

- 13.1 实验大纲 ……… 297
- 13.2 物联网嵌入式网关平台搭建 ……… 299
- 13.3 CC2530 基础实验——LED 闪烁 ……… 303
- 13.4 CC2530 基础实验——按键轮询 ……… 308
- 13.5 CC2530 基础实验——LED、电机控制实验 ……… 312

## 参考文献 ……… 321

# 第 1 章 概　　述

 本章主要内容
- 嵌入式系统简介
- 嵌入式微处理器
- 嵌入式操作系统

本章主要从嵌入式系统简介、嵌入式微处理器、嵌入式操作系统三个方面对嵌入式系统进行了简单介绍。

## 1.1 嵌入式系统简介

物联网的兴起,为嵌入式系统提供了新的发展契机,在物联网兴起的大潮中,嵌入式系统飞速发展,迅速应用到各行各业,遍及千家万户,尤其是在智慧地球、感知中国、智能城市、平安小区、智能家居等与人们日常生活密切相关的活动领域中得到长足的发展。嵌入式系统软硬件应用开发人才需求的急剧上升,使得研究嵌入式技术,掌握嵌入式系统原理、设计方法与应用具有重要的现实意义。

本节主要从历史发展、定义、分类、特点、系统组成、应用领域、发展趋势等方面对嵌入式系统做简要介绍。

### 1.1.1 嵌入式系统的历史发展

从 20 世纪 70 年代单片机的出现到各式各样的嵌入式微处理器、微控制器的大规模应用,嵌入式系统已经有近 40 年的发展历史。

嵌入式系统的出现起源于单片机。70 年代单片机的出现,使得汽车、家电、工业机器、通信装置以及成千上万种产品可以通过内嵌电子装置来获得更佳的使用性能。这些装置已经初步具备了嵌入式的应用特点,但是这时的应用只是使用 8 位的芯片,执行一些单线程的程序,还谈不上"系统"的概念。

最早的单片机是 Intel 公司的 8048,它出现在 1976 年。与此同时 Motorola 公司推出了 68HC05,Zilog 公司推出了 Z80 系列,这些早期的单片机均含有 256B 的 RAM、4K 的 ROM、4 个 8 位并口、1 个全双工串行口、2 个 16 位定时器。之后在 20 世纪 80 年代初,Intel 又进一步完善了 8048,在它的基础上研制成功了 8051,这在单片机的历史上是值得纪念的一页,迄今为止,51 系列的单片机仍然是最为成功的单片机芯片,在各种产品中都有着非常广泛的应用。

从 80 年代早期开始,嵌入式系统的程序员开始用商业级的"操作系统"编写嵌入式应用软件,这使得其可以获取更短的开发周期,更低的开发资金和更高的开发效率,"嵌入式系统"真正地出现了。确切地说,这个时候的操作系统是一个实时核,这个实时核包含了许多传统操作系统的特征,包括任务管理、任务间通信、同步与相互排斥、中断支持、内存管理等功能。

嵌入式操作系统中比较著名的有 Ready System 公司的 VRTX、Integrated System Incorporation

(ISI) 的 PSOS 和 Wind River Systems 公司的 VxWorks、QNX 公司的 QNX 等。这些操作系统都具有嵌入式的典型特点,即它们均采用占先式的调度,响应的时间很短,任务执行的时间可以确定;系统内核很小,具有可裁剪,可扩充和可移植性,可以移植到各种处理器上;较强的实时和可靠性,适合嵌入式应用。这些嵌入式实时多任务操作系统的出现,使得应用开发人员从小范围的开发解放出来,同时也促使嵌入式有了更为广阔的应用空间。

20 世纪 90 年代以后,随着对实时性要求的提高,软件规模不断上升,实时核逐渐发展为实时多任务操作系统(RTOS),并作为一种软件平台逐步成为目前国际嵌入式系统的主流。这时候更多的公司看到了嵌入式系统的广阔发展前景,开始大力发展自己的嵌入式操作系统。除了上面的几家老牌公司所开发的嵌入式操作系统以外,还出现了 Palm OS、WinCE、嵌入式 Linux、Lynx、Nucleux,以及国内的 Hopen、Delta Os 等嵌入式操作系统。随着嵌入式技术的发展前景日益广阔,相信会有更多的嵌入式操作系统软件出现。

## 1.1.2 嵌入式系统的定义

嵌入式系统(Embedded system),是一种完全嵌入受控器件内部,为特定应用而设计的专用计算机系统,根据英国电器工程师协会(U. K. Institution of Electrical Engineer)的定义,嵌入式系统为控制、监视或辅助设备、机器或用于工厂运作的设备。与个人计算机这样的通用计算机系统不同,嵌入式系统通常执行的是带有特定要求的预先定义的任务。由于嵌入式系统只针对一项特殊的任务,设计人员能够对它进行优化,减小尺寸降低成本。

嵌入式系统的核心是由一个或几个预先编好程序以用来执行少数几项任务的微处理器或者单片机组成。与通用计算机能够运行用户选择的软件不同,嵌入式系统上的软件通常是暂时不变的,所以经常称为"固件"。

**1. 从不同角度定义**

1) 技术角度:以应用为中心,以计算机技术为基础,软硬件可裁剪,适应应用系统对功能、可靠性、成本、体积、功耗等严格要求的专用计算机系统,是将应用程序、操作系统和计算机硬件集成在一起的系统。

2) 系统角度:嵌入式系统是设计完成复杂功能的硬件和软件,并使其紧密耦合在一起的计算机系统。嵌入式反映了这些系统通常是更大系统(被称之为嵌入的系统)的一个完整子系统。嵌入的系统可以包含多个嵌入式系统。

3) 广义定义:任何一个非计算机的计算系统。

**2. 从不同的组织结构定义**

(1) IEEE 的定义

嵌入式系统是用于"控制、监视或者辅助操作的机器、设备或装置"。嵌入式系统通常是执行特定功能的设备,其核心是嵌入式微处理器。嵌入式系统有严格的执行时序和稳定性要求,是全自动的操作循环。

(2) 微机学会的定义

嵌入式系统是以嵌入式应用为目的的计算机系统,可分为系统级、板级、片级。

1) 系统级:各种类型的工控机,如 STD、PC 工业控制机等,其特点为配置操作系统,系统软件及硬件资源丰富,具有很好的人机界面。

2) 板级:各种类型带 CPU 的主板及 OEM 产品,早期单板机,如 Z80 系列等。

3) 片级:各种以单片机、DSP、微处理器为核心的产品。如以 8051 为 CPU 的系列产品、ARM 系列产品等。

广义上讲，凡是带有微处理器的专用软硬件系统都可称为嵌入式系统，如各类单片机和 DSP 系统。这些系统在完成较为单一的专业功能时具有简洁高效的特点，但由于它们没有操作系统，管理系统软件和硬件的能力有限，在实现多任务复杂功能时，往往困难重重，甚至无法实现。

狭义上讲，强调使用嵌入式微处理器构成的独立系统，具有自己的操作系统，具有特定功能，用于特定场合的系统都可称为嵌入式系统。本书所指的嵌入式系统是指狭义上的嵌入式系统。

### 1.1.3 嵌入式系统的分类

**1. 嵌入式系统的分类**

不同的分类标准，有不同的分类结果。按照处理机的字长划分，嵌入式系统主要有以下几种：

（1）典型的 8 位微处理系统　MCS-51 系列的单片机是 Intel 开发最成功的单片微处理器，是在低端嵌入式系统中使用最多的微处理器，在多方面得到应用。一般基于 8051 的系统无操作系统，软件的开发主要基于裸机开发，以汇编语言为主，少量用 C51。

（2）典型的 16 位微处理系统　MCS-96 系列单片机、80186 嵌入式处理机、TI 的 16 位 DSP 芯片，支持操作系统。

（3）典型的 32 位微处理系统　ARM 是应用较广泛的 32 位微处理器，实际上该系列的 MCU 芯片很多，但大都以 ARM 微内核为核心并集成不同的接口，软件系统基于嵌入式操作系统，软、硬件资源丰富；32 位 DSP 的应用也很广泛。

**2. 32 位嵌入式控制系统**

采用 32 位 RISC 嵌入式微处理器和实时操作系统组成的嵌入式控制系统近几年应用越来越广，与传统基于单片机的控制系统和基于 PC 的控制方式相比，具有以下突出优点：

（1）性能方面　采用 32 位 RISC 结构微处理器，主频从 30MHz 到 624MHz 或以上，处理能力大大超出单片机系统，接近 PC 机水平，但体积更小，能够真正地"嵌入"到设备中。

（2）实时性方面　嵌入式控制器内嵌实时操作系统（RTOS），提供多任务支持，能完全保证控制系统的强实时性。

（3）人机交互方面　高效的 GUI 嵌入式控制器可支持大屏幕的液晶显示器，提供功能强大的图形用户界面，输入方法多种多样。

（4）系统升级方面　嵌入式控制器可为控制系统专门设计，其功能专一，成本较低，而开放的用户程序接口（API）保证了系统能够快速升级和更新；对硬件的适应性更好，具有良好的移植性，能支持尽量多的硬件平台；占有更少的硬件资源，例如，占用存储器十几 k 到几 kB，可靠性更高；提供强大的网络功能，支持 TCP/IP 协议及其他协议，协议栈可裁剪，例如，设计成可裁剪的微内核结构和模块化结构。

### 1.1.4 嵌入式系统的特点

嵌入式系统的硬件和软件必须根据具体的应用任务，以功耗、成本、体积、可靠性、处理能力等为指标来进行选择。嵌入式系统的核心是系统软件和应用软件，由于存储空间有限，因而要求软件代码紧凑、可靠，且对实时性有严格要求。

从构成上看，嵌入式系统是集软、硬件于一体，可独立进行工作的计算机系统；从外观上看，嵌入式系统对象是一个"可编程"的电子"器件"；从功能上看，它是对目标系统（宿主对象）进行控制，使其智能化的控制器；从用户和开发人员的不同角度来看，与普通计算机系统相比较，嵌入式系统具有以下特点：

**1. 专用型强**

嵌入式系统的个性化很强，其中的软件系统和硬件的结合非常紧密，一般要针对硬件进行系统的移植，同时针对不同的任务，往往需要对系统进行较大修改，程序的编译下载要和系统相结合，这种修改和通用软件的"升级"是完全不同的概念。

**2. 体积小型化**

嵌入式计算机把通用计算机系统中许多由板卡完成的任务集成在芯片内部，从而有利于实现小型化，方便将嵌入式系统嵌入目标系统中。

**3. 实时性好**

实时性的本质是任务处理所花费时间的可预测性，即任务需要在规定的时限内完成。任务执行的时间可以根据系统的软、硬件的信息而进行确定性的预测。也就是说，如果硬件可以做这件工作，那么基于实时操作系统的软件将可以确定性的做这件工作。

**4. 可裁剪性好**

从嵌入式系统专用性的特点来看，嵌入式系统的供应者理应提供各式各样的硬件和软件以备选用，力争在同样的硅片面积上实现更高的性能，这样才能在具体应用中更具竞争力。

**5. 可靠性高**

由于有些嵌入式系统所承担的计算任务涉及被控产品的关键质量，人身设备安全，甚至国家机密等重大事务，且有些嵌入式系统的宿主对象工作在无人值守的场合，如在危险性高的工业环境和恶劣的野外环境中的监控装置里。所以，与普通系统相比较，嵌入式系统对可靠性的要求更高。

**6. 功耗低**

有许多嵌入式系统的宿主对象是一些小型应用系统，如移动电话、MP3、数码相机等，这些设备不可能配置交流电源或容量较大的电源，因此低功耗也是嵌入式系统的一大特点。

**7. 不可垄断性**

嵌入式系统的工业基础是以应用为中心的"芯片"设计和面向应用的软件产品开发。硬件平台多，软件资源丰富，无法垄断。

### 1.1.5 嵌入式系统的组成

**1. 嵌入式系统的结构及应用**

嵌入式系统的软、硬件框架结构和嵌入式系统硬件描述，如图1-1及图1-2所示。

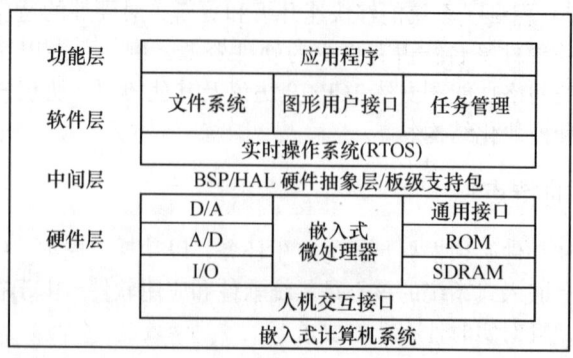

图1-1 嵌入式系统的软、硬件框架结构

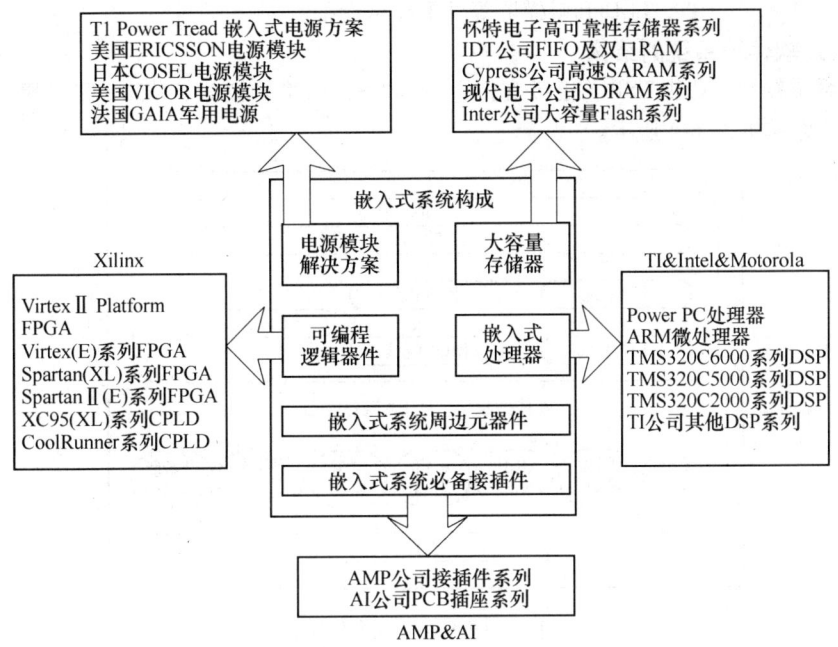

图 1-2 嵌入式系统硬件描述

## 2. 嵌入式外围设备

嵌入式外围设备是指在嵌入式硬件系统中，除了嵌入式处理器之外的完成存储、通信、I/O、调试等功能的其他部件，如图 1-3 所示，其分类如下：

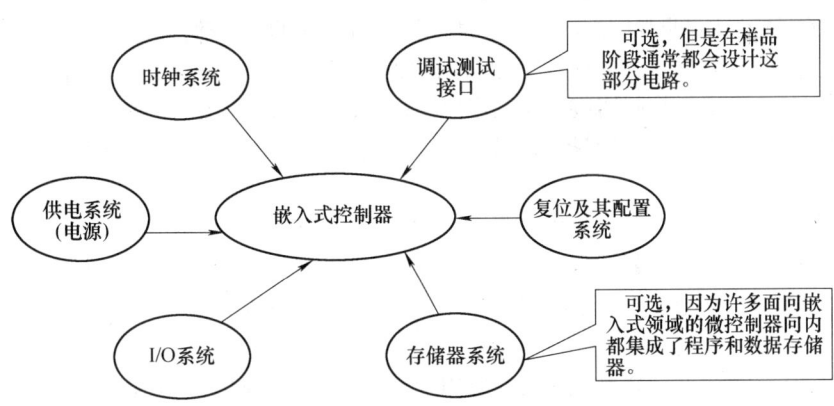

图 1-3 嵌入式系统硬件组织

（1）存储器类型　静态易失型存储器（RAM/SRAM），动态存储器（DRAM），非易失型存储器（ROM、EPROM、EEPROM、FLASH）。其中，FLASH（闪存）由于可擦写次数多，存储速度快，容量大及价格便宜等优点在嵌入式领域得到广泛应用。

（2）接口类型　目前存在的所有接口在嵌入式系统中都有其广泛的应用，但是以下几种接口的应用最为广泛，包括 RS-232 接口（串口），IrDA（红外），SPI（串行设备接口），$I^2C$，USB，Ethernet，CAN，蓝牙，A/D，D/A，CPRS，CPS，$I^2S$ 和普通并口。

(3) 显示类型　CRT，LCD 和触摸屏等外围显示设备。

**3. 嵌入式软件子系统的结构**

嵌入式系统软件一般由 BSP（板级支持包）、EOS、网络协议线、GUI（图形用户界面）应用软件组成，结构如图 1-4 所示。

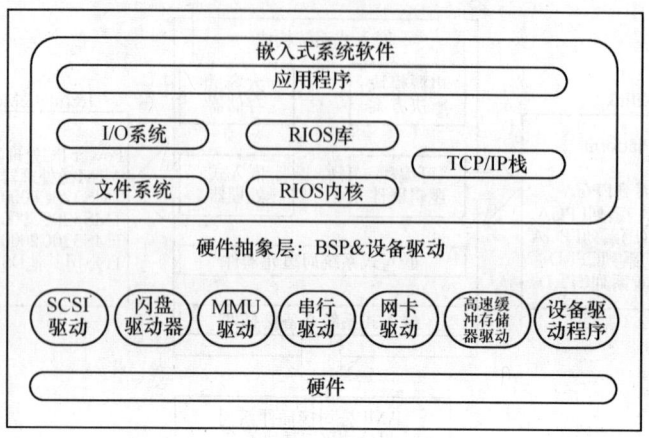

图 1-4　嵌入式系统软件结构

## 1.1.6　嵌入式系统的应用

嵌入式系统的应用十分广泛，涉及工业生产、日常生活、工业控制、航空航天等多个领域，而且随着电子技术和计算机软件技术的发展，不仅在这些领域中的应用越来越深入，而且在其他传统的非信息类设备中也逐渐显现出其用武之地。

嵌入式系统技术具有非常广阔的应用前景，其应用领域可以包括：

1）工业控制：基于嵌入式芯片的工业自动化设备将获得长足的发展，目前已经有大量的 8 位、16 位、32 位嵌入式微控制器应用在工业控制中。网络化是提高生产效率和产品质量、减少人力资源的主要途径，如工业过程控制、数字机床、电力系统、电网安全、电网设备监测、石油化工系统等。

2）交通管理：在车辆导航、流量控制、信息监测与汽车服务方面，嵌入式系统技术已经获得了广泛的应用，内嵌 GPS 模块，GSM 模块的移动定位终端已经在各种运输行业获得了成功使用。目前 GPS 设备已经从尖端产品进入了普通百姓的家庭，只需要几千元，就可以随时随地找到你的位置。

3）信息家电：这是嵌入式系统最大的应用领域，冰箱、空调等的网络化、智能化将引领人们步入一个崭新的生活空间。即使你不在家里，也可以通过电话线、网络进行远程控制。在这些设备中，嵌入式系统将大有用武之地。

4）家庭智能管理系统：水、电、燃气表的远程自动抄表，安全防火、防盗系统，其中嵌有的专用控制芯片将代替传统的人工检查，并实现更高、更准确和更安全的性能。目前在服务领域，如远程点菜器等已经体现了嵌入式系统的优势。

5）POS 网络及电子商务：公共交通无接触智能卡发行系统，公共电话卡发行系统，自动售货机，各种智能 ATM 终端将全面走入人们的生活。

6）环境工程与自然：水文资料实时监测，防洪体系及水土质量监测，堤坝安全，地震监测网，实时气象信息网，水源和空气污染监测。在很多环境恶劣，地况复杂的地区，嵌入式系统将实现无人监测。

7) 机器人：嵌入式芯片的发展将使机器人在微型化、高智能方面的优势更加明显，同时会大幅度降低机器人的价格，使其在工业领域和服务领域获得更广泛的应用。

这些应用中，可以着重于在控制方面的应用。就远程家电控制而言，除了开发出支持TCP/IP的嵌入式系统之外，家电产品控制协议也需要制订和统一，这需要家电生产厂家来做。同样的道理，所有基于网络的远程控制器件都需要与嵌入式系统之间实现接口，然后再由嵌入式系统通过网络实现控制。所以，开发和探讨嵌入式系统有着十分重要的意义。

### 1.1.7 嵌入式系统的发展趋势

信息时代、数字时代的到来使得嵌入式产品获得了巨大的发展契机，为嵌入式市场展现了美好的前景，同时也对嵌入式生产厂商提出了新的挑战，未来嵌入式系统的发展趋势有：

**1. 系统工程化**

嵌入式开发是一项系统工程，因此要求嵌入式系统厂商不仅要提供嵌入式软硬件系统本身，同时还需要提供强大的硬件开发工具和软件包支持。目前很多厂商已经充分考虑到这一点，在主推系统的同时，将开发环境也作为重点推广。比如三星在推广ARM7、ARM9芯片的同时还提供开发板和板级支持包（BSP），而WindowCE在主推系统时也提供Embedded VC++作为开发工具，还有VxWorks的Tonado开发环境，DeltaOS的Limda编译环境等。

**2. 功能多样化**

随着因特网技术的成熟和带宽日益提高，以往设备的功能不再单一，结构更加复杂，如电话、手机等。这就要求芯片设计厂商在芯片上集成更多的功能，满足应用功能的升级。硬件方面采用更强大的嵌入式处理器，如32位、64位RISC芯片或信号处理器DSP增强处理能力，同时增加功能接口（如USB）和扩展总线类型（如CAN BUS）以加强对多媒体、图形等的处理，逐步实施片上系统（SOC）的概念。软件方面采用实时多任务编程技术和交叉开发工具技术来控制功能复杂性，简化应用程序设计，保障软件质量并缩短开发周期。

**3. 网络化**

未来嵌入式设备为了适应网络发展的要求，必然要在硬件上提供各种网络通信接口。新一代的嵌入式处理器已经开始内嵌网络接口，支持TCP/IP协议。IEEE1394、USB、CAN、Bluetooth或IrDA通信接口中的一种或几种，同时提供相应的通信组网协议软件和物理层驱动软件。软件方面系统内核支持网络模块，甚至可以在设备上嵌入Web浏览器，实现随时随地上网。

**4. 精简系统内核、降低功耗和软硬件成本**

未来的嵌入式产品是软硬件紧密结合的设备，为了降低功耗和成本，需要尽量精简系统内核，只保留和系统功能紧密相关的软、硬件，利用最少的资源实现最适当的功能，选用最佳的编程模型并不断改进算法，优化编译器性能。因此，既要软件人员有丰富的硬件知识，又需要发展先进嵌入式软件技术，如Java、Web和WAP等。

**5. 交互友好化**

嵌入式设备能与用户亲密接触，最重要的因素就是它能提供友好的用户界面、图像界面以及灵活的控制方式。另外，嵌入式设备对专业知识要求低，甚至不需要嵌入式的知识就能让人们很快很容易地掌握嵌入式产品的使用方法，因此未来嵌入式系统需要更高的可交互性和高度抽象化。

### 1.1.8 嵌入式系统的学习

嵌入式系统的应用非常广泛，因此对于计算机专业、电子信息专业、自动化专业以及机电一体化等专业的学生以及需要掌握嵌入式的人员来说，学习嵌入式系统及其开发应用是非常重要的。

要学好嵌入式系统及其开发应用，掌握嵌入式技术基础是关键。技术基础决定了一个人学习知识、掌握技能的能力。嵌入式技术融合了具体应用系统技术、嵌入式处理器技术、系统芯片SOC设计制造技术、应用电子技术和嵌入式操作系统及应用软件技术，具有极高的系统集成性，可以满足不断增长的信息处理技术对嵌入式系统设计的要求。

学习与嵌入式系统相关的基础知识，主要包括基本硬件知识，如嵌入式处理器及接口电路等，并要求至少掌握一种嵌入式处理器的体系结构，至少了解一种操作系统。对于应用编程，要求编程人员掌握C、C++语言及汇编语言程序（至少要会C语言）和交叉编译，对处理器的体系结构、组织结构、指令系统、编程模式、一般应用编程要有一定的了解，在此基础上必须在实际工程实践中掌握一定的实际项目开发的技能。

其次，对于嵌入式系统的学习，必须要有一个较好的嵌入式系统开发平台和开发环境。功能全面的开发平台一方面为学习提供了良好的开发环境，另一方面开发平台本身也是一般的典型实际应用系统。在教学平台上开发一些基础例程和典型实际应用例程，对于初学者和实际工程应用者来说也是非常必要的。

学习嵌入式系统必须对基本内容有深入地了解。在处理器指令系统、应用编程学习的基础上，重要的是加强外围功能接口应用的学习，主要是人机接口及通信接口。

嵌入式操作系统也是嵌入式系统学习的重要部分，在此基础上才能进行各种设备驱动应用程序的开发。

本书注重使学生掌握嵌入式系统及其开发应用，从嵌入式系统所涉及的基础知识讲起，从硬件到软件，从内部结构到外围接口，从指令系统到程序设计，直到嵌入式系统的设计。

## 1.2 嵌入式微处理器

嵌入式微处理器是由通用计算机中的CPU演变而来的。但与计算机处理器不同的是，在实际嵌入式应用中，只保留和嵌入式应用紧密相关的功能硬件，去除其他的冗余功能部分，这样就以最低的功耗和资源实现嵌入式应用的特殊要求。和工业控制计算机相比，嵌入式微处理器具有体积小、重量轻、成本低、可靠性高的优点。主要的嵌入式处理器类型有Am186/88、386EX、SC-400、Power PC、68000、MIPS、ARM/StrongARM系列等。

### 1.2.1 处理器的基本组成

无论是嵌入式系统还是通用计算机系统所使用的处理器（CPU）其基本工作原理和结构都是一样的，都包括运算器、控制器、寄存器（组）等三个主要部分。运算器主要完成对二进制信息的算术运算、逻辑运算和各种移位操作。算术运算主要包括定点加、减、乘、除运算；逻辑运算主要有逻辑与、逻辑或、逻辑异或和逻辑非等操作；移位操作主要完成逻辑左移和右移、算术左移和右移，以及其他一些移位操作。控制器是处理器的指挥和控制中心，它把运算器、存储器、I/O设备等联系成一个有机的系统。简单来说，控制器的工作就是周而复始地完成取指令、分析指令、执行指令的工作。寄存器（组）是为了避免频繁地访问存储器而在CPU内部提供的暂时存放参加运算的数据和中间结果的单元。寄存器有通用寄存器和专用寄存器之分，它们的区别在于存储数据的性质不同，起到的作用也不同。在运算过程中及运算结束后，运算器中还要设置相应的寄存器来记录运算的一些特征情况，如是否溢出、结果的符号位、结果是否为零等。不同体系CPU寄存器的组织、名称、功能和存取方法都不一样，这也是汇编语言缺少通用性的原因之一。

运算器能处理的数据位数与硬件设计有关，该指标称为机器字长。机器字长是指参与运算数据的位数，它决定了寄存器、运算器和数据总线的位数，因而直接影响到 CPU 硬件的价格。

## 1.2.2 嵌入式微处理器的特点

目前在 PC 及服务器上广泛使用的处理器大多是奔腾或酷睿等通用处理器。通用处理器一方面计算能力超强，工作主频高达吉级，另一方面也有功耗大、体积大、集成度低等缺点，以致不太适用于嵌入式系统。

在嵌入式系统中使用的处理器称为嵌入式处理器，一般具有如下特点：

1）支持实时性。嵌入式系统一般都应用于实时控制和实时计算领域，因此对于异步事件，尤其是高优先级的异步事件必须尽可能快地处理，在硬件设计上确保有较短的中断响应时间。

2）支持多任务。一方面，由于应用程序的复杂性及对操作系统支持的需求，为了降低程序开发难度并改善程序结构，需要采用任务（某种意义上与进程或线程概念等同）方式编写程序；另一方面，具有任务结构的程序更加便于实现实时性的优先级管理，更紧迫的任务可以分配更高级的优先级，而次要的任务可以分配较低的优先级。

3）处理器结构具有良好的可扩展性。嵌入式系统和应用相关，具有专用性。不同应用对 CPU 的功能要求是不一样的，因此嵌入式处理器的 CPU 内核一般都设计为开放式的结构，能方便地集成不同的外设和接口，以便适应各种不同场合应用的要求，又尽可能不产生功能冗余或浪费。

4）安全可靠。嵌入式处理器一般都用于工业控制、现场测控、航空航天等十分重要的领域，这些领域对系统的可靠性要求非常高，很多时候，系统的意外崩溃或死机都有可能造成不可挽回的重大损失。因此嵌入式处理器大多十分强调系统工作的安全可靠性。

5）低功耗。嵌入式设备典型的工作环境往往都是便携式、移动式或手持设备。这些环境常使用电池供电，因此对功耗十分敏感。嵌入式处理器的功耗一般为毫瓦甚至微瓦级，不过嵌入式处理器的实际功耗还和工作频率有关。

6）高集成度。为了提高系统的可靠性和降低电路板面积，尽量减少片外外设的种类和数量，嵌入式处理器大多集成了丰富的 I/O 功能和存储功能。因此用户在实现目标系统过程中，只需添加少数的片外外设即可。

## 1.2.3 两种处理器架构

主流处理器的体系架构主要有冯·诺依曼结构和哈佛结构。

### 1. 冯·诺依曼结构

冯·诺依曼结构也称普林斯顿结构（Princeton Architecture），是一种将程序指令存储器和数据存储器合并在一起进行统一编址的存储器结构，程序指令存储器地址和数据存储器地址指向同一个存储器的不同物理位置，因此程序指令和数据的宽度相同。这种结构取指令和取数据都访问同一存储器，数据吞吐率低。

在典型情况下，完成一条指令需要三个步骤，即取指令、指令译码和执行指令。举一个最简单的对存储器进行读/写操作的指令例子，指令 1 至指令 3 均为存、取数指令，对于冯·诺依曼结构处理器，由于取指令和存取数据的操作要在同一个存储空间进行，经由同一总线传输，因此它们无法重叠执行，只有一个完成后再进行下一个。

早期微处理器大多采用冯·诺依曼结构，典型代表是 Intel 公司的 X86 微处理器。取指令和取操作数都在同一总线上，通过分时复用的方式进行。缺点是在高速运行时，不能达到同时取指令和取操作数的效果，从而形成了传输过程的瓶颈。目前使用冯·诺依曼结构的中央处理器和微处理器也很多，如 Intel 的大多数处理器、ARM 公司的 ARM7、MIPS 公司的处理器。

**2. 哈佛结构**

哈佛结构是一种将程序指令存储和数据存储分开的存储器结构。哈佛结构的微处理器通常具有较高的执行效率。其程序指令和数据指令是分开组织和存储的，执行时可以预先读取下一条指令。由于程序指令存储和数据存储分开，指令和数据可以有不同的宽度，如 Microchip 公司 PIC16 芯片的程序指令宽度是 14 位，而数据宽度是 8 位。

在最常见的卷积运算中，一条指令同时取两个操作数，在流水线处理时，同时还有一个取指令操作，如果程序和数据通过一条总线访问，取指令和取操作数必然会产生冲突，而这对大运算量循环的执行效率是很不利的。哈佛结构能基本上解决取指令和取操作数的冲突问题，从而减轻程序运行时的存储访问瓶颈。如果采用哈佛结构处理前面提到的同样的三条存取操作数指令，由于取指令和存取数据分别经由不同的存储空间和不同的总线，所以各条指令可以重叠执行，这样，也就克服了数据流传输的瓶颈，提高了运算速度。

目前使用哈佛结构的处理器和微控制器的芯片有很多，如 Microchip 公司的 PIC 系列芯片、摩托罗拉公司的 MC68 系列、Zilog 公司的 Z8 系列、ATMEL 公司的 AVR 系列，以及 ARM 公司的 ARM9、ARM10 和 ARM11 等。

## 1.2.4 嵌入式微处理器的分类

嵌入式处理器根据功能、结构、性能运算特点和使用方法等多方面的综合因素可以粗略分成嵌入式微控制器、嵌入式微处理器、数字信号处理器、CPLD/FPGA、片上系统（SOC）等 5 类，其实它们在本质上并没有很大差别。有时候为了简单起见，将它们统称为嵌入式微处理器，只是在需要特别区分的时候才指出具体的类别。

**1. 嵌入式微控制器**

嵌入式微控制器（Micro Controller Unit，MCU）的典型特征是单片化、体积小、低功耗、低成本、可靠性高，基本无须外设扩展。片上外设资源比较丰富，外设资源一般包括 ROM/EPROM、RAM、总线、总线逻辑、定时/计数器、看门狗、I/O、串行口、脉宽调制输出（PWM）、A/D、D/A、Flash RAM，甚至有的产品（如 NS 公司）把语音、图像部件也集成到片内。因此嵌入式微控制器特别适合于小型的控制系统，这也是其名称的由来。嵌入式微控制器很多时候也称"单片机"，如 ATMEL 公司的 AT89CXX 系列单片机便是典型的单片机，单片机一般以 8 位居多。

**2. 嵌入式微处理器**

嵌入式微处理器（Micro Processor Unit，MPU）和通用 CPU 有许多相同之处，由通用 CPU 演变而来，但与通用 CPU 不同的是，在嵌入式应用中，由于微处理器是装配在专门设计的电路板上，故嵌入式微处理器只保留了和嵌入式应用紧密相关的功能硬件，而去除了其他的冗余功能部分，这样就可以用最低的功耗和资源实现嵌入式应用的特殊要求。此外，为了满足嵌入式应用的特殊要求，嵌入式微处理器在工作温度、抗电磁干扰、可靠性、实时性等方面相对于通用 CPU 都做了相应增强。嵌入式微处理器的重要特点是体积小、重量轻、成本低、可靠性高，它以 32 位的居多，但 16 位的也不少。

典型嵌入式微处理器有 ARM、Power PC、MIPS 等数十种。这一类微处理器也是目前业界应用最广泛、市场空间大、技术开发最全面的主流处理器类型。

### 3. 数字信号处理器

越来越多的应用要求使用更高精度的数字信号去逼近现实的模拟信号，这会不可避免地急剧增加需要实时处理的数据量。传统意义上的微处理器其主要优点在于灵活的控制功能，但是难以胜任对实时数据的处理任务。数字信号处理器（Digital Signal Processor，DSP）则专门为数据处理而优化体系结构和指令集，可以很好地完成实时数据处理的任务。在数据实时处理能力上数字信号处理器优于 RISC 处理器。

目前数字信号处理器的主要供应商有 TI、ADI、Motorola、Lucent、Zilog 等公司，尤其是 TI 的产品，其极高的性价比、丰富的产品型号、较高的市场占有份额都是其他公司难以企及的。TI 目前有四大主力产品：C2000 系列（适合做控制器）、C5000 系列（低功耗）、C6000 系列（高性能，适用于多媒体处理）、OMAP 系列（集成 ARM 的命令及控制功能，具有低功耗实时信号处理能力，适合移动上网设备和多媒体家电）。

### 4. CPLD/FPGA

CPLD（Complex Programmable Logic Device）即复杂可编程逻辑器件，FPGA（Field Programmable Gate Array）即现场可编程门阵列。CPLD/FPGA 可以看做是一个包含大量门电路的逻辑元件，它的每一个门可以由使用者来定义，工程师可以通过传统的原理图法，或是硬件描述语言，自由地设计一个数字系统。CPLD/FPGA 可以完成任何数字器件的功能，上至高性能 CPIJ，下至简单的 74 电路。通过软件仿真，用户可以事先验证设计的正确性。在 PCB 完成以后，还可以利用 CPLD/FPGA 的在线修改能力，随时修改设计而不必改动硬件电路。使用 CPLD/FPGA 来开发数字电路，可以大大缩短设计时间，更为重要的是，可以大大减少在出现成品芯片以后的反复修改。

常用的可编程逻辑器件都是从"与/或逻辑阵列"和"门阵列"两类基本结构发展起来的，可编程逻辑器件从结构上可分为以下两大类：

1）乘积项结构器件。其基本结构为"与/或逻辑阵列"器件，大部分简单的 PLD 和 CPLD 都属于这个范畴。

2）查找表结构器件。由简单的查找表组成可编程门，再构成阵列形式。大多数 FPGA 属于此类器件。

FPGA 的工作原理是，加电时，将 EPROM 中的数据读入片内编程 RAM 中，配置完成后进入工作状态；掉电后，FPGA 恢复成白片，内部逻辑关系消失。因此，FPGA 能够反复使用。FPGA 的基本特点主要有以下几点：

1）采用 FPGA 设计 ASIC 电路，用户不需要投片生产就能得到合用的芯片。
2）FPGA 可做其他全定制或半定制 ASIC 电路的中试样片。
3）FPGA 内部有丰富的触发器和 I/O 引脚。
4）FPGA 是 ASIC 电路中设计周期最短、开发费用最低、风险最小的器件之一。
5）FPGA 采用高速 CHMOS 工艺，功耗低，可以与 CMOS 及 TTL 电平兼容。

可以说，FPGA 芯片是小批量系统提高系统集成度和可靠性的最佳选择之一。

FPGA 的主要生产厂商有 Altera、Xilinx、Actel、Lattice 等。其中，Altera 和 Xilinx 主要生产一般用途 FPGA，其主要产品采用 RAM 工艺。Altrea 主要提供非易失性 FPGA，产品主要基于反熔丝工艺和 Flash 工艺。

### 5. 片上系统

片上系统（System On Chip，SOC）实际是一个完整的电路系统和软件系统，而不仅仅包含处理器。SOC 追求系统最大限度的集成，其最大特点是在单一芯片中实现软硬件的无缝结合，直接在芯片内实现 CPU 内核及嵌入操作系统模块。此外，它还根据应用需要集成了许多功能模块，包括 CPU 内核（ARM、MIPS、DSP 或其他微处理器核心）、通信接口单元（USB、TCP/IP、GPRS、GSM、IEEE1394、蓝牙）、以及其他功能模块等。SOC 在声音、图像、影视、网络及系统逻辑等应用领域中发挥着重要作用。

SOC 运用 VHDL 等硬件描述语言实现，而不需要再像传统的系统设计一样，绘制庞大而复杂的电路板，不再需要一点点地焊接导线和芯片，只需要使用准确的语言并综合时序设计，直接在器件库中调用各种事先准备好的模块电路（标准），然后通过仿真就可以直接交付芯片厂商进行规模化的生产。

SOC 设计的关键技术主要包括总线架构技术、IP 核可复用技术、软硬件协同设计技术、SOC 验证技术、可测性设计技术、低功耗设计技术、超深亚微米电路实现技术和嵌入式软件移植等。

SOC 具有低功耗、体积小、系统功能灵活、运算速度高、成本低等优势，创造了巨大的产品价值与市场需求，是嵌入式系统未来的发展趋势。

### 1.2.5 嵌入式微处理器的技术指标

**1. 功能**

嵌入式处理器的功能主要取决于处理器所集成的存储器的种类和数量、外设接口种类和数量等。集成的外设越多，支持的总线越多，功能越强大，设计硬件系统时需要扩展的器件就越少。所以，选择嵌入式处理器时尽量选择已集成所需外设的处理器，这样既能节约总体成本，又能提高系统集成度和可靠性。

**2. 字长**

字长是指参与运算的数的基本位数，决定了寄存器、运算器和数据总线的位数，因而直接影响硬件的复杂程度。处理器的字越长，它所包含的信息就越多，表示的数值的有效位数也越多，计算精度也越高，数据吞吐量也越大。通常处理器可以有 1 位、4 位、8 位、16 位、32 位、64 位等不同的字长。

**3. 处理速度**

目前普遍采用单位时间内各类指令的平均执行条数（即根据各种指令的使用频度和执行时间来计算）来表示处理速度，单位是 MIPS，即百万条指令/秒。除了使用 MIPS 衡量处理速度，还可以有多种指标来表示处理器的执行速度，如 MFLOPS，即百万次浮点运算/秒，这个指标一般用于衡量进行科学计算的处理器。例如，一般工程工作站的指标大于 2MFLOPS。主频又称时钟频率，单位为 MHz。主频在一定程度上反映了处理器的运算速度。每条指令周期数（Cyders Per Instrucoon，CPI）即执行一条指令所需的周期数。显然，该数值可从一定程度上表示 CPU 的执行速度其值越小，CPU 的执行越快。在设计 RISC 芯片时一般尽量减少 CPI 值以提高处理器的运算速度。

**4. 寻址能力**

嵌入式处理器的寻址能力取决于处理器地址总线的数目。地址总线 16 位的处理器的寻址能力是 64KB；地址总线 32 位的处理器的寻址能力是 4GB。

**5. 功耗**

嵌入式处理器通常给出几个功耗指标，如工作功耗、待机功耗等，还给出功耗与工作频率之间的关系，表示为功耗/工作频率。有些嵌入式处理器还给出电源电压与功耗之间的关系，便于工程师设计时选择。

**6. 温度**

从工作温度方面考虑，嵌入式处理器通常可分为民用、工业用、军用、航天等几个温度级别。一般而言，民用的温度范围为 0 ~ 70℃，工业用的温度范围为 -40 ~ 85℃，军用的温度范围为 -55 ~ 125℃，航天的温度范围则更宽。选择嵌入式处理器时需要根据产品的应用选择相应的处理器芯片。

## 1.2.6 嵌入式微处理器的选型

选择嵌入式处理器，不能专门强调某一方面的性能指标，还要结合应用衡量整个处理器系统的综合性能。例如，整个系统的软硬件配置情况，包括指令系统的功能、外部设备配置情况、操作系统的功能、程序设计语言以及其他支持软件和必要的应用软件等。一般在项目开发中选择处理器应遵循下面几个原则。

**1. 技术指标原则**

首要的技术指标是功能。当前，许多嵌入式处理器都集成了外设和接口的功能，从而减少了芯片的数量，进而降低了整个系统的开发费用，开发人员首先应该考虑系统所要求的一些硬件是否无须过多的复合逻辑就可以链接到处理器上。其次应该考虑该处理器对其他芯片的支持情况，如 DMA 控制器、内存管理器、中断控制器、串行设备、时钟等的配套。再次应该考虑处理器的字长、寻址空间、主频、功耗等，这些因素相对来说比较容易得到用户的重视。

**2. 熟悉原则**

规划硬件体系时，必须尽可能考虑开发者熟悉的处理器。对于一个陌生的处理器，其应用方案的关键点及难点可能难以把握，从而导致因考虑不周使硬件设计出现失败。另外还要考虑后面的软件开发，开发者是否熟悉处理器的指令体系、异常管理等。总之要慎重选择陌生的处理器，降低开发风险和难度。

**3. 成本原则**

选择嵌入式处理器所考虑的成本不只包括处理器本身的成本。例如，设计一个基于以太网的嵌入式系统产品时，既可以选择集成了以太网接口的嵌入式处理器，又可以选择没有以太网接口的嵌入式处理器，外接以太网控制器。进行成本比较时，前者的成本包括处理器的成本，后者的成本包括嵌入式处理器、以太网接口、增加电路板的面积成本等，故应对两者进行综合选择和决策。

**4. 支持工具原则**

仅有一个处理器而没有较好的软件开发工具的支持也是不行的，因此，选择合适的软件开发工具对系统的实现能起到较好的作用。

**5. 整体原则**

处理器仅仅是整个嵌入式系统的一部分，嵌入式系统还需要其他硬件部件的支持。因此在选择处理器的时候必须全盘考虑处理器和其他部件之间是否兼容，是否会约束或受限于其他部件的选择。此外，还要考虑将来的软件开发方面的约束。

## 1.2.7 嵌入式微处理器的发展方向

**1. 多核结构**

多核处理器是指在一个处理器中集成两个或多个完整的计算引擎（内核）。多核处理器将多个完全功能的核心集成在同一个芯片内，整个芯片作为一个统一的结构对外提供服务、输出性能。首先，多核处理器可同时执行的线程数或任务数是单核处理器的几倍，这极大地提升了处理器的并行性能。其次，多个核集成在片内，极大地缩短了核间的互连线，核间通信延迟变低，提高了通信效率，数据传输带宽也得到提高。最后，多核结构简单，易于优化设计，扩展性强。这些优势最终推动了多核处理器的发展，并使多核处理器逐渐取代单核处理器成为主流。

**2. 更低的功耗**

未来的嵌入式微处理器功耗将越来越小，同时有多种工作方式可以灵活选择，以便最大限度地节能，包括等待、暂停、休眠、空闲、节电等工作方式。

**3. 更先进的工艺和更小的封装**

现在微处理器封装水平已大大提高，有越来越多的处理器采用了各种贴片封装形式，以满足便携式手持设备的需要。Microchip 公司推出了目前世界上体积最小的 6 引脚 PIC10F2XX 系列 MCU。为了适应各种应用需要、减少驱动电路，很多 MCU 输出能力都有了很大提高，Motorola MCU 的 I/O 灌电流可达 8 mA 以上，而 Microchip 的 MCU 的 I/O 灌电流可达 20~25 mA。

**4. 更宽的工作电压范围**

扩大电源电压范围及在较低电压下仍然能工作是现在新推出微处理器的一个特点。目前一般 MCU 都可以在 3.3~5.5 V 范围内工作，有些产品则可以在 2.2~6 V 范围内工作。Motorola 公司针对长时间处在待机模式的装置所设计的超省电 HCS08 系列 MCU，已经把最低可工作电压降到 1.8 V。

## 1.3 嵌入式操作系统

### 1.3.1 嵌入式操作系统的概念

嵌入式操作系统（Embedded Operating System，EOS）是指用于嵌入式系统的操作系统。嵌入式操作系统是一种用途广泛的系统软件，通常包括与硬件相关的底层驱动软件、系统内核、设备驱动接口、通信协议、图形界面、标准化浏览器等。嵌入式操作系统负责嵌入式系统的全部软、硬件资源的分配、任务调度，控制、协调并发活动。它必须体现其所在系统的特征，能够通过装卸某些模块来达到系统所要求的功能。目前在嵌入式领域广泛使用的操作系统有：嵌入式 Linux、Windows Embedded、VxWorks 等，以及应用在智能手机和平板电脑的 Android、iOS 等。

### 1.3.2 嵌入式操作系统的分类

不同应用环境的嵌入式系统，就会产生不同特色的嵌入式操作系统，不论是哪一种特殊功能或是需求，嵌入式操作系统都会有一个核心和一些系统服务。嵌入式操作系统必须具备许多的系统函数库，来支持各种需求的应用程序，包括文件系统、中断服务、内存配置、时间服务、存取服务、任务控制服务等。有些嵌入式操作系统也会具备各种不同的通信协议及用户接口函数库，以便为用户提供更多元化的服务。嵌入式操作系统大致又可分为"实时"和"通用型"两种。

**1. 实时操作系统**

实时操作系统（Real-Time Operating System，RTOS）并不是指速度很快的操作系统，而是指操作系统必须在限定的时间内，对过程调用产生正确的响应。正因如此，实时操作系统对于时间调度和稳定度上有非常严格的要求，不容许发生太大的误差。过去的实时操作系统产品的应用多为国防安全、航天科技以及大众运输等领域，在这些领域中，不允许有任何意外或错误产生。为了避免在执行时产生任何错误，需要实时操作系统来预防意外发生，确保不会产生因系统问题而造成的严重损失。

嵌入式系统发展至今，已从专业性的设备开始向信息家电等消费性电子产品领域拓展，所以实时操作系统也开始从主要的航天、国防领域，延伸到网络电话、视讯转换器等消费性电子产品上。实时操作系统为嵌入式操作系统中的主要类别，后续将会做更深入的介绍。

**2. 通用型操作系统**

通用型操作系统与实时操作系统最大的不同点在于对时序的要求。通用型操作系统对于系统执行的反应速度并不像实时操作系统要求那么严苛，对于系统的反应时间有着一定的宽容性。现今的通用型操作系统大多应用于信息家电、消费性电子产品等。市场上通用型操作系统的产品也不少，例如Microsoft公司的Windows Embedded, Symbian的Symbian OS, Wind River Systems公司的VxWorks, Palm公司的Palm OS以及各种Embedded Linux，在这些通用型操作系统中，有一部分也提供有限的实时能力。此外，由于产品多元，获取容易，且产品支持能力强大，所以使用通用型操作系统的嵌入式系统也越来越多，市场占有率也随之提高。介绍完嵌入式操作系统的分类后，下面将接着探讨嵌入式操作系统的特性。

## 1.3.3 嵌入式操作系统的特性

网络已经普遍融入到日常生活中，因此，嵌入式系统发展到现在，也因为网络环境的成长，而必须面对各种日益复杂的函数库。嵌入式操作系统不仅需要负责某一特定的功能，更需要支持各种不同的网络通信协议。嵌入式系统的产品形态，逐渐向多机一体的复合式方向发展，例如智能型手机。除了手机功能外，又结合了PDA、数字相机等功能。因此，未来嵌入式操作系统所要执行的功能将越来越多元，也越来越复杂，而不像早期的嵌入式操作系统，只为特定情况服务。为了应对现今的改变，嵌入式操作系统必须具备下列特点。

**1. 精简内存空间**

因为系统设计与成本问题，嵌入式系统的内存空间都会有一定的容量上限，所以精简内存空间是嵌入式操作系统的基本要求。虽然内存的技术发展日趋成熟，让内存的价格不再像以往那样高不可攀，但若操作系统所需的内存空间较少时，相对就能释放出更多内存，产品的价格竞争力也就会跟着提高。

**2. 降低待机负载**

消费性电子商品为了能吸引顾客使用，通常机身设计都会比较小，所以电池容量就不会太大，因此待机时间越长的产品，就越有市场竞争力。在一些嵌入式硬件的设计上，本身就有支持省电的功能，若是操作系统也具备相同的支持能力，让嵌入式系统可以根据使用的状况，来调整硬件的执行电压或是操作频率，就能发挥这些硬件在省电上的最大效能。更有些嵌入式系统会使用电源感知技术，并将其融入到嵌入式操作系统内，使该系统可根据使用上的需求，自动调整线程的切换频率，达到省电的效果。

**3. 可与外界设备连接**

嵌入式系统能与外界设备互相连接，且彼此沟通信息，其系统的附加价值才会高，例如传送通信簿、电子邮件或下载音乐等。为了达到这个目的，大部分的嵌入式系统都会通过串行端口、红外线或是USB来进行传输操作。

**4. 动态加载应用程序**

由于嵌入式系统上只具备一些基本的功能，并不能完全符合用户的需求，所以系统就必须为用户提供扩充或下载的能力。下载的程序可以通过与计算机连接，同步传输或是其他途径将程序加载到系统上执行，该动作称为"动态加载"。嵌入式操作系统应能够调整内存空间，并且配合系统强大的函数库，才能实现动态加载的功能。

### 5. 网络通信

为了能够扩充嵌入式系统的网络功能，许多系统都提供扩充卡，以达到无线通信的功能，来提升嵌入式系统的工作。为了实现该功能，嵌入式操作系统还必须支持各种不同的通信协议。

## 1.3.4 经典的嵌入式操作系统

嵌入式操作系统的开发十分困难，仅凭一己之力很难设计出稳定、可靠、高效的嵌入式操作系统内核，通常采取将现有的嵌入式操作系统裁剪、配置后用于开发中，而不是从头做起。据统计，世界各国的 40 多家公司已成功推出 200 余种可供嵌入式应用的实时操作系统，市场上比较流行的就有几十种操作系统，其中著名的嵌入式操作系统有 Windows Embedded、VxWorks、μC/OS、QNX 及 Linux 等。了解这些操作系统的特点，有助于针对实际的项目选择合适的操作系统，加快项目的开发速度。下面介绍几种典型的嵌入式操作系统。

### 1. Windows Embedded

Windows Embedded 是 Microsoft 公司于 2014 年设计开发的一种最新的嵌入式操作系统，它可以以组件化形式提供 Windows 操作系统功能。Windows Embedded 与 Windows 一样基于二进制，包含 10000 多个独立功能组件，因此开发人员在自定义设备映像中，管理或降低内存占用量时可以选择 Windows Embedded 并获得最佳功能。Windows Embedded 基于 Win32 编程模型，由于采用常见开发工具（如 Visual Studio.NET），使用商品化 PC 硬件，与桌面应用程序无缝集成，因此可以缩短上市时间。使用 Windows Embedded 构建操作系统的常见设备类别包括零售销售点终端、客户机和高级机顶盒。

最新的 Windows Embedded 8.1 行业版将 Windows 8.1 推广到一系列的行业及边缘设备，此类设备来自零售业、制造业、医疗保健业以及任何其他行业，这些行业迫切需要强大的业务流程应用程序和相关能力来安全可靠地执行特定职能。Windows Embedded 8.1 行业版可在 OEM 设备上进行预先安装。此外，企业可通过批量授权计划获取 Windows Embedded 8.1 行业版。Windows Embedded 为合作伙伴提供了安全性、管理和用户体验等方面最新的 Windows 8.1 创新功能。除了完整的 Windows 8.1 功能之外，Windows Embedded 8.1 Industry 版还提供了功能强大的 Industry 设备所需的灵活性和增强锁定功能。

### 2. VxWorks

VxWorks 操作系统是美国 Wind River Systems 公司于 1983 年设计开发的一种嵌入式实时操作系统（RTOS），其良好的持续发展能力、高性能的内核及友好的用户开发环境，在嵌入式实时操作系统领域占据一席之地。并且以其优良的可靠性和卓越的实时性被广泛地应用在通信、军事、航空、航天等高精尖技术及实时性要求极高的领域中，如卫星通信、军事演习、弹道制导、飞机导航等。此外，VxWorks 还具有高效的任务管理，灵活的任务间通信，微秒级的中断处理，支持 POSIX 1003.1b 实时扩展标准，支持多种物理介质及标准、完整的 TCP/IP 网络协议等特点。

但 VxWorks 操作系统价格昂贵。由于操作系统本身及开发环境都是专有的，其价格一般都比较高，通常需花费 10 万元人民币以上才能建起一个可用的开发环境，对每一个应用一般还要另外收取版税。VxWorks 一般不提供源代码，只提供二进制代码。由于它们都是专用操作系统，需要专门的技术人员开发和维护，所以软件的开发和维护成本都非常高，而且其支持的硬件数量也有限。

### 3. μC/OS

μC/OS 是一种免费公开源代码，结构小巧并具有可剥夺实时内核的实时操作系统。μC/OS-II 是 μC/OS 的升级版本，在原版本 μC/OS 的基础上做了重大改进与升级。μC/OS 自从 1992 年发布以来，在世界各地都获得了广泛的应用。它是一种专门为嵌入式设备设计的内核，目前已经被移植到40多种不同结构的CPU上，运行在从8位到64位的各种系统上。尤其值得一提的是，该系统自2.51版本之后，就通过了美国FAA认证，可以运行在诸如航天器等对安全要求极为苛刻的系统上。其内核提供任务调度与管理、时间管理、任务间同步与通信、内存管理和中断服务等功能。

μC/OS主要适合小型控制系统，具有执行效率高、占用空间小、实时性能优良和可扩展性强等特点，最小内核可编译至2KB。如果包含全部功能（信号量、消息邮箱、消息队列及相关函数），编译后的μC/OS内核仅有6~10KB，所以系统本身并没有对文件系统的支持。但是μC/OS具有良好的扩展性能，如果需要也可自行加入文件系统的内容。

μC/OS的源代码结构合理、清晰易读，不仅成功地应用在众多的商业项目中，而且被很多大学采纳，作为教学的范例，同时也是嵌入式系统工程师学习和提高的绝好材料。

**4. QNX**

QNX是一个分布式、嵌入式、可扩展的实时操作系统。它遵循POSIX.1（程序接口）和POSIX.2（Shell和工具），部分遵循POSIX.1b（实时扩展）。它最早开发于1980年，到现在已相当成熟，支持多种CPU、总线和外设，其提供的UNIX特色的编译器、调试器、X Window和TCP/IP都是UNIX/Linux程序员所熟悉的。

QNX是一个微内核实时操作系统，其核心仅提供4种服务：进程调度、进程间通信、底层网络通信和中断处理，其进程在独立的地址空间运行。所有其他OS服务，都实现为协作的用户进程，因此QNX核心非常小巧（QNX4.x大约为12KB），而且运行速度极快。

QNX提供了多种资源管理器，包括各种文件系统和设备管理，支持多个文件系统同时运行，包括提供完全POSIX.1及UNIX语法的POSIX文件系统，支持多种闪存设备的嵌入式文件系统，支持对多种文件服务器（如Windows NT、LAN Manager等）的透明访问的SMB文件系统、DOS文件系统、CDROM文件系统等。在进程和终端设备间提供大吞吐量、低开销接口服务。支持包括QNX Windows、X Window System for QNX等窗口服务，对MS Windows NT和X Window系统提供了远程图形连接支持。支持TCP/IP，独有的高性能、容错型QNX网络——FLEET使得所有连入网络的计算机变成了一个逻辑上的超级计算机。FLEET网络处理与消息传递和进程管理原语的集成，将本地和网络IPC统一起来，使得网络对IPC而言是透明的。

**5. 嵌入式Linux**

Linux最早创立于1991年，由芬兰人Linus Torvalds发明，短短二十余年的发展，Linux已成为一个功能强大、稳定可靠的操作系统。嵌入式Linux是标准Linux在嵌入式系统上的移植，继承了标准Linux的优良特征，是近年来发展的热点。嵌入式Linux的特点有：

- 开放源代码。Linux最大的特点是源代码公开并且遵循GPL协议，人们可以任意修改以满足自己的应用。其有大量优秀的开发工具，且同样遵循GPL协议。
- 高性能、可裁剪的内核。内核设计十分优秀，运行时所需资源少，而且稳定高效。独特的模块机制可以将用户的模块动态地插入内核或卸载，能够应付复杂的任务需求。
- 优秀的网络功能。Linux支持所有标准的网络协议，并且很容易移植到目标系统。

嵌入式操作系统的选择是前期设计过程的一项重要工作，这将影响到工程后期的发布以及软件的维护。首先，不管选用什么样的系统，都应该考虑操作系统对硬件的支持，如果选择的系统不支持将来要使用的硬件平台，那这个系统是不合适的；其次，要考虑开发调试用的工具，特别是对开销敏感和技术水平不强的企业来说，开发工具往往在开发过程中起决定性作用；第三，要考虑该系统能否满足应用需求。如果一个操作系统提供的API很少，那么无论这个系统有多么稳定，应用层都很难进行二次开发，这显然也不是开发人员希望看到的。由此可见，选择一款既能满足应用需求，性价比又可达到最佳的实时操作系统，对开发工作的顺利开展意义非常重大。

**6. 安卓系统**

Android 是一种基于 Linux 的自由及开放源代码的操作系统，主要使用于移动设备，如智能手机和平板电脑，由 Google 公司和开放手机联盟来领导及开发，尚未有统一中文名称，中国大陆地区较多人使用"安卓"或"安致"。Android 操作系统最初由 Andy Rubin 开发，主要支持手机，2005 年 8 月由 Google 收购注资，2007 年 11 月，Google 与 84 家硬件制造商、软件开发商及电信营运商组建开放手机联盟共同研发改良 Android 系统。随后 Google 以 Apache 开源许可证的授权方式，发布了 Android 的源代码。第一部 Android 智能手机发布于 2008 年 10 月。Android 逐渐扩展到平板电脑及其他领域上，如电视、数码相机、游戏机等。2011 年第一季度，Android 在全球的市场份额首次超过塞班系统，跃居全球第一。2012 年 11 月数据显示，Android 占据全球智能手机操作系统市场 76% 的份额，中国市场占有率为 90%。

Android 的系统架构和其操作系统一样，采用了分层的架构。从架构图看，Android 分为四个层，从高层到低层分别是应用程序层、应用程序框架层、系统运行库层和 Linux 内核层。

Android 是运行于 Linux 内核之上，但并不是 GNU/Linux。因为在一般 GNU/Linux 里支持的功能，Android 大都没有支持，包括 Cairo、X11、Alsa、FFmpeg、GTK、Pango 及 Glibc 等都被移除掉了。Android 又以 Bionic 取代 Glibc、以 Skia 取代 Cairo、再以 opencore 取代 FFmpeg 等。Android 为了达到商业应用，必须移除被 GNU GPL 授权证所约束的部分，例如 Android 将驱动程序移到 Userspace，使得 Linux 驱动器与 Linux 内核彻底分开。Bionic/Libc/Kernel 并非标准的内核头文件。Android 的内核头是利用工具由 Linux 内核头所产生的，这样做是为了保留常数、数据结构与宏。

Android 的 Linux 内核控制包括安全（Security），存储器管理（Memory Management），程序管理（Process Management），网络堆栈（Network Stack），驱动程序模型（Driver Model）等。下载 Android 源代码之前，先要安装其构建工具 Repo 来初始化源码。Repo 是 Android 用来辅助 Git 工作的一个工具。

## 1.4 本书结构

本书共有 12 章组成。第 1 章介绍嵌入式系统的基本概念和基本知识；第 2 章详细介绍基于 ARM 技术的嵌入式微处理器体系结构；第 3 章详细介绍嵌入式系统的程序设计语言基础，包括汇编语言程序设计及其与 C/C++ 语言的混合编程技术；第 4 章介绍典型嵌入式操作系统 Linux；第 5 章介绍重点 LED、键盘、ADC/DAC、RS-232、RS-485、触摸屏、LCD、SD 卡、IC 卡、RFID、WiFi、蓝牙、GPRS 等嵌入式设备；第 6 章介绍传感器的基本概念和基本知识，重点介绍了一些常用的温度、压力传感器；第 7 章介绍接口与总线的概念，重点介绍 GPIO 接口、$I^2C$ 总线、$I^2S$ 总线、SPI 总线；第 8 章介绍嵌入式系统设备驱动设计，重点介绍字符设备驱动和块设备驱动设计，简单介绍网络设备驱动、Flash 设备驱动、Android 设备驱动设计；第 9 章介绍嵌入式开发环境的的特点和基本知识，其中包括目前流行的两种开发环境 IAR 和 Keil，读者可以初步了解这两种开发环境的基本步骤，此外简要介绍嵌入式开发流程；第 10 章详细介绍图形界面编程的基础知识和相关软件的使用，首先介绍 Linux 图形开发基础和两种现在比较流行的嵌入式 Linux 图形用户界面，然后以 QT Creator 为例介绍 QT 编程环境的搭建及使用，并通过多窗口程序演示编程过程，最后在介绍 MiniGUI 的编程基础后，以 "Hello World!" 程序演示了使用 MIniGUI

编程的过程；第 11 章介绍的是 Android 开发起步的相关知识，首先对 Android 平台进行简单的介绍，其中包括 Android 的背景及其应用程序的框架，然后讲解搭建 Android 开发环境、在 Ecl 中创建一个项目、使用 Android 平台提供的工具调试和监控应用程序等内容；第 12 章以某煤业集团科技楼楼宇供能智能控制系统为实例，较为系统的阐述嵌入式系统开发的整体流程。

计算机应用、电子信息、自动化、物联网工程、电气工程及其自动化等专业的本科生或者研究生如果选择本书为教材，建议本书课时分配如下：第 1 章概述 4 个课时；第 2 章处理器和架构 6 个课时；第 3 章嵌入式语言基础 6 个课时；第 4 章嵌入式 Linux 操作系统基础 6 个课时；第 5 章嵌入式设备 4 个课时；第 6 章传感器 4 个课时；第 7 章嵌入式接口 4 个课时；第 8 章嵌入式设备驱动设计 6 个课时；第 9 章嵌入式开发环境 4 个课时；第 10 章图形界面编程 4 个课时；第 11 章 Android 应用 4 个课时；第 12 章开发案例 8 个课时。总计 60 个课时。实验验证时间为 8 到 12 课时。

## 1.5 小结

本章按嵌入式系统简介、嵌入式微处理器、嵌入式操作系统、本书结构四节内容对嵌入式系统进行了概述。

第 1 节嵌入式系统简介主要从嵌入式系统的历史发展、定义、分类、特点、组成、应用、发展趋势、学习等 8 个方面对嵌入式系统进行了简单全面地介绍，是每个嵌入式系统初学者必读的内容。第 2 节嵌入式微处理器从处理器的基本组成，两种处理器架构，嵌入式微处理器的特点、分类、技术指标、选型、发展方向等 7 个方面对嵌入式微处理器进行了简单介绍。第 3 节嵌入式操作系统从嵌入式操作系统的概念、分类、特性等方面对嵌入式操作系统进行了简单介绍，同时介绍了 Windows Embedded、VxWorks、μC/OS、QNX 及 Linux 几个经典的嵌入式操作系统。为后续各章节内容的学习做了必要的准备。第 4 节本书结构对组成本书的 12 章内容进行了简单介绍，并对课时分配给出建议。

## 1.6 复习思考题

1. 简述嵌入式系统的发展历史，并概述各阶段的特点。
2. 嵌入式系统具有怎样的特点？
3. 简述嵌入式微处理器的组成，并论述各自的功能和特点。
4. 什么是冯·诺依曼结构，什么是哈佛结构？其各自特点是什么？
5. 嵌入式微处理器有哪些技术指标？
6. 什么是嵌入式操作系统？
7. 简述嵌入式操作系统的特点。
8. 经典的嵌入式操作系统有哪些？各自有什么特点？
9. 嵌入式系统的应用领域有哪些？

# 第 2 章 处理器和架构

**本章主要内容**
- ARM 处理器概述
- ARM 处理器的内存管理
- Cortex-A15 介绍
- ARM9 处理器架构
- ARM9 异常处理

处理器是计算机系统中最重要的硬件部件，控制着整个系统的工作过程。CPU 的性能在很大程度上决定了整个系统的性能。

## 2.1 ARM 处理器概述

ARM 即 Advanced RISC Machine 的缩写，既可以认为是一个公司的名字，也可以认为是对一类微处理器的通称，还可以认为是一种技术的名称。1985 年，第一个 ARM 原型在英国剑桥 Acorn 公司诞生，并由此于 1991 年成立了 Advanced RISC Machines Limited（后简称为 ARM Limited，ARM 公司）。此后 ARM 32 位嵌入式 RISC 处理器扩展到世界范围，占据了低功耗、低成本和高性能的嵌入式系统应用领域的领先地位，已遍及工业控制、消费类电子产品、通信系统、网络系统、无线系统等各类产品市场。ARM 处理器的 4 大特点是耗电少、功能强、采用 16 位/32 位双指令集和拥有众多合作伙伴。

ARM 内核的特点有功耗低、应用灵活、指令集可扩展、指令兼容性强、便于软件移植、支持双指令集、寻址方式灵活、大量使用寄存器、指令执行速度快、支持的操作系统种类多等。

ARM 处理器目前有 ARM7、ARM9（ARM9E）、ARM11、SecureCore、Cortex-M、Cortex-R、Cortex-A 等 7 个系列，其中 ARM7、ARM9（ARM9E）、ARM11 已经属于经典系列。

1）ARM7：32 位处理器，用于对价位和功耗敏感的消费应用。其基本特点是：功耗非常低，采用 3 级流水线、冯·诺依曼结构，运行速度为 0.9 MIPS/MHz。

2）ARM9：目前 ARM 已经将 ARM9 和 ARM9E 两个系列的处理器归为一大类。ARM9 系列的核心产品是 ARM9TDMI 处理器，该处理器系列整合了 16 位的 Thumb 指令集，采用指令与数据分离的哈佛结构，共有 5 级流水线，处理能力高达 1.1 MIPS/MHz，具有全性能的内存管理单元（MMU）。该系列包括 ARM926EJ-S、ARM946E-S、ARM966E-S、ARM968E-S、ARM996HS、ARM920T 和 ARM922T 等处理器。

3）ARM11：ARM11 系列处理器采用 8 级流水线，增强了跳转预测，减少了散热，在保持功耗低的同时，提供 350MHz 到 1GHz 的运行速度。它引入用于媒体处理的 32 位 SIMD 指令，可以加倍 MPEG4 和音频的处理速度，改进 Cache 的访问机制，减少了上下文切换的开销。ARM11 处理器软件可以与以前所有 ARM 处理器兼容。

4）SecureCore：SecureCore 系列微处理器专为安全需要而设计，提供了完善的 32 位 RISC 技术的安全解决方案，在系统安全方面具有如下特点：带有灵活的保护单元，以确保操作系统和应用数据的安全；采用软内核技术，防止外部对其进行扫描探测；可集成用户自己的安全特性和其他协处理器。SecureCore 系列微处理器主要应用于一些安全性要求较高的应用产品及应用系统，如电子商务、电子政务、电子银行业务、网络和认证系统等领域。

5）Cortex-M：ARM Cortex-M 处理器系列针对成本和功耗敏感的 MCU 和终端应用（如智能测量、人机接口设备、汽车和工业控制系统、大型家用电器、消费性产品和医疗器械）的混合信号设备进行优化。

6）Cortex-R：ARM Cortex-R 实时处理器为要求可靠性、高可用性、容错功能、可维护性和实时响应的嵌入式系统提供高性能计算解决方案。

7）Cortex-A：ARM Cortex-A 系列应用型处理器可向运行多种操作系统和用户应用程序的设备提供全方位的解决方案，包括：超低成本手机、智能手机、移动计算平台、数字电视和机顶盒到企业网络、打印机和服务器等解决方案。

目前 ARM 处理器中高端处理器为 Cortex-A50 系列。该系列处理器是基于 ARMv8 体系结构的最新系列处理器。该系列支持 ARM AArch64 64 位指令集，即一种新的高能效 64 位模式，可与 ARM 现有的 32 位模式的增强版本一起运行。该系列包含 Cortex-A53、Cortex-A57 两款型号。2015 年年初，ARM 公司正式发布基于 ARMv8-A 架构的 Cortex-A72 处理器。计划用 Cortex-A72 处理器取代 Cortex-A57 处理器，应用于移动和企业设备领域。在相同的电池（移动设备）寿命限制下，Cortex-A72 的性能表现是 Cortex-A15 的 3.5 倍，展现优异的整体功耗效率。

## 2.2　ARM9 处理器架构

ARM9 处理器通过全新的设计，采用了更多的晶体管，能够达到两倍以上于 ARM7 处理器的处理能力。这种处理能力的提高是通过增加时钟频率和减少指令执行周期实现的。ARM9 系列包括 ARM926EJ-S、ARM946E-S 和 ARM968E-S 等处理器。

### 2.2.1　ARM9 处理器简介

ARM9 处理器采用 ARMv5TE（哈佛）体系结构。哈佛体系结构是一种将程序指令存储和数据存储分开的存储器结构，属于并行体系结构。由于哈佛体系结构中程序和数据存储在两个相互独立的存储器，每个存储器独立编址、独立访问。这种分离的程序总线和数据总线可允许在一个机器周期内同时获取指令字和操作数，所以访问效率要高于冯·诺依曼体系结构。ARM9 处理器同时也配备 Thumb 指令扩展、调试和 Harvard 总线。在生产工艺相同的情况下，性能是 ARM7TDMI 处理器的 2 倍之多。ARM9E 内核是在 ARM9 内核的基础上增加了 DSP 部分，同时也增强了乘法单元。

ARM9 系列处理器可为要求苛刻、成本敏感的嵌入式应用提供可靠的高性能和灵活性的保障，常用于无线设备、联网设备、机顶盒设备、汽车电子、USB 控制器、蓝牙控制器、医用扫描仪、硬盘控制器等应用中。

目前，很多公司都推出基于 ARM9 处理器芯片，主要有 Samsung 公司的 S3C2410、S3C2440、S3C2510，Cirrus 公司的 EP93xx 系列以及 ATMEL 公司的 AT91SAM9260、AT91SAM9263，飞思卡尔公司的 iMX27 处理器等。

### 2.2.2　ARM9 系列技术特点

目前，ARM9 和 ARM9E 系列已经在 ARM 官方合并为一个系列。ARM9 处理器系列的核心产品是 ARM9TDMI 处理器，该处理器系列整合了 16 位的 Thumb 指令集。ARM9 采用基于哈佛体系结构的 5 级流水线技术，平均功耗为 0.7mW/MHz，时钟频率为 120～200 MHz，每条指令平均执行 1.5 个时钟周期。ARM9 系列包括 ARM920T、ARM922T 以及 ARM940T 三个类型。

ARM9E 系列微处理器，在 ARM9 微处理器的基础上提供了增强的 DSP 处理能力，很适合于需要同时使用 DSP 和微控制器的高速数字信号处理的应用场合。ARM9E 系列微处理器具有更高的指令和数据处理能力，工作主频最高可达 470MHz，该产品系列包括 ARM926EJ-S、ARM946E-S、ARM966E-S 和 ARM968E-S。其中，ARM926EJ-S 处理器支持 ARM Jazelle 技术，能够在硬件中直接执行 Java 字节码，提高 Java 程序的执行速度。

该系列具有以下特点：
- 基于 ARMv5TE 的体系结构。
- 高效的 5 阶段管道（提取/解码/执行/内存/写回），可增加吞吐量和提高系统性能。
- 同时支持 ARM 和 Thumb® 指令集。
- 哈佛体系结构——独立的指令和数据内存接口。
- 31×32 位寄存器。
- 32 位 ALU 和桶式移位器。
- 增强型 32 位 MAC 块。
- CoreSight™ ETM9 接口用于增强型调试和跟踪功能。
  - 标准 AMBA® AHB™ 接口。
  - 协处理器接口内存控制器。
- 内存控制器。
- 灵活的缓存设计。
- 灵活的 TCM 设计。
- 增加 DSP 指令。

## 2.2.3 ARM9 结构及特点

以 ARM920T 为例简要介绍 ARM9 的内部结构，ARM920T 核由 ARM9TDMI、存储管理单元 MMU 和高速缓存三部分组成。基于 ARM9TDMI 的 ARM920T 处理器的结构如图 2-1 所示。
- 指令和数据内存管理单元（MMU），负责管理虚拟内存。
- 高速缓存由独立的 16KB 指令 Cache 和 16KB 数据 Cache 组成。

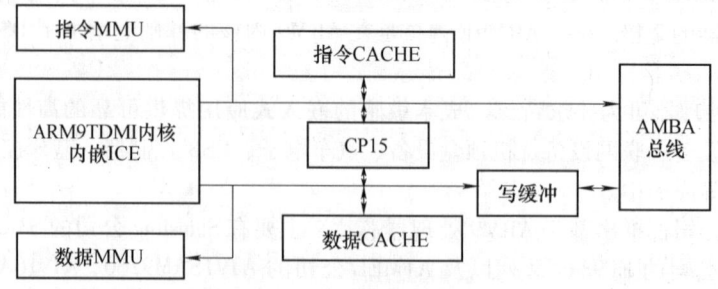

图 2-1　ARM920T 结构图

- 内部协处理器 CP14 用于控制调试。
- 内部协处理器 CP15 用于控制存储系统以及控制测试。
- 写缓冲区，减少处理器执行外部存储器写入动作的延迟时间。

- AMBA 是 ARM 公司设计的一种用于高性能嵌入式系统的总线标准。它独立于处理器和制造工艺技术，增强了各种应用中的外设和系统单元的可重用性。

## 2.2.4 ARM9 与 ARM7 的比较

ARM9 系列处理器是英国 ARM 公司设计的嵌入式处理器。ARM9 处理器通过全新的设计，采用了更多的晶体管，能够达到 ARM7 处理器两倍以上的处理能力。这种处理能力的提高是通过增加时钟频率和减少指令执行周期实现的。

**1. 时钟频率的提高**

ARM7 处理器采用 3 级流水线，而 ARM9 采用 5 级流水线，如图 2-2、图 2-3、图 2-4 所示。增加的流水线设计提高了时钟频率和并行处理能力，5 级流水线的目标是将每一个指令处理分配到 5 个时钟周期内，因此每个时钟周期的"平均工作量"减少，对提高时钟频率有巨大的帮助。在同样的加工工艺下，ARM7 一般运行在 100MHz 左右，而 ARM9 运行频率则至少是 ARM7 的两倍以上。

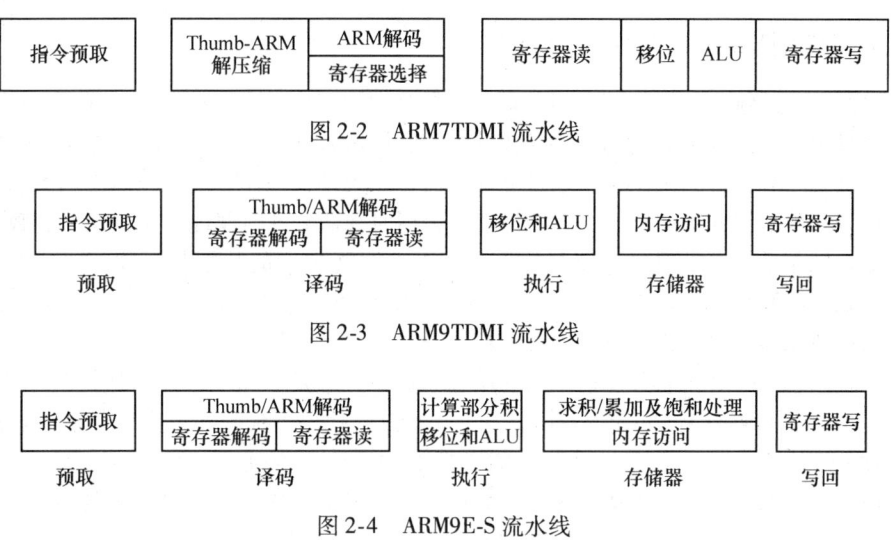

图 2-2　ARM7TDMI 流水线

图 2-3　ARM9TDMI 流水线

图 2-4　ARM9E-S 流水线

**2. 指令周期的对比**

指令周期的改进对于处理器性能的提高有很大帮助。运行同样一段代码，ARM9 相对于 ARM7 需要更少的时钟数目。性能提高的幅度依赖于代码执行时指令的重叠，这实际上涉及程序设计的问题。如果程序采用高级语言编写，还应该考虑编译器的质量好坏，根据 ARM 公司研究表明，一般情况下指令周期的改进能提高处理器 30% 左右的性能。

（1）存取指令改进　相对于 ARM7，ARM9 中改进最明显的是 loads 指令和 stores 指令的指令周期数。由于 ARM9 和 AMR7 两种处理器内采用了两种不同的基本微处理结构，所以在 ARM9 中 loads 指令和 stores 指令的执行时间减少了 30%。

1）ARM9 内核采用哈佛架构，这种结构有独立的指令和数据存储器接口，允许处理器同时进行取指和读写数据。而 ARM7 内核则只有一个存储器接口，取指令和访问数据都要使用该接口。

2）ARM9 的流水线中设计独立的"存储器"和"写回"两级流水线，将访问存储器和结果写回寄存器的操作分开独立运行。

以上两点实现了一个周期完成 loads 指令和 stores 指令，使得处理器工作效率提高 30%。

（2）互锁技术应用　当指令需要的数据依赖以前指令的执行结果，而以前的指令又没有执行完成时,就会产生流水线互锁。当流水线互锁发生时,硬件会停止这个指令的执行,插入若干互锁周期,直到数据准备好为止。虽然这种技术会增加代码执行时间,但是却为初期的设计者提供了巨大的方便,同时也能保证 ARM9 与以前 ARM 的处理器保持二进制代码级别的兼容。编译器以及汇编程序员可以通过重新设计代码的顺序或者其他方法来减少流水线互锁的数量。

(3) 跳转指令对比 ARM9 和 ARM7 的跳转指令周期是相同的,ARM9 不会比 ARM7 需要更多的时钟周期执行跳转指令,而且 ARM9 并没有对跳转指令进行分支预测处理。

## 2.3 ARM9 处理器的内存管理

在嵌入式系统中,可以使用的存储器件种类很多,如 FLASH、SRAM、SDRAM、EEPROM 等。在访问存储单元时,可能采取实地址方式对其进行读写操作,也可以使用虚拟地址对其进行读写操作。根据嵌入式系统中存储体系的特点,ARM 处理器中引入了特殊的存储管理单元来管理存储系统。

### 2.3.1 内存管理单元 (MMU) 概述

在 ARM9 存储系统中,提供了专门负责存储器管理的部件——内存管理单元 (MMU)。内存管理单元 (MMU) 是配合操作系统中实现虚拟存储 (virtual memory) 的必要器件。虚拟存储器的基本思想是程序和数据的大小可以超过物理存储器的大小,操作系统把当前使用的部分保留在内存中,而把其他未被使用的部分保存在磁盘上,同时在需要的时候能够把程序或者数据调入内存。软件上,操作系统要求虚拟存储系统具备四大功能(内存的分配与回收,地址重定位,存储器保护,虚拟存储);硬件上,ARM9 中内存管理单元 (MMU) 通过提供内存访问提供控制机制和地址映射机制实现对操作系统的内存管理部分的支持。

操作系统内核中一些比较关键的代码和敏感数据,一般是不希望被用户应用程序所访问的。通过 MMU 可以控制地址空间的访问权限,从而保护这些代码不被破坏,实现存储器保护。

在实际的应用中,硬件系统设计时可能会把物理地址不连续的 SDRAM 提供给操作系统使用,一般而言操作系统习惯于把 SDRAM 的空间连续起来,这样的硬件设计需要设置 MMU 才能满足操作系统的需要。应用程序申请大块的连续内存时,操作系统也可以通过 MMU 将不连续的内存分配给应用程序,满足运行要求。通过 MMU 可实现不连续的物理地址空间映射为连续的虚拟地址空间。MMU 负责虚拟地址和物理地址的转换,实现地址映射。

### 2.3.2 MMU 地址映射的实现

MMU 的工作过程,本质上是一个查表的过程。在 MMU 工作之前,首先需要建立页表 (translate table)。页表是位于系统的内存中,页表的每一项对应于一个映射。在 ARM9 中,每一项的长度定义为一个字的长度(在 ARM9 中,一个字的长度被定义为 4 字节)。页表项除完成虚拟地址到物理地址的映射功能之外,还定义了访问权限和缓冲特性等其他控制位。

在 ARM9 中,MMU 另外提供了一张映射表 (Modified Virtual Address, MVA),用于程序虚拟地址 (VA) 到物理地址 (PA) 的映射。ARM9 应用程序使用的虚拟地址不是直接被送到 MMU 当中去的,而是被送到 FCSE (Fast Context Switch Extension,快速上下文切换)生成 MVA。

ARM9 系统中,虚拟空间 4GB (32 位系统)被预先分成了 128 个进程空间,每一个进程空间大小为 32MB (虚拟地址 VA 的范围在 0~32MB 之间),每个进程空间块中可以包含一个进程,每个进程都分配一个 PID。当 VA 小于 32MB 的时候 MVA = VA | (PID << 25),否则 MVA = VA。这

样做的目的是减少不同进程中相同 VA 带来的冲突（进程空间重合），从而减少 MMU 重建、Cache 失效以及 TLB 失效的次数，提高效率。

生成的 MVA 将由 MMU 硬件转化为物理地址 PA，这个映射会被统一的 TLB（Translation Look-aside Buffer）进行缓存，ARM9 的 TLB 分为主 TLB 和锁定 TLB 两部分。TLB 除了地址转换信息，还包括访问权限信息。

MVA 映射的过程首先用到的是 CP15 协处理器中的 c2 寄存器（转换表基址寄存器，Translation Table Base Register，TTBR），c2 寄存器包含转换表（Translation Table，TT）的内存地址。然后根据转换表 TT 的信息进行映射，最终结果可以有四种大小的页面：段（Section）、大页（Large page）、小页（Small page）或者微页（Tiny page）。

1）映射存储块的分类。MMU 支持基于段或页的存储器访问，MMU 可以用下面四种大小的页面进行映射：

- 段（Section）构成 1MB 的存储器块。
- 大页（Large page）构成 64KB 的存储器块。
- 小页（Small page）构成 4KB 的存储器块。
- 微页（Tiny page）构成 1KB 的存储器块。

其中对于段映射使用一级转换表就可以了，而对于大页、小页、微页则需要使用两级转换表。

2）一级转换表结构如图 2-5 所示。

| 31 | 20 | 19 | 12 | 11 | 10 | 9 | 8 | 5 | 4 | 3 | 2 | 1 | 0 |
|---|---|---|---|---|---|---|---|---|---|---|---|---|---|
| | | | | | | | | | | | | 0 | 0 |
| 粗糙第二级表基址 | | | | | 域 | | | 1 | | | | 0 | 1 |
| 段基址 | | 0 | | AP | 域 | | | 1 | C | B | | 1 | 0 |
| 精细第二级表基址 | | | | | 域 | | | 1 | | | | 1 | 1 |

图 2-5　一级转换表结构示意图

第一级转换表的每个表项是一个映射的 1MB 虚拟地址空间的描述符。根据 bits[1：0] 的组合，有四种可能：

- 如果 bits[1:0]==0b00，这个表项没有被映射，试图访问他们将产生一个错误。
- 如果 bits[1:0]==0b10，这个表项映射段地址空间。
- 如果 bits[1:0]==0b01，这个表项映射粗糙第二级表。
- 如果 bits[1:0]==0b11，这个表项映射精细第二级表。

段空间占用 1MB 空间，粗糙第二级表占用 1KB 空间，精细第二级表占用 4KB 空间。粗糙第二级表只能映射大页和小页，精细第二级表可以映射大页、小页和微页。

如果第一级描述符是段描述符，那么各个字段有如下的意义：

bits[1:0] 描述符类型标识（0b10 表示段描述符）。

bits[3:2] 表示是否使用高速缓存和是否使用缓冲位。

bits[8:5] 表示域（Domain）控制位。MMU 中的 Domain 指的是一些段、大页或者小页的集合，这个描述符控制段的 16 种域之一，每个域的访问控制特性都是由 CP15 中的寄存器 C3 中的两位来控制的,域控制位含义见表2-1。

bits[11:10]访问控制,见表2-2。

bits[31:20]段基址,形成段基地址的高12位。

表2-1 域控制位含义表

| 控制位编码 | 访问类型 | 含义 |
|---|---|---|
| 0b00 | 没有访问特权 | 访问该域将产生访问失效 |
| 0b01 | 客户类型 | 根据页表中地址转换条目中的访问权限控制位(AP)决定是否允许特定的存储访问 |
| 0b10 | 保留 | 使用该值将产生不可预知的后果 |
| 0b11 | 管理者类型 | 不参考页表中地址转换条目中的访问权限控制位(AP),这种情况下不会产生访问失效 |

表2-2 访问控制权限表

| AP | S | R | 特权级访问权限 | 用户级访问权限 |
|---|---|---|---|---|
| 0b00 | 0 | 0 | 没有访问特权 | 没有访问特权 |
| 0b00 | 1 | 0 | 只读 | 没有访问特权 |
| 0b00 | 0 | 1 | 只读 | 只读 |
| 0b00 | 1 | 1 | 不可预知 | 不可预知 |
| 0b01 | X | X | 读/写 | 没有访问特权 |
| 0b10 | X | X | 读/写 | 只读 |
| 0b11 | X | X | 读/写 | 读/写 |

如果第一级描述符是粗糙页表描述符,bits[31:10]表示第二级粗糙页表的基址,粗糙页表必须在1KB边界对齐。如果第一级描述符是精细页表描述符,bits[31:10]表示第二级精细页表的基址,精细页表必须在4KB边界对齐。

3)第二级转换表结构,如图2-6所示。

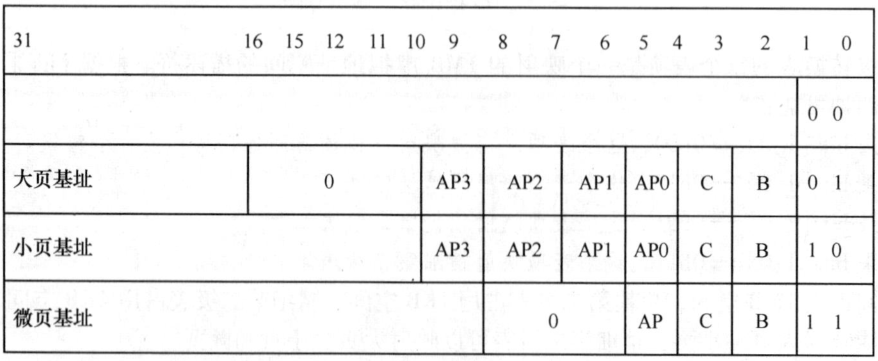

| 31 | 16 | 15 | 12 | 11 | 10 | 9 | 8 | 7 | 6 | 5 | 4 | 3 | 2 | 1 | 0 |
|---|---|---|---|---|---|---|---|---|---|---|---|---|---|---|---|
| | | | | | | | | | | | | | | 0 | 0 |
| 大页基址 | | 0 | | | | AP3 | AP2 | AP1 | AP0 | C | | B | | 0 | 1 |
| 小页基址 | | | | | | AP3 | AP2 | AP1 | AP0 | C | | B | | 1 | 0 |
| 微页基址 | | | | | | | | 0 | | AP | | C | B | 1 | 1 |

图2-6 第二级转换表结构示意图

对于一个第二级描述符,有四种可能,由描述符的bits[1:0]选择。

如果bits[1:0]==0b00,表示虚拟地址没有被映射。

如果 bits[1:0] ==0b01，表示这个表项是大页描述符，描述 64KB 的虚拟地址。
如果 bits[1:0] ==0b10，表示这个表项是小页描述符，描述 4KB 的虚拟地址。
如果 bits[1:0] ==0b11，这个入口是微页描述符，描述 1KB 的虚拟地址，微页描述符不应该在粗糙第二级表中出现，如果出现了，结果不可预测。
大页描述符的部分字段有如下意义：
bits[11:4]访问权限位，大页被分成 4 个子页，AP0 ~ AP3 表示四个子页的访问权限。
bits[31:16]用来形成大页的基地址的对应位。
小页描述符的部分字段有如下意义：
bits[11:4]访问权限位，小页也被分成 4 个子页，AP0 ~ AP3 表示四个子页的访问权限。
bits[31:12]用来形成小页的基地址的对应位。
微页描述符的部分字段有如下意义：
bits[31:10]用来形成微页的基地址的对应位。
MMU 的映射分为两种，一级页表映射和二级页表映射。两者的不同之处就是所实现的映射地址空间大小不同。一级页表映射只支持映射 1MB 存储空间，而二级可以支持地址空间映射包括 64KB、4KB 和 1KB。

4）段访问的转换过程，如图 2-7 所示。

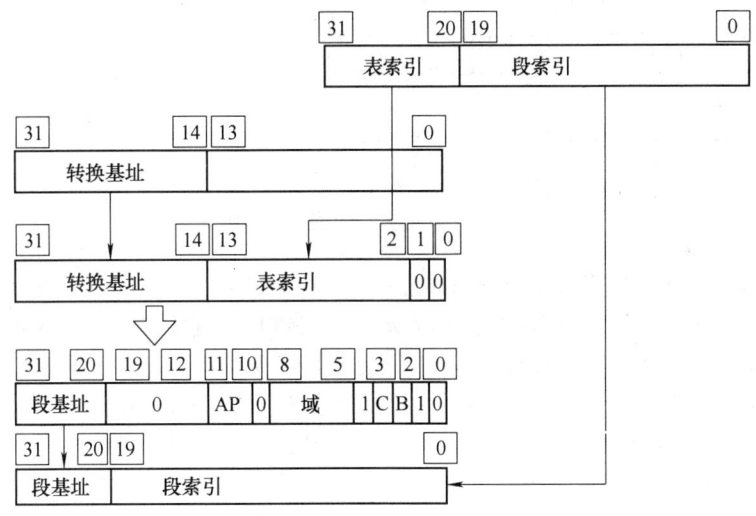

图 2-7　段访问的转换过程

以段的方式进行映射时，虚拟地址 MVA 到物理地址 PA 的转换过程如下：

① 页表基址寄存器 TTBR 位[31:14]和 MVA[31:20]组成一个低两位为 0 的 32 位地址，MMU 利用这个地址找到段描述符。

② 取出段描述符的位[31:20]（段基址），它和 MVA[19:0]组成一个 32 位的物理地址（这就是 MVA 对应的 PA）。

5）通过粗糙二级表访问小页如图 2-8 所示。访问小页面转换过程如下：

① 页表基址[31:14]和 MVA[31:20]组成一个低两位为 0 的 32 位地址，MMU 利用这个地址找到粗页表描述符。

② 取出粗页表描述符[31:10]（即粗页表基址），它和 MVA[19:12]组成一个低两位为 0 的

32位物理地址，用这个地址找到小页描述符。

③ 取出小页描述符的位[31:12]（即小页基址），它和MVA[11:0]组成一个32位物理地址（即MVA对应的PA）。

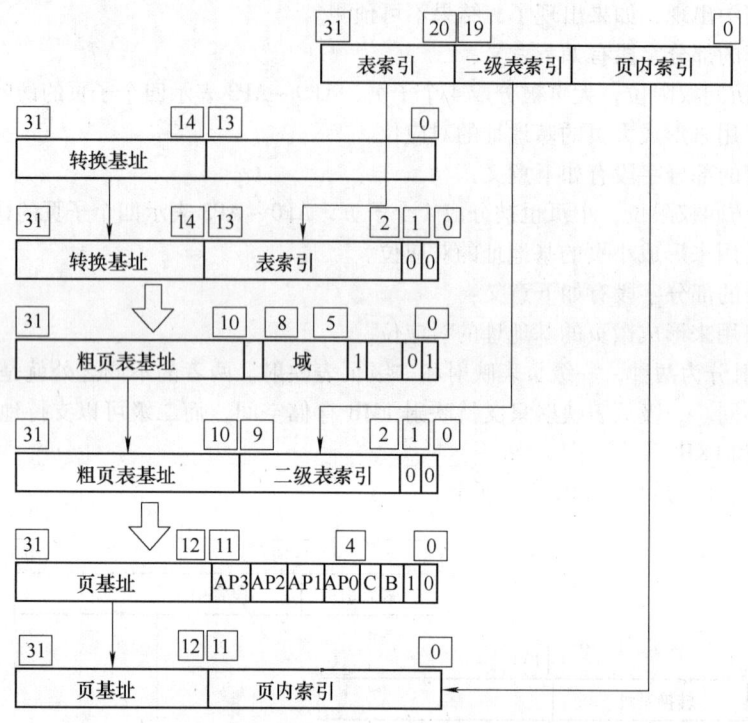

图2-8 通过粗糙二级表访问小页

6）通过精细二级表访问微页的过程与通过粗糙二级表访问小页面的过程类似。

7）存储器访问的顺序。当ARM要访问存储器时，MMU先查找TLB中的虚拟地址表（如果ARM的结构支持分开的地址TLB和指令TLB，则需要将指令和其他数据分开查找），在TLB中找到所需的虚拟地址，这时候可以迅速得出对应的物理地址以及其他控制管理信息。

如果TLB中没有虚拟地址的入口，则转换表遍历硬件，从主存储器中的转换表中获取转换和访问权限，一旦取到，这些信息将被放在TLB中（一个空表项，或者覆盖一个使用概率较低的表项），在第二次读写该虚拟地址时不需要MMU遍历转换表。

在访问内存的时候，控制位C（高速缓存）和B（写缓冲）被用来控制高速缓存和写缓冲，并决定是否高速缓存。访问权限和域控制位用来控制访问是否被允许。如果不允许，则MMU将向ARM处理器发送一个存储器异常。

### 2.3.3 协处理器CP15

ARM9处理器支持16个协处理器。在程序执行过程中，协处理器是协助ARM处理器处理其不能处理的指令。CP15即通常所说的系统控制协处理器（System Control Coprocessor）。它负责完成大部分的存储系统管理。在一些没有标准存储管理的系统中，CP15是不存在的。在这种情况下，针对协处理器CP15的操作指令将被视为未定义指令。

CP15包含16个32位寄存器，其编号为0~15。实际上对于某些编号的寄存器可能对应多个物理寄存器，在指令中指定特定的标志位来区分这些物理寄存器。ARM9的CP15寄存器功能见表2-3。

表 2-3 ARM9 的 CP15 寄存器功能

| 寄存器编号 | 基本作用 | | |
|---|---|---|---|
| 0 | ID 编码（只读） | Cache 类型（只读） | TCM 状态（只读） |
| 1 | 控制位（可读写） | | |
| 2 | 转换页表基地址（可读写） | | |
| 3 | 域访问控制（可读写） | | |
| 4 | 保留 | | |
| 5 | 数据异常状态（可读写） | 指令异常状态（可读写） | |
| 6 | 异常地址（可读写） | | |
| 7 | 缓存操作（可读写） | | |
| 8 | TLB 操作（只写） | | |
| 9 | 缓存锁定（可读写） | TCM 区域（可读写） | |
| 10 | TLB 锁定（可读写） | | |
| 11 | 保留 | | |
| 12 | 保留 | | |
| 13 | 快速上下文切换扩展进程 ID（FCSE PID）（可读写） | 上下文 ID 寄存器（可读写） | |
| 14 | 保留 | | |
| 15 | 测试配置（可读写） | | |

ARM 寄存器到协处理器的数据传送指令和反向传送指令分别为 MCR、MRC。MCR 指令将 ARM 处理器的寄存器中的数据传送到协处理器的寄存器中。MRC 指令将协处理器的寄存器中的数据传送到 ARM 处理器的寄存器中。MCR 和 MRC 的格式如下：

```
MCR/MRC  {<条件码>}<CP#>,<Opcode1>,Rd,CRn,CRm{,<Opcode2>}
```

指令举例如下：

MRC p2, 5, R3, c5, c6；请求协处理器 2 对 C5 和 C6 寄存器中制定操作 5，同时把结果（32 位）写入 R3 寄存器。

MCR p14, 1, R7, c7, c12, 6；将 R7 寄存器中的数据传送到协处理器 14 中的 C7 和 C12 寄存器中，参数 opcode1 为 1，参数 opcode2 为 6。

CP15 寄存器 0，保存 ID 编码、缓存类型以及 TCM 状态，为只读寄存器。寄存器 0 包含详细的硬件信息。读访问内容由 opcode2 的值确定。当 opcode=1 时返回缓存类型，当 opcode=2 时返回 TCM 状态，其他情况返回 ID 设备编码。

CP15 寄存器 1，保存控制信息，用于开启或者禁用缓存和 MMU 等功能，可以进行读写操作。

CP15 寄存器 2，保存 TTB 转换页表的基地址（C2 [31：14]），可以进行读写操作。

CP15 寄存器 3，保存域访问控制信息，每两位对应一个域（ARM 结构支持 16 个域），可以进行读写操作。ARM 有 3 种域控制方式：方式 00，方式 01，方式 11。

当值为 00 时，表示不允许被访问。

当值为 01 时，表示用户（Client）模式，访问时需要核对访问权限 AP。

当值为 10 时，该值保留，不被使用。

当值为 11 时，表示管理者（Manager）模式，访问时不需要核对访问权限，即不被保护。

CP15 寄存器 4，保留。

CP15 寄存器 5（异常状态寄存器，FSR），保存异常状态，可以进行读写操作。读 CP15 寄存器 5，返回最后数据异常源，包括数据异常（DFSR）和指令异常（IFSR），表示当数据中止出现时尝试访问的域与类型。

CP15 寄存器 6（异常地址寄存器，FAR），保存异常地址，可以进行读写操作。读 CP15 寄存器 6，包含当最后异常出现时尝试访问的 MVA。FAR 只会因数据异常而改变，不会因预取异常改变。

CP15 寄存器 7，控制缓存工作状态，用以管理指令缓存（ICache）与数据缓存（DCache），只写寄存器。MCR 指令的 opcode2 及 CRm 的组合可以执行不同的缓存操作。

CP15 寄存器 8，控制 TLB 工作状态，只读寄存器。用于管理指令 TLB 与数据 TLB，使用 opcode2 及 CRm 的组合选定 TLB 工作。

CP15 寄存器 9，用于控制 cache 内容锁定。当 CRm = c0 时，访问缓存锁定寄存器；当 CRm = c1 时，访问 TCM 寄存器。

CP15 寄存器 13，保存了快速上下文切换 FCSE 使用的进程 ID。

CP15 寄存器 15，用于测试和调试操作。

### 2.3.4 设置 MMU

设置 MMU 的主要工作是：①确定页表中的内容；②确定每个页表项地址。

例如将物理地址为 0x40100000 ~ 0x401FFFFF 的连续 1M 空间需映射为 0x00000000 ~ 0x000FFFFF 的一段连续空间：

1）确定页表项中的内容：把物理地址的基地址的高 12 位（31bit ~ 20bit）作为页表项的高 12 位，填写访问属性。假设可以读写，受到第一个域访问控制器控制，可以读缓存、写缓冲，这样该页表项内容为 0x40100c1e。

2）确定页表基地址，填写页表基地址到 CP15 寄存器的 C2 中。页表的基地址要为 16KB 对齐，假定为 0x405fc000。

3）计算出偏移地址，把内容填写到页表项地址中。页表项地址 = 页表基地址 + （虚拟地址基地址高 12 位）+ 0b00，因为虚拟地址为 0x00000000，所以页表项地址 = 0x405fc000。

4）将页表项数值写到对应的页表项地址中。上例中，需要向地址 0x405fc000 中写入 0x4010c00e，程序如下。

```
import    set_mmu_table
ldr       r0,=table ;0x405fc000
bl        set_mmu_table
ldr       r2,=0x55555555
mcr       p15,0x0,r2,c3,c0,0    ;16 个域均为 0b01,客户模式
ldr       r0,=table
mcr       p15,0x0,r0,c2,c0,0    ;变换表基地址写入 cp15 的 c2 寄存器
mov       r2,#0x7d              ;0b01111101,激活 cache,write buffer,MMU
mcr       p15,0x0,r2,c1,c0,0
void set_mmu_table(unsigned int * base)       //32 位数指针
{
          unsigned int * p_table;
```

```
    unsigned int    description;
    int  i;
    p_table = base;
    description = 0x40100c0e;          //页表项的值
    * p_table = description;
    p_table++;
    description = 0x41000c10            //其他的虚拟地址都视为无效地址
    bits[1:0] = 0b00
    for (i=1;i<4096;i++) {
        * p_table = description;
        description = description + 0x00100000;
        p_table++;
        }
    return;
}
```

请读者思考：如果设置这 1MB 空间（0x40100000~0x401FFFFF）为只读权限，应该怎样修改？

## 2.4 ARM9 异常处理

异常是指任何中断处理器正常执行过程，迫使处理器转换到特权状态执行特定指令的事件。异常是由内部或者外部原因引起的，当异常发生时 CPU 执行完当前指令后自动到指定的向量地址读取指令并且执行。x86 的中断向量存放的是中断处理程序的入口地址，而 ARM 的向量地址处存放的是一条指令（一般是一条跳转指令）。在 x86 中定义的很多中断，例如鼠标中断、键盘中断等，在 ARM 系统中是通过 IRQ 或 FIQ 异常模式进行处理的。

当异常发生后，ARM 处理器会进入以下七种异常类型：

1) 复位异常（Reset），按下复位键或者通过跳转指令跳转到复位异常时，触发复位异常。
2) 数据访问异常（Data Abort），当请求的数据地址不存在或者不允许访问，触发数据访问异常。
3) 快速中断异常（FIQ），FIQ 信号被触发且 CPSR 寄存器 F 位清零时，触发快速中断异常。
4) 一般中断异常（IRQ），IRQ 信号被触发且 CPSR 寄存器 I 位清零时，触发一般中断异常。
5) 预取指令异常（Prefetch Abort），当预取的指令地址不存在或不允许被访问，触发预取指令异常。
6) 软件中断异常（SWI），由中断指令触发软件中断异常。
7) 未定义指令异常（Undefined Instructions），当处理器或者协处理器不能识别当前指令时，触发未定义指令异常。

七种异常有六级优先级，见表 2-4。

表 2-4 异常优先级

| 优 先 级 | 异 常 | 优 先 级 | 异 常 |
| --- | --- | --- | --- |
| 1（最高） | 复位异常 | 4 | 一般中断异常 |
| 2 | 数据访问异常 | 5 | 预取指令异常 |
| 3 | 快速中断异常 | 6（最低） | 未定义指令异常，软件中断异常 |

当异常出现时，异常模式分组的 R14 和 SPSR 用于保存状态，当处理异常返回时，将 SPSR 传送到 CPSR，R14 传送到 PC。

1）程序在系统模式下运行用户程序，假定当前处理器状态为 Thumb 状态、允许 IRQ 中断。

2）用户程序运行时发生 IRQ 中断，硬件完成以下动作：将 CPSR 寄存器内容存入 IRQ 模式的 SPSR 寄存器；置位 I 位（禁止 IRQ 中断）；清零 T 位（进入 ARM 状态）；设置 MOD 位，切换处理器模式至 IRQ 模式；将下一条指令的地址存入 IRQ 模式的 LR 寄存器；将跳转地址存入 PC，实现跳转。

3）在异常处理结束后，异常处理程序完成以下动作：将 SPSR 寄存器的值复制回 CPSR 寄存器；将 LR 寄存的值减去一个常量后复制到 PC 寄存器，跳转到被中断的用户程序。

## 2.5 Cortex-A15 介绍

ARM Cortex-A15 处理器发布时间为 2010 年，它能提供极高的灵活性和处理能力。ARM Cortex-A15 处理器具备了高级节能技术，同时也具有高可靠性，这样的特性使得该处理器可以应用在网络基础设备或者其他企业级应用。Cortex-A15 在结构上使用的是 big.LITTLE 技术，这种技术曾在 Cortex-A7 处理器使用。ARM big.LITTLE 处理技术将 Cortex-A15 处理器的性能与 Cortex-A7 处理器极佳的节能效果结合在一起，使智能手机省电高达 70%。

Cortex-A15 和 Cortex-A9 一样具备乱序执行，但是 Cortex-A15 具备的指令发射端口和执行资源是 Cortex-A9 的两倍，指令解码能力也要高出 50%，动态分支预测能力更强（采用了多层级分支表缓存），指令拾取带宽更高，A15 为 128 bit，A9 为 64 bit，这些都能让 A15 的流水线执行具备更高的效率。除此以外，A15 采用了 VFPv4 浮点单元设计，能执行 FMA（Fused Multiply Accumulate）指令以及硬件除法指令，相较而言 A9 的峰值向量浮点性能基本上只有 A15 的一半。Cortex-A15 的规格见表 2-5。

表 2-5  Cortex-A15 规格

| Cortex-A15 处理器基本信息 | |
| --- | --- |
| 体 系 结 构 | ARMv7-A |
| 多核 | 单处理器群集中的 1-4X SMP<br>通过 AMBA 4 技术实现多个一致的 SMP 处理器群集 |
| ISA 支持 | ARMv7-A<br>Thumb-2<br>TrustZone 安全技术<br>NEON 高级 SIMD<br>DSP & SIMD 扩展<br>VFPv4 浮点运算<br>Jazelle RCT<br>硬件虚拟化支持<br>大物理地址扩展（LPAE） |
| 内存管理 | ARMv7 内存管理单元 |
| 调试和跟踪 | CoreSight DK-A15 |

Cortex-A15 处理器基于 ARMv7-A 微架构，通过 AMBA4 技术互联，使得单个处理器集群内拥有 1～4 个 SMP 处理核心，同时能够支持一系列 ISA（Instruction Set Architecture，指令集架构），并且能够在不断下降的功耗、散热和成本预算的基础上提供高度可扩展性解决方案，广泛适用于智能手

机、平板电脑、大屏幕移动计算设备、高端数字家庭娱乐终端、无线基站、企业基础架构产品等。该处理器主频最高可达 2.5GHz，并且可以根据不同应用领域的特点灵活调整应用方案，比如：在智能手机和移动计算的环境中，可以使用 1～1.5GHz 单/双核 Cortex-A15（配以 Mali 图形处理器）方案；在数字家庭娱乐环境中，可以使用 1～1.5GHz 双核 Cortex-A15 或者使用 1.5～2GHz 双/四核 Cortex-A15（配以 Mali-T600 图形处理器）方案；在 Web 2.0 服务器环境中，可以使用 1.5～2.5GHz 四核或者八核 Cortex-A15 方案；在无线设备中，可以使用 1.5～2.5GHz 四核/八核 Cortex-A15 或者更大规模的配置方案，也可以使用 1.5～2.5GHz 四核 Cortex-A15（配以 1～1.5GHz Cortex-A7）。

作为 Cortex-A 系列家族的一员，Cortex-A15 是一款具备广泛软件与功能兼容性的处理器。现有开发者、软件系统可立即投入使用，包括 Google Android、Adobe Flash Player、Java SE、JavaFX、Linux、Windows Embedded Compact 7、Ubuntu，还有很多 ARM 相关社区成员提供应用软件、硬件、软件开发工具、中间件、SOC 设计设备。

【应用案例】

- 三星 Exynos 5250 处理器。三星 Exynos 5250 芯片是一款 A15 芯片，应用于 Chromebook 和 Nexus 10 平板电脑上。Exynos 5250 的频率是 1.7GHz，采用 32 纳米的 HKMG 工艺，配备了 Mali-604 GPU，性能强大。
- NVIDIA Tegra 4 处理器。NVIDIA 在 CES 2013 上正式发表了 Tegra4 处理器，这款产品采用了和 Tegra 3 同样的"四加一"设计（四颗 CPU 核心加上第五颗省电 CPU 核心），使用了 Cortex-A15 架构的四核处理器，配有 72 核 GeForce GPU 核心，使用 28nm 制程，据称在显示性能方面是 Tegra 3 的六倍，同时它还支持 4G-LTE 网络。

## 2.6 小结

本章对处理器及其架构进行了分析，重点以 ARM9 为例，阐述了 ARM9 处理器架构及其相关知识。内存管理是微处理器的重要特性，也是本章重点学习的内容。本章对 ARM9 地址转换过程以及转换过程中涉及的协处理器配置做了详细介绍。最后对 ARM 的异常处理，以及较新的 Cortex-A15 处理器都做了简要介绍。

## 2.7 复习思考题

1. 什么是 ARM 处理器？有哪些系列？
2. 简述 ARM9 的技术特点。
3. 简述 ARM9 的结构及特点。
4. 简述 ARM9 与 ARM7 的区别。
5. 什么是内存管理单元？
6. 为什么要引入 TLB？
7. 简述 ARM9 异常处理的过程。
8. 简述你对 Cortex-A15 的了解。

# 第3章 嵌入式语言基础

**本章主要内容**
- 伪指令
- ARM 汇编语言
- 嵌入式 C 语言
- ARM 汇编语言与 C/C++ 的混合编程

基于 ARM 的编译器一般都支持汇编语言的程序设计、C/C++ 语言的程序设计及二者的混合编程。本章介绍基于 ARM 的嵌入式系统程序设计的一些语言基础,如 ARM 汇编语言的伪指令、ARM 汇编语言和嵌入式 C 语言等,同时介绍 C/C++ 和汇编语言的混合编程等。

## 3.1 伪指令

在 ARM 汇编语言程序里,有一些特殊指令助记符,这些助记符与指令系统的助记符不同,没有相对应的操作码,通常称这些特殊指令助记符为伪指令,它们所完成的操作称为伪操作。伪指令在源程序中的作用是为完成汇编程序作各种准备工作,这些伪指令仅在汇编过程中起作用,一旦汇编结束,伪指令的使命就完成了。

在 ARM 的汇编程序中,有符号定义(Symbol Definition)伪指令、数据定义(Data Definition)伪指令、汇编控制(Assembly Control)伪指令、宏指令以及其他伪指令。

### 3.1.1 符号定义伪指令

符号定义(Symbol Definition)伪指令用于定义 ARM 汇编程序中的变量、对变量赋值以及定义寄存器的别名等操作。常见的符号定义伪指令有用于定义全局变量的 GBLA、GBLL、GBLS,用于定义局部变量的 LCLA、LCLL、LCLS,用于对变量赋值的 SETA、SETL、SETS 以及为通用寄存器列表定义名称的 RLIST。

**1. GBLA、GBLL 和 GBLS**

**格式**:GBLA(GBLL 或 GBLS)全局变量名

**用途**:GBLA,GBLL,GBLS 伪指令用于定义一个 ARM 程序中的全局变量,并将其初始化。其中 GBLA 伪指令用于定义一个全局的数字变量,并初始化为 0;GBLL 伪指令用于定义一个全局的逻辑变量,并初始化为 F(假);GBLS 伪指令用于定义一个全局的字符串变量,并初始化为空。

由于以上 3 条伪指令用于定义全局变量,因此在整个程序范围内变量名必须唯一。

**示例**:

```
GBLA      Test1              ;定义一个全局的数字变量,变量名为 Test1
Test1     SETA  0xAA          ;将该变量赋值为 0xAA
GBLL      Test2              ;定义一个全局的逻辑变量,变量名为 Test2
Test2     SETL  {TRUE}        ;SETL 将该变量赋值为真
GBLS      Test3              ;定义一个全局的字符串变量,变量名为 Test3
Test3     SETS  "Testing"     ;将该变量赋值为"Testing"
```

## 2. LCLA、LCLL、LCLS

**格式**：LCLA（LCLL 或 LCLS）局部变量名

**用途**：LCLA，LCLL，LCLS 伪指令用于定义一个 ARM 程序中的局部变量，并将其初始化。其中 LCLA 伪指令用于定义一个局部的数字变量，并初始化为 0；LCLL 伪指令用于定义一个局部的逻辑变量，并初始化为 F（假）；LCLS 伪指令用于定义一个局部的字符串变量，并初始化为空。

由于以上 3 条伪指令用于声明局部变量，因此在其作用范围内变量名必须唯一。

**示例**：

```
LCLA    Test4                    ;声明一个局部的数字变量,变量名为Test4
Test3   SETA    0xAA             ;将该变量赋值为0xAA
LCLL    Test5                    ;声明一个局部的逻辑变量,变量名为Test5
Test5   SETL    {TRUE}           ;将该变量赋值为真
LCLS    Test6                    ;定义一个局部的字符串变量,名为Test6
Test6   SETS    "Testing"        ;将该变量赋值为"Testing"
```

## 3. SETA、SETL、SETS

**格式**：变量名 SETA（SETL 或 SETS）表达式

**用途**：伪指令 SETA、SETL、SETS 用于给一个已经定义的全局变量或局部变量赋值。

其中变量名为已经定义过的全局变量或局部变量，表达式为将要赋给变量的值。SETA 伪指令用于给一个数学变量赋值；SETL 伪指令用于给一个逻辑变量赋值；SETS 伪指令用于给一个字符串变量赋值。

**示例**：

```
LCLA    Test3                    ;声明一个局部的数字变量,变量名为Test3
Test3   SETA    0xAA             ;将该变量赋值为0xAA
LCLL    Test4                    ;声明一个局部的逻辑变量,变量名为Test4
Test4   SETL    {TRUE}           ;将该变量赋值为真
```

## 4. RLIST

**格式**：名称 RLIST {寄存器列表}

**用途**：RLIST 伪指令可用于对一个通用寄存器列表定义名称，使用该伪指令定义的名称可在 ARM 指令 LDM/STM 中使用。在 LDM/STM 指令中，列表中的寄存器访问次序为根据寄存器的编号由低到高，而与列表中的寄存器排列次序无关。

**示例**：

```
RegList RLIST{R0-R5,R5,R10};    将寄存器列表名称定义为RegList,
                                 可在ARM指令LDM/STM中通过该名
                                 称访问寄存器列表。
```

### 3.1.2 数据定义伪指令

数据定义（Data Definition）伪指令一般用于为特定的数据分配存储单元，同时可完成已分配存储单元的初始化。常见的数据定义伪指令有 DCB、DCW（或 DCWU）、DCD（或 DCDU）、DCFD（或 DCFDU）、DCFS（或 DCFSU）、DCQ（或 DCQU）、SPACE、MAP 及 FIELD。

## 1. DCB

**格式**：标号 DCB 表达式

**用途**：DCB 伪指令用于分配一片连续的字节存储单元并用伪指令中指定的表达式初始化，其中，表达式可以为 0~255 的数字或字符串。DCB 伪指令也可用"="代替。

**示例**：

```
Str    DCB(=)"This is a test!"    ;分配一片连续的字节存储单元并初始化
```

### 2. DCW（或 DCWU）

**格式**：标号 DCW（或 DCWU）表达式

**用途**：DCW（或 DCWU）伪指令用于分配一片连续的半字存储单元并用伪指令中指定的表达式初始化。其中，表达式可以为程序标号或数字表达式。DCW 伪指令和 DCWU 伪指令的区别仅在于用 DCW 伪指令分配的字存储单元是半字对齐的，而用 DCWU 伪指令分配的字存储单元并不严格半字对齐。所谓对齐就是数据在存储器中存放的规则，32 位系统中一般有字节对齐（8bit）、半字对齐（16bit）、字对齐（32bit）三种方式，分别对齐到连续地址、偶数地址、被 4 整除的地址。

**数据的存储**：字符型数据一般为字节对齐存储，短整型按照双字节对齐存储，整型/浮点型按照 4 字节对齐存储。

**示例**：

```
Data Test   DCW    1,2,3    ;分配一片连续的半字存储单元并初始化
```

### 3. DCD（或 DCDU）

**格式**：标号 DCD（或 DCDU）表达式

**用途**：DCD（或 DCDU）伪指令用于分配一片连续的字存储单元并用伪指令中指定的表达式初始化。其中，表达式可以为程序标号或数字表达式。DCD 伪指令也可用"&"代替。DCD 伪指令和 DCDU 伪指令的区别仅在于用 DCD 伪指令分配的字存储单元是字对齐的，而用 DCDU 伪指令分配的字存储单元并不严格字对齐。

**示例**：

```
Data Test   DCD    4,5,6    ;分配一片连续的字存储单元并初始化
```

### 4. DCFD（或 DCFDU）

**格式**：标号 DCFD（或 DCFDU）表达式

**用途**：DCFD（或 DCFDU）伪指令用于为双精度的浮点数分配一片连续的字存储单元，并用伪指令中指定的表达式初始化。每个双精度的浮点数占据 2 个字单元。DCFD 伪指令和 DCFDU 伪指令的区别仅在于用 DCFD 伪指令分配的字存储单元是字对齐的，而用 DCFDU 伪指令分配的字存储单元并不严格字对齐。

**示例**：

```
FDataTest   DCFD   2E115,-5E7 ;  分配一片连续的字存储单元并初始化为指
                                 定的双精度数
```

### 5. DCSF（或 DCFSU）

**格式**：标号 DCFS（或 DCFSU）表达式

**用途**：DCFS（或 DCFSU）伪指令用于为单精度的浮点数分配一片连续的字存储单元，并用伪指令中指定的表达式初始化。每个单精度的浮点数占据 1 个字单元。DCFS 伪指令和 DCFSU 伪指令的区别仅在于用 DCFS 伪指令分配的字存储单元是字对齐的，而用 DCFSU 伪指令分配的字存储单元并不严格字对齐。

示例：

```
FDataTest    DCFS    2E5,-5E-7         ；分配一片连续的字存储单元并初始化为指
                                         定的单精度数
```

**6. DCQ（或 DCQU）**

格式：标号 DCQ（或 DCQU）表达式

用途：DCQ（或 DCQU）伪指令用于分配一片以 8 个字节为单位的连续存储区域，并用伪指令中指定的表达式初始化。DCQ 伪指令和 DCQU 伪指令的区别仅在于用 DCQ 伪指令分配的存储单元是字对齐的，而用 DCQU 伪指令分配的存储单元并不严格字对齐。

示例：

```
DataTest    DCQ    100              ；分配一片连续的存储单元并初始化为指定的值
```

**7. SPACE**

格式：标号 SPACE 表达式

用途：SPACE 伪指令用于分配一片连续的存储区域并初始化为 0。其中，表达式为要分配的字节数。SPACE 也可用 "%" 代替。

示例：

```
Data Space    SPACE(%)    100       ；分配连续100字节的存储单元并初始化为0
```

**8. MAP**

格式：MAP  表达式 {基址寄存器}

用途：MAP 伪指令用于定义结构化的内存表的首地址。MAP 伪指令也可用 "^" 代替。表达式可以为程序中的标号或数学表达式，基址寄存器为可选项，当基址寄存器选项不存在时，表达式的值即为内存表的首地址，当该选项存在时，内存表的首地址为表达式的值与基址寄存器的和。

MAP 伪指令仅用于定义数据结构，并不实际分配存储单元，通常可与 FIELD 伪指令配合使用来定义结构化的内存表。

示例：

```
MAP(^)    0×100,R0                  ；定义结构化内存表首地址的值为0×100 +R0
```

**9. FIELD**

格式：标号 FIELD 表达式

用途：FIELD 伪指令用于定义一个结构化内存表中的数据域，其中表达式的值为当前数据域在内存表中所占的字节数。FILED 伪指令也可用 "#" 代替。与 MAP 伪指令相同，FIELD 伪指令仅用于定义数据结构，并不实际分配存储单元。FIELD 伪指令常与 MAP 伪指令配合使用来定义结构化的内存表，MAP 伪指令定义内存表的首地址，FIELD 伪指令定义内存表中的各个数据域，并可以为每个数据域指定一个标号供其他的指令引用。

示例：

```
MAP        0×100                    ；定义结构化内存表首地址的值为0×100
A          FIELD(#) 16              ；定义A的长度为16字节,位置为0×100
B          FIELD(#) 32              ；定义B的长度为32字节,位置为0×110
S          FIELD(#) 256             ；定义S的长度为256字节,位置为0×130
```

### 3.1.3 汇编控制伪指令

汇编控制（Assembly Control）伪指令用于控制汇编程序的执行流程。

**1. IF、ELSE、ENDIF**

**格式**：IF 逻辑表达式

指令序列 1

ELSE

指令序列 2

ENDIF

IF、ELSE、ENDIF 伪指令能根据条件的成立与否决定是否执行某个指令序列。当 IF 后面的逻辑表达式为真,则执行指令序列 1,否则执行指令序列 2。其中 ELSE 及其指令序列 2 可以没有,此时,当 IF 后面的逻辑表达式为真,则执行指令序列 1,否则继续执行后面的指令。

IF、ELSE、ENDIF 伪指令可以嵌套使用。

**示例**：

```
    GBLL   Test            ;声明一个全局的逻辑变量,变量名为 Test
    ……
    IF  Test = TRUE
        指令序列 1
    ELSE
        指令序列 2
    ENDIF
```

**2. WHILE、WEND**

**格式**：

WHILE     逻辑表达式

    指令序列

WEND

WHILE、WEND 伪指令能根据条件的成立与否决定是否循环执行某个指令序列。当 WHILE 后面的逻辑表达式为真,则执行指令序列,该指令序列执行完毕后,再判断逻辑表达式的值,若为真则继续执行,一直到逻辑表达式的值为假。

WHILE、WEND 伪指令可以嵌套使用。

**示例**：

```
GBLA   Counter         ;声明一个全局的数学变量,变量名为 Counter
Counter   SETA   3     ;给变量 Counter 赋初值为 3,控制循环次数
……
WHILE Counter < 10
    指令序列
    WEND
```

### 3.1.4　宏指令

**1. MACRO、MEND**

**格式**：MACRO     $标号　宏名 $参数 1, $参数 2,……

    指令序列

    MEND

MACRO、MEND 伪指令可以将一段代码定义为一个整体,称为宏指令,然后就可以在程序

中通过宏指令多次调用该段代码。其中，$标号在宏指令被展开时，标号会被替换为用户定义的符号，宏指令可以使用一个或多个参数，当宏指令被展开时，这些参数被相应的值替换。

宏指令的使用方式和功能与子程序有些相似，子程序可以提供模块化的程序设计、节省存储空间并提高运行速度。但在使用子程序结构时需要保护现场，从而增加了系统的开销，因此，在代码较短且需要传递的参数较多时，可以使用宏指令代替子程序。

包含在 MACRO 和 MEND 之间的指令序列称为宏定义体，在宏定义体的第一行应声明宏的原型（包含宏名、所需的参数），然后就可以在汇编程序中通过宏名来调用该指令序列。在源程序被编译时，汇编器将宏调用展开，用宏定义中的指令序列代替程序中的宏调用，并将实际参数的值传递给宏定义中的形式参数。

MACRO，MEND 伪指令可以嵌套使用。

**2. MEXIT**

格式：MEXIT

MEXIT 用于从宏定义中跳转出去。

### 3.1.5 其他常用的伪指令

还有一些其他的伪指令，在汇编程序中经常会被使用，这些常用的伪指令有 AREA、ALIGN、CODE16（或 CODE32）、ENTRY、END、EQU、EXPORT（或 GLOBAL）、IMPORT、EXTERN、GET（或 INCLUDE）、INCBIN、RN 及 ROUT。

**1. AREA**

格式：AREA 段名 属性1，属性2，……

用途：AREA 伪指令用于定义一个代码段或数据段。其中，段名若以数字开头，则该段名需用"|"括起来，如|1_test|。

属性字段表示该代码段（或数据段）的相关属性，多个属性用逗号分隔。常用的属性如下：

1）属性 CODE 用于定义代码段，默认为 READONLY。
2）属性 DATA 用于定义数据段，默认为 READWRITE。
3）属性 READONLY 指定本段为只读，代码段默认为 READONLY。
4）属性 READWRITE 指定本段为可读可写，数据段的默认属性为 READWRITE。
5）属性 ALIGN 表示使用方式为 ALIGN 表达式。在默认时，ELF（可执行连接文件）的代码段和数据段，是按字对齐的，表达式的取值范围为 0~31，相应的对齐方式为 2 表达式次方。
6）属性 COMMON 定义一个通用的段，不包含任何的用户代码和数据。各源文件中同名的 COMMON 段共享同一段存储单元。

一个汇编语言程序至少要包含一个段，当程序太长时，也可以将程序分为多个代码段和数据段。

示例：

```
AREA  Init,CODE,READONLY    ;该伪指令定义了一个代码段,指令序列
                             段名为 Init,属性为只读
```

**2. ALIGN**

格式：ALIGN {表达式 {，偏移量}}

用途：ALIGN 伪指令可通过添加填充字节的方式，使当前位置满足一定的对齐方式。其中，表达式的值用于指定对齐方式，可能的取值为 2 的幂，如 1，2，4，8，16 等。若未指定表达式，则将当前位置对齐到下一个字的位置。偏移量也为一个数字表达式，若使用该字段，则当前位置

的对齐方式为 2 的表达式次幂加偏移量。

示例：
```
    AREA  Init,CODE,READONLY,ALIEN=3    ;指定后面的指令为 8
      指令序列                            字节对齐
    END
```

### 3. CODE16（或 CODE32）

**格式**：CODE16（或 CODE32）

**用途**：CODE16 伪指令通知编译器，其后的指令序列为 16 位的 Thumb 指令；CODE32 伪指令通知编译器，其后的指令序列为 32 位的 ARM 指令。

若在汇编源程序中同时包含 ARM 指令和 Thumb 指令时，可用 CODE16 伪指令通知编译器其后的指令序列为 16 位的 Thumb 指令，CODE32 伪指令通知编译器其后的指令序列为 32 位的 ARM 指令。因此，在使用 ARM 指令和 Thumb 指令混合编程的代码里，可用这两条伪指令进行切换，但注意他们只通知编译器其后指令的类型，并不能对处理器进行状态的切换。

示例：
```
    AREA  Init,CODE,READONLY
    ……
    CODE32                 ;通知编译器其后的指令为 32 位的 ARM 指令
    LDR  R0,=NEXT+1        ;将跳转地址放入寄存器 R0
    BX   R0                ;程序跳转到新的位置执行,并将处理器切换
                             到 Thumb 工作状态
    CODE16                 ;通知编译器其后的指令为 16 位的 Thumb 指令

    NEXT  LDR  R3,=0×3FF
    ……
    END                    ;程序结束
```

### 4. ENTRY

**格式**：ENTRY

**用途**：ENTRY 伪指令用于指定汇编程序的入口点。在一个完整的汇编程序中至少要有一个 ENTRY（也可以有多个，当有多个 ENTRY 时，程序的真正入口点由链接器指定），但在一个源文件里最多只能有一个 ENTRY（可以没有）。

示例：
```
    AREA  Init,CODE,READONLY
    ENTRY                  ;指定应用程序的入口点
    ……
```

### 5. END

**格式**：END

**用途**：END 伪指令用于通知编译器已经到了源程序的结尾。

示例：
```
    AREA Init,CODE,READONLY
    ……
    END;                   指定应用程序的结尾
```

## 6. EQU

**格式**：名称 EQU 表达式{，类型}

**用途**：EQU 伪指令用于为程序中的常量、标号等定义一个等效的字符名称，类似于 C 语言中的#define。其中 EQU 可用"*"代替。

名称为 EQU 伪指令定义的字符名称，当表达式为 32 位的常量时，可以指定表达式的数据类型，可以有 CODE16、CODE32 及 DATA 共 3 种类型。

**示例**：

```
Test    EQU    50              ;定义标号 Test 的值为 50
Addr    EQU    0×55,CODE32     ;定义 Addr 的值为 0x55,且该处为 32 位
                                的 ARM 指令
```

## 7. EXPORT（或 GLOBAL）

**格式**：EXPORT 标号{[WEAK]}

**用途**：EXPORT 伪指令用于在程序中声明一个全局的标号，该标号可在其他的文件中引用。EXPORT 可用 GLOBAL 代替。标号在程序中区分大小写，[WEAK]选项声明其他的同名标号优先于该标号被引用。

**示例**：

```
AREA    Init,CODE,READONLY
EXPORT  Stest           ;声明一个可全局引用的标号 Stest
……
END
```

## 8. IMPORT

**格式**：IMPORT 标号{[WEAK]}

**用途**：IMPORT 伪指令用于通知编译器要使用的标号在其他的源文件中定义，但要在当前源文件中引用，而且无论当前源文件是否引用该标号，该标号均会被加入到当前源文件的符号表中。

标号在程序中区分大小写，[WEAK]选项表示当所有的源文件都没有定义这样一个标号时，编译器也不给出错误信息，在多数情况下将该标号置为 0，若该标号为 B 或 BL 指令引用，则将 B 或 BL 指令置为 NOP 操作。

**示例**：

```
AREA    Init,CODE,READONLY
IMPORT  Main            ;通知编译器当前文件要引用
                         标号 Main,但 Main 在其他
                         源文件中定义
……
END
```

## 9. EXTERN

**格式**：EXTERN 标号{[WEAK]}

**用途**：EXTERN 伪指令用于通知编译器要使用的标号在其他的源文件中定义，但要在当前源文件中引用，如果当前源文件实际并未引用该标号，该标号就不会被加入到当前源文件的符号表中。

标号在程序中区分大小写，[WEAK]选项表示当所有的源文件都没有定义这样一个标号时，

编译器也不给出错误信息,在多数情况下将该标号置为0,若该标号为 B 或 BL 指令引用,则将 B 或 BL 指令置为 NOP 操作。

**示例:**

```
AREA   Init,CODE,READONLY
EXTERN   Main                    ;通知编译器当前文件要引用标号
                                 Main,但 Main 在其他源文件中定义
……
END
```

### 10. GET(或 INCLUDE)

**格式:** GET  文件名

**用途:** GET 伪指令用于将一个源文件包含到当前的源文件中,并将被包含的源文件在当前位置进行汇编处理。可以使用 INCLUDE 代替 GET。

汇编程序中常用的方法是在某源文件中定义一些宏指令,用 EQU 定义常量的符号名称,用 MAP 和 FIELD 定义结构化的数据类型,然后用 GET 伪指令将这个源文件包含到其他的源文件中。使用方法与 C 语言中的"include"相似。

GET 伪指令只能用于包含源文件,包含目标文件需要使用 INCBIN 伪指令。

**示例:**

```
AREA   Init,CODE,READONLY
GET    a1.s                      ;通知编译器当前源文件包含源文件 a1.s
GET    C:\a2.s                   ;通知编译器当前源文件包含源文件 C:\a2.s
……
END
```

### 11. INCBIN

**格式:** INCBIN  文件名

INCBIN 伪指令用于将一个目标文件或数据文件包含到当前的源文件中,被包含的文件不作任何变动的存放在当前文件中,编译器从其后开始继续处理。

**示例:**

```
AREA   Init,CODE,READONLY
INCBIN   a1.dat                  ;通知编译器当前源文件包含文件 a1.dat
INCBIN   C:\a2.dat               ;通知编译器当前源文件包含文件 C:\a2.dat
……
END
```

### 12. RN

**格式:** 名称  RN  表达式

RN 伪指令用于给一个寄存器定义一个别名。采用这种方式可以方便程序员记忆该寄存器的功能。其中,名称为给寄存器定义的别名,表达式为寄存器的编码。

**示例:**

```
Temp   RN   R0                   ;将 R0 定义一个别名 Temp
```

### 13. ROUT

**格式:** {名称} ROUT

ROUT 伪指令用于给一个局部变量定义作用范围。在程序中未使用该伪指令时，局部变量的作用范围为所在的 AREA，而使用 ROUT 后，局部变量的作为范围为当前 ROUT 和下一个 ROUT 之间。

## 3.2 ARM 汇编语言

在嵌入式 ARM 系统的程序设计中往往离不开 ARM 汇编语言编程。正如大家所熟知的处理器初始化部分的代码通常都是用汇编语言来编写的，还有一些操作协处理器的代码，以及部分中断处理程序也是用汇编语言写成的。

### 3.2.1 ARM 汇编语言常用符号

在汇编语言程序设计中，经常使用各种符号代替地址、变量和常量等，以增加程序的可读性。尽管符号的命名由编程者决定，但并不是任意的，必须遵循以下的约定：

1）符号区分大小写，同名的大、小写符号会被编译器认为是两个不同的符号。
2）符号在其作用范围内必须唯一。
3）自定义的符号名不能与系统的保留字相同。
4）符号名不应与指令或伪指令同名。

**1. 程序中的变量**

程序中的变量是指其值在程序的运行过程中可以改变的量。ARM（或 Thumb）汇编程序所支持的变量有数字变量、逻辑变量和字符串变量。其中数字变量用于在程序的运行中保存数字值，但注意数字值的大小不应超出数字变量所能表示的范围；逻辑变量用于在程序的运行中保存逻辑值，逻辑值只有真或假两种取值情况；字符串变量用于在程序的运行中保存一个字符串，但注意字符串的长度不应超出字符串变量所能表示的范围。

在 ARM（或 Thumb）汇编语言程序设计中，可使用 GBLA、GBLL、GBLS 伪指令声明全局变量，使用 LCLA、LCLL、LCLS 伪指令声明局部变量，并可使用 SETA、SETL 和 SETS 对其进行初始化。

**2. 程序中的常量**

程序中的常量是指其值在程序的运行过程中不能被改变的量。ARM（Thumb）汇编程序所支持的常量有数字常量、逻辑常量和字符串常量。其中数字常量一般为 32 位的整数，当作为无符号数时，其取值范围为 $0 \sim 2^{32} - 1$。当作为有符号数时，其取值范围为 $-2^{31} \sim 2^{31} - 1$；逻辑常量只有真或假两种取值情况；字符串常量为一个固定的字符串，一般用于程序运行时的信息提示。

**3. 程序中的变量代换**

程序中的变量可通过代换操作取得一个常量。代换操作符为"＄"。

如果在数字变量前面有一个代换操作符"＄"，编译器会将该数字变量的值转换为十六进制的字符串，并将该十六进制的字符串代换"＄"后的数字变量；如果在逻辑变量前面有一个代换操作符"＄"，编译器会将该逻辑变量代换为它的取值（真或假）；如果在字符串变量前面有一个代换操作符"＄"，编译器会将该字符串变量的值代换"＄"后的字符串变量。

示例：

```
LCLS    S1                          ;定义局部字符串变量 S1 和 S2
LCLS    S2
S1      SETS    "Test!"
S2      SETS    "This is a $ S1"    ;字符串变量 S2 的值为"This is a Test!"
```

## 3.2.2 ARM 汇编语言表达式和运算符

在汇编语言程序设计中，也经常使用各种表达式，表达式一般由变量、常量、运算符和括号构成。常用的表达式有数字表达式、逻辑表达式及字符串表达式 3 种，其运算顺序遵循如下优先级：

1) 优先级相同的双目运算符的运算顺序为从左到右。
2) 相邻的单目运算符的运算顺序为从右到左，且单目运算符的优先级高于其他运算符。
3) 括号运算符的优先级最高。

**1. 数字表达式及运算符**

数字表达式一般由数字常量、数字变量、数字运算符和括号构成。与数字表达式相关的运算符有算术运算符、移位运算符及按位逻辑运算符。

（1）算术运算符　数字表达式中的算术运算符有"＋"、"－"、"×"、"/"及"MOD"，分别代表加、减、乘、除及取余数运算。以 X 和 Y 表示两个数字表达式，这些算术运算符代表的运算如下：X＋Y 表示 X 与 Y 的和；X－Y 表示 X 与 Y 的差；X×Y 表示 X 与 Y 的乘积；X/Y 表示 X 除以 Y 的商；X：MOD：Y 表示 X 除以 Y 的余数。

（2）移位运算符　数字表达式中的移位运算符有"ROL"、"ROR"、"SHL"及"SHR"，以 X 和 Y 表示两个数字表达式，这些移位运算符代表的运算如下：X：ROL：Y 表示将 X 循环左移 Y 位；X：ROR：Y 表示将 X 循环右移 Y 位；X：SHL：Y 表示将 X 左移 Y 位；X：SHR：Y 表示将 X 右移 Y 位。（注意逻辑左移和循环左移的区别）

（3）按位逻辑运算符　数字表达式中的按位逻辑运算符有"AND"、"OR"、"NOT"及"EOR"，以 X 和 Y 表示两个数字表达式，以上的按位逻辑运算符代表的运算如下：X：AND：Y 表示将 X 和 Y 按位作逻辑与的操作；X：OR：Y 表示将 X 和 Y 按位作逻辑或的操作；：NOT：Y 表示将 Y 按位作逻辑非的操作；X：EOR：Y 表示将 X 和 Y 按位作逻辑异或的操作。

**2. 逻辑表达式及运算符**

逻辑表达式一般由逻辑量、逻辑运算符和括号构成，其表达式的运算结果为真或假。与逻辑表达式相关的运算符如下：

（1）"＝"、"＞"、"＜"、"＞＝"、"＜＝"、"/＝"、"＜＞"运算符　以 X 和 Y 表示两个逻辑表达式，以上的运算符代表的运算如下：X＝Y 表示 X 等于 Y；X＞Y 表示 X 大于 Y；X＜Y 表示 X 小于 Y；X＞＝Y 表示 X 大于等于 Y；X＜＝Y 表示 X 小于等于 Y；X/＝Y 表示 X 不等于 Y；X＜＞Y 表示 X 不等于 Y。

（2）"LAND"、"LOR"、"LNOT"及"LEOR"运算符　以 X 和 Y 表示两个逻辑表达式，以上的逻辑运算符代表的运算如下：X：LAND：Y 表示将 X 和 Y 作逻辑与的操作；X：LOR：Y 表示将 X 和 Y 作逻辑或的操作；：LNOT：Y 表示将 Y 作逻辑非的操作；X：LEOR：Y 表示将 X 和 Y 作逻辑异或的操作。

**3. 字符串表达式及运算符**

字符串表达式一般由字符串常量、字符串变量、运算符和括号构成。编译器所支持的字符串最大长度为 512 字节。常用的与字符串表达式相关的运算符如下：

（1）LEN 运算符　LEN 运算符返回字符串的长度（字符数），以 X 表示字符串表达式，其语法格式如下：

```
:LEN:X
```

（2）CHR 运算符　CHR 运算符将 0～255 之间的整数转换为一个字符，以 M 表示某一个整

数,其语法格式如下:

```
:CHR: M
```

(3) STR 运算符　STR 运算符将一个数字表达式或逻辑表达式转换为一个字符串。对于数字表达式,STR 运算符将其转换为一个以十六进制组成的字符串;对于逻辑表达式,STR 运算符将其转换为字符串 T 或 F,其语法格式如下:

```
:STR:X          ;其中 X 为一个数字表达式或逻辑表达式
```

(4) LEFT 运算符　LEFT 运算符返回某个字符串左端的一个子串,其语法格式如下:

```
X:LEFT:Y        ;其中 X 为源字符串,Y 为一个整数表
                 示要返回的字符个数
```

(5) RIGHT 运算符　与 LEFT 运算符相对应,RIGHT 运算符返回某个字符串右端的一个子串,其语法格式如下:

```
X:RIGHT:Y       ;其中 X 为源字符串,Y 为一个整数,表示要返回的字符个数
```

(6) CC 运算符　CC 运算符用于将两个字符串连接成一个字符串,其语法格式如下:

```
X:CC:Y          ;其中 X 为源字符串 1,Y 为源字符串 2,
                 CC 运算符将 Y 连接到 X 的后面
```

**4. 相关的表达式及运算符**

常用的与寄存器和程序计数器 PC 相关的表达式及运算符如下:

(1) BASE 运算符　BASE 运算符返回基于寄存器的表达式中寄存器的编号,其语法格式如下:

```
:BASE:X         ;其中 X 为与寄存器相关的表达式。
```

(2) INDEX 运算符　INDEX 运算符返回基于寄存器的表达式中相对于其基址寄存器的偏移量,其语法格式如下:

```
:INDEX:X        ;其中,X 为与寄存器相关的表达式。
```

**5. 其他常用运算符**

(1) ? 运算符　? 运算符返回某代码行所生成的可执行代码的长度,如:"? X"表示返回定义符号 X 的代码行所生成的可执行代码的字节数。

(2) DEF 运算符　DEF 运算符判断是否定义某个符号,如:

```
:DEF:X          ;表示当符号 X 已经定义,结果为真;否则为假。
```

## 3.2.3　ARM 汇编语言程序结构

基于 ARM 的汇编语言程序设计的基本方法与其他语言一样,可分为顺序程序设计、分支程序设计及循环程序设计。由于许多程序语言课程对此均介绍得比较透彻,在此不再展开讨论,只是了解 ARM 汇编语言的基本程序结构。

在 ARM(Thumb)汇编语言程序中,以程序段为单位组织代码。段是相对独立的指令或数据序列,具有特定的名称。段可以分为代码段和数据段,代码段的内容为执行代码,数据段存放代码运行时需要用到的数据。一个汇编程序至少应该有一个代码段,当程序较长时,可以分割为多个代码段和数据段,多个段在程序编译链接时最终形成一个可执行的映象文件。

可执行映象文件通常由以下几部分构成:

1) 一个或多个代码段,代码段的属性为只读。

2）零个或多个包含初始化数据的数据段，数据段的属性为可读写。
3）零个或多个不包含初始化数据的数据段，数据段的属性为可读写。

链接器根据系统默认或用户设定的规则，将各个段安排在存储器中的相应位置。因此源程序中段之间的相对位置与可执行的映象文件中段的相对位置一般不会相同。

以下是一个汇编语言源程序的基本结构：

```
AREA      Init,CODE,READONLY
ENTRY
Start
LDR       R0,0x3FF5000        ;将地址 0x3FF5000 中的值存放到 R0 中
LDR       R1,0xFF             ;将地址 0xFF 中的值存放到 R1 中
STR       R1,[R0]             ;把 R1 中的值存放到地址为[R0]的空间中
LDR       R0,=0x3FF5008       ;将地址 0x3FF5000 存放到 R0 中
LDR       R1,0x01             ;将地址 0x01 中的值存放到 R1 中
STR       R1,[R0]             ;把 R1 中的值存放到地址为 0x3FF5008 的空间中
……
END
```

在汇编语言程序中，用 AREA 伪指令定义一个段，并说明所定义段的相关属性，以上程序段中定义了一个名为 Init 的代码段，属性为只读。ENTRY 伪指令标识程序的入口点，接下来为指令序列，程序的末尾为 END 伪指令，该伪指令告诉编译器源文件的结束，每一个汇编程序段都必须有一条 END 伪指令，指示代码段的结束。

### 3.2.4　ARM 汇编语言的子程序调用

在 ARM 汇编语言程序中，子程序的调用一般是通过 BL 指令来实现的，其格式如下：
BL　子程序名

该指令在执行时完成如下操作：将子程序的返回地址存放在连接寄存器 LR 中，同时将程序计数器 PC 指向子程序的入口点，当子程序执行完毕需要返回调用处时，只需要将存放在 LR 中的返回地址重新复制给 PC 即可。在调用子程序的同时，也可以完成参数的传递和从子程序返回运算的结果，通常可以使用寄存器 R0 ~ R3 完成。

### 3.2.5　ARM 指令的寻址方式

所谓寻址方式是指处理器根据指令给出的地址信息来寻找物理地址的方式，下面就 ARM 的寻址方式做个简单介绍。

**1. 立即寻址**

立即寻址也称立即数寻址，其实它并不需要真正的"寻址"，因为操作数本身已经包含在指令中了，读取指令后可以立即得到操作数，而并不需要去物理内存得到相应内容。这个给出的操作数叫立即数，一般以"#"为前缀。

```
例：  ADD   R1,R1,#0x1          ;R1 ← R1 +1
```

**2. 寄存器寻址**

寄存器寻址也是一种不需要访问存储器内容的寻址方式，指令中直接指明操作数所在的寄存器，执行时处理器直接访问寄存器获取操作数。

```
例：  ADD   R1,R1,R2            ;R1 ← R1 +R2
```

### 3. 寄存器偏移寻址

寄存器偏移寻址是 ARM 指令特有的一种寻址方式，利用了 <shift_op2> 形式的灵活性。第 2 操作数可以在与第 1 操作数结合之前，进行各种形式的移位操作。

例： ADD　R1,R1,R2,ROR #0x2　　　　;R2 循环右移两位后与 R1 相加,结果放 R1 中

### 4. 寄存器间接寻址

此时寄存器中存储的是地址，处理器需要根据这个地址从存储器中获取操作数，寄存器间接寻址是需要进行存储器访问的，其执行效率比寄存器寻址要慢。

例： SWP　R1,R1,[R2]　　　　　　　　;交换以 R2 为地址的存储器内容和 R1 内容

### 5. 基址变址寻址

基址变址寻址与寄存器间接寻址相似，但此时从寄存器取出的内容需要加上指令所给的偏移量，这样才能构成操作数的有效地址。通常基址变址寻址有以下四种形式：

op Rd,[Rn,R1]
op Rd,[Rn,FlexOffset]
op Rd,[Rn,FlexOffset]!
op Rd,[Rn],FlexOffset

按顺序解释：第一种形式称为零偏移（Zero offset），Rn + R1 的结果便是有效的操作数地址；第二种形式被称为前索引偏移（Pre-Index），指令首先计算 Rn + FlexOffset 的值得到有效的操作数地址，然后完成指令操作；第三种形式被称为带写回的前索引偏移（Pre-Indexed with Writeback），它在完成第二种形式的操作后，需要在最后将操作数地址存入 Rn 寄存器中，"!" 后缀的作用就是完成 Rn 寄存器的自增功能，适合数组等；第四种形式称为后索引偏移（Post-Index），它首先根据 Rn 的值寻址操作数，完成指令操作后，计算 Rn + FlexOffset 的值并存入 Rn 寄存器中。

### 6. 多寄存器寻址

多寄存器寻址方式可以在同一条指令中完成多个寄存器数据的传送，最多可以传送 16 个通用寄存器。

例： LDMIA R0,{R1,R2,R3,R4,R5}　;R1 ← R0, R2←R0 +4 ,...,
　　　　　　　　　　　　　　　　　R5← R0 +16

LDM 指令后缀 IA 的作用是每次加载/存储操作后，R0 的值按字长度增加，从而完成连续存储单元和多个寄存器之间内容的传递。连续寄存器可用 "—" 连接，不连续寄存器之间用 "," 分割。

### 7. 堆栈寻址

堆栈是一个后进先出的数据结构，堆栈寻址方式会有一个指针，始终指向存储单元的栈顶，这个指针需要一个专门的寄存器来存放，这个寄存器一般是 R13，当然用户也可以自己指定。如果堆栈指针总是指向最后压入堆栈的数据，称为满堆栈（Full Stack）；当堆栈指针指向下一个空位置时，称为空堆栈（Empty Stack）。按照地址增长方式，堆栈又可以分成递增堆栈（Ascending Stack）和递减堆栈（Descending Stack）。递增堆栈从低地址向高地址生长，递减堆栈则相反。通过组合，共有 4 种堆栈类型：满递增堆栈（Full Ascending），空递增堆栈（Empty Ascending），满递减堆栈（Full Descending），空递减堆栈（Empty Descending）。

例:STMFD SP!,{R1-R7,LR}　　　　　;将 R1-R7,LR 存放到堆栈中,这条指令一般用来保护现场

#### 8. 相对寻址

相对寻址可以看做是寄存器变址寻址方式的一个特例，因为此时包含基地址的寄存器特指程序计数器 PC，通过 PC 值与指令中的偏移量结合，生成有效的操作数地址。一般这种指令用于指令跳转。

```
例:      BLLabel            ;跳转到 Label 标签处
         ...
         Label:
         ...
```

### 3.2.6 ARM 指令简介

#### 1. 跳转指令

ARM 跳转指令主要作用：向后跳转实现循环；通过条件判断实现现在跳转；子程序调用；切换处理器工作状态。ARM 实现程序跳转有两种方法：

第一种是将当前程序寄存器 PC 值改写为跳转的目的地址，可实现 4G 地址范围内的跳转。通常使用的方法有两种，可使用指令：

```
MOV  PC,#immediate          ;PC ← immediate
```

上述指令由于立即数合法性的原因无法做到跳转到任意地址，另一方法可以：

```
LDR  PC,[PC,#offset]        ;PC←[PC+offset]
```

第二种实现程序跳转的方法就是使用专门的跳转指令实现，在 ARM 中包括 B、BL、BX、BLX 指令。

```
B:(Branch)
```

**格式**：B {cond}, Label

cond 表示指令的条件域；Label 并不是一个绝对跳转地址，而只是表示相对于当前指令地址的偏移。

```
BL:(Branch with Link)
```

BL 是带链接的跳转指令，即在跳转过程发生之前，会先将下一条要执行的指令地址存放在链接寄存器 R14 中，此指令一般用于函数的调用，当函数执行完成时，只要将 R14 中的值恢复到 PC 中，便可实现函数的返回。

**格式**：BL {cond}, Label

```
BX:(Branch and eXchange)
```

BX 指令用于 ARM 状态和 Thumb 状态之间的切换，它将通用寄存器 Rm（R0-R15）的值复制到程序寄存器 PC 中来实现 4G 地址范围的绝对跳转。

**格式**：BX {cond}, Rm

```
BLX:(Branch with Link and eXchange)
```

这是 v5 版本后才出现的命令，它能够在一条指令内完成指令跳转、返回位置保存和处理器工作状态切换三个动作。它有两种格式，一种是目标地址为任意绝对地址的带条件转换，另一种是目标地址为当前程序相对地址的无条件跳转，格式如下：

```
BLX{cond},Rm
BLX Label
```

## 2. 通用数据处理指令

ARM 的通用数据处理指令大致可以分为 4 类：数据传送指令、算术逻辑运算指令、比较指令和前导零计数指令。

1) 数据传输指令：实现寄存器和存储器之间的双向传输
- MOV（MOVE）和 MVN（MOVE NOT）

这两条指令格式：

```
MOV{cond}{S} Rd,Operand2
MVN{cond}{S} Rd,Operand2
```

MOV 指令将 Operand 的值复制到 Rd 寄存器中，而 MVN 指令会先将 Operand 按位取反后再复制到 Rd 寄存器中。Operand2 为灵活的第二操作数。

2) 算术逻辑运算指令：执行算术和逻辑运算，如加减、与或操作等。
- ADD 和 ADC，SUB 和 SBC，RSB 和 RSC

这三组指令分别是加法指令，减法指令，逆向减法指令及其各自的带进位操作指令，它们的格式相同：

```
op{cond}{S} Rd,Rn,Operand2
```

ADD 指令将 Rn 和 Operand2 的值相加，放入 Rd；而 ADC 需要将 Rn 和 Operand2 相加，再加上 CPSR 中 C 位的值，然后将结果存入 Rd 中。

SUB 指令将 Rn 的值减去 Operand2，结果放入 Rd 中；SBC 用 Rn 的值减去 Operand2 的值后，需要考虑 C 位的值，如果 C 位清零，则还要减掉 1，再把结果存入 Rd 中。

RSB 是逆向减法指令，所谓逆向是指和 SUB 相比，被减数与减数角色的互换，在 RSB 中将 Operand2 减去 Rn 的值，然后把结果放入 Rd 中；RSC 同样考虑 C 位的值，如果 C 位是清零的，则 Operand2 减去 Rn 后，还需要再减去 1，然后把结果放入 Rd 中。

- AND, ORR, EOR, BIC

这四条指令分别是逻辑与指令，逻辑或指令，逻辑异或指令和位清零指令。

**格式**：op{cond} {S} Rd,Rn,Operand

AND 指令、ORR 指令、EOR 指令分别对 Rn 和 Operand2 两个操作数按位做逻辑与操作、逻辑或操作和逻辑异或操作，并将结果存入 Rd 中；BIC 指令将 Rn 的值与 Operand2 值的反码按位作逻辑与操作，并将结果存入 Rn 中。

3) 比较指令：通常将一个寄存器的值与 32 位的常数进行比较或测试。
- TST 和 TEQ

位测试指令和相等测试指令。格式如下：

```
TST{cond} Rn,Operand2
TEQ{cond} Rn,Operand2
```

TST 指令将寄存器 Rn 的值和 Operand2 的值按位做逻辑与操作，除了最后的计算结果被丢弃外，整个过程和 ANDS 相同。

TEQ 指令将寄存器 Rn 的值和 Operand2 的值按位做逻辑异或操作，除了最后的计算结果被丢弃外，整个过程和 EORS 相同。

- CMP 和 CMN

比较指令和反值比较指令。指令格式如下：

```
CMP{cond} Rn,Operand2
CMN{cond} Rn,Operand2
```

CMP 指令将 Rn 寄存器值减去 Operand2 的值,除了最后的计算结果被丢弃外,整个过程和 SUBS 相同。

CMN 指令将 Rn 的值和 Operand2 的值相加,除了最后的计算结果被丢弃外,整个过程和 ADDS 相同。CMN 指令用于负数的比较。

4）前导零计数指令。

- CLZ

它是从 v5 版本开始引入的,其格式:CLZ{cond} Rd,Rm

该指令从 Rm 寄存器值的高位开始计数,直到遇到第一个非零位为止,统计总共前导零的个数,并将统计值存入 Rd 中。

### 3. 乘法指令

- MUL 和 MLA

MUL 和 MLA 指令是 32 位的乘法指令和乘加指令,格式如下:

```
MUL{cond}{S} Rd,Rm,Rs
MLA{cond}{S} Rd,Rm,Rs,Rn
```

MUL 指令首先计算 Rm × Rs,并将结果的低 32 位存入 Rd 中;而 MLA 指令计算 Rm × Rs + Rn 的值,然后将结果的低 32 位存入 Rd 中。

- UMULL, UMLAL, SMULL 和 SMLAL

上述指令的 U 表示无符号,S 表示带符号,L 表示结果为长整形。所以上述指令分别叫做无符号长整形乘法指令,无符号长整形乘加指令,带符号长整形乘法指令和带符号长整形乘加指令。指令格式如下:

```
Op{cond}{S} RdLo,RdHi,Rm,Rs
```

UMULL 指令将 Rm 和 Rs 的值作无符号数相乘,64 位结果的低 32 位存入 RdLo 寄存器,高 32 位存入 RdHi 寄存器。

UMLAL 指令将 Rm 和 Rs 的值作无符号数相乘,计算结果再和保存在 RdLo、RdHi 中的 64 位无符号数相加,最终结果的低 32 位存入 RdLo 寄存器,高 32 位存入 RdHi 寄存器。

SMULL 指令和 SMLAL 指令同上。

- SMULxy 和 SMLAxy

SMULxy 指令和 SMLAxy 指令是 16 位的带符号乘法指令,格式如下:

```
SMUL<x><y>{cond} Rd,Rm,Rs
SMLA<x><y>{cond} Rd,Rm,Rs,Rn
```

x,y 可以是 B 或者 T。当 x 位为 B 时,第一操作数取 Rm[15:0];当 x 为 T 时,第一操作数取 Rm[31:16]。同理,y 的值决定第二操作数取 Rs 的哪一部分。

在取得 Rm 和 Rs 的 16 位值后,SMULxy 指令将两个操作数相乘并将 32 位结果存入 Rn 中,SMLAxy 指令将两个操作数相乘后再加上保存在 Rn 中的 32 位数据,并将最终的结果存入 Rd 中。

- SMULWy 和 SMLAWy

从上面两条指令类推,从格式上就能看出,这两条指令分别是 32 * 16 位的带符号乘法指令和乘加指令。指令格式如下:

```
SMULW<y>{cond} Rd,Rm,Rs
SMLAW<y>{cond} Rd,Rm,Rs,Rn
```

W 的含义即 word，表示第一个操作数是 32 位的，而 y 决定了第二操作数去 Rs 的哪一半。取出操作数后，SMULWy 指令将两个操作数相乘，并将 48 位结果的高 32 位存入 Rn 寄存器中，SMLAWy 指令将操作数相乘后取结果的高 32 位，然后加上保存在 Rn 中的 32 位数据，并将最后的结果存入 Rd 中。

**4. Load/Store 内存访问指令**

ARM 处理器是典型的 RISC 处理器体系结构，对于处理器的访问必须通过专门的加载/存储指令来完成。

- LDR 和 STR

LDR 和 STR 指令是单一数据加载和存储指令，LDR 指令从内存读取数据装入寄存器中，STR 指令将寄存器中的数据存入内存。ARM 的 LDR 和 STR 指令传输的数据宽度有多种变化，可以实现半字、字、双字、有字符/无字符的数据加载和存储。

（1）字或无符号字节传输　当 LDR 和 STR 实现字和无符号字节传输时，它们加载或存储 32 位或是无符号 8 位的内容。此时的格式为：

```
op{cond}{B}{T} Rd,[Rn]
op{cond}{B} Rd,[Rn,FlexOffset]{!}
op{cond}{B} Rd,Label
op{cond}{B}{T} Rd,[Rn],FlexOffset
```

（2）半字或带符号字节传输　当 LDR 和 STR 实现半字和带字符字节传输时，它们加载或存储 16 位或是带符号 8 位的内容。此时的格式为：

```
op{cond}type Rd,[Rn]
op{cond}type Rd,[Rn,Offset]{!}
op{cond}type Rd,Label
op{cond}type Rd,[Rn],Offset
```

其中的 type 后缀有三种类型，适用的情况如下：

| Type | 适用指令 | 作　用 |
|------|----------|--------|
| SH | LDR | 表示带符号的半字 |
| H | LDR, STR | 表示无符号的半字 |
| SB | LDR | 表示带符号的字节 |

（3）双字传输　当 LDR 和 STR 实现双字传输时，它们在加载或存储 64 位的数据内容。此时指令格式是：

```
op{cond}D Rd,[Rn]
op{cond}D Rd,[Rn,Offset]{!}
op{cond}D Rd,Label
op{cond}D Rd,[Rn],Offset
```

后缀 D 表示双字传输。

这些指令装载和存储 Rd 的值从/到指定的地址。

- LDM 和 STM

批量加载指令 LDM 将一片连续内存单元的数据加载到一组通用寄存器中，而批量存储指令 STM 过程相反。批量指令允许一次最多传输 16 个寄存器，即从 R0 ~ R15，当然也可以是这 16 个寄存器的任意组合。指令的格式如下：

```
op {cond}mode Rn{!},reglist{^}
```

其中 mode 有 8 种形式，分别为 IA、IB、DA、DB、FA、FD、EA、ED，分别表示先完成指令操作，再完成地址递增；先增加地址，再完成指令操作；先完成指令操作，再完成地址递减；先递减地址，再完成指令操作；满递增堆栈；满递减堆栈；空递增堆栈；空递减堆栈。

- SWP（Swap）

交换指令 SWP 用于寄存器和存储器之间内容的交换，它将指定内存单元的数据存入目标寄存器，然后将源寄存器的内容存储到内存单元中。指令格式如下：

```
SWP{cond}{B} Rd,Rm,[Rn]
```

B 后缀表示交换的数据宽度是字节，此时目标寄存器 Rd 的高 24 位将被清零。Rd 是目标寄存器，用来存放从存储器中读取的数据；Rm 是源寄存器，它的内容将会被存入指定内存中。Rn 存放了需要用来交换内容内存的地址，若 Rd 与 Rm 相同，则功能变为把寄存器的内容和给定内存位置的内容进行交换。

- PLD

预读取 PLD 指令是 ARMv5E 版本引入的，它指示存储器系统在接下去的几条指令中很可能会有 Load 指令，存储系统以此做好相应的准备，从而加速内存访问过程。指令格式为：

```
PLD[Rn{,FlexOffset}]
```

Rn 寄存器保存了对应内存地址的基地址，偏移量为 FlexOffset。

### 5. ARM 协处理器指令

ARM 协处理指令主要有以下功能：初始化 ARM 处理器；协处理器数据处理；处理器寄存器和协处理寄存器数据的交换；协处理器寄存器和存储器数据交互。ARM 处理器共有 16 个协处理器，完成不同的协处理操作，每个协处理器只会执行特定的针对自身的协处理命令，忽略其他所有的协处理指令。

- CDP 和 CDP2

CDP 是协处理器数据处理指令（Coprocessor Data OPeration），用来执行特定的数据操作。格式如下：

```
CDP{cond} coproc,opcode1,CRd,CRn,CRm{,opcode2}
```

coproc 指定了执行该条协处理器的名字，标准的命名应该是 pn，n 可以是 0-15 之间的某个值。opcode1 和 opcode2 是协处理器相关的操作码，协处理器根据指令的操作码完成相应的数据操作。CRd，CRn 和 CRm 是协处理器寄存器，分别作为目标寄存器，第一操作数和第二操作数。协处理器如果不能成功的执行该指令，会产生未定义的指令异常中断。

CDP2 是从 ARMv5 版本引进的，它的格式为：

```
CDP2 coproc,opcode1,CRd,CRn,CRm{,opcode2}
```

- LDC 和 LDC2，STC 和 STC2

上述指令用于协处理器和存储器之间的数据传输。LDC 指令将存储器内容复制到协处理寄存器中，而 STC 指令则是将协处理器寄存器数据复制到存储器中。协处理器控制要传送的数据

的长度。协处理器如果不能成功的执行指令,会产生未定义的异常中断。指令格式如下:

```
op{cond}{L} coproc,CRd,[Rn]
```

LDC2 和 STC2 是从 ARMv5 版本引入的,注意它们的格式有点区别,这两条指令不能进行条件指令,并没有"L"后缀,即不能进行长整形传送。

- MCR,MCR2 和 MCRR

MCR 指令将 ARM 寄存器中的数据传输到协处理寄存器中,根据协处理器的不同,操作也会有点变化。MCR2 指令是从 ARMv5 版本引入的,而 MCRR 指令从 ARMv5E 版本引入,协处理器如果不能成功的执行这些指令,会产生未定义的指令异常中断,指令格式如下:

```
MCR{cond} coproc,opcode1,Rd,CRd,CRm,opcode2
```

- MRC,MRC2 和 MRRC

MRC 指令的数据传输方向与 MCR 指令相反,它将协处理器寄存器中的数据传输到 ARM 处理器寄存器中,MRC2 指令是从 ARMv5 版本引入的,而 MRRC 指令从 ARM5vE 引入,协处理器如果不能成功的执行这些指令,会产生未定义的指令异常中断,指令格式如下:

```
MRC{cond} coproc,opcode1,Rd,CRd,CRm,opcode2
```

### 6. 杂项指令

- SWI

软件中断指令 SWI 用来实现在用户模式下的程序调用管理模式中的代码,以此实现处理器模式的切换,CPSR 会被存入管理模式下的 SPSR,随后指令会返回中断。在其他模式下当执行 SWI 指令时,处理器也同样会切换到管理模式。指令格式如下:

```
SWI{cond} immed_24
```

- MRS 和 MSR

为了方便读写状态寄存器(CPSR 和 SPSR),ARM 引入这两条专门的指令。
MRS 指令格式:MRS Rn, CPSR/SPSR  ; MRS CPSR/SPSR, Rn
MSR 格式同上。

- BKPT

这是 ARMv5 版本引入的断点命令,使用断点指令使 ARM 处理器进入 Debug 模式,调试工具可以利用这条指令在特殊地址设置断点然后检测系统的运行状态,这对于开发测试具有很重要的作用,指令格式如下:

```
BKPT #immed
```

### 7. 饱和算术指令

一般指令在整数溢出时会自动回卷,比如 32 位寄存器 R1 最大的正整数是 0x7FFFFFFF,当执行 R1+1 时会得到结果-0x8FFFFFFF,因为此时发生了溢出,导致结果变成了负数,同时 V 会被置位。但饱和运算指令会导致不同的情况,即 Q 位会被置位,且返回的结果不同。饱和指令有:
QADD,QSUB,QDADD 和 QDSUB
这些指令都是带符号操作,指令格式为:

```
op{cond} Rd,Rm,Rn
```

### 8. ARM 伪指令

为了编程方便,ARM 引入了伪指令,编程者可以完全把他们当做真正的汇编指令来用,汇编器会在编译阶段使用等效的真正的指令组合来替代这些伪指令。ARM 伪指令主要有四条:

ADR 指令、ADRL 指令、LDR 指令和 NOP 指令。

- ADR

小范围的地址读取伪指令，主要用来读取基于 PC 相对偏移的地址。指令格式如下：

```
ADR{cond} register,expr
```

- ADRL

中等范围地址取址伪指令，它的取址范围比 ADR 要大，指令格式如下：

```
ADRL{cond} register,expr
```

ADRL 指令使用 ADR 和 ADD，或 ADR 和 SUB 的一个组合，来生成一个更大的可以达到的地址范围。

- LDR

这里讲的 LDR 伪指令，不是内存访问指令 LDR，LDR 伪指令是大范围的地址读取伪指令，用于加载 32 位的立即数或是一个地址值，格式如下：

```
LDR < reg >, = <constant-expression >
```

常量表达式 < constant-expression > 中可以包含 Label，且其中的常数前不加#符号。

- NOP

NOP 伪指令在汇编时会被 ARM 的空操作替代，可用于延迟操作，执行 NOP 伪指令时 ALU 的状态保持不变。

### 3.2.7 Thumb 指令简介

Thumb 指令将 32 位 ARM 指令的一个子集进行编码，成为一个 16 位的指令集，相比较 ARM 指令集，Thumb 指令集拥有更高的代码密度，这对于嵌入式设备来说至关重要。Thumb 指令集也采用 Load/Store 结构，有数据处理，数据传送机制控制指令等。除了 B 指令外，Thumb 指令都是无条件执行的，许多 Thumb 指令数据处理指令都是采用 2 地址格式，即目的寄存器和源寄存器相同，而大多数 ARM 数据处理指令都采用 3 地址格式。

#### 1. Thumb 跳转指令

- B

B 指令是 Thumb 指令中唯一可以条件执行的指令。格式如下：

```
B{cond} Label
```

- BL

BL 指令是带链接的长跳转，格式如下：

```
BL Label
```

- BX

BX 指令在跳转的同时，会选择性的切换指令集，格式如下：

```
BX Rm
```

Rm 是 ARM 寄存器，保存了要跳转的地址，Rm 的位 0 并不用做地址的一部分，但是若位 0 被清零，位 1 必须同时被清零（保证字对齐），若 CPSR 的 T 位也同时被清零，则跳转的目的地址自动被认为是 ARM 代码。

- BLX

BLX 指令是带链接的跳转，并选择性的切换指令集，格式如下：

```
BLX Rm
BLX Label
```

跳转到的目的地址根据指令格式选择性的切换指令集。若 Rm 的位 0 被清零或使用 BLX Label 指令格式时，指令切换到 ARM 状态。

在 Thumb 命令下，其跳转指令的跳转范围与 ARM 命令下不同。

**2. Thumb 通用数据处理指令**

- AND，ORR，EOR 和 BIC

这四条指令是按位逻辑运算指令，分别是按位与、按位或、按位异或和按位清零指令。指令格式如下：

```
op Rd,Rm
```

其中 Rd 为目标寄存器，同时也是第一操作数，Rm 是第二操作数，Rd 和 Rm 必须是 R0 ~ R7 中的一个。

- ASR，LSL，LSR 和 ROR

这四条指令是移位指令，分别是算术右移、逻辑左移、逻辑右移和循环右移操作，指令的操作数可以是寄存器，也可以是立即数，格式如下：

```
op Rd,Rm
op Rd,Rm,#expr
```

Rd 是目的寄存器，当移位值存放在寄存器中时，Rd 也作为源寄存器，Rm 存放移位值。Rm 是源寄存器，expr 是立即数移位值。

- CMP 和 CMN

比较指令和反值比较指令，指令格式如下：

```
CMP Rn,#expr
CMP Rn,Rm
CMN Rn,Rm
```

expr 是一个整数表达式，范围在 0 ~ 255 之间，CMP 指令用 Rn 减去 Rm 或 expr 的值。CMN 则将 Rn 和 Rm 相加，指令会影响状态寄存器的条件位，但比较结果被取反。

在 CMP 的第一种形式中，Rn 必须是 R0 ~ R7 中的一个；在第二种形式中 Rn 和 Rm 可以是 R0 ~ R15 中的任意一个。在 CMN 指令中，Rn 和 Rm 必须是 R0 ~ R7 中的一个。

- MOV，MVN 和 NEQ

这三条指令格式如下：

```
MOV Rd,#expr
MOV Rd,Rm
MVN Rd,Rm
NEQ Rd,Rm
```

MOV 指令将#expr(0 ~ 255)值或是 Rm 值存入 Rd 中。
MVN 指令将 Rm 值按位取反，然后将其存入 Rd 中。
NEQ 指令将 Rm 的值乘以-1，然后将其存入 Rd 中。

需要注意的是，在 MOV 指令的第一种形式，MVN 以及 NEQ 指令中，Rd 和 Rm 是 R0 ~ R7 中的一个；在 MOV 指令的第二种形式中，Rd 和 Rm 可以为 R0 ~ R15 中任意一个，若 Rd 和 Rm 使用 R8 ~ R15，指令不会影响条件标志位，若 Rd 和 Rm 使用 R0 ~ R7，则会影响条件标志位。

- TST

位测试指令，格式如下：

```
TST Rd,Rm
```

TST 指令执行将使 Rn 和 Rm 执行按位与操作，它将更新条件标志位，结果被丢弃。Rn 和 Rm 范围是 R0 ~ R7。

### 3. Thumb 算术指令

- 低寄存器的 ADD 和 SUB

低寄存器是指指令中使用的寄存器范围是 R0 ~ R7，其加法、减法指令格式如下：

```
op Rd,Rn,Rm
op Rd,Rd,Rn,#expr3
op Rd,#expr4
```

- 高寄存器或低寄存器的 ADO

指令格式如下：

```
op Rd,Rm
```

- sp 的 ADD 和 SUB

这两条指令将堆栈指针 sp 作为操作数，用来增加或减少 sp，格式如下：

```
ADD sp,#expr
SUB sp,#expr
```

- pc 或 sp 相关的 ADD

这条指令将 sp 或 pc 的值加上或减去一个常量，并将结果存入低寄存器中，指令格式如下：

```
ADD Rd,Rp,#expr
```

Rd 是寄存器（R0 ~ R7），Rp 是 pc 或 sp，expr 表达式取值必须是 0 ~ 1024 之间 4 的倍数。

- ADC，SBC 和 MUL

这三条指令分别是带进位的加法，带进位的减法和乘法指令，格式如下：

```
op Rd,Rm
```

Rd 和 Rm 必须是低寄存器（R0 ~ R7）。

### 4. Thumb 内存访问指令

- 立即数偏移的 LDR 和 STR

内存地址由寄存器基址和立即数偏移指定，指令格式如下：

```
op Rd,[Rn,#immed_5* 4]
opH Rd,[Rn,#immed_5* 4]
opB Rd,[Rn,#immed_5* 4]
```

H 后缀表示无符号的半字传输，B 后缀表示无符号字节传输，Rn 和 Rd 使用低寄存器（R0 ~ R7），immed_5 * N 是偏移量。

- 寄存器偏移的 LDR 和 STR

内存地址由寄存器基址和寄存器偏移指定，指令格式如下：

```
op Rd,[Rn,Rm]
```

Rd，Rn，Rm 都是低地址寄存器（R0 ~ R7）。

- pc 或 sp 相关的 LCR 和 STR

内存地址由 pc 值或 sp 值加上一个偏移量决定，指令格式如下：

```
op Rd,[sp/pc,#immed_8*4]
```

- Push 和 Pop

低寄存器和可选的 R 进栈以及低寄存器和可选的 PC 进栈。
指令格式：

```
Push {reglist}
Pop {reglist}
Push {reglist,R}
Pop {reglist,PC}
```

- LDMIA 和 STMIA

这两条指令用来读取和存入多个寄存器的内容，指令格式如下：

```
op Rn,{reglist}
```

**5. Thumb 软中断和断电指令**

- SWI

软中断指令，格式如下：

```
SWI immed_8
```

- BKPT

断点指令，格式如下：

```
BKPT immed_8
```

**6. Thumb 伪指令**

- ADR Thumb 伪指令

ADR 伪指令读取一个程序相对的地址到寄存器，指令格式如下：

```
ADR reglist,expr
```

- LDR Thumb 伪指令

LDR 伪指令读取地址或 32 位的常量到低寄存器中，指令格式如下：

```
LDR Rd,[pc,#imm]
```

## 3.3 嵌入式 C 语言

ARM 的编程语言常用的有两种：一种是汇编语言，另一种是 C 语言。汇编语言的机器代码生成效率很高，但可读性不强，复杂一点的程序就更难读懂。而 C 语言在大多数情况下的机器代码生成效率和汇编语言相当，但可读性和可移植性却远远超过汇编语言。而且 C 语言还可以嵌入汇编语言来解决高时效性的代码编写问题。对于开发周期来说，中大型软件的编写使用 C 语言的开发周期通常大大少于汇编语言。因此，在掌握一定汇编语言的基础上，就需要进一步学习 C 语言编程了。

### 3.3.1 C 语言简介

**1. C 语言的发展过程**

C 语言是在 20 世纪 70 年代初问世的。1978 年，美国电话电报公司（AT&T）贝尔实验室正式发表了 C 语言，同时由 B. W. Kernighan 和 D. M. Ritchit 合著了著名的《THE C PROGRAMMING LANGUAGE》一书，通常简称为《K&R》，也有人称之为《K&R》标准。但是，在《K&R》中并没有定义一个完整的标准 C 语言，后来美国国家标准协会（ANSI）在此基础上制定了一个 C 语言标准，于 1983 年发表，通常称之为 ANSI C。到 1987 年，ANSI 又公布了新标准——87 ANSI C，即现行的 C 语言标准。

**2. C 语言的特点**

C 语言是一种结构化语言，它层次清晰，便于按模块化方式组织程序，易于调试和维护。C 语言的表现能力和处理能力极强，它不仅具有丰富的运算符和数据类型，便于实现各类复杂的数据结构，还可以直接访问内存的物理地址，进行位（bit）一级的操作。由于 C 语言实现了对硬件的编程操作，因此，C 语言集高级语言和低级语言的功能于一体，效率高，可移植性强，特别适合单片机系统的编程与开发。

**3. 采用 C 语言编程的好处**

与汇编语言相比，C 语言在功能性、结构性、可读性、可维护性上有明显的优势，因而易学易用。用过汇编语言后再使用 C 语言来开发，对 ARM 的编程体会将更加深刻。ARM 采用 C 语言编程有以下几点好处：

1）编程调试灵活方便。C 语言编程灵活，同时，目前几乎所有 ARM 都有相应的 C 语言级别的仿真调试系统，调试十分方便。

2）生成的代码编译效率高。当前较好的 C 语言编译系统编译出来的代码效率只比直接使用汇编语言低 20% 左右，如果使用优化编译选项，还可以更低。

3）模块化开发。目前的软硬件开发都向模块化、可复用性的目标发展。不管是硬件还是软件，都希望其有比较通用的接口，以便在以后的开发中如果需要实现相同或者相近的功能，就可以直接使用以前开发过的模块，尽量不做或者少做改动，以减少重复劳动。如果使用 C 语言开发，数据交换可方便地通过约定实现，有利于多人协同进行大项目的合作开发。同时，C 语言的模块化开发方式使开发出来的程序模块可不经修改，直接被其他项目所用，这样就可以很好地利用已有的大量 C 程序资源与丰富的库函数，从而最大程度地实现资源共享。

4）可移植性好。由于不同系列的 ARM 的 C 语言编译工具都是以 ANSI C 为基础进行开发的，因此，一种 C 语言环境下所编写的 C 语言程序，只需将部分与硬件相关的地方和编译连接的参数进行适当修改，就可方便地移植到另外一种系列上。

5）便于项目维护管理。用 C 语言开发的代码便于开发小组计划项目、灵活管理、分工合作以及后期维护，基本可以杜绝因开发人员变化而给项目进度、后期维护或升级所带来的影响，从而保证整个系统的品质、可靠性以及可升级性。

### 3.3.2 简单 C 语言程序的构成

通过一些简单的 C 语言程序，可以总结出以下几点：

1）C 语言程序是由函数构成的，一个 C 语言源程序至少包括一个函数，有且只有一个名为 main 的函数，也可能包含其他函数，因此，函数是 C 语言程序的基本单位。主程序通过直接书写语句和调用其他函数来实现有关功能，这些其他函数可以是由 C 语言本身提供给用户的，这样的函数称之为库函数（本例未使用库函数）；也可以是用户自己编写的，这样的函数称之为用户自定义函数。那么库函数和用户自定义函数有什么区别呢？简单地说，任何使用 C 语言的人，都可以直接调用 C 语言的库函数而不需要为这个函数写任何代码，只需要包含具有该函数说明的相应的头文件即可；而自定义函数则是完全个性化的，是用户根据自己需要而编写的。

2）一个函数由两部分组成。函数的首部，即函数的第一行，包括函数名、函数类型、函数属性、函数参数（形式参数）名、参数类型。

例如：void Delay（unsigned int i）

一个函数名后面必须跟一对圆括号，即便没有任何参数也是如此。

函数体，即函数首部下面的大括号"｛｝"内的部分。如果一个函数内有多个大括号，则最外层的一对"｛｝"为函数体的范围。

3）一个 C 语言程序，总是从 main 函数开始执行的，而不管物理位置上这个 main 放在什么地方。

4）主程序中的 Delay 如果写成 delay 就会编译出错，即 C 语言区分大小写，书写时一定要注意。

5）C 语言书写的格式自由，可以在一行写多个语句，也可以把一个语句写在多行。没有行号（但可以有标号），书写的缩进没有要求。但是建议用户自己按一定的规范来写，可以给自己带来方便。

6）每个语句和资料定义的最后必须有一个分号，分号是 C 语句的必要组成部分。

7）可以用/＊…＊/的形式为 C 程序的任何一部分作注释，在"/＊"开始后，一直到"＊/"为止的中间的任何内容都被认为是注释，所以，在书写特别是修改源程序时特别要注意，有时无意之中删掉一个"＊/"，结果，从这里开始一直到遇到下一个"＊/"中的全部内容都被认为是注释了。

需要说明的是，如果使用的是 Keil Cx51 开发软件，那么，该软件也支持 C++ 风格的注释，就是用"//"引导的后面的语句是注释。这种风格的注释，只对本行有效，所以不会出现上面的问题，而且书写比较方便，因此在只需要一行注释的时候，往往采用这种格式。但要注意，只有 keil Cx51 支持这种格式，早期的 franklin C 软件以及 PC 机上用的 TC 都不支持这种格式的注释，用以上格式的注释，编译时无法通过，会报告编译错误。

## 3.4 ARM 汇编语言与 C/C++ 的混合编程

在应用系统的程序设计中，若所有的编程任务均用汇编语言来完成，其工作量是可想而知的，同时也不利于系统升级或应用软件移植。事实上，ARM 体系结构支持 C/C++ 与汇编语言的混合编程，在一个完整的程序设计当中，除了初始化部分用汇编语言完成以外，其主要的编程任务一般都用 C/C++ 完成。

汇编语言与 C/C++ 的混合编程通常有以下几种方式。

1）在 C/C++ 代码中嵌入汇编指令。

2）在汇编程序和 C/C++ 的程序之间进行变量的互访。

3）汇编程序、C/C++ 程序间的相互调用。

在以上的几种混合编程技术中，必须遵守一定的调用规则，如物理寄存器的使用、参数的传递等，这对于初学者来说，无疑显得过于烦琐。在实际的编程应用中使用较多的方式是，程序的初始化部分用汇编语言完成，然后用 C/C++ 完成主要的编程任务。程序在执行时首先完成初始化过程，然后跳转到 C/C++ 程序代码中，汇编程序和 C/C++ 程序之间一般没有参数的传递，也没有频繁的相互调用，因此，整个程序的结构显得相对简单，容易理解。

ATPCS（ARM-Thumb Produce Call Standard）是 ARM 程序和 Thumb 程序中子程序调用的基本规则，目的是为了使单独编译的 C 语言程序和汇编语言程序之间能够相互调用。这些基本规则包括子程序调用过程中寄存器的使用规则，数据栈的使用规则和参数的传递规则。

### 3.4.1 C 程序调用汇编程序

在 C 语言程序中调用用汇编语言编写的汇编程序的方法是，使用 EXTERN 关键词，以声明该汇编程序。在汇编程序中使用 EXPORT 伪操作声明的程序可以被别的程序调用。下面是一个 C 程序调用汇编程序的例子，其中汇编程序完成字符串的比较工作，并返回结果。

C 语言程序部分：

```
#include <stdio.h>
Extern void strcopy(char * d,const char * s)
int main()
{
    int flag;
    const char * str = "this is a string";
    const char * dst = "this is different";
    printf("the two strings are:\n");
    printf("%s\n %s\n",str,dst);
    cmpstring(dst,Str,flag);
    if(flag)
        printf("they are the same.")
    else
        printf("they are the different.")
}
```

汇编语言程序部分：

```
AREA    cmpstring,CODE,READONLY
EXPORT cmpstring
STR
    LDRB    R3,[R1],#1
    LDRB    R4,[R0],#1
    CMP     R3,R4
    BNE     DIF
    CMP     R3,0
    BNE     STR
SAME
    LDR     R2,#1
    B       ENDCMP
DIF
    LDR     R2,#0
ENDCMP
    MOV     PC,LR
END
```

### 3.4.2 汇编程序调用 C 程序

在 C 语言程序中，不需要使用任何关键字来声明将被汇编语言调用的 C 语言程序，但是在汇编语言程序调用该 C 语言程序之前，需要在汇编语言程序中使用 IMPORT 伪操作来声明该 C 语言程序。在汇编语言程序中通过 BL 指令来调用子程序。

以下是汇编程序调用 C 程序的示例，汇编语言调用 C 语言程序所写的函数 s，找出 3 个数中最小的数并返回。

C 语言程序部分：

```c
int s(int a,int b,int c)
{
    Int t;
    If (a>b) {t=a;a=b;b=t;}
    If (a>c) {t=a;a=c;c=t;}
    If (b>c) {t=b;b=c;c=t;}
    return a;
}
```

汇编语言程序部分

```
EXPORT f
AREA   f,CODE,READONLY
IMPORT s
LDR  R0,#3
LDR  R1,#1
LDR  R2,#7
BL   s
LDR  PC,LR
END
```

## 3.4.3 实例分析

下面通过一个 bootloader 具体来分析一下如何完成从汇编语言向 C 语言的跳转。

首先是汇编语言的部分，为了调用其他的初始化函数，在 bootloader 开始处声明了一些函数名，以方便后面的引用，程序段如下：

```
IMPORT      postDelay               //延时程序
IMPORT      post_initGpio           // I/O 口初始化程序
IMPORT      post_initMem            //存储器的初始化
IMPORT      dummyOs                 //该程序由 C 语言完成，后面详细说明
IMPORT      osStack                 //堆栈初始化
AREA boot,CODE,READONLY
ENTRY
b post                              //调转到各初始化程序
  nop
  nop
  nop
post
mov       r14,pc                    //下面调用各初始化程序，只要修改 PC 寄
ldr    pc, = post_initGpio          存器的值就可完成子程序的调用
```

```
        mov    r14,pc
        Idr    pc, =post_initMem
        mov    r14,pc
        Idr    pc, =post_initVariant
        Idr    r0, =postDelay
postLoop
        sub    r0,r0,#0×1
        cmp    r0,#0x0
          bne postLoop
        Idr    r13,=osStack
        Idr    pc, = dummyOs        //在 bootloader 的末尾,调用了 C 语言的主程序
END
```

C 语言程序部分:

```
#include "register_variant.h"
#define LED_CS2 (* ((volatile unsigned short * )(0×08300000)))
#define KEY_VALUE (* (volatile unsigned char * )(switch_dummyAddress))
#define LAST_KEY_VAL (* (volatile unsigned char * )(buttonStatus))
#define LAST_LED_VAL (* (volatile unsigned char * )(IedStatusBuffer))
```

void led_statusSet (char value)

```
{
LED_CS2 = value;
}
```

int button_statusFetch (void)

```
{
    char i=0,j=8,left_move=1;
    i = ~KEY_VALUE;
  If(i! =00)
  {
    for(;j>0;j--)
        If (i & 0×1)
            break;
        else
        {
            i=i>>1;
            left_move++;
        }
  }
  else
    left_move =0;
    return left_move;
```

```
}
Void dummyOs()
{
  int led_sharp;
  char button_val=0;
  int led_Val =1;
  while (1)
    {
    ed_sharp = ledShareInterval;
    for(;led_sharp>0;led_sharp--)
       {
         button_val=button_statusFetch();
         if(button_val!=0)
            break;
        }
    if (LAST_KEY_VAL!=button_val && button_val!=0)
       {
    LAST_KEY_VAL = button_val;
       for(;button_val>0;button_val--)
           led_val = led_val <<1;
       led_val = led_val > >1;
       LAST_LED_VAL = led_val;
       led_val =1;
}
Else
{
       LAST_LED_VAL = ~LAST_LED_VAL;
       led_statusSet(LAST_LED_VAL);
}
}
}
```

## 3.5 小结

本章主要介绍嵌入式语言的基础知识，概括了其特点和用途。从 ARM 汇编伪指令、ARM 指令寻址方式、ARM 指令、Thumb 指令、模块化汇编语言程序设计、混合语言编程等几个方面对 ARM 处理器汇编语言做一些简单介绍。对嵌入式 C 语言做了相关介绍，并就实现和汇编语言的混合编程做了分析。

## 3.6 复习思考题

1. 伪指令分类有哪些？

2. 为什么采用 ARM 汇编语言，有什么特点？
3. 为什么要采用嵌入式 C 语言编程？
4. 简述嵌入式 C 语言的程序组成。
5. ARM 汇编语言和 C 语言的特点各是什么，为什么要混合编程？
6. 请简述 C 程序调用汇编程序的用法，并用实例说明。
7. 请简述汇编语言调用 C 语言的用法，并用实例说明。

# 第 4 章  嵌入式 Linux 操作系统基础

 **本章主要内容**

- 嵌入式 Linux 概述
- ARM-Linux 内存管理
- ARM-Linux 的模块机制
- 嵌入式 Linux 文件系统
- 嵌入式 Linux 操作系统启动
- ARM-Linux 进程管理和调度
- ARM-Linux 的中断管理

嵌入式系统开发的一个主要特点就是系统内核可以根据应用的具体特点进行裁剪,以满足系统开发要求,同时降低对系统资源的需求,进而降低产品的开发成本。Linux 从 1992 年问世以来到现在,短短几十年时间内已经发展成为一个功能强大、设计完善的操作系统。Linux 源代码开放,内核小巧灵活,性能稳定,易于裁剪,而且 Linux 本身可以支持多种体系结构,包括 x86、ARM、MIPS 和 POWER-PC 等。这使得它成为嵌入式开发者的首选。本书采用的是基于 ARM-Linux 的操作系统内核。本章描述了基于 ARM 系统结构的 Linux 内核的基本概念,包括内存管理、进程管理、调度管理、模块机制、中断响应以及系统内核的启动和初始化。

## 4.1 嵌入式 Linux 概述

嵌入式 Linux 操作系统是将日益流行的 Linux 操作系统进行裁剪修改,使之能在嵌入式计算机系统上运行的一种操作系统。嵌入式 Linux 既继承了 Internet 上无限的开放源代码资源,又具有嵌入式操作系统的特性。

嵌入式 Linux 的特点首先是版权免费,源代码开放,有许多应用软件支持;其次,Linux 的内核小、效率高,性能优异,软件容易移植,应用产品开发周期短,新产品上市迅速。另外,Linux 是一个跨平台的系统,适用于多种 CPU 和多种硬件平台,而且实时性能稳定、安全,裁剪性好。

目前,嵌入式 Linux 的应用领域非常广泛,主要有信息家电、PDA、机顶盒、Digital Telephone、Answering Machine、Screen Phone、数据网络、Ethernet Switches、Router、Bridge、Hub、Remote access servers、ATM、Frame relay、远程通信、医疗电子、交通运输、计算机外部设备、工业控制、航空航天等。

### 4.1.1  常见的嵌入式 Linux 系统

随着嵌入式 Linux 的推广和嵌入式系统的发展,国际上和国内的一些研究机构和知名企业都投入大量的人力、物力和财力,力争在嵌入式 Linux 上有所作为。现在已有多种针对不同用途设计的嵌入式 Linux,下面列举几个比较有名的嵌入式 Linux。

**1. μCLinux 嵌入式系统**

μCLinux 是 Lineo 公司的主打产品,同时也是开放源代码的嵌入式 Linux 的典范之一。

μCLinux 主要是针对没有内存管理单元 MMU（Memory Management Unit）的嵌入式系统而设计的，它去掉了传统 Linux 内核的 MMU 功能，并已经被成功地移植到了很多平台上。

由于没有 MMU 支持，其多任务的调度难度加大，实现需要一定技巧。μCLinux 的设计非常精巧，很好地处理了多任务调度的问题。经过各方面的小型化改造，形成了一个高度优化的、代码紧凑的嵌入式 Linux。虽然它的体积很小，却仍然保留了 Linux 的大多数优点：稳定、良好的移植性、优秀的网络功能、对各种文件系统完备的支持和标准丰富的 API，该系统被许多小型的嵌入式系统使用。

### 2. RT-Linux

RT-Linux 系统强调的是实时处理能力，为此，RT-Linux 提出了在 Linux 内核之外设计一个精巧的内核，并把标准的 Linux 核心作为实时核心的一个进程，同用户的实时进程一起由新设计的实时内核统一调度。这样对 Linux 内核的改动非常小，同时达到了良好的实时性，并且能充分利用 Linux 下现有的丰富的软件资源。

RT-Linux 已经成功地应用于航天飞机的空间数据采集、科学仪器测控和电影特技图像处理等领域。

### 3. Embedix

Embedix 是由 Luneo 推出的，是根据嵌入式应用系统的特点重新设计的 Linux 发行版本。像其他的 Linux 版本一样，Embedix 可以免费获得。Embedix 提供了超过 25 种的 Linux 系统服务，包括 Web 服务器等。Embedix 基于 Linux 2.2 内核，并已经成功地移植到了 Intel x86 和 PowerPC 等 C 处理器系列上。系统需要最小 8MB 内存，3MB ROM 或快速闪存。Luneo 还发布了另一个重要的软件产品，它可以让 Windows CE 上运行的程序能够在 Embedix 上运行。Luneo 还将计划推出 Embedix 的开发调试工具包、基于图形界面的浏览器等。可以说，Embedix 是一种完整的嵌入式 Linux 解决方案。

### 4. Ubuntu

Ubuntu（乌班图）是一个以桌面应用为主的 Linux 操作系统，其基于 Debian 发行版和 GNOME 桌面环境，与 Debian 的不同在于它每 6 个月会发布一个新版本。Ubuntu 的目标在于为一般用户提供一个最新的，同时又相当稳定的主要由自由软件构建而成的操作系统。Ubuntu 具有庞大的社区力量，用户可以方便地从社区获得帮助。2013 年 1 月 3 日，Ubuntu 正式发布面向智能手机的移动操作系统。

Ubuntu 基于 Debian GNU/Linux，支持 x86、amd64（即 x64）和 ppc 架构，由全球化的专业开发团队（Canonical Ltd）打造的开源 GNU/Linux 操作系统，为桌面虚拟化提供支持平台。Ubuntu 对 GNU/Linux 的普及特别是桌面普及做出了巨大贡献，由此使更多人共享开源的精彩成果。

Ubuntu 每 6 个月发布一个新版本，而每个版本都有代号和版本号，其中 LTS 是长期支持版。版本号基于发布日期，例如第一个版本，4.10，代表是在 2004 年 10 月发行的。

2014 年 2 月 20 日，乌班图在北京召开乌班图智能手机发布会，正式宣布乌班图与国产手机厂商魅族合作推出乌班图版 MX3。

## 4.1.2 嵌入式 Linux 的版本控制

嵌入式 Linux 的版本控制类似于普通的 Linux，即版本号的格式为"主版本号.次版本号.修正号"。一般来说，主版本号的变化意味着内核在设计或实现上有重大改变。次版本号一方面标志着重要的功能修改，一方面表示版本的种类，即"稳定版"或"测试版"。而修正号表示较小的功能变动。以版本 2.6.30 为例，2 代表主版本号，6 代表次版本号，30 代表改动较小的修正号。在版本号中,序号的第二位为偶数的版本表明这是一个可以使用的稳定版,如 2.2.5;而序号的第二位为奇数的版本一般有一些新的东西加入,是个不一定很稳定的测试版,如 2.3.1。稳定版本来源于上一个测试版的升级版本,而一个稳定版发展到完全成熟后就不再发展。

有的时候,嵌入式 Linux 在上述版本的后面还会加一个后缀,比如 "-rmk4",该后缀往往表示的是针对某个平台的补丁。几种常见的后缀及其含义如下:

rmk:表示的是由 Russell King 维护的 ARM Linux。

np:表示的是由 Nicolas Pitre 维护的基于 StrongARM 和 XScale 的 ARM Linux。

ac:表示的是由 Alan Cox(Alan Cox 是仅次于 Linux 的 Linux 系统维护人员,他主要负责网络部分和 OSS 等的维护工作)维护的 Linux 代码。

hh:表示由 www.handhelds.org 网站发布的 ARM Linux 代码。主要是基于 XS-cale 的,它包括工具链、内核补丁、嵌入式图形系统等。

### 4.1.3 嵌入式 Linux 的优势

从 Linux 系统的发展过程可以看出,Linux 从最开始就是一个开放的系统,并且始终遵循源代码开发的原则,是一个成熟而稳定的网络操作系统。Linux 作为嵌入式操作系统有如下优势。

(1) 低成本开发系统 Linux 的源码开放性允许任何人获取并修改 Linux 的源码,这样一方面大大降低了开发的成本,另一方面又可以提高开发产品的效率,并且还可以在 Linux 社区中获得支持,用户只需向邮件列表发一封邮件,即可获得作者的支持。

(2) 可应用于多种硬件平台 Linux 可支持 x8、PowerPC、ARM、XSCALE、MIPS、SH、68K、Alph 和 SPARC 等多种体系结构,并且已经被移植到多种硬件平台。这对于经费、时间受限制的研究与开发项目是很有吸引力的。Linux 采用一个统一的框架对硬件进行管理,同时从一个硬件平台到另一个硬件平台的改动与上层应用无关。

(3) 可定制的内核 Linux 具有独特的内核模块机制,它可以根据用户的需要,实时地将某些模块插入到内核中或者从内核中移走,并能根据嵌入式设备的个性需要量体裁衣。经裁剪的 Linux 内核最小可达到 150 KB 以下,尤其适合嵌入式领域中资源受限的应用。当前的 2.6 内核加入了许多嵌入式友好特性,如构建不需要用户界面的内核选项。

(4) 性能优异 Linux 系统内核精简、高效和稳定,能够充分发挥硬件的功能,因此它比其他操作系统的运行效率更高。在个人计算机使用 Linux,可以将它作为工作站。它也非常适合在嵌入式领域中应用,对比其他操作系统,它占用的资源更少,运行更稳定,速度更快。

(5) 良好的网络支持 Linux 是首先实现 TCP/IP 协议栈的操作系统,它的内核结构在网络方面是非常完整的,并提供了包括十兆位、百兆位及千兆位的以太网,还有无线网络,Token ring(令牌环)和光纤甚至卫星的支持,这对现在依赖于网络的嵌入式设备来说无疑是很好的选择。

## 4.2 嵌入式 Linux 操作系统启动

作为完整的 Linux 系统,软件部分至少要包括 3 个部分,即引导装载程序、Linux 内核、文件系统。引导装载程序负责加载 Linux 内核和根文件系统;Linux 内核负责管理系统资源;文件系统提供所有的工具和应用程序。

在嵌入式系统中,首先要考虑的就是启动问题,即系统如何告知 CPU 启动位置以及启动方法。一般来说,嵌入式系统会提供多种启动方法。具有 Flash ROM 的系统具备有 Flash 启动的方式，也有直接从 RAM 中启动的方法。这些启动部分的工作主要由一个被称为 bootloader 的引导装载程序完成，bootloader 运行结束后需要将控制权交给内核，这时进入 Linux 内核启动阶段。进入内核启动阶段后，需要为 Linux 的运行、驱动程序的加载等进行一系列的准备工作，理解它是理解整个 Linux 内核的基础。

### 4.2.1 使用 bootloader 将内核映像载入

ARM 系统结构的启动是从物理地址 0 开始的（一般不是 RAM，可能是 Flash，或者是 ROM）。机器重新启动后，首先执行启动代码，启动代码随后执行一个引导装载程序 bootloader。Bootloader 首先要完成系统的初始化，包括初始化处理器、内存控制器以及片上设备等必备的硬件，并配置存储映射。然后 bootloader 将 Linux 内核和根文件系统映像从 Flash 等固态存储设备加载到 RAM 中，并配置微处理器的寄存器完成内核启动参数的设置，然后跳转到内核的第 1 步指令处执行，即调用 start_kernel( )( init/mainc ) 函数，进入内核初始化过程。

### 4.2.2 内核数据结构初始化

内核接管控制权后，首先解压缩自己，检测设备，加载内部模块。start_kernel( ) 中调用了一系列初始化函数，以完成 kernel 本身的设置，包括高速缓存和各种硬件设备的初始化，这些动作有的是公共的，有的则是根据配置才会执行。

下面简单介绍一下 start_kernel( ) 函数中各个主要初始化函数的功能：

- 输出 Linux 版本信息（printk（linux_banner））
- 设置与体系结构相关的环境（setup_arch( )）
- 页表结构初始化（paging_init( )）
- 设置系统自陷入口（trap_init( )）
- 初始化系统 IRQ（init_IRQ( )）
- 内核进程调度器初始化（包括初始化几个默认的 Bottom-half、sched_init( ) 等）
- 时间、定时器初始化（包括读取 CMOS 时钟、估测主频和初始化定时器中断等，time_init( )）
- 提取并分析内核启动参数（从环境变量中读取参数，设置相应标志位等待处理，parse_options( )）
- 控制台初始化（为输出信息而先于 PCI 初始化，console_init( )）
- 剖析器数据结构初始化（prof_buffer 和 prof_len 变量）
- 内核 cache 初始化（描述 cache 信息的 cache，kmem_cache_init( )）
- 延迟校准（获得时钟 jiffies 与 CPU 主频 ticks 的延迟，calibrate_delay( )）
- 内存初始化（设置内存上下界和页表项初始值，mem_init( )）
- 创建和设置内部及通用 cache("slab_cache",kmem_cache_sizes_init( ))
- 创建 uid taskcount SLAB cache("uid cache",uidcache init( ))
- 创建文件 cache("files_cache",filescache_init( ))
- 创建目录 cache("dentry_cache",dcache_init( ))
- 创建与虚存相关的 cache("vm_area_struct","mm_struct",vma_init( ))
- 块设备读写缓冲区初始化（同时创建"buffer_head"cache 用户加速访问，buffe_nit( )）
- 创建页 cache（内存页 hash 表初始化，page_cache_init( )）
- 创建信号队列 cache("signal_queue",signals_init( ))

- 初始化内存 inode 表(inode_init())
- 创建内存文件描述符表("file_cache",file_table_init())
- SMP 机器其余 CPU（除当前引导 CPU）初始化（对于没有配置 SMP 的内核，此函数为空，smp_init())
- 调用 init()函数，创建并启动内核的第一个进程 init。

至此 start_kernel()结束，基本的内核环境已经建立起来了。即到此为止，整个内核的所有底层初始化工作已经完成，内核的进程调度机制也正常运转起来了。此时内核就绪的进程只有在 start_kernel()中创建的 init，因此，init 当仁不让地占有了 CPU 的执行权。起始内核进程 init()的任务依然是初始化，只不过是一种更高层次的初始化。

### 4.2.3 外设初始化

init()函数作为内核的第一个进程，首先锁定内核（仅对 SMP 机器有效），然后调用 do_basic_setup()完成外设及其驱动程序的加载和初始化。主要过程如下：

1) 总线初始化（比如 pci_init()）。
2) 网络初始化（初始化网络数据结构，包括 sk_init()、skb_init()和 proto_init()三部分，在 proto_init()中，将调用 protocols 结构中包含的所有协议的初始化过程，sock_init()）。
3) 创建 bdflush 内核线程，bdflush()过程常驻内核空间，由内核唤醒来清理被写过的内存缓冲区，当 bdflush()由 kernel_thread()启动后，它将自己命名为 k~lushd。
4) 创建 kupdate 内核线程，kupdate()过程常驻内核空间，由内核按时调度执行，将内存缓冲区中的信息更新到磁盘中，更新的内容包括超级块和 inode 表。
5) 设置并启动内核调页线程 kswapd，为了防止 kswapd 启动时将版本信息输出到其他信息中间，内核先调用 kswapd_setup()设置 kswapd 运行所要求的环境，然后再创建 kswapd 内核线程。
6) 创建事件管理内核线程，start_context_thread()函数启动 context_thread()过程，并重新命名为 keventd。
7) 设备初始化，包括并口 parport_init()、字符设备 chr_dev_init()、块设备 blk_dev_init()、SCSI 设备 scsi_dev_init()、网络设备 net-dev-init()、磁盘初始化及分区检查 device_setup()。
8) 执行文件格式设置(binfmt_setup())。
9) 启动任何使用_initcall 标识的函数，方便内核开发者添加启动函数(do_initcalls())。
10) 文件系统初始化(filesystem_setup())。
11) 安装 root 文件系统(mount_root())。

至此 do_basic_setup()函数返回 init()，在释放启动内存段(free_initmem())并给内核解锁以后，init()打开/dev/console 设备，重定向 stdin、stdout 和 stderr 到控制台。最后，搜索文件系统中的 init 程序（或者由 init = 命令行参数指定的程序），并使用 execve()系统调用加载执行 init 程序。也就是说当内核挂载了根文件系统后，内核的启动工作就全部结束了，但是系统还不能说正常启动起来了，因为还需要通过根文件系统上的 init 程序来完成一些最后的设置工作。这个 init 程序一般在/sbin、/etc 或/bin 目录下，它的进程号是 1。

### 4.2.4 内核执行 init 进程

init 进程启动后查找的第 1 个配置文件是 "/etc/inittab"，这个文件控制 init 的行动。一般 init 会首先指定启动等级，即当 init 由内核激活以后，它将读取 inittab 中的 initdefault 项，取得其中的 runlevel，并作为当前的运行级别。如果没有 inittab 文件，或者其中没有 initdefault 项，init

将在控制台上请求输入 runlevel。

然后执行"/etc/rc.d/rc.sysinit"，一般情况下，rc 启动脚本都位于/etc/rc.d 目录下。rc.sysinit 中最常见的动作就是激活交换分区，检查磁盘，加载硬件模块，这些动作无论哪个运行级别都是需要优先执行的。仅当 rc.sysinit 执行完以后，init 才会执行其他的 boot 或 bootwait 动作。如果没有其他 boot 或者 bootwait 动作，在运行级别 3 下，/etc/rc.d/rc 将会得到执行，命令行参数为 3，即执行/etc/rc.d/rc3.d/目录下的所有文件。rc3.d 下的文件都是指向/etc/rc.d/init.d/目录下各个 Shell 脚本的符号连接，而这些脚本一般都能接受 start、stop、restart、status 等参数。rc 脚本以 start 参数启动所有以 S 开头的脚本，完成启动系统服务进程（如 update、syslogd 等）、网络和必要的环境变量设置。

### 4.2.5 Shell 的启动

最后 inittab 会指定 init 进程去调用 getty 打开多个终端控制台，对于每个允许用户使用的控制台，inittab 文件里都有一个 getty。getty 会启动/bin/login 来验证用户口令。每个终端控制台会执行 login，由 login 启动的 bash 是作为一个登录 shell 启动的，它继承了 getty 设置的 TERM、PATH 等环境变量，其中 PATH 对于普通用户为"/bin:/usr/bin:/usr/local/bin"，对于 root 为"/sbin:/bin:/usr/sbin:/usr/bin"。Shell 启动时它将首先寻找/etc/profile 脚本文件，并执行它。然后如果存在 ~/.bash_profile，则执行它，否则执行 ~/.bash_login，如果该文件也不存在，则执行 ~/.profile 文件。接着 bash 将作为一个交互式 shell 执行 ~/.bashrc 文件（如果存在的话），很多系统中，~/.bashrc 都将启动/etc/bashrc 作为系统范围内的配置文件。当显示出命令行提示符的时候，整个启动过程就结束了。

## 4.3 ARM-Linux 内存管理

内存是 Linux 内核管理的最重要的资源之一，内存管理是一个操作系统必不可少也是非常重要的一环，其主要任务是为操作系统内核和各执行程序组织内存，跟踪当前内存使用状况，在需要时为进程分配内存，使用完毕后释放并回收内存。包括最重要的地址映射、内存空间的分配以及地址访问的限制（即保护机制）。

对内核来讲，内存管理机制的实现和具体的 CPU 以及 MMU 的结构关系非常紧密。所以内存管理，特别是地址映射，是操作系统内核中比较复杂的一个部分。甚至可以说操作系统内核的复杂性相当程度上来自内存管理，对整个系统的结构有着深远影响。

### 4.3.1 内存管理单元（MMU）

MMU 是内存管理单元（Memory Management Unit）的英文首字母缩写，其主要作用有两个方面：一是实现地址映射；二是对地址访问进行保护和限制。通常 MMU 会提供一组寄存器，依靠这组寄存器来实现地址映射和访问保护。

MMU 可以做在芯片中，也可以作为协处理器（在传统的单芯片 CPU 基础上，集成其他的硬件单元），比如 ARM 内核+DSP 数字处理器，这里的 DSP 芯片就是作为协处理器使用的。最早的 Intel 8086 芯片也有相对应的 8087 数字协处理器来进行浮点运算，当然，现在的 CPU 早就把这块功能直接集成了。但是在嵌入式系统领域，基于成本和功耗的考虑，系统中往往都会有多个协处理器，所以，早先 ARM 的 MMU 通常都是由协处理器来控制，例如在 ARM7 中 MMU 的控制由 CP15 来负责，而在 XScale 芯片系列中集成了多个协处理器。

由于地址映射是通过 MMU 实现的，因此不采用地址映射就不需要 MMU。但是严格地说，内存的管理总是存在的,只是方式和复杂程度不同而已。

### 4.3.2 ARM-Linux 的存储管理机制

#### 1. ARM-Linux 的内核空间和用户空间

目前大部分的 ARM 处理器都采用了 32 位(早期采用过 26 位)的地址结构,对于 32 位地址结构的 ARM 处理器来说,它能够支持的虚拟地址的总容量为 $2^{32}$,也就是 4GB。ARM-Linux 内核也将这 4GB 虚拟地址空间分为两个部分:内核空间和用户空间。在用户态工作的进程只能使用用户空间,只有内核态进程才能访问内核空间。在 ARM 嵌入式 Linux 中,对于内核空间和用户空间大小的划分,可以因 CPU 芯片和开发板而有所不同。其大小往往可以通过宏定义反映出来。ARM9 的虚拟地址空间中位于高端的 1GB 是内核空间,属于 Linux 操作系统;低端的 3GB 则是用户空间,属于应用程序。这一点从下面的宏定义可以看出(/arch/arm/include/asm/memory.h):

```
#define TASK_SIZE        (0xc0000000UL)
#define PAGE_OFFSET      (0xc0000000UL)
#define PHYS_OFFSET      (0xa0000000UL)
```

宏 TASK_SIZE 表示每个进程的用户空间大小,实际上就是其虚拟地址的上限。宏 PHYS_OFFSET 表示内存的物理地址从 3GB 开始,这是因为 DRAM 板块的起始地址就是 0xc0000000。在系统空间也就是在内核中,虚拟地址和物理地址在数值上是不相同的。这反映在下列宏定义中 (arch/arm/include/asm/memory.h):

```
#define _virt_to_phys(x)   ((x) - PAGE_OFFSET + PHYS_OFFSET)
#define _phys_to_virt(x)   ((x) - PHYS_OFFSET + PAGE_OFFSET)
```

ARM 将 I/O 也放在内存地址空间中,所以系统空间的这部分虚拟地址不是映射到物理内存,而是映射到一些 I/O 设备的地址,包括寄存器和一些容量较小的存储器。

#### 2. ARM-Linux 的内存映射模型

在 ARM 系统结构中,内存的管理机制可以采取两种模式:一种是按段来进行管理,另外一种是按照两级的页式管理方式来管理。在段式管理方式中,一般段的大小定义为 1MB 大小,在两层的页式管理方式中,页的大小可以定义为 64KB 或者 4KB。

(1)段映射 当采用单层段映射的时候,内存中有个"段映射表",用以保存虚拟地址和物理段地址的映射关系以及对该地址的访问权限等。段映射表中可以有 4096 个表项,每个表项占用 4B,所以段映射表的大小是 16KB,而且,其位置必须和 16KB 边界对齐。当 CPU 访问内存的时候,32 位虚拟地址的高 12 位用来定位段映射表中的表项,每个表项提供一个 12 位的物理段地址,以及对这个段的访问许可标志,例如可读可写等。将这 12 位物理段地址和虚拟地址中的低 20 位拼接在一起,就得到了 32 位的物理地址,也就是该虚拟地址映射到物理地址。在地址映射过程中,整个过程都由 MMU 硬件完成,而不需要 CPU 的介入。如果采用高速缓存 TLB(Translation Lookaside Buffer),在 TLB 中可以存放一部分段映射表中的内容,则高速缓存在地址映射之前,CPU 通过虚拟地址在 TLB 中寻求命中,不能命中的,再通过地址映射表访问物理内存。并把相应的结果添加到 TLB 中,更新它的内容,这样如果 CPU 下一次又需要该地址映射关系,就可以直接从 TLB 取得。因为 TLB 的访问速度比内存的访问速度要快得多,如果采取一定的技术,使访问 TLB 的命中率比较高的话,就可以大大提高访问内存的速度。

(2)页面映射 如果采用两级页面映射,映射表有两级,第一级页面映射表中保存的是第二级映射表的地址，其中每一项有两位标识位，用来表示该表项的作用，00 表示没有到物理地址的映射；01 表示指向粗页面表，即页面大小是 64KB 或 4KB 的二级页表；10 表示段映射；11 表示指向细页面，即页面的大小是 1KB 的二级页表。第二层映射表存放的才是该页面所在的物理页面的地址。采取该种映射方式的具体映射过程如图 4-1 所示。

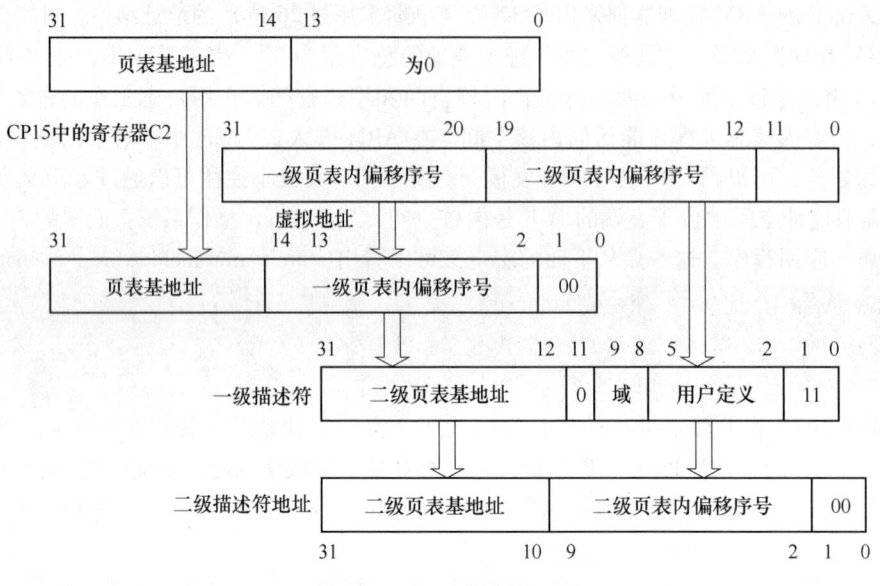

图 4-1　二级页表映射过程

同样，整个过程都是由 MMU 硬件完成的，CPU 并不介入。

### 3. ARM-Linux 存储机制的建立

ARM-Linux 代码中，页面的大小采用 4KB，段区的大小为 1MB。最高层为 PGDIR，第二层为 PMD，第三层为页面映射表。下面简单地讲述一下内核是如何建立起具体内存区间的映射机制的。Linux 在初始化启动时，依次调用 start_kernel()→setup_arch()→paging_init()→memtable_init()→create_mapping ()，当这些函数执行完毕以后，也就建立起了内存区间的映射机制。可以从下面对 creat_mapping () 函数的描述来看一下如何对给定的区间建立映射。下面是 create_mapping() 函数：

```
static void_init create_mapping(struct map_desc * md)
    {
        unsigned long virt, length;
        int prot_sect, prot_l1, domain;
        pgprot_t prot_pte;
        long off;
        if (md->virtual ! =vectors_base () && md->virtual < TASK_SIZE )
        {
            printk(KERN_WARNING "BUG: not creating rnapping for"
            " 0x%08lx at 0x%08lx in user region \n",
            md->physical, md->virtual );
            return:
        }
```

```c
    if ((md->type == MT_DEVICE ||md->type == MT_ROM) &&
      md->virtual >= PAGE_OFFSET && md->virtual < VMALLOC_END )
        {
        printk (KERN_WARNING "BUG: mapping for 0x%081x at 0x%081x"
        "overlaps vmalloc space\n",
        md->physical, md->virtual );
        }
        domain = mem_types [md->type].domain;
        prot_pte = _pgprot (men_types[md->type].prot_pte);
        prot_l1 = men_types[md->type].prot_l1 | PMD_DOMAIN (domain);
        prot_sect = memtypes[md->type].prot_sect | PMD_DOMAIN (domain);
        virt = nd->virtual;
        off = md->physical - virt;
        length = md->length;
    if (mem_types[md->type].prot_l1 == 0 &&
        (virt & 0xfffff || (virt + off) & 0xfffff || (virt + length) & 0xfffff) )
    {
    printk (KERN_WARNING "BUG: map for 0x%081x at 0x%081x can not "
        "be mapped using pages, ignoring. \n ",
        md->physical, md->virtual );
        return;
        }
    while ((virt & 0xfffff || (virt + off) & 0xfffff) && length >= PAGE_SIZE)
        {
        alloc_init_page(virt, virt + off, prot_l1, prot_pte);
        virt += PAGE_SIZE;
        length -= PAGE_SIZE;
    }
if (cpu_architecture() >= CPU_ARCH_ARM6 && domain ==0 )
    {
    /* 与 supersection 的边界对齐 */
    while ((virt & ~SUPERSECTION_MASK || (virt + off) &
            ~SUPERSECTION_MASK) && length >= (PGDIR_SIZE/2) )
    {
        Alloc_init_section (virt,virt + off, prot_sect );
        virt += (PGDIR_SIZE/2);
        length -= (PGDIR_SIZE/2 );
    }
    while (length >=SUPERSECTION_SIZE
    {
        alloc_init_supersection(virt, virt + off, prot_sect );
        virt += SUPERSECTION_SIZE;
        length -= SUPERSECTION_SIZE;
    }
```

```
    }
/* 一个区间的映射覆盖了"pgdir"表项的一半* /
while(length > = (PGDIR_SIZE/2))
    {
        alloc_init_section(virt, virt+off,prot_sect);
        virt + = (PGDIR_SIZE/2);
        Length - = (PGDIR_SIZE/2);
    }
  while (length > = PAGE_SIZE )
    {
        alloc_init_page (virt, virt + off, prot_l1, prot_pte );
        virt + = PAGE_SIZE;
        length - = PACE_SIZE;
    }
}
```

从以上的代码可以看出,该函数通过 3 个 while 循环来为给定的区间建立映射。如果区间的起点和1MB边界对齐,就先通过 alloc_init_page()建立若干二级页面的映射,直到和1MB边界对齐为止。然后以1MB为单位通过 alloc_init_section()逐段建立单级映射,另外,如果区间的终点不和1MB边界对齐,则再通过 alloc_init_Page()建立若干二级页面映射。

### 4.3.3　ARM-Linux 对进程虚拟空间的管理

Linux 虚拟内存的实现需要 6 种机制的支持:请求页机制、地址映射机制、内存分配回收机制、缓存和刷新机制、交换机制和内存共享机制。

**1. 请求页机制**

进程的虚拟内存包含可执行代码和进程的多个资源数据,因为进程运行过程中并不会同时使用虚拟内存空间中的所有代码和数据,而有的代码和数据使用的频率又非常低,如果进程运行中把所有的代码和数据都加载到物理内存空间中,无疑是对物理内存的极大浪费。因此,Linux 使用页面调度技术把那些进程需要访问的虚拟空间中的信息装入物理内存中,其他的都存放在进程的虚拟内存中。当进程执行代码或者访问数据的时候,如果要访问的内容不在物理内存中,系统硬件会产生页面失效,同时将控制权转交给 Linux 内核,以便处理因页面失效而引起的一系列操作。所以,对于处理器地址空间的每个虚拟内存空间,内核都必须了解这些虚拟内存的详细信息,比如它们从何处而来,以及如何将它们载入物理内存。这样内核才能知道如何来处理出现的页面失效。

**2. 地址映射机制**

内存管理程序通过地址映射机制把用户程序的逻辑地址映射到物理地址,在用户程序运行时如果发现程序中要用的虚拟地址没有对应的物理地址,也就是说页面不在物理内存中,就会发出调页请求,如果有空闲的内存可供分配,就请求分配内存,并把正在使用的物理页记录在页缓存中;如果没有足够的内存分配,就调用交换机制,腾出一部分内存。另外,在地址映射中会通过 TLB 来寻找物理页,交换机制中要用到交换缓存,并且把物理页内容交换到交换文件中,同时修改页表来映射文件地址。

为了实现以上操作,linux 内核需要管理所有的虚拟内存地址,也需要许多数据结构来对进程的虚拟内存进行描述和管理。因此，一个进程的虚拟空间主要由两个数据结构来描述。一个是最高层次的 mm_struct 结构，该结构描述了一个进程的整个虚拟空间；另一个是较高层次的 vm_area_stuct 结构，该结构描述了虚拟地址空间的一个区间。这两种数据结构的具体描述如下：

```
mm_struct 数据结构：
struct mm_struct{
int count:
pgd_t *  pgd;
unsigned long context;
unsigned long start_code, end_code, start_data, end_data;
unsigned long start_brk, brk, start_stack, start_mmap;
unsigned long arg_start, arg_end, env_start, env_end;
unsigned long rss, total_vm, locked--vm;
unsigned long def_flags;
struct vm_area_struct *  mmap;
struct vm_area_struct *  mmap_avl;
struct semaphore mmap_sem;
};
```

```
vm_area_struct 数据结构：
struct vm_area_struct
{
    struct mm_struct * vm_mm;            /* 用于指向进程的内存管理结构*/
    unsigned long vm_start;              /* 线性区的起始地址*/
    unsigned long vm_end;                /* 线性区的结束地址*/
    struct vm_area_struct * vm_next;     /* 指向链表中的下一个线性区*/
    pgprot_tvm page_port;                /* 页保护位*/
    unsigned short vm_flags;
    short vm_avl_height;                 /* 在 AVL 中以该线性区为根结点的子树高
                                            度*/
    struct vm_area_struct * vm_avl_left; /* 指向 AVL 树中的左子树*/
    struct vm_area_struct* vm_avl_right; /* 指向 AVL 树中的右子树*/
    struct vm_area_struct * vm_next_share; /* 指向区共享链表中的下一个线性区*/
    struct vm_area_struct * vm_pprev_share;
    struct vm_operations_struct* vm_ops;
    unsigned long vm_offset;
    struct file * vm_file;
    unsigned long vm_pte;
};
```

对于进程的这些数据结构之间的关系，可以用图 4-2 来对其进行描述。从图 4-2 中可以看出 Linux 为一个进程产生一组 vm_area_struct 结构来描述它的虚拟地址空间段。每个 vm_area_struct 结构描述可执行映像的一部分。同一进程的多个 vm_area_struct 结构通过 vm_next 指针连接组成一个单向链表。系统以虚拟空间地址的降序排列 vm_area_struct 结构，从而建立起文件的逻辑地址到虚拟线性地址的映射。

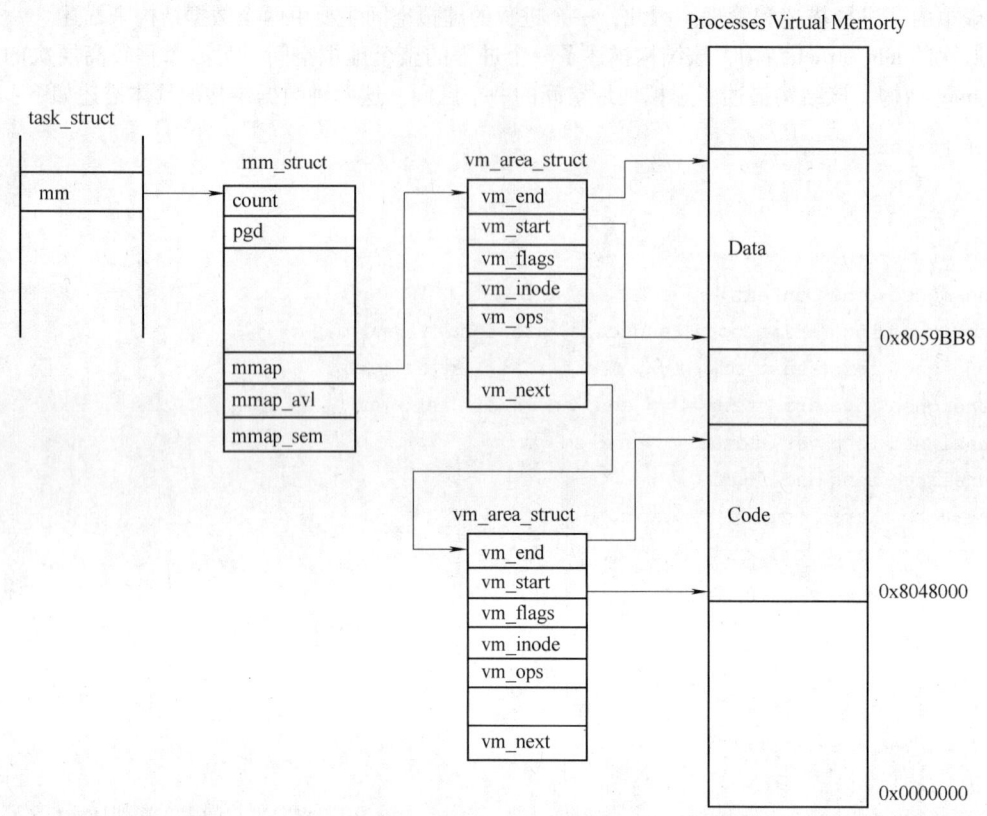

图 4-2　进程的虚拟内存及内核数据结构

**3. 内存分配回收机制**

当进程请求分配空间时，Linux 并不直接分配物理内存，它只是创建一个 vm_area_struct 结构来描述该虚拟内存，该结构被链接到进程的虚拟内存链表中。当进程试图对新分配的虚拟内存进行读写操作时，处理器尝试解析此虚拟地址。因为该页内容并不在物理内存中，找不到对应此虚拟地址的页表入口时，处理器将放弃解析并产生页面失效异常，并由 Linux 内核来处理。Linux 则查看此虚拟地址是否在当前进程的虚拟地址空间中，如果是，Linux 会为此进程分配物理页面。包含在此页面中的代码或数据可能需要从文件系统或者磁盘交换区上读出，然后进程将从页面失效处开始继续执行，由于物理内存已经存在，所以不会再次产生页面失效。

**4. 缓存和刷新机制**

Linux 使用了多种和内存管理相关的高速缓存，高速缓存的使用是为了获得更高的性能，所以常出现在硬件设计和软件设计中。常见的高速缓存有缓存区高速缓存、页面高速缓存、交换高速缓存和硬件高速缓存。

缓存区高速缓存中包含了由块设备使用的数据缓冲区。在这些缓冲区中包含了从设备中读取的数据块或写入设备的数据块，并通过设备标识号和块标号来进行索引，因此可以快速找出数据块。

页面高速缓存是页面 I/O 操作访问数据所使用的磁盘高速缓存。在文件系统中常见的 read( )、write( ) 和 mmap( ) 等对常规文件的访问都是通过页面高速缓存来实现的。

交换高速缓存实际包含了一个页面表项链表，每个页面表项对应了系统的一个物理页面。修改后的(脏)页面会保存在交换文件中,页面表项包含保存该页面的交换文件信息,以及该页面在交换文件中的位置信息。如果某个交换页面表项非零,则表明保存在交换文件中的对应的物理页面没有被修改;如果被修改,则处于交换缓存中的页面表项就会被清零。

硬件高速缓存是对页面表项的缓存,由处理器完成,与操作和具体的处理器架构有关。

刷新机制的作用是为了保持 TLB 和其他缓存中的内容的同步性。Linux 刷新机制包括 TLB 的刷新、缓存的刷新等,主要完成两个工作:一是保证在任何时刻内存管理硬件所看到的进程的内核映射和内核页表保持一致;二是当负责内存管理的内核代码对用户进程页面进行了修改,在用户的进程被允许执行前,保证在缓存中看到正确的数据。

**5. 交换机制**

交换机制包括交换的基本原理、交换的单位选择以及置换算法。交换的基本原理是指当物理内存量无法满足要求时,在 Linux 中,会把磁盘空间作为内存使用,这部分磁盘空间称为交换文件或交换区。以往的交换以进程为单位,在 Linux 中,交换的单位是页面而不是进程。最后,在页面置换中,要考虑到哪种页面要换出、如何在交换区中存放页面、如何选择被交换出的页面以及何时执行页面换出操作四个会影响交换性能的关键性指标。

**6. 内存共享机制**

共享内存是 UNIX/Linux 中最快速的进程间通信(IPC)方法。Linux 的进程拥有各自独立的地址空间,当多个进程要共享同一内存段时,就会通过系统提供的共享内存机制进行,同一块物理内存会被映射到进程 A、B 各自的进程地址空间。共享区域内的任何进程都可以读写内存。由于多个进程共享同一块内存区域,所以必然需要同步机制的保障。

## 4.4 ARM-Linux 进程管理和调度

进程是一个具有独立功能的程序关于某个数据集合的一次执行。它可以申请和拥有系统资源,进程是一个动态的概念,一个活动的实体。进程是系统资源分配的最小单位。每一个进程都有它自己的地址空间,一般情况下,包括文本区域(Text Region)、数据区域(Data Region)和堆栈(Stack Region)。文本区域存储处理器执行的代码;数据区域存储变量和进程执行期间使用的动态分配的内存;堆栈区域存储着活动过程调用的指令和本地变量。

### 4.4.1 Linux 下进程的结构

在 Linux 系统中,每一个可调度的进程实体都由一个称为进程描述符(process descriptor)的数据结构 task_struct 来定义,task_struct 就是通常所说的进程控制块(PCB),当调用 fork()时,系统会产生一个 task_struct 结构,然后从父进程那里继承一些数据,并把新的进程插入到进程树中,以进行进程管理。

Linux 每个进程对应一个 task_struct 数据结构。该结构包含进程相关的所有信息:进程状态、进程调度信息、标识符、进程通信有关信息、进程链接信息、时间和定时器信息、文件系统信息、虚拟内存信息、页面管理信息、对称多处理机信息、与处理器相关的环境(上下文)信息和其他更多的信息。以下是进程描述符的部分定义。

```
task_struct 数据结构:
struct task_struct{
        volatile long          state;          /* 进程的状态 */
        long counter;
```

```
long    priority                        /* 进程的优先级 */
unslgned long signal;
unslgned long blocked;
unsigned long flags;                    /* 进程的标志 */
int  errno;
long    debugreg[8];                    /* 硬件编译寄存器 */
struct exec_domain* exec_domain;        /* various fields */
struct linux_binfmt* binfmt;
struct task_struct * next_task,* prev_task;
struct task_struct* next_run, * prey_run;
unsigned long           saved_kernel_stack;
unsigned long           kernel_stack_page;
int                     exit_code,exit_signal;
unsignedlong            personality;
int                     dumpable:1;
int                     did_exec:1;
int                     pid;            /* 进程标识符 */
int                     pgrp;           /* 进程组标号 */
int                     tty_old_pgrp;
int                     session;
int                     leader;
int                     groups[NGROUPS];
struct task_struct* p_opptr, * p_pptr, * p_cptr, * P_ysptr, * p_osptr;
struct wait_queue* wait_chldexit;
unsigned short          uid, euid, suid, fsuid;
unsigned short          gid, egid, sgid, fsg id:
unsigned long           timeout, policy, rt_priority;
unsigned long           it_real_value, it_prof_value, it_virt_value;
unsigned long           it_real_incr, it_prof_incr, it_virt_incr;
struct     timer_list real_timer;
long                    utime, stime, cutime, cstime, start--time;
unsigned long   min_flt, ma j_flt, nswap, cmin_flt, cmaj_flt, cnswap;
int swappable:1;
unsigned long           swap_address;
unsigned long           old_maj_flt;    /* 用于保存 maj_flt 的旧值 */
unsigned long           dec_flt;
unsigned long           swap_cnt;       /* 下次交换的页数 */
struct rlimit           rlim[RLIM_NLIMITS];
unsigned short          used_math;
char                    comm[16];
int                     link_count;
struct  tty_struct* tty;
struct sem_undo* semundo;
struct sem_queue* semsleeping;
```

```
        struct desc_struct* ldt;
        struct thread_struct tss;
        struct fs_struct* fs;
        struct files_struct* files;
        struct mm_struct* mm;
        struct signal_struct * sig;
            #ifdef SMP_
            int processor;
            int last_processor;
            int lock_depth;
            #endif
    };
```

**1. 进程状态**

（1）TASK_RUNNING（运行态）　正在运行或在就绪队列 Running 中准备运行的进程，处于该状态的进程实际上参与了进程调度。

（2）TASK_INTERRUPTIBLE（可唤醒阻塞态）　处于等待队列中的进程，等待资源有效时被唤醒，也可由其他进程通过信号或定时中断唤醒后进入就绪队列 Running。

（3）TASK_UNINTERRUPTIBLE（不可唤醒阻塞态）　处于等待队列中的进程，等待资源有效时唤醒，不可由其他进程通过信号或定时中断唤醒。

（4）TASK_ZOMBIE（僵死状态）　表示进程结束但尚未消亡的一种状态。此时，进程已经结束运行且释放大部分资源，但尚未释放进程控制块。

（5）TASK_STOPPED（停滞状态）　进程被暂停，通过其他进程的信号才能唤醒。导致这种状态的原因有两个：或者是对收到 SIGSTOP、SIGSTP、SIGTTIN 或 SIGTTOU 信号的反应，或者是受其他进程的 ptrace 系统调用的控制而暂时将 CPU 交给控制进程。

这些状态的具体转换关系如图 4-3 所示。

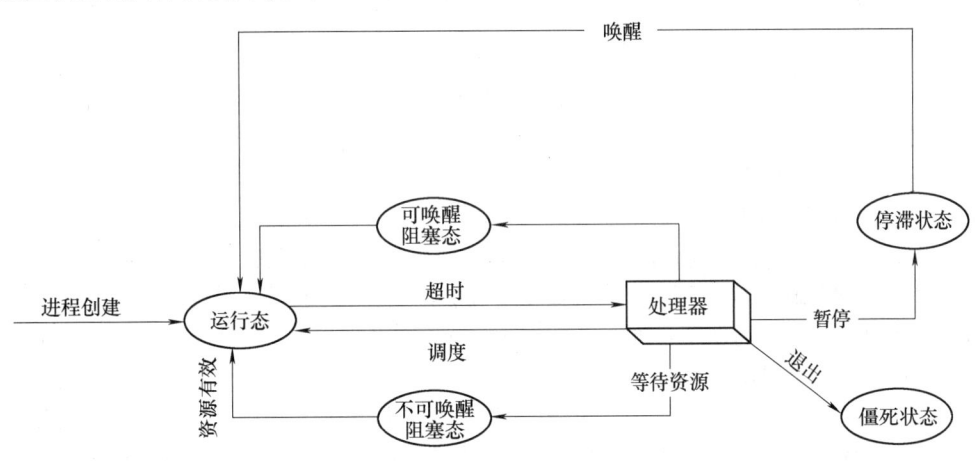

图 4-3　Linux 进程状态转换关系

**2. 进程标识符**

系统中每个进程都有一个唯一的进程标识符 PID。内核通过这个标识符来识别不同的进程，同时，进程标识符 PID 也是内核提供给用户程序的接口，用户程序通过 PID 对进程发号施令。另外，每个进程都属于某个用户组。task_struct 结构中定义有用户标识符和组标识符 UID。这两种标识符并不是 task 数组的索引，它仅仅是个 32 位的无符号整数，是个顺序编号。这两种标识符用于系统的安全控制，系统通过这两种标识符控制进程对系统中文件和设备的存取权限。

**3. 进程调度信息**

进程调度程序利用这部分信息决定系统中哪个进程最迫切需要运行，并结合进程的状态信息保证系统运转的公平和高效。

**4. 进程间通信相关的信息**

为了使进程能在同一项任务上协同工作，进程之间必须能进行通信以交换数据。Linux 支持多种不同形式的通信机制，包括信号、管道、信号量和消息队列以及共享内存等机制。

**5. 进程链接信息**

Linux 系统中所有进程都是相互联系的，除了初始化进程 init 外，其他所有进程都有一个父进程，可以通过 fork() 系统调用来创建子进程，除了进程标识符等必要的信息外，子进程的 task_struct 结构中的绝大部分信息都是从父进程中复制或者说"克隆"过来的。系统有必要记录这种"家族"关系，使进程之间的协作更加方便，如父进程给子进程发送杀死（kill）信号、父子进程通信等，就可以用这种关系很方便地实现。

每个进程对应的 task_struct 结构中包含有指向其父进程和兄弟进程（具有相同父进程的进程）以及子进程的指针，通过这些指针，系统中所有进程的 task_struct 结构就构成了一棵进程树，这棵进程树的根就是初始化进程 init 的 task_struct 结构（init 进程是 Linux 内核建立起来后人为创建的一个进程，是所有进程的祖先进程）。

**6. 文件系统信息**

进程可以打开或关闭文件，文件属于系统资源。进程的 task_struct 结构中包含一个指向每个打开文件的文件描述符的指针以及指向两个 VFS 索引节点（VFS Inode）的指针。这两个索引节点叫做 root 和 pwd，分别指向进程的可执行映像所对应的用户主目录（Home Directory）和当前工作目录。每个 VFS Inode 唯一的标记文件中的一个目录或者文件，同时还对底层文件系统提供统一的接口。

**7. 虚拟内存信息**

在 4.3.3 节中，已经讨论过虚拟内存的相关内容。task_struct 结构中必须具有相关的变量来跟踪虚拟内存与系统物理内存的映射关系。

**8. 处理器上下文相关的信息**

进程可以认为是系统当前状态的总和。进程运行时它将使用处理器的寄存器以及堆栈等，进程被挂起时进程的上下文——所有的 CPU 相关状态信息，必须保存在它的 task_struct 结构中。当进程调度重新调度该进程时，所有上下文被重新设定。

下面介绍 Linux 进程的创建、执行和撤销。

- **Linux 进程的创建**

在 Linux 系统中，所有进程都是通过 fork() 系统调用创建出来的。系统启动的时候，只有一个进程：初始化进程（0 号进程），它是所有进程共同的祖先。这个进程和所有进程一样，有堆栈、寄存器等基本的结构和资源。系统中其他进程被创建并运行时，这些信息将被存储在初始化进程的 task_struct 结构中。

在系统初始化的最后，初始化进程启动一个内核线程 init，这是内核创建的第一个用户级进程，也是系统的第一个真正的进程，是其他所有进程的父进程，所以 init 内核进程（或线程）的标识符为1。该进程主要负责完成系统的一些初始化设置任务，调度并执行系统的一些初始化程序，此后，如果没有任何事要做，进程调度将运行 idle 进程。它是唯一不动态分配 task_struct 的进程，它的 task_struct 是在内核载入时静态定义的，名称为 init_task。

当进程调用 fork 之后，系统会创建一个子进程。当一个新的进程被创建时，系统从物理内存中分配出来一个新的 task_struct 数据结构，同时还有一个或多个包含被复制进程堆栈的物理页面，然后创建唯一的标记为此新进程的进程标识符，并将创建的 task_struct 结构放入到 task 数组中，同时将父进程的 task_truct 中的内容页表复制到新的 task_struct 中。如果由于内存不足或者是用户的最大进程数已到，fork 调用失败，返回 -1；如果成功，则对于子进程和父进程，返回的值又有所不同。对于父进程来说，fork 返回子进程的 ID，而对于子进程来说，fork 返回 0。

- **Linux 进程的执行**

新的子进程可以通过 fork 创建，创建完的新进程还只是其创建者的"影子"，还不能执行和父进程不同的任务。创建新进程的原因是由于原有进程有大量的工作要做，创建新的进程可以占用更多的资源。通过系统调用 exec，被执行的程序完全替换调用它的程序的影像。fork 创建一个新的进程会产生一个新的 PID，exec 启动一个新程序，替换原有的进程，所以这个新的被 exec 执行的进程的 PID 不会改变，和调用 exec 函数的进程一样。

通过 fork 创建子进程以后，只是给子进程分配了必须的资源，但是现在子进程的状态并没有进入运行状态。而如果要想让子进程执行，则必须通过 exec 系统调用，将可执行的程序完全替换调用它的进程的执行映像。该调用并没有生成新的进程，而是在原有进程的基础上，替换原有进程的正文，调用前后是同一个进程，进程号 PID 不变，但执行的程序变了。

要指出的是，在 Linux 中并不存在一个 exec（）的函数形式，而是指一组函数，一共有6个，分别是：

```
#include <unistd.h>
int execl (const char * path, const char * arg, ...);
int execlp (const char * file, const char * arg, ...);
int execle (const char * path, const char * arg, ... , char * const envp []);
int execv (const char * path, char * const argv []);
int execvp (const char * file, char * const argv []);
int execve (const char * path, char * const argv [], chat * const envp []);
```

在这里，只有 execve 是真正意义上的系统调用，其他几个函数都是在此基础上经过包装的库函数。具体来说，exec 函数族的作用是根据指定的文件名找到可执行文件，由它代替调用进程的内容，也就是说，在调用进程内部执行一个可执行文件。在 Linux 下，可执行文件可以是二进制文件，也可以是可执行的脚本文件。

如果 exec 函数族执行成功的话，并不会返回，因为调用进程的实体，包括数据段、代码段和堆栈等已被取代，只有 PID 等表面信息保持原样。只有调用失败了，才会返回 -1，从原程序的调用点接着执行。下面通过介绍 execve 函数来简单了解一下 exec 函数族。

系统调用 execve（）对当前进程进行替换，替换者为一个指定的程序，其参数包括文件名路径（path）、参数列表（argv）以及环境变量（envp）。下面介绍 execve（）执行的流程：

1）打开可执行文件，获取该文件的 file 结构。
2）获取参数区长度，将存放参数的页面清零。
3）对 linux_binprm 结构的其他项作初始化。linux_binprm 结构用来读取并存储运行可执行文件的必要信息。

- **Linux 进程的撤销**

进程的撤销通过以下三个事件驱动：正常的进程结束、信号和 exit 函数的调用。但是，它们最后都要通过执行系统调用 do_exit 来结束进程。这个函数定义在 linux/kernel/exit.c 中。

当然，do_exit( ) 函数终止的是当前进程。do_exit( ) 执行时，首先会为当前进程做上 PF_EXITING 的标记，释放当前进程的存储管理信息、文件系统、文件信息、信号响应函数指针数组等，然后将进程状态设置成 TASK_ZOMBIE，并通知当前进程的父进程。切换到其他进程，处于 TASK_ZOMBIE 状态的进程不会再被调用。do_exit( ) 带有一个参数 code，用于传递终止进程的原因。

以上进程通过调用 do_exit( ) 函数来终止的方式，称为进程的主动终止方式。还有另外一种方式也可以使其终止，也就是其他的进程或者用户通过向其发送信号量 9，使其强行被终止，称这种方式为被动终止方式。

### 4.4.2 Linux 的进程调度

**1. 进程调度时机**

Linux 是个多进程系统，众进程中是如何进程调度的，首先涉及 Linux 进程调度时机的概念，由内核中 schedule( ) 函数决定是否进行进程切换，以及确定要切换后，切换到哪个进程等。一般来说，Linux 在以下情况需要进程的调度：

1) 进程状态转换时：如进程终止睡眠等；
2) 可运行队列中增加新的进程时；
3) 当进程的时间片耗尽时；
4) 进程从系统调用返回到用户态时；
5) 内核处理完中断后，进程返回到用户态时。

从 Linux 2.6 之后，Linux 实现抢占式内核，也就是说，处于内核态的进程也可能被调度出去。

**2. 进程调度依据**

调度程序运行时，要在所有处于可运行状态的进程中选择最值得运行的进程投入运行。选择进程的依据是什么呢？在每个进程的 task_struct 结构中有 4 项：policy、priority、counter、rt_priority，这 4 项就是调度程序选择进程的依据。其中，policy 是进程的调度策略，用来区分实时进程和普通进程，实时进程会优先于普通进程运行；priority 是进程（包括实时进程和普通进程）的静态优先级；counter 是进程剩余的时间片，它的初值是由 priority 决定的，由于在后面计算一个处于可运行状态的进程的运行程度 goodness 时 counter 起着重要作用，因此，counter 也可以看作是进程的动态优先级；rt_priority 是实时优先级，是实时进程特有的，用于实时进程间的选择。

在 Linux 中，用函数 goodness( ) 综合以上提到的四项以及结合其他的因素，给每个处于可运行状态的进程赋予一个权值（weight），调度程序以这个值作为选择进程的唯一依据。

**3. schedule( ) 函数**

尽管不同版本的进程调度策略有所不同，但是，不管是哪个版本，Linux 的进程调度均由位于 kernel/sched.c 中的函数 schedule ( ) 来实现。

进程调度程序必须选择最迫切需要运行而且可以执行的进程来执行。可运行进程是一个只等待 CPU 资源的进程。Linux 使用基于优先级的简单调度算法来选择下一个运行进程。当选定新进程后，系统必须将当前进程的状态、处理器中的寄存器、以及上下文状态保存到 task_struct 结构中，同时它将重新设置新进程的状态并将系统控制权交给此进程。为了将 CPU 时间合理的分配给系统中每个可执行进程，进程调度程序必须将这些时间信息也保存在 task_struct 中。

## 4.5　ARM-Linux 的模块机制

　　Linux 是一个单内核（monolithic kernel），单内核的最大优点是效率高，因为所有的内容都集中在一起，但也有可扩展性以及可维护性差的缺点。模块机制的引入就是为了弥补这一缺陷。在 Linux 中可针对用户需要，动态地载入和卸载操作系统构件。Linux 模块是一些代码的集成，可以在启动系统以后动态链接到内核的任一部分，当不再需要这些模块时，又可随时断开链接并将其删除。Linux 内核模块通常是一些设备驱动程序、伪设备驱动程序（如网络驱动程序）或文件系统。Linux 内核模块全称为动态可加载内核模块（Loadable Kernel Module，LKM），是 Linux 内核向外部提供的一个插口，简称为模块。

### 4.5.1　Linux 模块概述

　　Linux 模块可以根据需要在系统启动后动态地加载到系统内核之中，当模块不再被需要时，可以动态地卸载出系统内核。Linux 中大多数设备驱动程序或文件系统都以模块形式存在。超级用户可以通过 insmod 和 rmmod 命令显式地将模块载入内核或从内核中将它卸载。内核也可在需要时，请求守护进程（kerneld）装载和卸载模块。通过动态地将代码载入内核可以减小内核代码的规模，使内核配置更为灵活。如果在调试新内核代码时采用模块技术，用户不必每次修改后都需重新编译内核和启动系统。当然，模块技术有利有弊，使用模块将降低一些系统性能并消耗一部分内存空间，因为载入模块额外多出一些代码和数据结构，并会间接地降低访问内核资源的效率。

　　一旦 Linux 模块载入内核后，它就成为内核代码的一部分，与内核其他部分没什么区别了，它会拥有同样的权利和义务，换句话说，它也能像核心代码或设备驱动程序一样使内核崩溃。

### 4.5.2　模块的加载

　　加载模块有两种方法，第一种方法是通过 insmod 命令手工将模块载入内核，第二种方法是根据需要自动载入模块。当内核发现需要载入某个模块时，它会请求内核守护进程（kerneld）去载入相应的模块。内核守护进程是拥有超级用户权限的一个普通用户进程，当该进程启动时，它将建立与内核之间的一个 IPC 通道，内核通过该通道发送消息，请求 kerneld 完成具体的任务。

　　kerneld 的主要功能是将模块载入内核和将它卸载出内核。kerneld 本身并不执行这些任务，它只是调用相应命令来完成任务（如 insmod，rmmod），它只是内核负责调度任务的一个代理（agent），自动地安排调度各项工作。

　　对采用 insmod 命令装入的模块，用户必须保证 insmod 能找到它。对于 kerneld 装入的模块，一般放在/lib/modules/kernel-version 目录下。模块是 a.out 或 elf 格式的目标文件，它不是固定链接到某一地址开始运行的。insmod 命令调用 sys_get_kernel_sys（）系统调用，收集内核中所有符号来解决模块中资源引用问题。

　　符号表的记录由两个域构成：符号的名字（symbol name）和符号的值（一般是符号的地址）。内核提供的符号表在模块链表最后一个模块中。

　　内核并不把它的所有符号都提供给模块使用，它在编译和连接的时候指定把某些符号加入到符号表中，用户可以通过查看/proc/ksyms 文件或利用 ksyms 工具查看内核和模块提供的符号。insmod 将模块读入虚存，利用符号表解决该模块中引用的内核程序和资源指针的定位。insmod 将符号的地址添入模块中的相应位置。

当 insmod 完成模块对符号表的引用问题，它调用 sys_ create_ module () 系统调用，为新模块分配一个模块数据结构和足够的内核空间，将新分配的模块结构挂在 module list 的头上，置新模块状态为 UNINITIALIZED。

用户可以通过 lsmod 命令列出系统中的所有模块和它们之间的依赖关系。系统将内核分配给模块的空间映射到 insmod 进程的地址空间，使 insmod 进程能够对它进行访问。insmod 将模块复制到分配的空间。

一般每个模块都向内核提供一个符号表。每一个模块都必须包含一个初始化和清除程序。当初始化模块时，insmod 调用 sys_init_module () 系统调用，将模块的初始化和清除函数作为参数传递。当模块加入到内核后，必须修改内核的符号表，同时系统需要修改新模块依赖的所有模块中的相关指针。若一个模块被其他模块引用，则该模块的数据结构中包含一个引用该模块的模块指针列表。然后内核调用模块的初始化函数。如果函数返回成功，则继续进行模块的安装。模块的清除函数的指针存储在模块的数据结构之中。然后，置该模块的状态为 RUNNING。

### 4.5.3 模块的卸载

当内核的某一部分在使用某个模块时，该模块是不能被卸载的。例如，如果系统安装了 vfat 文件系统，不能卸载 vfat 模块。每一个模块有一个计数器（module count）。可以利用 lsmod 命令来得到它的值。下面给出一个例子：

| #lsmod | | |
|---|---|---|
| Module： | #pages： | Used by： |
| msdos | 5 | 1 |
| vfat | 4 | 1（autoclean） |
| fat | 6　［vfat msdos］ | 2（autoclean） |

计数器的值是内核中依赖该模块的记录（entity）的数目。在上例中，vfat 模块和 msdos 模块都依赖 fat 模块，所以它的引用数为 2。vfat 模块和 msdos 模块计数器的值为 1，这是因为系统中安装了相应的文件系统。如果又装入一个 vfat 文件系统，那么 vfat 模块的计数器的值会变为 2。一个模块的 modulf 的 module count 的值保存在它的映像的第一个字中。

模块的 AUTOCLEAN 和 VISITED 标志也保存在 module count 中，这两个标记只适用于由 kenerld 装入的模块。将模块标记为 AUTOCLEAN，系统则可以将它们自动卸载。VISITED 标志表示该模块被其他的系统部分使用，当有其他系统部分（component）使用该模块时，则置该标志。当 kerneld 请求系统卸载未被使用的且由它装入的模块时，它遍历系统中模块列表，寻找候选模块。系统仅考察标记为 AUTOCLEAN 和 RUNNING 的模块。若候选模块的 VISITED 标记未被置位，那么将该模块卸载，否则，系统清除该模块的 VISITED 标记位，然后考察系统中的下一个模块。

当模块被卸载时，系统会调用该模块的 cleanup 子程序，可以在该子程序中释放系统分配给该模块的内核资源。

若模块的状态为 DELETED，则将它从系统的模块列表中脱开，修改该模块所依赖的所有模块的参考列表，将卸载的模块从它们的参考列表中脱开，释放分配给该模块的内核内存。

## 4.6 ARM-Linux 的中断管理

在 ARM 体系结构中，异常中断用来处理软件中断、未来定义指令陷阱及系统复位功能和事件。ARM 异常按引起异常事件的不同可以分为以下 3 类。

（1）指令执行引起的直接异常　称为同步异常。因为 ARM 具有预取指功能，因此可以进一步称为同步不精确异常。软件中断、未定义指令（包括所要求的协处理器不存在时的协处理器指令）和预取指中止（因为取值过程中的存储器故障导致的无效指令）都属于这一类。

（2）指令执行引起的间接异常　这同样属于同步异常。数据中止（在读取和存储数据时的存储器故障）属于这一类。

（3）外部产生的与指令流无关的异常　这一类异常称为异步异常。复位、IRO、FiO 属于这一类异常。

表 4-1 给出了 ARM 体系结构支持的异常中断类型、异常中断下的工作模式、异常中断处理程序入口向量地址以及每种异常中断的含义。

表 4-1　ARM 体系结构中的异常中断

| 异常类型 | 向量地址 | 优先级 | 异常中断含义 |
| --- | --- | --- | --- |
| 复位（reset） | 0X00000000 | 1 | 当处理器复位引脚有效时，系统产生复位异常中断，程序跳转到复位异常中断处理程序处执行。复位异常中断通常用在：<br>1）系统加电时<br>2）为系统复位时<br>3）跳转到复位中断向量处执行，称为软复位 |
| 未定义的指令（undefined instruction） | 0X00000004 | 6 | 当 ARM 处理器或者是系统中的协处理器认为当前指令未定义时，产生未定义指令异常中断。可通过该异常中断机制仿真浮点向量运算 |
| 软件中断（softwar interrupt SWI） | 0X00000008 | 6 | 这是一个由用户定义的中断指令。可用于用户模式下的程序调用特权操作指令 |
| 指令预取指中止（Prefetch abort） | 0X0000000C | 5 | 如果处理器预取的指令的地址不存在，或者该地址不允许当前指令访问，当该被预取的指令执行时，处理器产生指令预取中止异常中断 |
| 数据访问中止（Data abort） | 0X00000010 | 2 | 如果数据访问指令的目标地址不存在，或者该地址不允许当前指令访问，处理器产生数据访问中止异常中断 |
| 外部中断请求（IRQ） | 0X00000018 | 4 | 当处理器的外部中断请求引脚有效，而且 CPSR 寄存器的 I 控制位被清除时，处理器产生外部中断请求异常中断。系统中各个外设通常通过该异常中断请求处理器服务 |
| 快速中断请求（FIQ） | 0X0000001C | 3 | 当处理器的外部快速中断请求引脚有效，而且 CPSR 寄存器的 F 控制位被清除时，处理器产生快速中断请求异常中断 |

从系统的角度来看，中断是一个流程，一般来说，它要经过三个环节：中断响应，中断处理，中断返回。在系统对外部事件做出反应的过程中，中断响应是第一个环节，主要是确定中断源，而后根据中断源指引 CPU 进入具体的中断处理程序。因此中断响应在整个中断机制中起着枢纽的作用。由于现有的技术条件下，芯片的引线数量受到很大的限制，因此很难为了快速地确定中断源而让 CPU 芯片带足够多的中断请求线。这样一来，为了确定中断的来源就需要有一些辅助的手段，使 CPU 在响应中断的时候能迅速的确定中断源。辅助手段主要有下列几种：

1）CPU 在响应中断时进入一个特殊的中断响应周期，向外发一个"中断响应（ACK）"信号，要求中断源通过数据总线提供一个代表具体设备的数值，称为"中断向量"。发出中断请求的外设则必须在接收中断响应信号时发出这个中断向量。为了防止因为多个外设同时发出中断向量而形成冲突，还需要把所有可能成为中断源的设备连接成一条"中断链"，在"中断链"的不同位置有不同的优先级。

2）在外部提供一个"集线器"，称为"中断控制器"。它为外设提供多条中断请求线，但是将这些中断请求线（相或）合并成一条。与此同时，在中断控制器中还要提供一个寄存器，记录下当前的（综合）中断请求来自哪几条外部中断请求线。而 CPU 则可以像访问外设一样地读出这个寄存器的内容，以确定中断请求的来源。

3）将中断控制器集成在 CPU 芯片中，但是设法"挪用"或"复制"原有的若干引线，而并不实际增加引线的数量。

ARM 是将中断控制器集成在 CPU 内部的，由外设产生的中断请求都由芯片上的中断控制器汇总成一个 IRQ 中断请求。此外，中断控制器还向 CPU 提供一个中断请求寄存器和一个中断控制寄存器。寄存器中的每一位都代表着一个中断源。通过中断请求寄存器可以知道中断请求来自何处，通过中断控制寄存器则可以屏蔽或者连通特定的中断源。GPIO 是一个通用的可编程的 I/O 接口，其接口寄存器中的每一位都可以分别在程序的控制下设置用于输入或者输出。而且，当用于输入的时候，还可以让每一位的状态变化都引发一个中断请求。不同的开发板其中断源的分配可能不同，但是一般来讲 ARM-Linux 将中断源分为三组：第一组是针对外部中断源；第二组是针对内部中断源，它们都来自集成在芯片内部的外围设备和控制器，比如 LCD 控制器、串行口、DMA 控制器等；第三组中断源使用的是一个两层结构。

由于无法让每一条中断请求线都使用单一的值用于一个中断源，所以只好让多个中断源共享。也就是说一条中断请求线可以接多个可产生中断的中断外设，如果这条中断请求线发出中断请求信号，那么还要搞清楚产生中断源的具体设备。在 Linux 中，每一个中断控制器都由 struct hw_interrupt_type 数据结构表示：

```
struct hw_interrupt_type {
const char *  typename;
unsigned int ( * startup)(unsigned int irq);
void ( * shutdown)(unsigned int irq);
void ( * enable)(unsigned int irq);
void ( * ack)(unsigned int irq);
void ( * end)(unsigned int irq);
void ( *  set_affinity)(unsiged int irq,unsigned long mask);
};
```

每一个中断请求线都由一个 struct irq_desc_t 数据结构表示：

```
typedef struct {
unsigned int status;        /*  IRQ 状态* /
hw_irq_controller * handler;
struct irqaction * action;
unsigned int depth;
spinlock_t lock;
}_cacheline_aligned irq_desc_t;
```

此外还有一个中断请求队列数组 irq_desc_t irq_desc[NR_IRQS]，具体中断处理程序则在数据结构 struct irqaction 中：

```
struct irqaction {
void( * handler)(int,void *  ,struct pt_regs *  );
```

```
    //指向具体中断服务程序
    unsigned long flags;
    unsigned long mask;
    const char *  name;
    void * dev_id;
    struct irqaction * next;
};
```

下面通过中断机制的初始化的说明来了解 ARM_Linux 的中断机制。

在 ARM_Linux 存储管理中，内核中 DRAM 区间的虚拟地址和物理地址是相同的。系统加电引导以后，CPU 进入内核的总入口，即代码段的起点 stext，CPU 首先从自身读出 CPU 的型号以及其所在的开发板，把有关的信息保存在全局变量中，然后就转入 start_kernel( ) 函数进行初始化。接着是执行函数 trap_init( )，这个函数主要做了两件事：第一件事是将下列指令搬运到虚拟地址 0 处。

```
.LCvectors:  swi   SYS_ERROR0
        b   _real_stubs_start + (vector_underfinstr - _stubs-start)
        ldr  pc, _real_stubs_start + (.LCvswi - _stubs_start)
        b   _real_stubs_start + (vector_prefetch - _stubs_start)
        b   _real_stubs_start + (vector_data - _stubs_start)
        b   _real_stubs_start + (vector_addrexcptn - _stubs_start)
        b   _real_stubs_start + (veetor_IRQ - _stubs_start)
        b   _real_stubs_start + (vector-FIQ - _stubs_start)
```

其中第 7 条指令：b_real_stubs_start + (vector_IRQ - _stubs_start)经过 trap_init 初始化以后，就在地址 0x18 处。ARM 体系机构规定一旦中断发生，CPU 就跳转到 0x18 处去执行，所以上面的第 7 条指令就是中断响应后的要执行的第一条代码。第二件事是搬运底层中断响应程序的代码（如下所示）到 0x200 处。

```
_stubs_start:
vector-IRQ。
    ...
vector_data:
    ...
vector_prefetch:
    ...
vector undefinestr:
    ...
vector_FIQ:
    ...
vector addrexcptn:
    ...
.LCvswi:   .word  vector_swi
.LCsirq:   .word  _temp_irq
```

```
.LCsund:    .word    _temp_und
.LCsabt:    .word    _temp_abt
_stubs_end:
```

trap-init（）函数执行完了以后，再执行 init_IRQ（）。通过函数 init_lRQ（）建立上面提及的 3 个数据结构及其相互联系的框架。

完成了对中断相应框架的初始化以后，设备驱动程序可以通过函数 request_iq（），将具体的中断处理程序和特定的中断请求号挂上钩。

前面讲过，当 CPU 响应中断时是从地址 0x18 处开始执行指令的，那里应该是一条转移指令，这一点是和具体的操作系统无关的。在 ARM-Linux 的代码中，中断响应的入口是 vector_IRQ。当 CPU 进入中断响应状态时，其所有寄存器的内容都保持原样不动，但是 CPU 的运行模式却从原来的模式切换到了中断模式。中断模式有自己的 spsr、sp 和 lr。在进入中断响应之前，CPU 自动完成下列操作：

1）将进入中断响应前的内容装入 r14_irq，即中断模式的 lr，使其指向中断点。不过，因为取指令流水线的原因，lr 实际所指向的是中断点加 4，所以要减去 4 以后才是中断返回地址。

2）将 cpsr 原来的内容装入 spsr_irq，即中断模式的 spsr；同时改变 cpsr 的内容使 CPU 运行于中断模式，并关闭中断。

3）将堆栈指针 sp 切换成中断模式的 sp_irq。

4）将 pc 指向 0x18。

## 4.7 嵌入式 Linux 文件系统

文件系统是对一个存储设备上的数据进行组织的机制，是操作系统中最直观的部分，用户通过文件直接地和操作系统交互。嵌入式系统与通用 PC 不同，一般不使用硬盘这样的存储设备而是采用 Flash 闪存芯片、小型闪存卡等专为嵌入式系统设计的存储装置。

嵌入式文件系统是嵌入式系统的一个重要组成部分，随着嵌入式系统硬件设备的广泛应用和价格的不断降低以及嵌入式系统应用范围的不断扩大，嵌入式文件系统的重要性显得更加突出。

### 4.7.1 Linux 文件系统简介

Linux 支持多种不同的文件系统，这使 Linux 非常灵活，能够与许多其他的操作系统共存。用户可以在 Linux 上面透明地安装具有其他操作系统文件格式的磁盘或者分区，这些操作系统如 Windows、其他版本的 UNIX 甚至一些很少见到的系统。Linux 支持的常见的文件系统有：JFS、ReiserFS、Ext、Ext2、Ext3、ISO9660、XFS、Minx、MSDOS、UMSDOS、VFAT、NTFS、HPFS、NFS、SMB、SysV、PROC 等。随着时间的推移，Linux 支持的文件系统数还会增加。

Linux 是通过把系统支持的各种文件系统链接到一个单独的树形层次结构中来实现对多文件系统的支持。该树形层次结构把文件系统表示成一个完整的独立实体。无论什么类型的文件系统，都可被装配到这个树形层次结构的某个目录上，由被装配的文件系统的文件覆盖该目录原有的内容。该目录被称为装配目录或装配点。在文件系统卸载时，装配目录中原有的文件才会显露出来。

Linux 文件系统使用了 VFS（Virtual File System 虚拟文件系统），正是 VFS 让 Linux 能够支持目前多种文件系统。VFS 具备访问各种各样的文件系统的能力，也是因为 VFS 在内部去适应各种不同的文件系统的差异，而提供给用户进程的是统一的文件 API。

## 4.7.2 虚拟文件系统

Linux 内核含有一个虚拟文件系统层,用于系统调用操作文件。VFS 是一个间接层,用于处理涉及文件的系统调用,并调用物理文件系统代码中的必要功能来进行 I/O 操作。该间接机制常用于 Unix 类操作系统中,以利于集成和使用几种类型的文件系统。

当处理器发出一个基于文件的系统调用时,内核就会调用 VFS 中的一个函数。该函数会处理与结构无关的操作并且把调用重新转向与结构相关的物理文件系统代码中的一个函数。文件系统代码使用高速缓冲功能来请求对设备的 I/O 操作。

VFS 定义了每个文件系统必须实现的函数集。该接口由一组操作集组成,涉及三类对象:文件系统、i 节点和打开文件。

VFS 知道内核所支持的文件系统的类型,它使用一个在内核配置时定义的一张表来获取这些信息。该表中的每个条目描述了一个文件系统类型:它含有文件系统类型的名称以及在加载操作时调用的函数的指针。当需要加载一个文件系统时,就会调用相应的加载函数,该函数负责从磁盘上读取超级块、初始化内部变量,并且向 VFS 返回被加载文件系统的描述符。在文件系统被加载以后,VFS 函数就可以使用这个描述符来访问物理文件系统的子程序。

被加载文件系统的描述符含有几类数据:每个文件系统类型常用的信息、物理文件系统内核代码提供的函数指针以及物理文件系统代码私有数据。文件系统描述符中所包含的函数指针使得 VFS 能访问文件系统的内部函数。

VFS 还使用了另外两类描述符:i 节点描述符和打开文件描述符。每个描述符含有与所使用文件相关的信息以及物理文件系统代码提供的操作集。i 节点描述符含有用于任何文件操作(例如 create,unlink)的函数指针集,而文件描述符含有操作已被打开文件的函数的指针(例如 read,write)。

## 4.7.3 常见的嵌入式文件系统

文件系统都会被烧录在某一存储设备上。在嵌入式设备上很少使用大容量的 IDE 硬盘作为自己的存储设备,而往往选用 ROM、闪存(Flash Memory)等作为它的主要存储设备。在嵌入式设备上选用哪种文件系统格式与闪存的特点是相关的。

Linux 支持多种文件系统,包括 Ext2、Ext3、VFAT、NTFS、ISO9660、JFFS、ROMFS 和 NFS 等,为了对各类文件系统进行统一管理,Linux 引入了虚拟文件系统 VFS,为各类文件系统提供一个统一的操作界面和应用编程接口。

Linux 下的文件系统结构如图 4-4 所示。

Linux 启动时,第一个挂载的必须是根文件系统,若系统不能从指定设备上挂载根文件系统,则系统会出错而退出启动,之后可以自动或手动挂载其他的文件系统。因此,一个系统中可以同时存在不同的文件系统。

**1. Ext2 文件系统**

Ext2 文件系统(即 Ext2FS)是 Linux 事实上的标准文件系统,它已经取代了它的前任——扩展文件系统 ExtFS。ExtFS 支持的文件大小最大为 2GB,支持的最大文件名称大小为 255 个字符,而且它不支持索引节点(包括数据修改时间标记)。与 ExtFS 相比,Ext2FS 做得更好,它的优点是:

1)Ext2FS 支持达 4TB 的内存。
2)Ext2FS 文件名称最长可以到 1012 个字符。
3)当创建文件系统时,管理员可以选择逻辑块的大小(通常大小可选择 1024、2048 和

4096B）。

4）Ext2FS 实现了快速符号链接：不需要为此目的而分配数据块，并且将目标名称直接存储在索引节点（inode）表中，这使其性能有所提高，特别是在速度上。

因为 Ext2 文件系统的稳定性、可靠性和健壮性，所以几乎在所有基于 Linux 的系统（包括台式机、服务器和工作站以及一些嵌入式设备）上都使用 Ext2 文件系统。然而，当在嵌入式设备中使用 Ext2FS 时也有一些缺点：

1）Ext2FS 是为类 IDE 设备那样的块设备设计的，这些设备的逻辑块大小是 512B，1KB 等这样的倍数，不太适合于扇区大小因设备不同而不同的闪存设备。

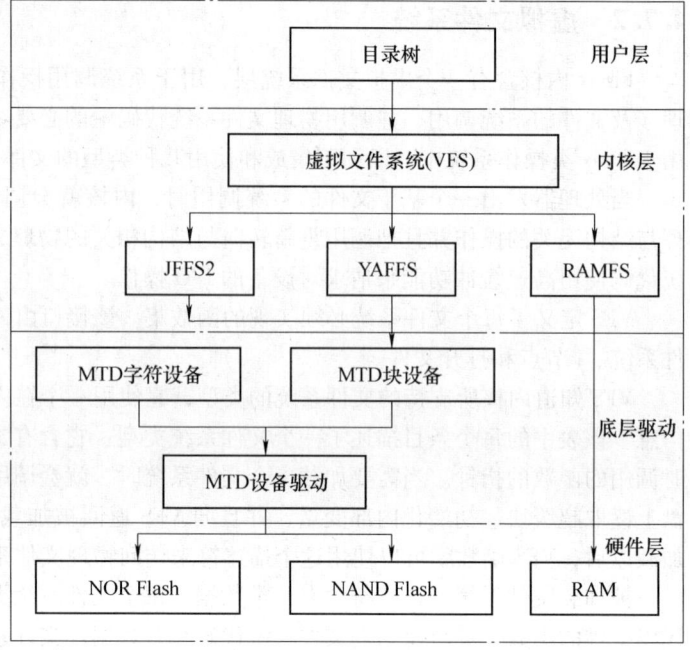

图 4-4  Linux 文件系统结构

2）Ext2 文件系统没有提供对基于扇区的擦除/写操作的良好管理。在 Ext2FS 中，为了在一个扇区中擦除单个字节，必须将整个扇区复制到 RAM，然后擦除，再重写入。

3）考虑到闪存设备具有有限的擦除寿命（大约能进行 100,000 次擦除），在此之后就不能使用它们，所以这不是一个特别好的方法。

4）在出现电源故障时，Ext2FS 不是防崩溃的。

5）Ext2 文件系统不支持损耗平衡，因此缩短了扇区/闪存的寿命（损耗平衡确保将地址范围的不同区域轮流用于写和擦除操作以延长闪存设备的寿命）。

6）Ext2FS 没有特别完美的扇区管理，这使设计块驱动程序十分困难。

由于这些原因，通常相对于 Ext2FS，在嵌入式环境中使用 MTD/JFFS2 组合是更好的选择。

用 Ramdisk 挂装 Ext2FS：

通过使用 Ramdisk 的概念，可以在嵌入式设备中创建并挂装 Ext2 文件系统（以及用于这一目的的任何文件系统）。

创建一个简单的基于 Ext2FS 的 Ramdisk：

```
mke2fs -vm0 /dev/ram 4096
mount -t ext2 /dev/ram /mnt
cd /mnt
cp /bin, /sbin, /etc, /dev... files in mnt
cd../
umount /mnt
dd if =/dev/ram bs =1k count =4096 of =ext2ramdisk
```

mke2fs 是用于在任何设备上创建 Ext2 文件系统的实用程序。它创建超级块、索引节点以及索引节点表等。

在上面的用法中，/dev/ram 是上面构建有 4096 个块的 Ext2 文件系统的设备。然后，将这个设备（/dev/ram）挂装在名为 /mnt 的临时目录上并且复制所有必需的文件。一旦复制完这些文件，就卸装这个文件系统，并且设备（/dev/ram）的内容被转储到一个文件（Ext2Ramdisk）中，它就是所需的 Ramdisk（Ext2 文件系统）。

上面的程序创建了一个 4MB 的 Ramdisk，并用必需的文件实用程序来填充它。一些要包含在 Ramdisk 中的重要目录是：

/bin—保存大多数像 init、busybox、shell、文件管理实用程序等的二进制文件。

/dev—包含用在设备中的所有设备节点。

/etc—包含系统的所有配置文件。

/lib—包含所有必需的库，如 libc、libdl 等。

不同的文件系统类型有不同的特点，因而根据存储设备的硬件特性、系统需求等有不同的应用场合。在嵌入式 Linux 应用中，主要的存储设备为 RAM（DRAM，SDRAM）和 ROM（常采用 Flash 存储器），常用的基于存储设备的文件系统类型包括：JFFS2，YAFFS，Cramfs，Romfs，Ramdisk，Ramfs/Tmpfs 等。

**2. 基于 Flash 的文件系统**

Flash（闪存）作为嵌入式系统的主要存储媒介，有其自身的特性。Flash 的写入操作只能把对应位置的 1 修改为 0，而不能把 0 修改为 1（擦除 Flash 就是把对应存储块的内容恢复为 1），因此，一般情况下，向 Flash 写入内容时，需要先擦除对应的存储区间，这种擦除是以块（block）为单位进行的。

闪存主要有 NOR 和 NAND 两种技术（简单比较见附录）。Flash 存储器的擦写次数是有限的，NAND 闪存还有特殊的硬件接口和读写时序。因此，必须针对 Flash 的硬件特性设计符合应用要求的文件系统；传统的文件系统如 Ext2 等，用作 Flash 的文件系统会有诸多弊端。

在嵌入式 Linux 下，存储技术设备（Memory Technology Device，MTD）为底层硬件（闪存）和上层（文件系统）之间提供一个统一的抽象接口，即 Flash 的文件系统都是基于 MTD 驱动层的（参见上面的 Linux 下的文件系统结构图）。使用 MTD 驱动程序的主要优点在于，它是专门针对各种非易失性存储器（以闪存为主）而设计的，因而它对 Flash 有更好的支持、管理和基于扇区的擦除、读/写操作接口。

一块 Flash 芯片可以被划分为多个分区，各分区可以采用不同的文件系统。两块 Flash 芯片也可以合并为一个分区使用，采用一个文件系统。即文件系统是针对存储器分区而言的，而非存储芯片。

（1）JFFS2

瑞典的 Axis Communications 开发了最初的 Journalling Flash File System（JFFS），Red Hat 的 David Woodhouse 对它进行了改进。第二个版本 JFFS2 作为用于微型嵌入式设备的原始闪存芯片的实际文件系统而出现。JFFS2 文件系统是日志结构化的，这意味着它基本上是一长列节点，每个节点包含有关文件的部分信息，可能是文件的名称、也许是一些数据。相对于 Ext2FS，JFFS2 因为有以下这些优点而在无盘嵌入式设备中越来越受欢迎：

1）JFFS2 在扇区级别上执行闪存擦除/写/读操作要比 Ext2 文件系统好。

2）JFFS2 提供了比 Ext2FS 更好的崩溃/掉电安全保护。当需要更改少量数据时，Ext2 文件系统将整个扇区复制到内存（DRAM）中，在内存中合并新数据，并写回整个扇区。这意味着为了更改单个字，必须对整个扇区（64 KB）执行读/擦除/写例程，这样做的效率非常低。当正在

DRAM 中合并数据时，若发生了电源故障或其他事故，那么将丢失整个数据集合，因为在将数据读入 DRAM 后就擦除了闪存扇区。JFFS2 附加文件而不是重写整个扇区，并且具有崩溃/掉电安全保护这一功能。

这可能是最重要的一点，因为 JFFS2 是专门为象闪存芯片那样的嵌入式设备创建的，所以它的整个设计提供了更好的闪存管理。由于本节主要是写关于闪存设备的使用，所以在嵌入式环境中使用 JFFS2 的缺点很少，如当文件系统已满或接近满时，JFFS2 会大大放慢运行速度，这是因为垃圾收集的问题。

（2）YAFFS

YAFFS（Yet Another Flash File System）/YAFFS2 是专为嵌入式系统使用 NAND 型闪存而设计的一种日志型文件系统。与 JFFS2 相比，它减少了一些功能（例如不支持数据压缩），所以速度更快，挂载时间很短，对内存的占用较小。另外，它还是跨平台的文件系统，除了 Linux 和 eCos，还支持 WinCE、pSOS 和 ThreadX 等。

YAFFS/YAFFS2 自带 NAND 芯片的驱动，并且为嵌入式系统提供了直接访问文件系统的 API，用户可以不使用 Linux 中的 MTD 与 VFS，直接对文件系统操作。当然，YAFFS 也可与 MTD 驱动程序配合使用。

YAFFS 与 YAFFS2 的主要区别在于，前者仅支持小页（512B）NAND 闪存，后者则可支持大页（2KB）NAND 闪存。同时，YAFFS2 在内存空间占用、垃圾回收速度、读/写速度等方面均有大幅提升。

（3）Cramfs

Cramfs（Compressed ROM File System）是 Linux 的创始人 Linus Torvalds 参与开发的一种只读的压缩文件系统。它也基于 MTD 驱动程序。

在 Cramfs 文件系统中，每一页（4KB）被单独压缩，可以随机页访问，其压缩比高达 2：1，为嵌入式系统节省大量的 Flash 存储空间，使系统可通过更低容量的 Flash 存储相同的文件，从而降低系统成本。

Cramfs 文件系统以压缩方式存储，在运行时解压缩，所以不支持应用程序以 XIP 方式运行，所有的应用程序要求被复制到 RAM 里去运行，但这并不代表比 Ramfs 需求的 RAM 空间要大，因为 Cramfs 是采用分页压缩的方式存放档案，在读取档案时，不会一下子就耗用过多的内存空间，只针对目前实际读取的部分分配内存，尚没有读取的部分不分配内存空间，当读取的档案不在内存时，Cramfs 文件系统自动计算压缩后的资料所存的位置，再即时解压缩到 RAM 中。

另外，它的速度快，效率高，其只读的特点有利于保护文件系统免受破坏，提高了系统的可靠性。

由于以上特性，Cramfs 在嵌入式系统中应用广泛。

但是它的只读属性同时又是它的一大缺陷，使得用户无法对其内容进行扩充。

Cramfs 映像通常是放在 Flash 中，但是也能使用 loopback 设备把它安装在别的文件系统里。

（4）Romfs

传统型的 Romfs 是一种简单、紧凑、只读的文件系统，不支持动态擦写保存，按顺序存放数据，因而支持应用程序以片内运行（eXecute In Place, XIP）方式运行，在系统运行时，节省 RAM 空间。uClinux 系统通常采用 Romfs。

其他文件系统：fat/fat32 也可用于实际嵌入式系统的扩展存储器（例如 PDA、Smartphone，数码相机等的 SD 卡），这主要是为了更好的与最流行的 Windows 桌面操作系统相兼容。ext2 也可以作为嵌入式 Linux 的文件系统，不过将它用于 Flash 闪存会有诸多弊端。

**3. 基于 RAM 的文件系统**

（1）Ramdisk

Ramdisk 是将一部分固定大小的内存当作分区来使用。它并非一个实际的文件系统，而是一种将实际的文件系统装入内存的机制，并且可以作为根文件系统。将一些经常被访问而又不会更改的文件（如只读的根文件系统）通过 Ramdisk 放在内存中，可以明显地提高系统的性能。

在 Linux 的启动阶段，initrd 提供了一套机制，可以将内核映像和根文件系统一起载入内存。

（2）Ramfs/Tmpfs

Ramfs 是 Linus Torvalds 开发的一种基于内存的文件系统，工作于虚拟文件系统（VFS）层，不能格式化，可以创建多个，在创建时可以指定其最大能使用的内存大小（实际上，VFS 本质上可看成一种内存文件系统，它统一了文件在内核中的表示方式，并对磁盘文件系统进行缓冲）。

如果你的 Linux 已经将 Ramfs 编译进内核，你就可以很容易地使用 Ramfs 了。创建一个目录，加载 Ramfs 到该目录即可。

```
# mkdir -p /RAM1
# mount -t ramfs none /RAM1
```

默认情况下，Ramfs 被限制最多可使用内存大小的一半。可以通过 maxsize（以 KB 为单位）选项来改变。

```
# mkdir -p /RAM1
# mount -t ramfs none /RAM1 -o maxsize=10000
```

以上即创建了一个限定了最大使用内存大小为 10M 的 Ramdisk。

Tmpfs 是一个虚拟内存文件系统，它不同于传统的用块设备形式来实现的 Ramdisk，也不同于针对物理内存的 Ramfs。Tmpfs 可以使用物理内存，也可以使用交换分区。在 Linux 内核中，虚拟内存资源由物理内存（RAM）和交换分区组成，这些资源是由内核中的虚拟内存子系统来负责分配和管理。Tmpfs 就是和虚拟内存子系统来"打交道"的，它向虚拟内存子系统请求页存储文件。同 Linux 的其他请求页的部分一样，Tmpfs 不知道分配给自己的页是在内存中还是在交换分区中。Tmpfs 同 Ramfs 一样，其大小也不是固定的，而是随着所需要的空间动态增减。使用 Tmpfs，首先在编译内核时应选择"虚拟内存文件系统支持（Virtual Memory Filesystem Support）"，然后就可以加载 Tmpfs 文件系统了。

```
# mkdir -p /mnt/tmpfs
# mount tmpfs /mnt/tmpfs -t tmpfs
```

为了防止 Tmpfs 使用过多的内存资源而造成系统性能下降或死机，可以在加载时指定 Tmpfs 文件系统大小的最大限制。

```
# mount tmpfs /mnt/tmpfs -t tmpfs -o size=32m
```

以上创建的 Tmpfs 文件系统就规定了其最大为 32M。不管是使用 Ramfs 还是 Tmpfs，必须明白的是，一旦系统重启，它们中的内容将会丢失。所以可以放在内存文件系统中的内容需根据系统的具体情况而定。

Ramfs/Tmpfs 文件系统把所有的文件都放在 RAM 中，所以读/写操作发生在 RAM 中。可以用 Ramfs/Tmpfs 来存储一些临时性或经常要修改的数据，例如 /tmp 和 /var 目录，这样既避免了对 Flash 存储器的读写损耗，也提高了数据读写速度。

Ramfs/Tmpfs 相对于传统的 Ramdisk 的不同之处主要在于：不能格式化，文件系统大小可随所含文件内容大小变化。

Tmpfs 的一个缺点是当系统重新引导时会丢失所有数据。

**4. 网络文件系统**

网络文件系统（Network File System，NFS）是在不同机器、不同操作系统之间通过网络共享文件的技术。在嵌入式 Linux 系统的开发调试阶段，可以利用该技术在主机上建立基于 NFS 的根文件系统，挂载到嵌入式设备，从而可以很方便地修改根文件系统的内容。

以上讨论的都是基于存储设备的文件系统（Memory-Based File System），它们都可用作 Linux 的根文件系统。实际上，Linux 还支持逻辑的或伪文件系统（Logical or Pseudo File System），例如用于获取系统信息的 PROCFS（PROC 文件系统），以及用于维护设备文件的系统 SYSFS 和 DEVFS（设备文件系统）。

## 4.8 小结

本章主要介绍了嵌入式 Linux 操作系统基础，从嵌入式 Linux 概述，嵌入式 Linux 操作系统启动，ARM-Linux 内存管理，ARM-Linux 进程管理和调度，ARM-Linux 的模块机制，ARM-Linux 的中断管理，嵌入式 Linux 文件系统七个方面对嵌入式 Linux 进行了具体介绍。本章只是对嵌入式 Linux 操作系统进行基础介绍，而要进行更深入的学习请参考相关资料。

## 4.9 复习思考题

1. 什么是嵌入式操作系统？请列举常见的嵌入式操作系统。
2. 简述嵌入式 Linux 操作系统特点及优势。
3. 有哪些常见的 Linux 操作系统？
4. Linux 进程调度的时机及依据是什么？
5. 简述嵌入式 Linux 操作系统的启动过程。
6. 简述 ARM 体系结构中的异常中断的类型及特点。
7. 分别简述 Linux 进程的创建、执行和撤销的过程。
8. 常见的嵌入式文件系统有哪些？

# 第 5 章 嵌入式设备

**本章主要内容**

- 嵌入式设备简介
- 嵌入式设备举例

## 5.1 嵌入式设备概述

嵌入式系统主要由嵌入式处理器、嵌入式软件系统和相关支撑硬件组成,它是集软硬件于一体的可独立工作的"器件"。嵌入式处理器主要由一个单片机或微控制器(MCU)组成;嵌入式软件包括与硬件相关的底层软件、操作系统、图形界面、通信协议、数据库系统、标准化浏览器和应用软件等;相关支撑硬件包括显示卡、存储介质(ROM 和 RAM 等)、通信设备、IC 卡或信用卡的读取设备等;嵌入式系统有别于一般的计算机处理系统,它不具备像硬盘那样大容量的存储介质,而大多使用闪存(Flash Memory)作为存储介质。本章主要对 LED、键盘、ADC/DAC、触摸屏、LCD、SD、IC、RFID、Zigbee、WIFI、蓝牙、GPRS 等常用嵌入式系统设备做简单介绍,为今后的工程设计和应用提前做好技术储备。

## 5.2 LED

单个 8 段 LED 数码管接口设计如图 5-1 所示,低 8 位数据总线通过一个 8 位驱动器 74LC573 直接接到 8 段 LED 数码管 8 个段,数据线最低位 DATA0 接 A 段,DATA1 接 B 段,依次类推,DATA7 接小数点段 DP。对于单个共阳极数码管,可直接到公共端接高电平,对于共阴极数码管,直接接到公共端接地,图 5-1 中采用的是共阳极数码管,因此接到 I/O 电源 VDDIO 端。

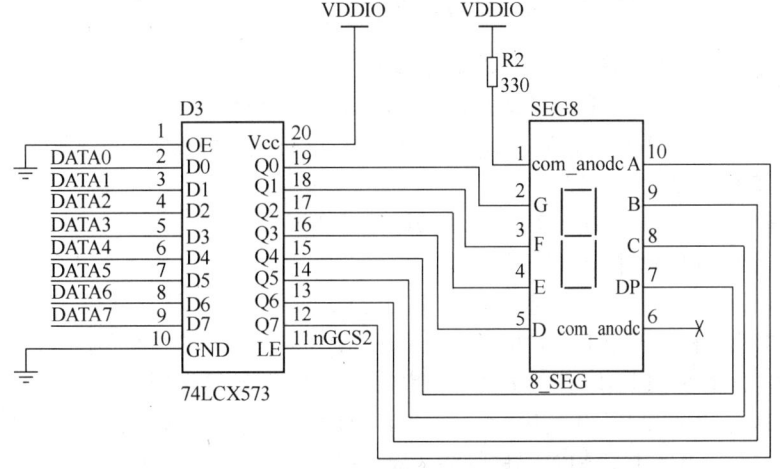

图 5-1 单个 8 段 LED 数码管接口

由于使用 nGCS2 作为 74LC573 的锁存使能端 LE（上升沿触发），编程也很简单，只要将显示代码通过数据总线向 nGCS2 指示的地址范围，即地址 0x04000000~0x05FFFFFF 间的任何一个地址输出，即可稳定显示所发送代码对应的字符。此时，这个地址区域不能作为存储器区域使用。

当系统中有多个 8 位 LED 数码管时，段码的接法不变，只是位码（公共端）不能直接接高低电平，而要受控于 GPIO 引脚，如果有 8 个数码管，则要用到 8 个 GPIO 引脚。

以上是以总线方式扩展 LED 数码管显示器的，当然也可以用 I/O 方式设计 LED 数码管接口，只需要将图 5-1 中的数据总线 DATA0~DATA7 改为某 8 个 GPIO 引脚，然后将 nGCS2 也改成一个 I/O 引脚，这样，不用总线操作方式，只对端口进行输出操作即可。

除此之外，如果键盘和 LED 显示器较多，还可以用专门的键盘显示器接口芯片，如 $I^2C$ 总线接口的键盘显示驱动器芯片 ZLG7290、SPI 总线接口的 ZLG7289 以及用并行总线的 8279 等。

## 5.3 键盘

键盘输入作为最常用的输入设备仍有其不可替代的作用。

### 5.3.1 传统键盘的介绍

键盘的结构通常有两种形式：线性键盘和矩阵键盘。在不同的场合下，这两种键盘均得到了广泛的应用。线性键盘有若干个独立的按键组成，每个按键的一端与微机的一个 I/O 口相连。有多少个键就有多少根线与微机的 I/O 口相连，因此，只适合用于按键少的场合。矩阵键盘的按键按 $N$ 行 $M$ 列排列，每个按键占据行列的一个交点，需要的 I/O 口数目是 $N+M$，容许的最大按键数是 $N \times M$。显然，矩阵键盘可以减少与微机接口的连接线，简化结构，是一般微机常用键盘结构。根据矩阵键盘的识键和译键方法的不同，矩阵键盘又可以分为非编码键盘和编码键盘两种。

（1）非编码键盘　非编码键盘主要用软件方法识键和译键。根据扫描方法不同，分为行扫描法、列扫描法和反转法三种。

（2）编码键盘　编码键盘主要用硬件来实现键的扫描和识别，通常使用 8279 专用接口芯片，在硬件上要求较高。

### 5.3.2 新型键盘的硬件和软件实现原理

有些特殊情况下，在组成一个最小的单片机系统过程中，由于通用的 I/O 口有限，而又需要大量的按键输入，这就需要一种新的键盘结构，即用尽量少的 I/O 口实现尽可能多的键盘输入。经过分析，实际上用 $N+1$ 个 I/O 口，辅以适当的接口电路，是可以实现 $N \times N$ 个按键的。现以 6 个端口实现 $5 \times 5$ 的按键为例叙述。

图 5-2 所示为用 6 个 I/O 口来实现 25 个按键的示意图。

具体的物理实现电路如图 5-3 所示。

硬件部分分为两块，一块是普通键盘矩阵，另外一块是中断和接口电路，主要由相应数目的二极管和电阻组成。根据 6 个 I/O 口的情况，实现 $5 \times 5$ 按键矩阵的中断和接口电路共需要 10 只二极管、12 只电阻和 1 只晶体管。10 只二极管在电路中所起的作用可分为两组：第一组包括 VD6、VD7、VD8、VD9 和 VD10，用以保证按键信息的单一流向；第二组包括 VD1、VD2、VD3、VD4 和 VD5，它们在电路上对 NPN 晶体管的基极构成"或"的逻辑关系，对单片机进行初始化。除了 PORT6（其要求具有中断功能）以外，其余的 I/O 口均被置成高电平，这样，当有键按下时，晶体管的基极由低变高，晶体管导通；集电极由高电平跳变成低电平，向单片机发出中断信号，从而启动键盘扫描程序。按键的识别主要靠软件来实现，需要编写键盘扫描程序。为了更好的说明键盘扫描的过程，假设编号为 S12 的键被按下，扫描程序已经启动，扫描的具体过程见表 5-1：

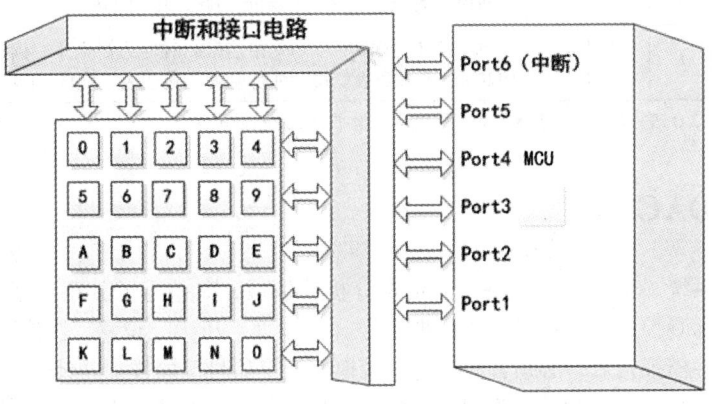

图 5-2  6 个 I/O 口实现 5×5 按键矩阵示意图

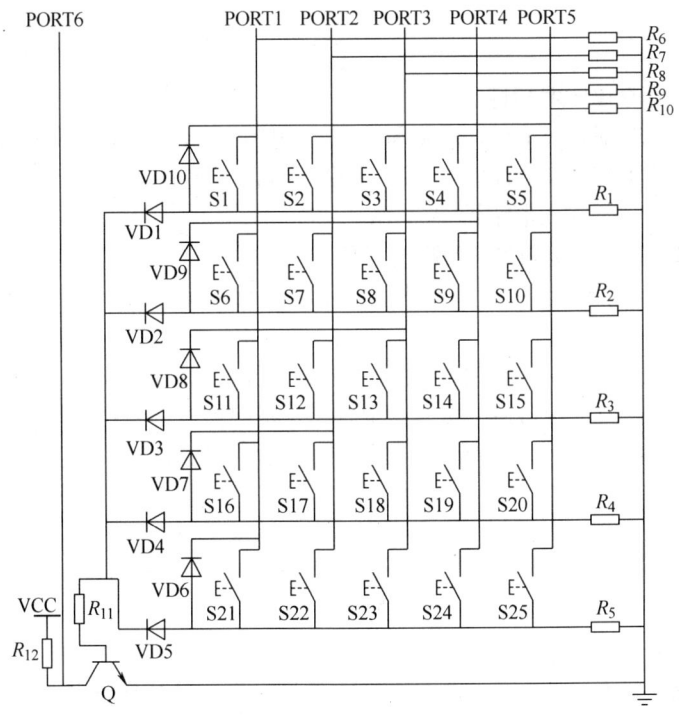

图 5-3  6 个 I/O 口实现 5×5 按键矩阵原理图

表 5-1 键盘扫描过程

| P1 | P2 | P3 | P4 | P5 | P6 | 说明 |
|---|---|---|---|---|---|---|
| OH | I | I | I | I | I | PORT1 被设置成高电平输出,其他端口作为输入 |
| H | L | L | L | L | H | 读入各个端口的值,为 100001,与编码表比较,可以判断有没有键按下,继续下一步 |
| I | OH | I | I | I | I | PORT2 被设置成高电平输出,其他端口作为输入 |
| L | H | H | L | L | L | PORT2 和 PORT3 与 S12 相连,此时均为高电平,读入各个端口的值为 011000,与编码表比较,可以判断有按键按下并且值唯一 |

注:P 表示 PORT,O 表示输出,I 表示输入,H 表示高电平,L 表示低电平。

## 5.4 ADC/DAC

在数据采集系统、工业过程控制、测量及分析等领域,对信号的处理广泛采用了计算机技术。由于系统实际测控的往往都是一些模拟信号(如温度、压力、位移、图像等),要使计算机能识别和处理这些模拟信号,必须首先将它们转换成数字信号。同样,经计算机分析和处理后输出的数字信号也往往需要将其转换为相应的模拟信号才能为测控系统的执行机构所接受。这样,就需要一种能在模拟信号与数字信号之间起转化作用的电路。这个电路就是我们常说的模/数转换器(Analog to Digital Converter,ADC)和数/模转换器(Digital to Analog Converter,DAC)。ADC 将模拟信号转换成数字信号,DAC 将数字信号转换为模拟信号。

### 5.4.1 ADC

**1. ADC 工作原理和技术指标**

A/D 转换包含三个部分:抽样、量化和编码。一般情况下,量化和编码是同时完成的,抽样是将模拟信号在时间上离散化的过程,量化是将模拟信号在幅度上离散化的过程,编码是指将每个量化后的样值用一定的二进制代码来表示。

ADC 的重要技术指标有分辨率、转换时间等。

1)ADC 分辨率以输出二进制(或十进制)数的位数来表示,它说明 ADC 对输入信号的分辨能力。

2)转换时间是指 ADC 从输入端模拟控制信号到来开始,到输出端得到稳定的数字信号所经过的时间。ADC 的转换时间与转换电路的类型有关,不同类型的转换器转换速度相差甚远。在实际应用中,应从系统数据总线的位数、精度要求、输入模拟信号的范围及极性等方面综合考虑 ADC 的选用。

**2. ADC 分类**

ADC 根据分辨率可分为 4 位、6 位、8 位、10 位、16 位等规格。

ADC 根据转换速度可分为超高速(转换时间 ≤330 ns)、次超高速(转换时间为 330ns ~ 3.3μs)、高速(转换时间为 3.3 ~ 333μs)和低速(转换时间 >333μs)等规格。

ADC 根据实现方式不同可分为:积分型、逐次逼近型、并行比较型/串并行型、$\Sigma$-$\Delta$ 调制型、电容阵列逐次比较型及压频变换型。

(1)积分型(如 TLC7135)  积分型 ADC 工作原理是将输入电压转换成时间或频率,然后由定时器/计数器获得数字值。其优点是用简单电路就能获得高分辨率,但缺点是由于转换精度依赖于积分时间,因此转换速率极低。初期的单片 ADC 大多采用积分型,现在逐次比较型已逐步成为主流。双积分是一种常用的 A/D 转换技术，具有精度高，抗干扰能力强等优点。但高精度的双积分 AD 芯片价格较贵，增加了单片机系统的成本。

（2）逐次逼近型（如 TLC0831） 逐次逼近型 ADC 由一个比较器和 DA 转换器通过逐次比较逻辑构成，从 MSB 开始，顺序地对每一位的输入电压与内置 DA 转换器输出进行比较，经 $n$ 次比较而输出数字值。其电路规模属于中等，优点是速度较高、功耗低，在低分辨率（ < 12 位）时价格便宜，但高精度（ > 12 位）时价格昂贵。

（3）并行比较型/串并行比较型（如 TLC5510） 并行比较型 ADC 采用多个比较器，仅作一次比较而实行转换，又称 Flash 型。由于转换速率极高，$n$ 位的转换需要 $2n-1$ 个比较器，因此电路规模极大，价格也高，只适用于视频 AD 转换器等速度特别高的领域。串并行比较型 ADC 结构上介于并行型和逐次比较型之间，最典型的是由 2 个 $n/2$ 位的并行型 AD 转换器配合 DA 转换器组成，用两次比较实行转换，所以也称为 Half Flash 型。

（4）Σ-Δ 调制型（如 AD7701） Σ-Δ 型 ADC 以很低的采样分辨率（1 位）和很高的采样速率将模拟信号数字化，通过使用过采样、噪声整形和数字滤波等方法增加有效分辨率，然后对 ADC 输出进行采样抽取处理以降低有效采样速率。Σ-Δ 型 ADC 的电路结构是由非常简单的模拟电路和十分复杂的数字信号处理电路构成。

（5）电容阵列逐次比较型 电容阵列逐次比较型 ADC 在内置 D/A 转换器中采用电容矩阵方式，也可称为电荷再分配型。一般的电阻阵列 DA 转换器中多数电阻的值必须一致，在单芯片上生成高精度的电阻并不容易。如果用电容阵列取代电阻阵列，可以用低廉成本制成高精度单片 AD 转换器。最近的逐次比较型 AD 转换器大多为电容阵列式的。

（6）压频变换型（如 ADC650） 压频变换型 ADC 是通过间接转换方式实现模数转换的。其原理是首先将输入的模拟信号转换成频率，然后用计数器将频率转换成数字量。从理论上讲这种 ADC 的分辨率几乎可以无限增加，只要采样时间能够满足输出频率分辨率要求的累积脉冲个数的宽度。其优点是分辨率高、功耗低、价格低，但是需要外部计数电路共同完成 A/D 转换。

**3. ADC 生产情况**

目前生产 ADC 和 DAC 的主要厂家有 ADI、TI、BB、Philip、Motorola 等。ADI 公司生产的各种 ADC 和 DAC 一直保持着市场的领导地位，包括高速、高精度数据转换器和目前流行的微转换器系统（Micro Converters TM）。

**4. ADC0809**

ADC0809 是美国国家半导体公司生产的 CMOS 工艺 8 通道、8 位逐次逼近式 A/D 转换器。其内部有一个 8 通道多路开关，它可以根据地址码锁存译码后的信号，只选通 8 路模拟输入信号中的一个进行 A/D 转换。它由一个 8 路模拟开关、一个地址锁存译码器、一个 ADC 和一个三态输出锁存器组成（见图 5-4）。多路开关可选通 8 个模拟通道，允许 8 路模拟量分时输入，共用 ADC 进行转换。三态输出锁存器用于锁存 A/D 转换完的数字量，当 OE 端为高

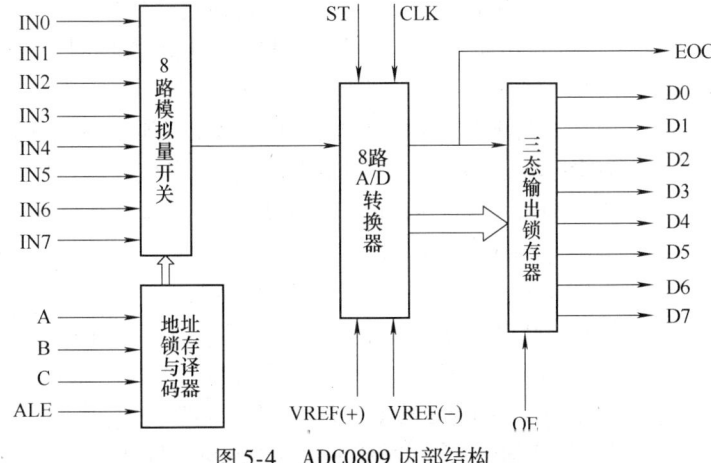

图 5-4　ADC0809 内部结构

电平时，才可以从三态输出锁存器取走转换完的数据。

ADC0809 的主要引脚功能如下所述：

D0～D7：8 位数字量输出引脚。

IN0～IN7：8 位模拟量输入引脚。

VREF（＋）：参考电压正端。

VREF（－）：参考电压负端。

START：A/D 转换启动信号输入端。

ALE：地址锁存允许信号输入端。ALE 和 START 这两种信号用于启动 A/D 转换。

EOC：转换结束信号输出引脚，开始转换时为低电平，转换结束时为高电平。

OE：输出允许控制端，用于打开三态数据输出锁存器。

CLK：时钟信号输入端（一般为 500 kHz）。

A、B、C：地址输入线。

ADC0809 的各引脚工作原理如下所述：

IN0～IN7：8 条模拟量输入通道。ADC0809 对输入模拟量的要求是信号单极性，电压范围为 0～5V，若信号太小，必须进行放大。输入的模拟量在转换过程中应该保持不变，若模拟量变化太快，则需在输入前增加采样保持电路。

地址输入和控制线：4 条。ALE 为地址锁存允许输入线，高电平有效。当 ALE 线为高电平时，地址锁存与译码器将 A、B、C 三条地址线的地址信号进行锁存，经译码后，被选中通道的模拟量进入转换器进行转换。A、B 和 C 为地址输入线，用于选通 IN0～IN7 上的 1 路模拟量输入。通道选择见表 5-2。

表 5-2　通道选择表

| C | B | A | 选择的通道 | C | B | A | 选择的通道 |
|---|---|---|---|---|---|---|---|
| 0 | 0 | 0 | IN0 | 1 | 0 | 0 | IN4 |
| 0 | 0 | 1 | IN1 | 1 | 0 | 1 | IN5 |
| 0 | 1 | 0 | IN2 | 1 | 1 | 0 | IN6 |
| 0 | 1 | 1 | IN3 | 1 | 1 | 1 | IN7 |

数字量输出及控制线：11 条。ST 为转换启动信号，当 ST 为上升沿时，所有内部寄存器清零；当 ST 为下降沿时，开始进行 A/D 转换，在转换期间，ST 应保持低电平。EOC 为转换结束信号，当 EOC 为高电平时，表明转换结束；否则，表明正在进行 A/D 转换。OE 为输出允许信号，用于控制三条输出锁存器向单片机输出转换得到的数据，OE＝1，输出转换得到的数据；OE＝0，输出数据线呈高阻状态，D0～D7 为数字量输出线。

CLK：时钟输入信号线。由于 ADC0809 的内部没有时钟电路，故所需时钟信号必须由外界提供，频率通常为 500 kHz，VREF（＋）、VREF（－）为参考输入电压。

ADC0809 在应用时需要注意以下几个方面：

1）ADC0809 内部带有输出锁存器，可与嵌入式、单片机等直接相连。

2）初始化时，应使 ST 和 OE 信号全为低电平。

3）输送待转换的通道的地址到 A、B、C 端口上。

4）在 ST 端给出一个宽度至少为 100 ns 的正脉冲信号。

5) 是否转换完毕要根据 EOC 信号来判断。

6) 当 EOC 变为高电平时，将 OE 置为高电平，这时转换的数据就会输出给处理器。

## 5.4.2 DAC

**1. DAC 工作原理和技术指标**

DAC 是一种将离散的数字量转换为连续变化的模拟量的电路。数字量是用代码按数位组合起来表示的，每位代码都有一定的权。为了将数字量转换为模拟量，必须将每一位代码按其权的大小转换成相应的模拟量，然后将代表每位的模拟量相加，所得的总模拟量与数字量成正比，这就是 DAC 的基本指导思想。其主要技术指标有以下几种：

（1）分辨率　指输出模拟电压的最小增量，即表明 DAC 输入一个最低有效位（LSB）而在输出端上模拟电压的变化量。一般用 DAC 的最小输出电压与最大输出电压的比值来表示。例如，10 位 DAC 的分辨率为：

$$\frac{U_{LSB}}{U_M} = \frac{1}{2^n - 1} = \frac{1}{2^{10} - 1} = \frac{1}{1023} \approx 0.001$$

可见，输入数字量的位数 $n$ 越多，DAC 的分辨率就越高。一般也将位数 $n$ 称为分辨率。

（2）建立时间　建立时间是将一个数字量转换为稳定模拟信号所需的时间，也可以认为是转换时间。DAC 中常用建立时间来描述其速度，而不是 ADC 中常用的转换速率。一般的，电流输出 DAC 建立时间较短，电压输出 DAC 则较长。

（3）精度　精度是指输入端加有最大数值量时，DAC 的实际输出值和理论计算值之差，它主要包括非线性误差、比例系统误差、失调误差。

（4）线性度　在理想情况下，DAC 的数字输入量作等量增加时，其模拟输出电压也应作等量增加，但是实际输出往往有偏离。

**2. DAC 分类**

DAC 的内部电路构成无太大差异，一般按输出是电流还是电压、能否作乘法运算等进行分类。大多数 DAC 由电阻阵列和 $n$ 个电流开关（或电压开关）构成。按数字输入值切换开关，产生比例于输入的电流（或电压）。此外，也有为了改善精度而把恒流源放入器件内部的。DAC 分为电压型和电流型两大类，电压型 DAC 有权电阻网络、T 型电阻网络和树形开关网络等；电流型 DAC 有权电流型电阻网络和倒 T 型电阻网络等。

（1）电压输出型（如 TLC5620）　电压输出型 DAC 虽有直接从电阻阵列输出电压的，但一般采用内置输出放大器以低阻抗输出。直接输出电压的器件仅用于高阻抗负载，由于无输出放大器部分的延迟，故常作为高速 DAC 使用。

（2）电流输出型（如 THS5661A）　电流输出型 DAC 很少直接利用电流输出，大多外接电流-电压转换电路得到电压输出，后者有两种方法：一是只在输出引脚上接负载电阻而进行电流-电压转换，二是外接运算放大器。

（3）乘算型（如 AD7533）　DAC 中有使用恒定基准电压的，也有在基准电压输入上加交流信号的，后者由于能得到数字输入和基准电压输入相乘的结果而输出，因而称为乘算型 DAC。乘算型 DAC 一般不仅可以进行乘法运算，而且可以作为使输入信号数字化地衰减的衰减器及对输入信号进行调制的调制器使用。

（4）一位 DAC　一位 DAC 与前述转换方式全然不同，它将数字值转换为脉冲宽度调制或频率调制的输出，然后用数字滤波器作平均化而得到一般的电压输出，用于音频等场合。

### 3. DAC0832

DAC0832 是采样频率为 8 位的 DAC 芯片，图 5-5 所示为 DAC0832 的内部结构，芯片内有两级输入寄存器，使 DAC0832 具备双缓冲、单缓冲和直通三种输入方式，以适用于各种电路（如多路 D/A 异步输入、同步转换等）。D/A 转换结果采用电流形式输出。若需要相应的模拟信号，则可通过一个高输入阻抗的线性运算放大器实现这个功能。运算放大器的反馈电阻可以通过 RFB 端引用片内固有电阻，也可以外接电阻。该芯片逻辑输入满足 TTL 电压电平范围，可直接与 TTL 电路或微机电路相接。

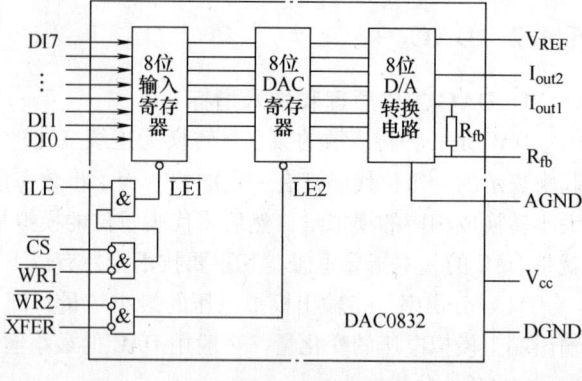

图 5-5　DAC0832 内部结构

DAC0832 的主要引脚和功能说明如下：

$\overline{CS}$：片选信号输入线，低电平有效。可对写信号 $\overline{WR1}$ 是否有效起控制作用。

ILE：允许输入锁存信号，高电平有效。输入寄存器的锁存信号 LE1 由 ILE、$\overline{CS}$、$\overline{WR1}$ 逻辑组合产生。当 ILE 为高电平、$\overline{CS}$ 为低电平、$\overline{WR1}$ 输入脉冲时，在 LE1 产生正脉冲。当 LE1 为高电平时，输入线的状态可以发生变化。在 LE1 负跳变时，将在数据线上输入的信息送入脉冲输入寄存器。

$\overline{WR1}$：写信号 1，低电平有效。当 $\overline{WR1}$、$\overline{CS}$、ILE 都有效时，可将数据写入 8 位输入寄存器。

$\overline{WR2}$：写信号 2，低电平有效。当 $\overline{WR2}$ 有效时，$\overline{XFER}$ 在传送控制信号的作用下，可将输入寄存器中的 8 位数据送到 DAC 寄存器。

$\overline{XFER}$：数据传送控制信号，低电平有效。当 $\overline{XFER}$ 和 $\overline{WR}$ 有效时，在 LE2 引脚上产生正脉冲；在 LE2 的下降沿触发时，将输入寄存器的内容送入 DAC 寄存器。

$V_{REF}$：基准电压输入端，与 DAC 内的 R-2RT 形网络相连，可在 ±10V 内调节。

DI7 ~ DI0：8 位数字量输入端，前 4 位是高位，后 4 位为低位。

$I_{out1}$：电流输出线 1。当 DAC 全为 1 时，$I_{out1}$ 最大；全为 0 时，输出电流为 0。

$I_{out2}$：电流输出线 2。其值与 $I_{out1}$ 的值之和为一常数。单极性输出时接地，双极性输出时接运算放大器。

$R_{fb}$：反馈电阻芯片内部有反馈电阻，可用做外部运算放大器的反馈电阻。

DAC0832 的应用方式有三种：单缓冲方式、双缓冲方式和直通方式。

（1）单缓冲方式　如果采用单缓冲方式，则输入寄存器和 DAC 寄存器同时接收数据，或者只用输入寄存器而把 DAC 寄存器接成直通方式。此方式适用于只有 1 路模拟量输出或几路模拟量异步输出的情形。

（2）双缓冲方式　如果采用双缓冲方式，则先使输入寄存器接收数据，再控制输入寄存器输出数据到 DAC 寄存器，即分两次锁存输入数据口。此方式适用于多个 D/A 转换同步输出的情形。

（3）直通方式　如果采用直通方式，则数据不经两级锁存器锁存，ILE 接高电平，$\overline{WR1}$、$\overline{WR2}$、$\overline{XFER}$、$\overline{CS}$ 均接地。此方式适用于连续反馈控制线路，但在使用时，必须通过另 I/O 接口与 CPU 连接，以匹配 CPU 与 DAC。

图 5-6 所示为 DAC0832 和单片机连接成双缓冲方式，控制两片 DAC0832 同步完成模拟量输出。

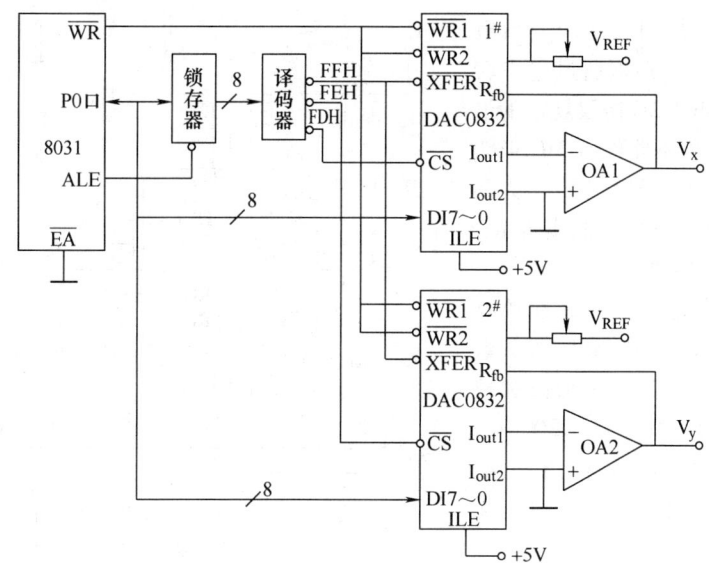

图 5-6　DAC0832 和单片机连接成双缓冲方式

## 5.5　RS-232

　　RS-232C 是美国电子工业协会（Electronic Industry Association，EIA）制定的一种串行物理接口标准。RS 是英文"Recommended Standard"（推荐标准）的缩写，232 为标识号，C 表示修改次数。RS-232C 总线标准设有 25 条信号线，包括一个主通道和一个辅助通道。在多数情况下主要使用主通道，对于一般双工通信，仅需几条信号线就可实现，如一条发送线、一条接收线及一条地线。RS-232C 标准规定的数据传输速率为每秒 50、75、100、150、300、600、1200、2400、4800、9600、19200 和 38400 波特。RS-232C 采用负逻辑电平。逻辑"1"的电平范围是 −15～−3V，逻辑"0"的电平范围是 3～15 V。该标准规定采用一个 25 引脚的 DB25 连接器，对连接器的每个引脚的信号内容加以规定，同时还对各种信号的电平加以规定。随着设备的不断改进，出现了代替 DB25 的 DB9 接口，现在都把 RS-232C 接口称作 DB9。图 5-7 所示为 RS-232C 接口（采用 DB9）和 MAX232 连接的电路，图中 DB9 各引脚的定义如下：

　　引脚 1：DCD，载波检测。
　　引脚 2：RXD，接收数据。
　　引脚 3：TXD，发送数据。
　　引脚 4：DTR，数据终端准备好。
　　引脚 5：SG，信号地。
　　引脚 6：DSR，数据准备好。
　　引脚 7：RTS，请求发送。
　　引脚 8：CTS，允许发送。
　　引脚 9：RI，振铃提示。
　　通用异步收发（Universal Asynchronous Receiver and Transmitter，UART）通常是嵌入式微处

理器（包括单片机）的一个通信部件，提供异步串行通信接口，使用逻辑电平标准（如 TTL 电平必须通过电平转换才能提供符合 RS-232C 协议规定的电平）。常用的电平转换器件有 MC1488、MC1489、MAX232 等。图 5-7 所示为利用 MAX232 芯片进行电平转换实现 RS-232C 接口（DB9）的原理。

RS-232C 通信的几个关键参数有波特率（Baud Rate）、起始位置、数据位个数、停止位个数、校验位和校验方式等。典型的波特率有 19200b/s、9600b/s、4800b/s 等，校验方式有 ODD 校验和 EVEN 检验，也可以是无校验（NULL）。

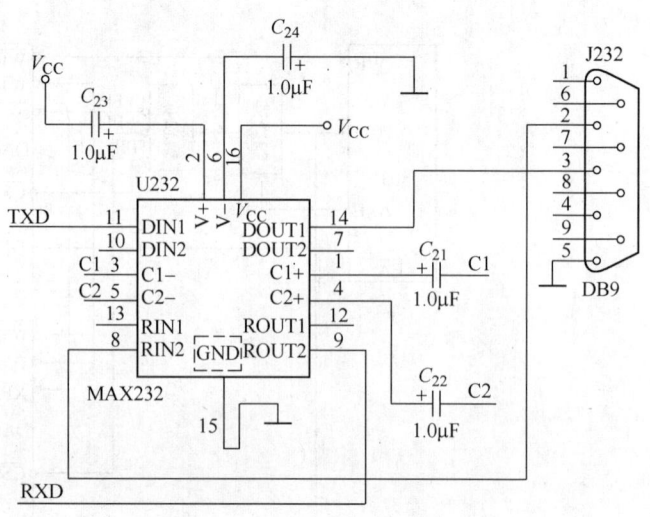

图 5-7 利用 MAX232 芯片进行电平转换实现 RS-232C 接口（DB9）的原理图

下面讨论 RS-232C 的接线方法。在实践当中经常会用到 RS-232C 接口一般采用圆头 8 针与 D 型 9 针两种串口。如果有条件，可以自己制作一个相应的圆头或 D 型的 RS-232C 串口。

串口数据传输只要有接收引脚和发送引脚就能实现。同一个串口的接收引脚和发送引脚直接用线相连，两个串口则由一方的接收脚和另一方的发送脚彼此交叉相连，信号地对应相接。

## 5.6 RS-485

RS-232C 标准定义的通信距离比较短，在通信速率低于 20KB/s，不使用 Modem 的情况下，RS-232C 适合连接进行通信的最大距离为 15m，而且码元畸变的概率商达 4%。在要求通信距离为几十米到上千米时，广泛采用 RS-232C 衍化的新标准 RS-485 串行总线，其通信时序与 RS-232C 相同。RS-485 采用平衡发送和差分接收，因此具有抑制共模干扰的能力，加之总线收发器具有高灵敏度，能检测低至 200 mV 的电压，故传输信号能在千米以外得到恢复。

RS-485 总线的特点如下：

1）电气特性：逻辑"1"的电平范围为 2~6V；逻辑"0"的电平范围为 -6~-2V，其接口信号电平比 RS-232C 的降低了，不易损坏接口电路的芯片，且该电平与 TTL 电平兼容，可方便地与 TTL 电路连接。

2）数据最高传输速率为 10MB/s。

3）接口采用平衡驱动器和差分接收器的组合，抗共模干扰能力增强，即抗噪声干扰性好。

4）RS-485 接口的最大传输距离标准值为 1220m，实际上可达 3000m。RS-232C 接口在总线上只允许连接 1 个收发器，即具有单站能力，而 RS-485 接口在总线上允许连接多达 128 个收发器，即具有多站能力。这样用户可以利用单一的 RS-485 接口方便地建立起通信网络。

RS-485 的应用方式很简单。发送端将串行口的 TTL 电平信号转换成差分信号分 A、B 两路输出，经过线缆传输之后在接收端将差分信号还原成 TTL 电平信号。常用电平转换器件有 DS3695、DS3696（RS-485 收发器）。图 5-8 所示为 RS-485 收发器的结构和 DS3695 的使用。

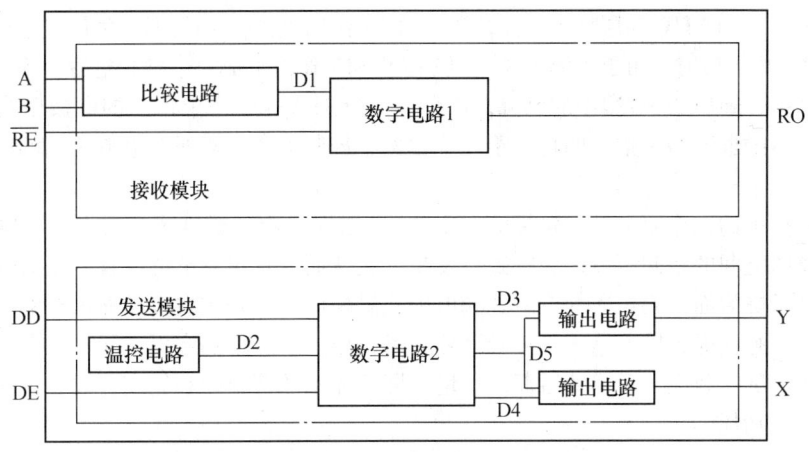

图 5-8　RS-485 收发器的结构和 DS3695 的使用

## 5.7　触摸屏

嵌入式系统中的触摸屏分为电阻式、电容式和电感式三种，其中电阻式触摸屏最为常用。

电阻式触摸屏的工作部分一般由两层透明的阻性导体层、两层导体之间的隔离层、电极三部分组成，如图 5-9 所示。

阻性导体层由阻性材料，如铟锡氧化物（ITO）涂在衬底上构成，上层衬底用塑料，下层衬底用玻璃。隔离层为黏性绝缘液体材料，如聚酯薄膜。电极由导电性能极好的材料（如银粉墨）构成，其导电性能大约为 ITO 的 1000 倍。

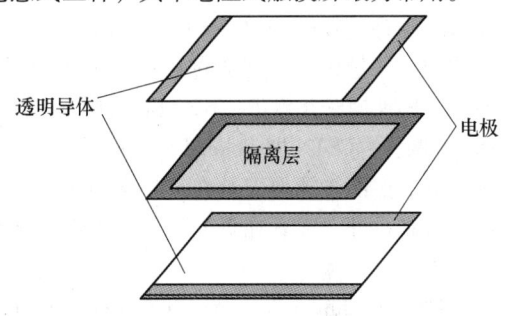

图 5-9　触摸屏构成图

触摸屏工作时，上下导体层相当于电阻网络，如图 5-10 所示。当某一层电极加上电压时，会在该网络上形成电压梯度。如有外力使上下两层在某一点接触，则在电极未加电压的另一层可以测得接触点处的电压，从而知道接触点处的坐标。比如在顶层的电极（X＋，X－）上加上电压，则在顶层导体上形成电压梯度，当有外力使得上下两层在某一点接触，在底层就可以测得接触点处的电压，再根据该电压与电极的（X＋）电压，从而知道 Y 坐标，这就是所有电阻技术触摸屏共同的最基本原理。对电阻式触摸屏的控制有专门的芯片，如 BB（Burr-Brown）公司生产的芯片 ADS7843。很显然，控制芯片要完成两件事：第一，完成电极电压的切换；第二，采集接触点处的电压值（即 A/D 转换）。电容式触摸屏是一块四层复合玻璃屏，玻璃屏的内表面和夹层各涂一层 ITO，最外层是只有 0.0015mm

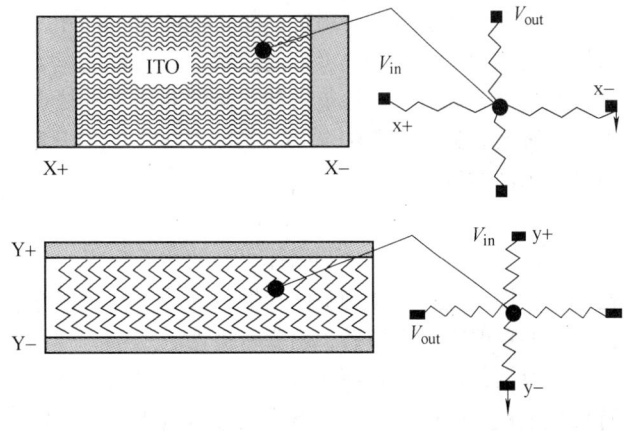

图 5-10　工作时的导体层

厚的矽土保护层，夹层ITO涂层作工作面，四个角引出四个电极，内层ITO为屏层，以保证工作环境。当用户触摸电容屏时，由于人体电场，用户手指和工作面形成一个耦合电容。因为工作面上接有高频信号，手指会吸收一些很小的电流，这个电流分别从屏的四个角上的电极中流出，且理论上流经四个电极的电流与手指到四角的距离成比例，控制器通过对四个电流比例的精密计算，得出位置。

电感式触摸屏的工作原理是在触摸笔中安装LC谐振线圈，通过改变与安装有励磁线圈及感应线圈的触摸屏之间的空间距离，使电磁场发生变化从而计算出触电的位置。因为这种触摸屏是安装在液晶显示屏后面，而普通的电阻式和电容式触摸屏需要安装在液晶显示屏的前面，两者相比，使用电感式触摸屏，输入笔不必接触屏幕，可以减少对屏幕的磨损，同时大大提高输入的灵敏度。由于触摸屏安装在显示屏的后面，也增加屏幕显示的清晰度和亮度，减少背光的使用，进而可以减少系统功耗。

## 5.8 LCD

### 5.8.1 LCD原理综述

STN型液晶属于被动矩阵式液晶屏，它的好处是功耗小，即具有省电的最大优势。彩色STN的显示原理是在传统单色STN液晶显示器上加一彩色滤光片，并将单色显示矩阵中的每一像素分成三个子像素，分别通过彩色滤光片显示红、绿、蓝三原色，从而显示出彩色画面。和TFT不同，STN属于无源Passive型液晶屏，一般最高能显示65536种色彩。现在STN主要有CSTN和DSTN两种。CSTN即ColorSTN，一般采用传送式照明方式，传送式屏幕要使用外加光源照明，称为背光，照明光源要安装在液晶屏的背后。传送式液晶屏在正常光线及暗光线下，显示效果都很好，但在户外，尤其在日光下，很难辨清显示内容。而背光需要电源产生照明光线，也需要消耗电功率。

DSTN（Double-layer Super-twisted Nematic）即双层STN，因为采用双扫描技术，所以显示效果比STN更细腻，色彩更艳丽。STN和DSTN的反应时间较慢，一般为300 ms左右。DSTN在工业仪器仪表中是首选的型号。

TFT是薄膜晶体管型的主动矩阵液晶屏，属于有源矩阵类型液晶屏，背部设有特殊灯管，可以主动地对屏幕上的各个独立的像素进行控制，反应时间比较快，约80 ms，而且可视角度大，通常达到130度左右，运用在一些26万色高端手机上。由于TFT液晶屏的排列方式具有记忆性，所以在电流消失后不会马上恢复原状，有效地提高了播放动态画面的能力。和STN相比，TFT有出色的色彩饱和度、还原能力和更高的对比度。缺点是比较耗电，制造成本也比较高。性能介于上述两种之间的还有TFD（Thin Film Diode）和UFB（Ultra Fine Bright）等，主要应用在动画和色彩要求高的领域。

下面简要介绍STN型LCD原理。

液晶是一种介于液体和固体之间的物质形态，其特点是在一定的温度范围内既有液体的流动性和连续性，又有晶体的各向异性，其分子呈长棒形，长宽比较大，分子不能弯曲，是一个刚性体，中心一般有一个桥链，两头有极性。

LCD器件的结构如图5-11所示。由于液晶的四壁效应，在定向膜的作用下，液晶分子在正、背玻璃电极上呈水平排列，但排列方向为正交，而玻璃间的分子呈连续扭转过度，这样的构造能使液晶对光产生旋光作用，使光偏转方向旋转90度。

图 5-12 是液晶显示器的工作原理。当外部光线通过上偏振片后形成偏振光,偏振方向成垂直排列,当此偏振光通过液晶材料以后,偏振方向旋转 90 度,变成水平方向,此方向和下偏振片的偏振方向一致,因此光能完全穿过下偏振片而达到反射板,经反射后沿原路返回,从而呈现出透明状态。当液晶盒的上、下电极加上一定的电压后,电极部分的液晶分子转成垂直排列,从而失去旋光性,因此,从上偏振片入射的偏振光不被旋转。当此偏振

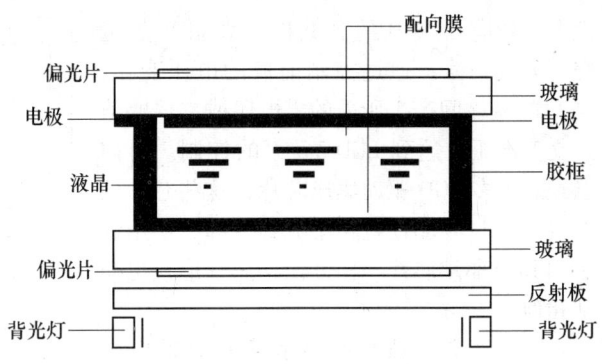

图 5-11 液晶显示器的工作原理

光到达下偏振片时,因为其偏振方向与下偏振片的方向垂直,因而被下偏振片吸收,无法到达反射板形成反射,所以呈现出黑色。根据需要,将电极做成各种文字、数字或者点阵,就可以获得所需的各种显示。

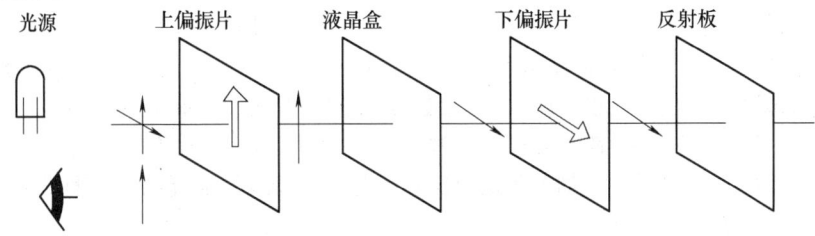

图 5-12 液晶显示器的工作原理

## 5.8.2 LCD 的驱动方式

液晶显示器的驱动方式由电极引线的选择方向确定。因此,在选择好液晶显示器之后,用户无法改变驱动方式。液晶显示器的驱动方式一般有静态驱动和动态驱动两种。由于直流电压驱动 LCD 会使液晶体产生电解和电极老化,从而大大降低 LCD 的使用寿命,所以现在的驱动方式大多属于交流电压驱动。

(1) 静态驱动方式  静态驱动回路以及波形如图 5-13 所示。其中 LCD 表示某个液晶显示字段,当此字段上两个电极的电压相同时,两电极之间的电位差为零,该字段不显示;当此字段上两个电极的电压相位相反时,两电极之间的电位差不为零,为二倍幅值的方波电压,该字段显示呈现出黑色。

液晶显示的驱动与数码显示管 LED 的驱动有很大的不同。对于 LED 而言,当在 LED 两端加上恒定的导通电压或截止电压便可控制其亮或者暗。而 LCD,由于其两极不能加恒定的直流电压,因而给驱动带来复杂

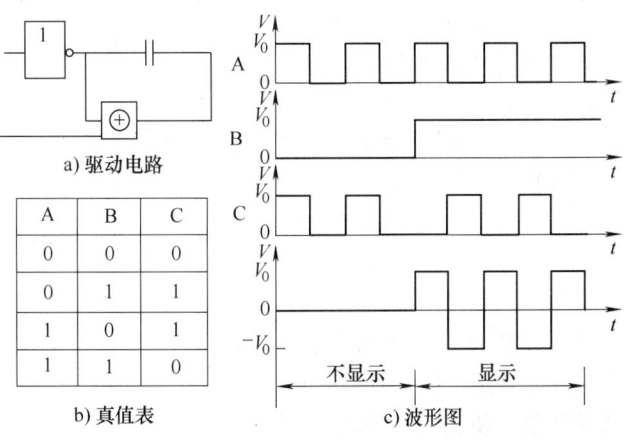

图 5-13 静态驱动回路以及波形

性。一般应在 LCD 的公共极（背极）加上交变方波信号，通过控制前极的电压变化，在 LCD 两极间产生所需的零电压或二倍幅值的交变电压，达到 LCD 亮/灭的控制。目前已经有很多 LCD 驱动集成芯片，这些芯片已经将多个 LCD 驱动电路集成到一起，使用起来和 LED 驱动芯片一样方便，而且形式也非常相似。

图 5-14 是七段数码显示管 LED 的电极配置和静态驱动电路。七段共用一个背极 BP (Black Place)，前极 a, b, c, d, e, f 和 g 互相独立，每段各加上一个"异或"门进行驱动，显示字符同 LED。

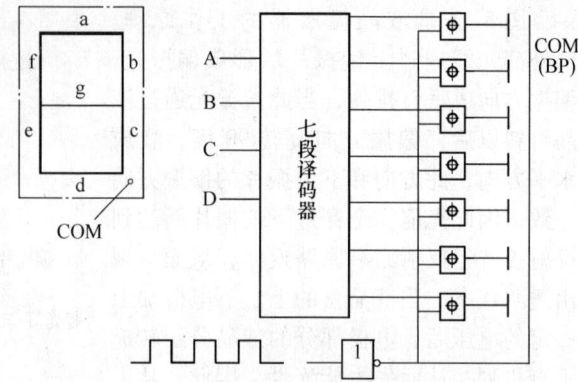

图 5-14 七段数码显示管 LED 的电极配置和静态驱动电路

（2）动态驱动方式　动态驱动实质上是矩阵扫描驱动，可用于多位的 8 段数码显示和点阵显示。点阵显示是把液晶置于垂直的条状电极之间，各条状电极交点的组合显示，可组成图形和各种字符。这种显示形状如果只在显示点有关的行列上加电压，则非显示点也会因为有电压，产生所谓的"交叉效应"，使对比度下降。一般在非选中点也加上低于阈值的电压，以清除"交叉效应"的影响。常用的方法有偏压法和双频法。此外，对矩阵各点的驱动要采用分时的方法，其背电极 BP 为行线，分时对各行加上阈值电压。因此，在行线扫描周期内（称为帧周期）阈值电压的占空比为 1/行数。

时分驱动方式通常采用电压平均化法，常用的动态驱动有 2 分时、3 分时和 4 分时等动态驱动，或称 1/2、1/3、1/4 占空系数等，下面以点阵式 LCD 的驱动来介绍时分驱动方法。

在点阵式 LCD 中，使用了行驱动和列驱动，使所选通点上的选通电压大于开启电压，但由于多点共用一个电极，在选通点外的非选通点上也加有电压，从而使清晰度下降，这就是"交叉效应"现象。如果在非选通点上只加有选通电压的 1/2，使非选通的电压值低于显示的截止电压，将减少"交叉效应"现象，这就是 1/2 偏压法，波形如图 5-15 所示。实际应用中常用 1/3，1/4 和 1/7 等偏压法，使选通电压与非选通电压之间的差距加大，以提

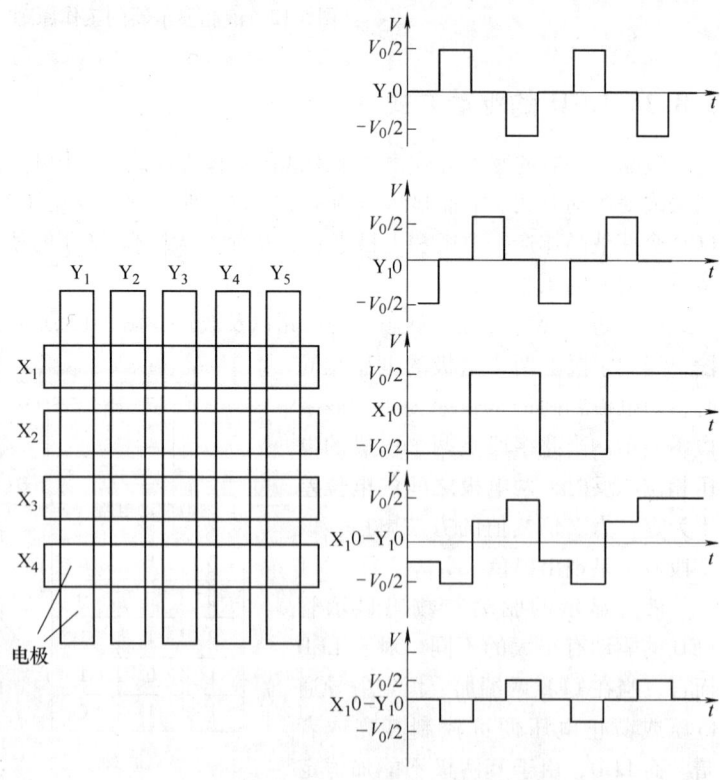

图 5-15 点阵 LCD 以及驱动波形

高显示的清晰度。

点阵式 LCD 的控制一般采用行扫描方式,原理参见图 5-16 所示。各行所施加的电压脉冲占空比为 1/行数,占空比越小,清晰度就越差,甚至还会产生闪烁现象。图中显示仅为一个字符,当一行有多个字符时,先把列数据以串行码方式输出给列驱动器,然后产生行扫描,以实现显示状态。

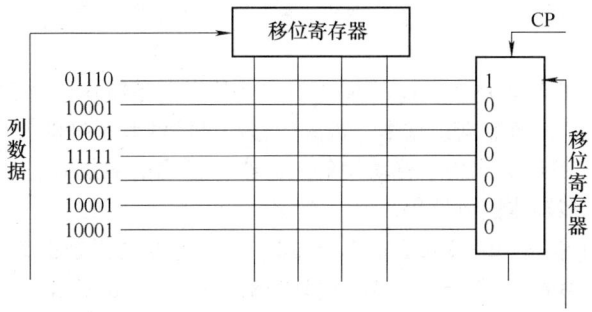

图 5-16 行扫描驱动原理

S3C44B0X 内置的 LCD 控制器可以支持规格为每像素 2 位(4 级灰度)或每像素 4 位(16 级灰度)的黑白 LCD。也可以支持每像素 8 位(256 级颜色)的彩色 LCD 屏。LCD 控制器可以通过编程支持不同 LCD 屏的要求。

LCD 控制器的主要工作,是将定位在系统存储器中的显示缓冲区中的 LCD 图像数据传送到外部 LCD 驱动器。

LCD 控制器的主要特性如下:
1)支持彩色/灰度/黑白 LCD 屏。
2)支持 3 种显示类型 LCD 屏,即 4 位双扫描、4 位单扫描、8 位单扫描显示类型。
3)支持多种虚拟显示屏。
4)采用系统存储器作为显示缓冲区存储器。
5)专门的 DMA 操作用于支持图像数据的获取。
6)支持多种屏幕大小。
7)支持黑白、4 级灰度和 16 级灰度。
8)支持 STN 型 256 级色彩 LCD 显示屏。
9)支持低功耗模式。

LCD 控制器内部结构如图 5-17 所示。

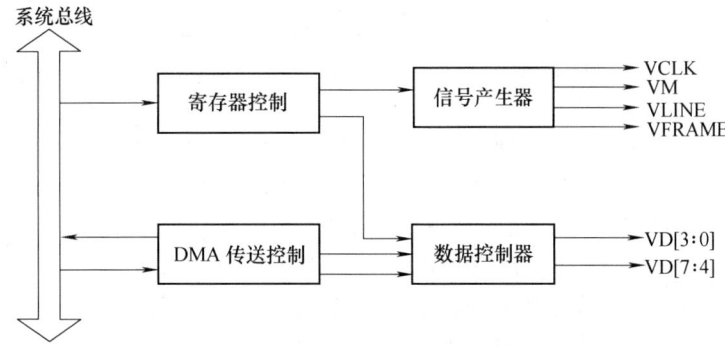

图 5-17 LCD 控制器内部结构

外部接口信号 VFRAME 为 LCD 控制器和 LCD 驱动器之间的帧同步信号；VLINE 为线同步脉冲信号，VCLK 为像素时钟信号；VM 为 LCD 驱动器的 AC 信号；VD［7：0］为 LCD 像素点数据输出端口。

## 5.9 SD 卡

SD 卡（Secure Digital Memory Card，SDC）是一种基于半导体快闪存储器的新一代高速存储设备，具有大存储容量、快速数据传输率、极大的移动灵活性和很好的安全性，由于其低廉的价格、方便的使用，SD 卡被广泛地用于移动设备上，作为通用的数据存储卡，例如数码相机、个人数码助理（PDA）和多媒体播放器等。

SD 卡是基于多媒体卡 MMC（Multi Media Card）格式上发展而来的，使用 SD 卡的设备只需要很小的改动便可使用 MMC。SD 卡与 MMC 的外形对比如图 5-18 所示。

MMC/SDC 内置微控制器，闪存控制操作（擦除、读、写以及错误控制）都是在记忆卡内完成的。数据以 512 字节大小的数据块形式在存储卡和主控制器之间传输。

SD 卡结构如图 5-19 所示，主要包括存储内核及其接口、SD 接口控制器及其接口驱动。

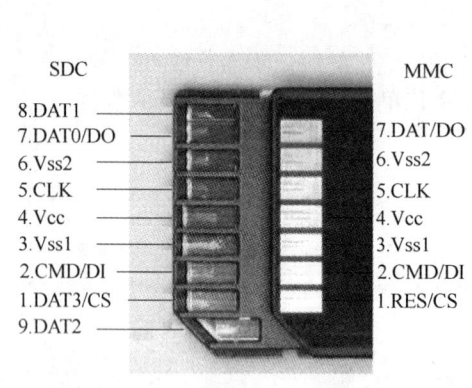

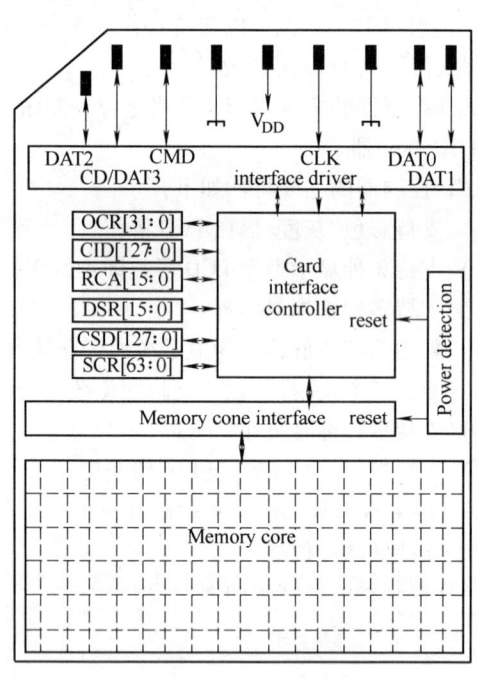

图 5-18  SD 卡与 MMC 的对比　　　　　图 5-19  SD 卡结构图

SD 卡通过其接口与外界交换数据，SD 卡的形状与接口如图 5-20 所示，它一共有 9 个接口，其中有三个接口是为了供电而设计的，所以能用于传递有效信号的接口就剩下 6 个，其定义见表 5-3。

SD 卡设有 2 个访问接口：SD 接口和 SPI 接口。SD 卡在上电初期，通过检测引脚 1（DAT3）来决定使用哪种模式。当此脚接 50kΩ 上拉电阻时，卡进入 SD 模式；当此脚为低电平时，进入 SPI 模式。SD 卡的接口定义与其工作模式相关。

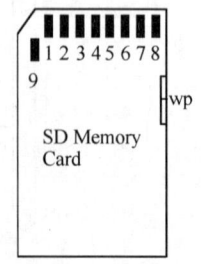

图 5-20  SD 卡形状和接口

表 5-3 SD 卡接口

| 针脚 | SD 模式 | | | SPI 模式 | | |
| --- | --- | --- | --- | --- | --- | --- |
| | 名称 | 类型 | 描述 | 名称 | 类型 | 描述 |
| 1 | CD/DAT3 | I/O/PP | 卡检测/数据位 3 | CS | I | 片选（负有效） |
| 2 | CMD | PP | 命令/响应 | DI | I | 数据输入 |
| 3 | $V_{SS1}$ | S | 地 | $V_{SS1}$ | S | 地 |
| 4 | $V_{DD}$ | S | 供电电压 | $V_{DD}$ | S | 供电电压 |
| 5 | CLK | I | 时钟 | CLK | I | 时钟 |
| 6 | $V_{SS2}$ | S | 地 | $V_{SS2}$ | S | 地 |
| 7 | DAT0 | I/O/PP | 数据位 0 | DO | O | 数据输出 |
| 8 | DAT1 | I/O/PP | 数据位 1 | RSV | | |
| 9 | DAT2 | I/O/PP | 数据位 2 | RSV | | |

S：电源供电所；I：输入的；O：输出变压器；PP：I/O 使用推挽驱动。

### 5.9.1 SD 模式

SD 接口为高速设备设计，在此模式下，时钟速度最大可达 50MHz，主机一般需要专门设计的硬件模块产生 CRC 校验以保证高速可靠的传输，如图 5-21 所示。在此模式下，除了电源、地和时钟信号，SD 卡具有四根数据线 DAT0～3 和一根双向命令和响应线，可以选择总线宽度，即选用几根 DAT 信号线。SD 模式下允许有一个主机，多个从机。主机发送命令时，有些命令是发送给指定的从机，有些命令可以以广播形式发送。

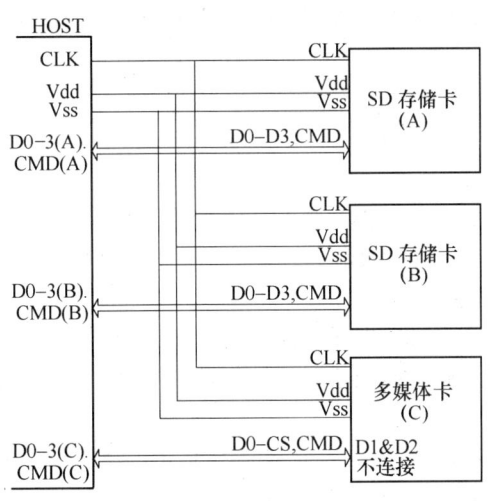

图 5-21 SD 接口

### 5.9.2 SPI 模式

SPI 模式是为嵌入式和手持设备准备的，通过 CLK、DI、DO、CS 的 SPI 接口连接，对卡进行读写操作，如图 5-22 所示。

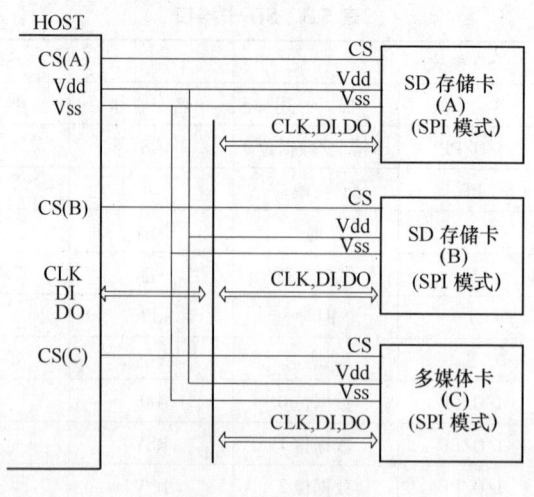

图 5-22 SPI 接口

## 5.10 IC 卡

### 5.10.1 IC 卡的定义

IC 卡（Integrated Circuit Card，集成电路卡）是继磁卡之后出现的又一种新型信息工具，它是把具有存储、运算等功能的集成电路芯片压制在塑料卡片上，使其成为能存储、转载、传递、处理数据的载体。IC 卡在有些国家和地区也称智能卡（smart card）、智慧卡（intelligent card）、微电路卡（microcircuit card）或微芯片卡等。IC 卡已经十分广泛地应用于金融、交通、社保等众多领域。

### 5.10.2 IC 卡的分类

**1. 按照芯片形式来划分**

按照嵌入集成电路芯片的形式和芯片类型，IC 卡可分为存储卡和智能卡两种，具体又分为：

（1）非加密存储器卡　卡内的集成电路芯片主要是 EEPROM，具有数据存储功能，不具有数据处理功能和硬件加密功能。

（2）逻辑加密存储器卡　在非加密存储器卡的基础上增加了加密逻辑电路，加密逻辑电路通过校验密码方式来保护卡内的数据对于外部访问是否开放，但只是低层次的安全保护，无法防范恶意性的攻击。

（3）CPU 卡　也称智能卡，卡内的集成电路中带有微处理器 CPU、存储单元（包括随机存储器 RAM、程序存储器 ROM（Flash）、用户数据存储器 EEPROM）以及芯片操作系统 COS。装有 COS 的 CPU 卡相当于一台微型计算机，不仅具有数据存储功能，同时具有命令处理和数据安全保护等功能。银行的 IC 卡通常是指智能卡。智能卡也称为 CPU（中央处理器）卡，它具有数据读写和处理功能，因而具有安全性高、可以离线操作等突出优点。

**2. 按照使用方式来划分**

（1）接触式 IC 卡　必须将 IC 卡插入主机卡口内，即读写设备的触点和卡片上的触点相接触才能传输数据的一种 IC 卡。此卡易磨损、怕油污。

(2) 非接触式 IC 卡　又称射频卡、感应卡，通信时 IC 卡无须和主机接触，通过非接触式（光或无线电技术）的读写技术传输数据。由于其为整体封装，不怕油污和磨损，所以使用寿命长，一般用在存取频繁，可靠性要求特别高的场合，主要用于公交、轮渡、地铁的自动收费系统，也应用在门禁管理、身份证明和电子钱包。

**3. 按照应用领域来划分**

按照应用领域不同，IC 卡可以分为金融卡和非金融卡两种。非金融卡是指应用于医疗、通信、交通等非金融领域的 IC 卡。

## 5.10.3　接触式 IC 卡

接触式 IC 卡通过有形的金属电极触点将卡的集成电路与外部接口设备直接接触连接，接触式 IC 卡的国际标准为 ISO/IEC7816，由国际标准化组织 ISO（International Standard Organization）和国际电子技术委员会 IEC（International Electro technical Commission）共同发布。ISO 7816 规定了接触式 IC 卡的物理特性、触点尺寸和位置、电信号和传输协议、行业间交换用命令等。

**1. 接触式 IC 卡的基本构成**

IC 卡的外形尺寸如图 5-23 所示，符合 ISO 7816 规定。图 5-24 为电极膜片，每个触点应有一个不小于 2.0mm × 1.7mm 的矩形表面区，各触点间相互隔离，但未规定触点的形状和最大尺寸，故 IC 卡模块表面形状各种各样，但各触点的有效接触面积和位置是固定的。接触式 IC 卡有 8 个触点，即集成电路引脚，从 C1 到 C8。接触式 IC 卡的触点尺寸和位置如图 5-25 所示。

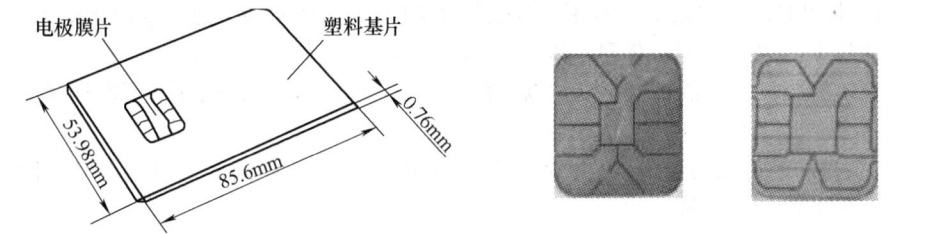

图 5-23　接触式 IC 卡外形　　　　　图 5-24　接触式 IC 卡电极膜片

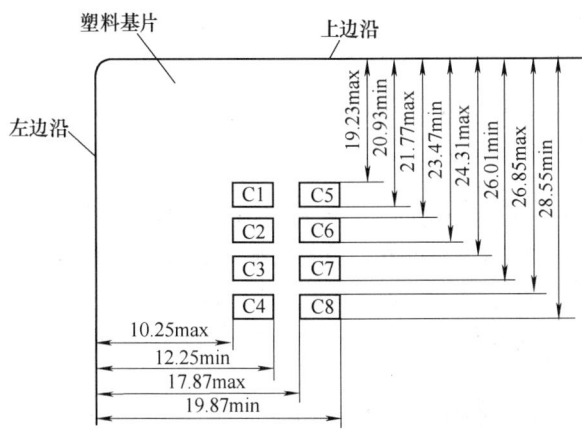

图 5-25　接触式 IC 卡的触点尺寸和位置

接触式 IC 卡的触点功能见表 5-4，IC 卡有 8 个触点，目前一般用到 6 个，另 2 个触点留作将来使用。

表 5-4　触点功能

| 触点编号 | 功　　能 | 触点编号 | 功　　能 |
| --- | --- | --- | --- |
| C1 | Vcc（电源电压） | C5 | GND（地） |
| C2 | RST（复位信号） | C6 | Vpp（编程电压） |
| C3 | CLK（时钟） | C7 | I/O（数据输入/输出端） |
| C4 | ISO/IEC JTC1/SC17 保留使用 | C8 | ISO/IEC JTC1/SC17 保留使用 |

**2. 接触式 IC 卡的文件**

文件的组织结构包括主文件 MF（master file），根文件、专用文件 DF（dedicated file）和基本文件 EF（elementary file），其中主文件是必有的，其他可选。

访问方式分为文件访问方式和数据访问方式，其中数据访问方式又分为数据单元（二进制文件）和记录（记录文件）两种。

接触式 IC 卡的数据信息结构成对出现，读卡器发送一个命令，卡回送一个应答。命令信息和应答信息可包含数据，也可不包含数据。命令数据结构包含一个必备的命令头（4 字节）和一个可选的可变长度的命令体。应答数据结构由可变长度的命令体（可选的）和 2 字节尾部（必备的）组成。

### 5.10.4　IC 卡的优点

IC 卡的外形与磁卡相似，区别在于，IC 卡是通过卡里的集成电路存储信息，而磁卡是贴有一条磁带的卡片，通过卡内的磁力记录信息。IC 卡的成本一般比磁卡高，但保密性更好。磁卡在磁场及外力作用下极易损坏，不能直接存储数据；而 IC 卡不受磁场影响，能够进行数据存储。与磁卡相比较，IC 卡具有以下优点：

1）存储容量大。磁卡的存储容量大约在 200 个数字字符；IC 卡的存储容量根据型号不同，小的几百个字符，大的上百万个字符。

2）安全保密性好。IC 卡上的信息能够随意读取、修改、擦除，但都需要密码。

3）IC 卡具有数据处理能力。在与读卡器进行数据交换时，可对数据进行加密、解密，以确保交换数据的准确可靠；而磁卡则无此功能。

4）使用寿命长。

## 5.11　RFID

RFID（Radio Frequency Identification，无线射频识别技术）诞生于二战期间，指利用无线射频传输技术来存储数据和检索数据的过程，是非接触式自动识别技术的一种。RFID 技术广泛应用于零售、物流、交通等行业，逐渐成为提高效率、降低成本的重要工具。

### 5.11.1　RFID 的基本组成

典型的 RFID 系统由标签、阅读器和软件组成。

（1）标签（Tag）　由耦合元件及芯片组成，每个标签具有唯一的电子编码，附着在物体上标识目标对象。

（2）阅读器（Reader）　读取（有时还可以写入）标签信息的设备，负责与标签的双向通信。天线（Antenna）在标签和读取器间传递射频信号，有的系统将天线独立划分。

## 5.11.2 分类

**1. 电子标签的分类**

依据供电方式的不同,可以分为有源电子标签(Active tag)、无源电子标签(Passive tag)和半无源电子标签(Semi-passive tag)。有源电子标签内装有电池,无源电子标签没有内装电池,半无源电子标签部分依靠电池工作。

电子标签依据频率的不同可分为低频电子标签、高频电子标签、超高频电子标签和微波电子标签。

依据封装形式的不同可分为线形标签、纸状标签、玻璃管标签、圆形标签及特殊用途的异形标签等。

依据不同的用途分为信用卡标签、煤气罐标签、钥匙挂扣标签、汽车专用标签、腕带标签、服装标签等。

**2. 阅读器基本形式分类**

(1)固定式阅读器 固定安装在某个作业位置。

(2)分离式阅读器 天线和阅读器分离制造,天线不怕水,阅读器则可以安装在室内。

(3)集成式阅读器 天线和阅读器集成制造,形体比较简单,但是不便于安装。

(4)手持式阅读器 单纯的手持标签阅读器和带有 PDA 掌上电脑的阅读器,数据可以通过电缆或者无线传输给电脑/网络,阅读距离较近,作为补检、抽检之用。

(5)移动式阅读器 可以移动的固定式阅读器,可以作为库房盘点等用。车载阅读器属于移动阅读器。

## 5.11.3 RFID 基本原理

射频识别应用占据的频段或频点在国际上有公认的划分,即位于 ISM 波段之中。典型的工作频率有:125kHz、133kHz、13.56MHz、27.12MHz、433MHz、902~928MHz、2.45GHz、5.8GHz 等,RFID 的工作原理根据频段的不同分为两种。

(1)电磁感应 即所谓的变压器模型。通过空间高频交变磁场实现耦合,依据的是电磁感应定律,如图 5-26 所示。电磁感应方式一般适合于中、低频工作的近距离射频识别系统,典型的工作频率有:125kHz、225kHz 和 13.56MHz,识别作用距离小于 1m。电磁感应系统识别距离一般较近。

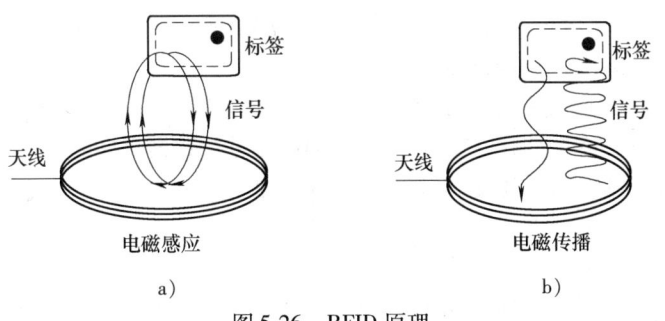

图 5-26 RFID 原理

(2)电磁传播或者电磁反向散射(Back Scatter)耦合 即所谓的雷达原理模型。发射出去的电磁波,碰到目标后反射,同时携带回目标信息,依据的是电磁波的空间传播规律,如图 5-26b 所示。电磁反向散射耦合方式一般适合于超高频、微波工作的远距离射频识别系统,典型的工作频率有：433MHz、915MHz、2.45GHz、5.8GHz，识别作用距离大于1m，典型作用距离为3~10m。电磁传播系统识别距离较远。

### 5.11.4 RFID 的特性

**1. 频率特性**

RFID 标准各个国家情况并不完全一样，首先必须符合 ISM 规则，对不同的国家，不同的频率可能会有不同的规定。135kHz 以下、13.56MHz、2.45GHz 在全球通用，无需申请，433MHz、860~930MHz 各国或者地区均有特殊的规定。射频标签的工作频率是其最重要的特点之一。射频标签的工作频率不仅决定着射频识别系统的工作原理（电感耦合还是电磁耦合）、识别距离，还决定着射频标签及读写器实现的难易程度和设备的成本。工作在不同频段或频点上的射频标签具有不同的特点。

（1）低频段射频标签　简称为低频标签，其工作频率范围为 30~300kHz。典型工作频率有：125KHz、133KHz。低频标签一般为无源标签，其工作能量通过电感耦合方式从阅读器耦合线圈的辐射近场中获得。低频标签与阅读器之间传送数据时，低频标签需位于阅读器天线辐射的近场区内。低频标签的阅读距离一般情况下小于 1 米。

低频标签的典型应用有：动物识别、容器识别、工具识别、电子闭锁防盗（带有内置应答器的汽车钥匙）等。与低频标签相关的国际标准有：ISO11784/11785（用于动物识别）、ISO18000-2（125~135 kHz）。

低频标签有多种外观形式，应用于动物识别的低频标签外观有：项圈式、耳牌式、注射式、药丸式等。典型应用的动物有牛、信鸽等。

低频标签的主要优势体现在：标签芯片一般采用普通的 CMOS 工艺，具有省电、廉价的特点；工作频率不受无线电频率管制约束；可以穿透水、有机组织、木材等；非常适合近距离的、低速度的、数据量要求较少的识别应用（例如：动物识别）等。低频标签的劣势主要体现在：标签存储数据量较少；只能适合低速、近距离识别应用；与高频标签相比，标签天线匝数更多，成本更高一些。

（2）中高频段射频标签　工作频率一般为 3~30MHz。典型工作频率为 13.56MHz。该频段的射频标签，从射频识别应用角度来说，因其工作原理与低频标签完全相同，即采用电感耦合方式工作，所以宜将其归为低频标签类中。另一方面，根据无线电频率的一般划分，其工作频段又称为高频，所以也常将其称为高频标签。鉴于该频段的射频标签可能是实际应用中最大量的一种射频标签，因而我们只要将高、低理解成为一个相对的概念，即不会在此造成理解上的混乱。为了便于叙述，我们将其称为中频射频标签。

中频标签一般也采用无源设备，其工作能量同低频标签一样，也是通过电感（磁）耦合方式从阅读器耦合线圈的辐射近场中获得。标签与阅读器进行数据交换时，标签必须位于阅读器天线辐射的近场区内。中频标签的阅读距离一般情况下也小于 1 米。

中频标签可方便地做成卡状，典型应用包括：电子车票、电子身份证、电子闭锁防盗（电子遥控门锁控制器）等。相关的国际标准有：ISO14443、ISO15693、ISO18000-3（13.56MHz）等。

中频标准的基本特点与低频标准相似，由于其工作频率的提高，可以选用较高的数据传输速率。射频标签天线设计相对简单，标签一般制成标准卡片形状。

（3）超高频与微波频段的射频标签　简称为微波射频标签，其典型工作频率为：433.92MHz、862（902）~928MHz、2.45GHz、5.8GHz。微波射频标签可分为有源标签与无源标签两类。工作时，射频标签位于阅读器天线辐射场的远区场内，标签与阅读器之间的耦合方式为电磁耦合方式。

阅读器天线辐射场为无源标签提供射频能量，将有源标签唤醒。相应的射频识别系统阅读距离一般大于1m，典型情况为4~6m，最大可达10m以上。阅读器天线一般均为定向天线，只有在阅读器天线定向波束范围内的射频标签可被读/写。

由于阅读距离的增加，应用中有可能在阅读区域中同时出现多个射频标签的情况，从而提出了多标签同时读取的需求，这种需求逐渐发展成为一种潮流。目前，先进的射频识别系统均将多标签识读问题作为系统的一个重要特征。

以目前技术水平来说，无源微波射频标签比较成功的产品相对集中在902~928MHz工作频段上。2.45GHz和5.8GHz射频识别系统多以半无源微波射频标签产品为主。半无源标签一般采用钮扣电池供电，具有较远的阅读距离。

微波射频标签的典型特点主要集中在是否无源、无线读写距离、是否支持多标签读写、是否适合高速识别应用、读写器的发射功率容限、射频标签及读写器的价格等方面。典型的微波射频标签的识读距离为3~5m，个别有达10m或10m以上的产品。对于可无线写的射频标签而言，通常情况下，写入距离要小于识读距离，其原因在于写入要求更大的能量。

微波射频标签的典型应用包括：移动车辆识别、电子身份证、仓储物流应用、电子闭锁防盗（电子遥控门锁控制器）等。相关的国际标准有：ISO10374、ISO18000-4（2.45GHz）、ISO18000-5（5.8GHz）、ISO18000-6（860-930MHz）、ISO18000-7（433.92 MHz）、ANSI NCITS256-1999等。

**2. 工作方式**

射频识别系统的基本工作方式分为全双工（Full Duplex）和半双工（Half Duplex）系统以及时序（SEQ）系统。

全双工表示射频标签与读写器之间可在同一时刻互相传送信息。半双工表示射频标签与读写器之间可以双向传送信息，但在同一时刻只能向一个方向传送信息。在全双工和半双工系统中，射频标签的响应是在读写器发出的电磁场或电磁波的情况下发送出去的。因为与阅读器本身的信号相比，射频标签的信号在接收天线上是很弱的，所以必须使用合适的传输方法，以便把射频标签的信号与阅读器的信号区别开来。在实践中，人们对从射频标签到阅读器的数据传输一般采用负载反射调制技术将射频标签数据加载到反射回波上（尤其是针对无源射频标签系统）。

时序方法则与之相反，阅读器辐射出的电磁场短时间周期性地断开，这些间隔被射频标签识别出来，并被用于从射频标签到阅读器的数据传输。其实，这是一种典型的雷达工作方式。时序方法的缺点是：在阅读器发送间歇时，射频标签的能量供应中断，这就必须通过装入足够大的辅助电容器或辅助电池进行补偿。

**3. 数据量**

射频识别射频标签的数据量通常在几个字节到几千个字节之间。但是，有一个例外，这就是1比特（bit，位）射频标签，它有1比特的数据量就足够使阅读器能够做出以下两种状态的判断："在电磁场中有射频标签"或"在电磁场中无射频标签"。这种要求对于实现简单的监控或信号发送功能是足够的。因为1比特的射频标签不需要电子芯片，所以射频标签的成本可以做得很低。由于这个原因，大量的1比特射频标签在百货商场和商店中用于商品防盗系统（EAS）。当带着没有付款的商品离开百货商场时，安装在出口的读写器就能识别出"在电磁场中有射频标签"的状况，并引起相应的反应。

## 5.12 Zigbee

Zigbee技术是一种应用于短距离范围内，低传输数据速率下的各种电子设备之间的无线通信技术。Zigbee 名字来源于蜜蜂通过跳 ZigZag 形状的舞蹈来通知发现的新食物源的位置、距离和方向等信息。Zigbee 过去又称为"HomeRF Lite"、"RF-EasyLink"或"FireFly"无线电技术，目前统一称为 Zigbee 技术。

## 5.12.1 Zigbee 技术基础

Zigbee 工作在三种频带上，分别是用于欧洲的 868MHz 频带，用于美国的 915MHz 频带，以及全球通用的 2.4GHz 频带，但这三个频带的物理层并不相同，它们各自的信道带宽分别是 0.6MHz，2MHz 和 5MHz，分别有 1 个、10 个和 16 个信道，不同频带的扩频和调制方式也有所区别。

Zigbee 无线网络协议是基于标准的七层开放式系统互联（OSI）模型，其基础是 IEEE802.15.4 标准。该标准定义了最下面的两层：物理层（PHY）和介质接入控制子层（MAC）。Zigbee 联盟提供了网络层和应用层（APL）框架的设计。其中应用层的框架包括了应用支持子层（APS）、Zigbee 设备对象（ZDO）和由制造商制订的应用对象。

## 5.12.2 Zigbee 的节点

Zigbee 网络中的节点类型包括协调者（ZC）、路由器（ZR）、终端节点（ZED）。

协调器完成上电启动和配置网络（例如设定网络标识符，选择信道），一旦完成后相当于路由器功能。每个 Zigbee 网络必须有一个初始化网络信息节点。

路由器允许其他网络设备加入，实现多跳路由，协助电池供电的子节点通信，自己可以作为终端节点应用。

终端节点向路由节点传递数据，可选择睡眠与唤醒。（路由因不断转发数据需电池供电，终端节点电池供电）。

Zigbee 支持 3 种通信设备的网络拓扑，即 Star、Mesh 和 Cluster Tree。其中，Star（星形）网络是一种常用且适用于长期运行使用操作的网络；Mesh 网络是一种高可靠性检测网络，它通过无线网络连接可提供多个数据通信通道，即它是一个高级别的冗余性网络，一旦设备数据通信发生故障，则存在另一个路径可供数据通信，这一点和 Z-Wave 一样；Cluster Tree 串网络是 Star / Mesh 的混合型拓扑结构，结合了上述两种拓扑结构的优点。

## 5.12.3 Zigbee 技术的特点

Zigbee 技术致力于提供一种廉价的固定、便携或者移动设备使用的极低复杂度、成本和功耗的低速率无线通信技术。这种无线通信技术具有如下特点：

1) 功耗低：工作模式情况下，Zigbee 技术传输速率低，传输数据量很小，因此信号的收发时间很短，在不需要通信的时候，Zigbee 节点可以进入休眠模式。设备搜索时延一般为 30ms，休眠激活时延为 15ms，活动设备信道接入时延为 15ms。由于工作时间较短，收发信息功耗较低且采用了休眠模式，使得 Zigbee 节点非常省电，Zigbee 节点的电池工作时间可以长达 6 个月到 2 年左右。

2) 速率低：Zigbee 工作在 20~250kbit/s 的较低速率，分别提供 250kbit/s（2.4GHz）、40kbit/s（915MHz）和 20kbit/s（868MHz）的原始数据吞吐率。而且这只是链路上的速率，除掉帧头开销、信道竞争、应答和重传，真正能被应用所利用的速率可能不足 100kbit/s，并且余下的速率也可能被邻近多个节点和同一个节点的多个应用所瓜分。

3) 距离近：相邻节点间的传输范围一般介于 10~100m 之间，在增加 RF 发射功率后，亦可增加到 1~3km。

4）数据传输可靠：Zigbee 的媒体接入控制层（MAC 层）采用 talk-when-ready 的碰撞避免机制。在这种完全确认的数据传输机制下，当有数据传送需求时则立刻传送，发送的每个数据包都必须等待接收方的确认信息，并进行信息回复确认，若没有得到确认信息的回复就表示发生了碰撞，将再传一次，采用这种方法可以提高系统信息传输的可靠性，同时为需要固定带宽的通信业务预留了专用时隙，避免了发送数据时的竞争和冲突。Zigbee 还针对时延敏感的应用做了优化，通信时延和休眠状态激活的时延都非常短。

5）网络容量大：Zigbee 低速率、低功耗和短距离传输的特点使它非常适宜支持简单器件。Zigbee 定义了两种器件：全功能器件（FFD）和简化功能器件（RFD）。对全功能器件，要求它支持所有的 49 个基本参数。而对简化功能器件，在最小配置时只要求它支持 38 个基本参数。一个全功能器件可以与简化功能器件和其他全功能器件通话，可以按 3 种方式工作，分别为：个域网协调器、协调器或器件。而简化功能器件只能与全功能器件通话，仅用于非常简单的应用。一个 Zigbee 的网络最多包括 255 个 Zigbee 网络节点，其中一个是主控设备，其余则是从属设备。若是通过网络协调器，整个网络最多可以支持超过 64000 个 Zigbee 网络节点，再加上各个网络协调器可互相连接，整个 Zigbee 网络节点的数目将十分可观。

6）安全性：Zigbee 提供了数据完整性检查和鉴权功能，在数据传输中提供了三级安全性。第一级实际是无安全方式，对于某种应用，如果安全并不重要或者上层已经提供足够的安全保护，器件就可以选择这种方式来转移数据。对于第二级安全级别，器件可以使用接入控制清单（ACL）来防止非法器件获取数据，在这一级不采取加密措施。第三级安全级别在数据转移中采用属于高级加密标准（AES）的对称密码。AES 可以用来保护数据净荷和防止攻击者冒充合法器件。

7）成本低：通过大幅简化协议（不到蓝牙的 1/10），降低了对通信控制器的要求，且 Zigbee 协议免专利费用。

Zigbee 使用 2.4GHz 频段，存在着高频电路设计困难的问题，不但要具备多年的无线射频经验，更需要先进昂贵的一致性检测设备和测试环境，应用难度较高，因此市场上出现了这样一种模块，将 2.4GHz 频段相关的电子器件及布局完成在一块电路板上，以模块的形式面向用户，用户直接把它当成串口 Zigbee、无线 IO 模块使用即可。

## 5.13 WiFi

WiFi 的全称是 Wireless Fidelity，又叫 IEEE 802.11 标准，是 IEEE 定义的一个无线网络通信的工业标准。该技术使用的是 2.4GHz 附近的频段，该频段目前尚属无需许可的无线频段（在 2.4GHz 及 5GHz 频段上免许可）。最高带宽为 11 Mbit/s，在信号较弱或有干扰的情况下，带宽可调整为 5.5Mbit/s、2Mbit/s 和 1Mbit/s；其主要特性为：速度快，可靠性高，在开放性区域，通信距离可达 305 米，在封闭性区域，通信距离为 76 米到 122 米，方便与现有的有线以太网络整合，组网的成本更低。

WiFi 是一个无线网路通信技术的品牌，由 Wi-Fi 联盟（Wi-Fi Alliance）所持有。目的是改善基于 IEEE 802.11 标准的无线网路产品之间的互通性。Wi-Fi 在无线局域网的范畴是指"无线相容性认证"，实质上是一种商业认证，同时也是一种无线联网技术，WiFi 并不等同于 WLAN。

无线局域网（Wireless Local Area Network，WLAN），是采用无线通信技术代替传统电缆，提供传统有线局域网功能的网络。WLAN 使用 ISM（Industrial、Scientific、Medical）无线电广播频段通信。WLAN 的 802.11a 使用5GHz 频段，支持的最大速度为 54Mbit/s，802.11b 和 802.11g 标准使用

2.4GHz 频段，分别支持最大 11Mbit/s 和 54Mbit/s 的速度。目前 WLAN 所包含的协议标准有：IEEE802.11b 协议、IEEE802.11a 协议、IEEE802.11g 协议、IEEE802.11E 协议、IEEE802.11i 协议、无线应用协议（WAP）。

WiFi 是一个无线网路通信技术的品牌，与蓝牙技术类似，是中短距离无线技术。其目前可使用的标准有两个，分别是 IEEE802.11a 和 IEEE802.11b，主要使用 IEEE802.11b。WiFi 是 WLAN 的一个标准，也可以理解为 WiFi 是 WLAN 的分支。

## 5.14 蓝牙

1998 年 5 月，爱立信、诺基亚、东芝、IBM 和英特尔等 5 家著名公司，在联合开展短程无线通信技术的标准化活动时提出了蓝牙技术，其宗旨是提供一种短距离、低成本的无线传输应用技术。这 5 家公司还成立了蓝牙特别兴趣组，以使蓝牙技术能够成为未来的无线通信标准。蓝牙是一种支持设备短距离通信（一般 10 m 内）的无线电技术，能在包括移动电话、PDA、无线耳机、便携式计算机、相关外设等众多设备之间进行无线信息交换。利用蓝牙技术，能够有效地简化移动通信终端设备之间的通信，也能够成功地简化设备与因特网之间的通信，从而使数据传输变得更加迅速、高效，为无线通信拓宽道路。蓝牙采用分布式网络结构以及快跳频和短包技术，支持点对点及点对多点通信，工作在全球通用的 2.4GHz ISM 频段，其数据速率为 1Mbit/s，采用时分双工传输方案实现全双工传输。

蓝牙技术利用短距离、低成本的无线连接替代了电缆连接，从而为现存的数据网络和小型的外围设备接口提供统一的连接。它具有许多优越的技术性能，以下介绍一些主要的技术特点。

### 5.14.1 射频特性

蓝牙设备的工作频段选在全世界范围内都可以自由使用的 2.4GHz 的 ISM 频段，这样用户不必经过申请便可以在 2.4~2.5 GHz 范围内选用适当的蓝牙无线电收发器频段。它采用 23 个或 79 个频道，频道间隔均为 1 MHz，并采用时分双工方式。调制方式为 BT = 0.5 的 GFSK，调制指数为 0.28~0.35。蓝牙的无线发射机采用 FM 调制方式，从而能降低设备的复杂性。最大发射功率分为三个等级，即 100mW（20dBm）、2.5mW（4dBm）和 1 mW（0dBm），在 4~20 dBm 范围内要求采用功率控制，因此，蓝牙设备之间的有效通信距离为 10~100 m。

### 5.14.2 TDMA 结构

蓝牙的数据传输率为 1Mbit/s，采用数据包的形式按时隙传送，每时隙 0.625μs。蓝牙系统支持实时的同步定向连接和非实时的异步不定向连接，蓝牙技术支持一个异步数据通道，3 个并发的同步语音通道或一个同时传送异步数据和同步语音通道。每一个语音通道支持 64 kbit/s 的同步语音，异步通道支持最大速率为 721kbit/s，反向应答速度为 57.6 kbit/s 的非对称连接，或者是速率为 432.6 kbit/s 的对称连接。

### 5.14.3 使用跳频技术

跳频是蓝牙使用的关键技术之一。对应单时隙包，蓝牙的跳频速率为 1600 跳/秒。对于多时隙包，跳频速率有所降低，但在建链时则提高为 3200 跳/秒。使用这样高的跳频速率，蓝牙系统具有足够高的抗干扰能力，且硬件设备简单、性能优越。

## 5.14.4 蓝牙设备的组网

蓝牙根据网络的概念提供点对点和点对多点的无线连接,在任意一个有效通信范围内,所有的设备都是平等的,并且遵循相同的工作方式。基于 TDMA 原理和蓝牙设备的平等性,任一蓝牙设备在主从网络和分散网络中,既可作主设备,又可作从设备,还可同时既是主设备,又是从设备。因此在蓝牙系统中没有从站的概念,所有的设备都是可移动的,组网十分方便。

## 5.14.5 软件的层次结构

和许多通信系统一样,蓝牙的通信协议采用层次式结构,其程序写在一个 9mm × 9mm 的微芯片中。其底层为各类应用所通用,高层则视具体应用而有所不同,大体分为计算机背景和非计算机背景两种方式。前者通过主机控制接口(Host Control Interface,HCI)实现高、低层的连接,后者则不需要 HCI。层次结构使其设备具有最大的通用性和灵活性。根据通信协议,各种蓝牙设备无论在任何地方,都可以通过人工或自动查询来发现其他蓝牙设备,从而构成主从网和分散网,实现系统提供的各种功能,使用起来十分方便。

蓝牙系统的基本功能模块如图 5-27 所示。它的功能模块包括天线单元、蓝牙链路控制器、蓝牙链路管理程序和软件功能等。

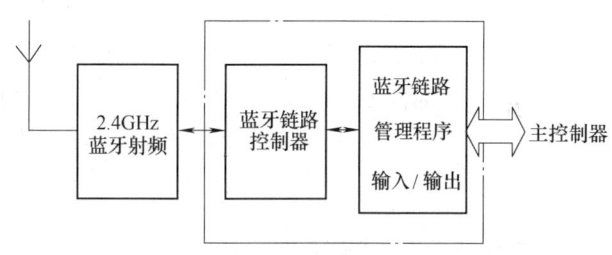

图 5-27 蓝牙系统的基本功能模块

蓝牙技术广泛应用于各种电话系统、无线电缆、无线公文包、各类数字电子设备、电子商务等领域。跳频和 TDMA 等技术的应用使得蓝牙的射频电路较为简单,通信协议的大部分内容可以用专用集成电路和软件来实现,因此从技术上保证了蓝牙设备的高性能和低成本。下文将介绍 MITEL 公司和 PHILSAR 公司共同推出的蓝牙芯片组 MT1020 和 PH2401 的特性、结构及其在蓝牙无绳电话中的应用。

MT1020 基带控制器和 PH2401 无线收发器分别由 MITEL 公司和 PHILSAR 公司提供,两者配合可构成完整的低功耗的蓝牙模块,提供高至 HCI(主机控制接口)层的功能。它们在蓝牙系统中的位置如图 5-28 所示。MT1020 基带控制器负责蓝牙基带部分的功能,完成基带及链路的管理,包括对 SCO(同步)和 ACL(异步)连接方式的支持、差错控制、物理层的认证与加密、链路管理等。PH2401 实现数据的无线接收和发送,属于单片无线收发器,用砷化镓工艺制造,具有高集成度、超低功耗、体积小等优点,专门优化用于 2.4 GHz 无线个人系统,完全兼容蓝牙规范 Bluetoooth V1.0。它

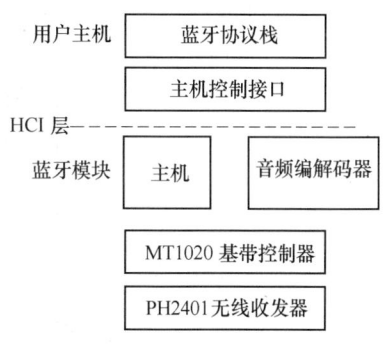

图 5-28 蓝牙系统结构

工作于 2.4GHz 的 ISM 频段,以每秒 1 600 次的速度在 79 个频道(2.402~2.408 GHz)上快速跳频,最大位传输速率可达 1 Mbit/s。基带控制器 MT1020 通过串行总线与 PH2401 接口,通过对其内部寄存器的读/写实现跳频、调谐等其他控制。

由于 MT1020 和 PH2401 构成的蓝牙模块提供高至 HCI 的功能,因此可以很方便地利用它构成蓝牙系统。根据蓝牙规范对无绳电话的协议要求,无绳电话实现协议栈如图 5-29 所示。

通过服务发现协议（SDP），子机寻找通信范围内所有蓝牙设计信息和服务类型，从而与无绳电话主机建立连接。语音呼叫的控制命令则在二元电话控制协议（TCS Binary）中定义。逻辑链路控制应用协议（L2CAP）向上层提供面向连接和无连接的逻辑链路，传输上层协议数据。语音流不经过逻辑链路控制应用协议（L2CAP），直接与基带控制器连接，使用连续可变斜率增量调制（CVSD）技术，以获得高质量传输的音频编码。

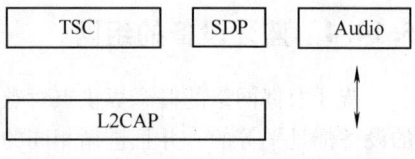

图 5-29 无绳电话的实现协议栈

蓝牙无绳电话子机的基本电路框图如图 5-30 所示。MCU 不仅完成对键盘、显示器的控制，而且实现 TCS Binary、DSP 和 L2CAP，受话器/送话器直接与 MT1020 基带控制器连接，系统简洁可靠，具有很好的性价比。

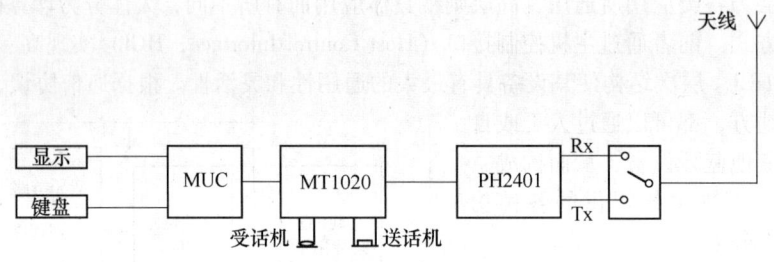

图 5-30 蓝牙无绳电话子机电路框图

图 5-31 所示为一个通用蓝牙通信模块的构成。蓝牙模块中的无线射频收发器 PH2401 用于收发 2.4GHz 的射频信号，基带控制器 MT1020A 用于实现射频、基带、链路控制器和链路管理器协议的功能，处理蓝牙基带分组的收发及管理蓝牙设备间的物理链路。CPU 负责蓝牙比特流调制和解调后的所有位级的处理，同时还控制 RS-232 和 USB 等收发器，以及专用的语音编码和解码器。在不同的应用系统中，可以将语音 CODEC 单元替换成其他数据处理单元。

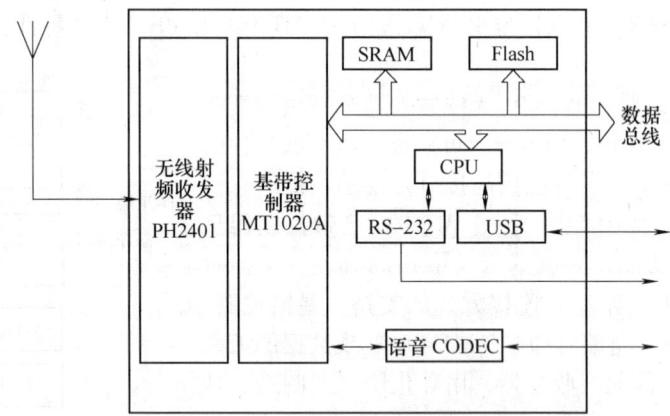

图 5-31 一个通用蓝牙通信模块的构成

## 5.15 GPRS

GPRS（General Packet Radio Service）是通用分组无线业务的简称。它是第二代移动通信技术 GSM 向第三代移动通信技术 3G 过渡的技术，经常被描述成 2.5G。GPRS 是 GSM Phase 2.1 规范实现的内容之一,是在现有的 GSM 移动通信系统基础上发展起来的一种移动分组数据业务。GPRS 通过在 GSM 数字移动通信网络中引入分组交换功能进行数据传输,提供比现有 GSM 传输网络 9.6kbit/s 更高的数据传输速率,最高可达 171.2kbit/s。

GPRS 采用分组交换技术,数据传输速率高,它支持多种带宽,具有"永远在线"的功能。当终端与 GPRS 网络建立连接后,即使没有数据传送,终端也一直与网络保持连接,再次进行数据传输时不需要重新连接,而网络容量只有在实际进行传送时才被占用,从而保证了数据交换的实时性。GPRS 是以传输的数据量而不是以连接时间为基准来收费的,接入 GPRS 网络但没有数据传输是不收费的,这使得通信信道的使用费用大大降低。

典型的 GPRS 通信网络构成方案是采用 GPRS 与 Internet 相结合的通信连接方式。数据采集终端上安装具有移动通信公司的 SIM 卡的 GPRS 无线终端,GPRS 无线终端上电后,经过初始化操作、激活 PDP 上下文、设定服务质量等级、拨号呼叫连接后登录到 GPRS 网络,再通过移动 Internet 的接入点获得外部 IP 地址,建立访问 Internet 的通道。管理中心主机具有独立固定的 IP 地址与 Internet 相连,通过这种方式,管理中心主机与 GPRS 无线终端通过 GPRS 与 Internet 网络进行通信,完成各种管理功能。这种通信网络构成成本较低,但 GPRS 无线终端作为网络主机,暴露在 Internet 网络上,有遭受攻击的可能,并且 GPRS 无线终端发送和接收的数据没有进行加密处理,数据传输安全性低。在要求网络通信费用少,数据安全性要求不高的情况下,采用这种方案比较好。

MC55 是西门子公司推出的被誉为当今世界上最具价值、尺寸最小的三频 GSM/GPRS 模块,除具有普通 GSM 模块的通话、短信、电话薄管理、CSD(电路交换数据)传输等功能和无线 Modem 的 GPRS 连接功能外,内置完整的 TCP/IP 协议栈,不仅支持 Socket 连接下的 TCP/UDP 数据传输,还支持 HTTP、FTP、SMTP、POP3 等上层应用协议。它支持标准 ITU-T 的 AT 命令集,可以通过串口对其进行控制。

GPRS 模块在实际应用中,数据采集终端主要在 Socket、FTP 和短消息等三种通信方式下与主站进行数据通信,通信方式和任何通信相关的参数均可以 AT 命令的形式通过串口本地更改和通过短消息远程切换。一般典型的应用方式如下:

1) Socket 通信主要完成终端实时数据、控制命令的传输。
2) FTP 主要完成程序的远程维护更断。
3) 短消息通信的功能主要是从主站修改终端参数,如终端的 IP 地址和端口号。

下面以一个简单的远程数据采集系统为例来说明 MC55 的应用。系统以 STC89C58RD + 作为控制核心,主要分为数据采集和数据传输两部分。数据采集包括对 8 路模拟量和 8 路开关量的采集,模拟量通过多通道的串行 A/D 转换器 TLC2543 送给 STC89C58RD +。单片机将前端采集的数据存储在 AT24C512 中,PCF8583 时钟模块用于记录某一段数据后的当前时刻值。数据传输则是用 STC89C58RD + 控制 MC55 模块,MC55 模块需要配备一个 SIM 卡才能连接到 GPRS 网络中。单片机控制 MC55 的开关状态,将采集到一定量的数据以短消息的方式发送到接收终端,实现远程数据的传输。系统框图如图 5-32 所示。

硬件设计主要涉及电源电路、RS-232 串口、

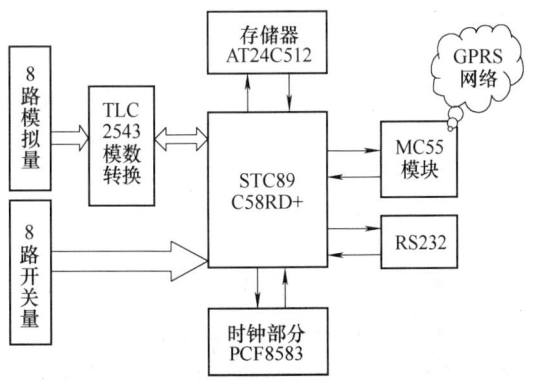

图 5-32 系统总体设计框图

数据存储及时钟电路、开关量采集电路、模拟信号量采集电路和 MC55 模块接口电路等 6 部分。STC89C68RD+ 通过其标准串口与 MC55 模块的主异步收发器相连，单片机的 P2.2 与 MC55 模块的引脚 IGT 相连，用于启动 MC55 模块，P2.0 与模块的引脚 VDD 相连，用于判断 MC55 模块是否正常启动。电源对 GPRS 模块非常重要，所以由实时时钟控制，定时用 AT 指令 AT+SMSO 关闭 MC55 模块。连接电路如图 5-33 所示。

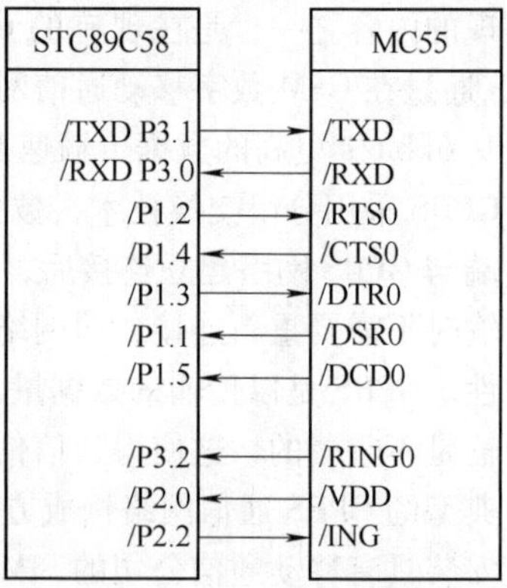

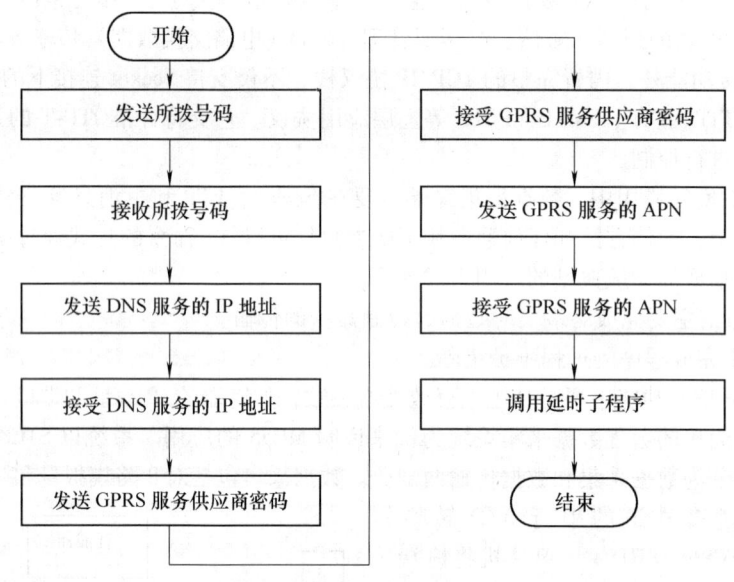

图 5-33  MC55 与 STC 单片机连接示意图

MC55 与单片机的数据输入/输出接口实际上是一个串行异步收发器，其异步串口支持的参数如下：8 位数据位和 1 位停止位，无校验位，波特率在 300bit/s～230kbit/s。硬件握手信号用 RTS0/CTS0，软件流量控制用 XON/XOFF，模块支持 AT 命令集。MC55 内嵌了 TCP/IP，极大地缩减了软件设计的难度。

程序的主要功能是完成 GPRS 模块与单片机之间的数据传输，传输的主要是 AT 指令和参数，包括所拨号码、DNS 服务的 IP 地址、GPRS 服务提供商的密码、接入 GPRS 服务的 APN，建立一个 TCP 通信、客户 IP 和端口号等。该程序包括三个子程序：数据发送子程序、数据接收子程序及延时子程序。主程序的流程图如图 5-34 所示。

图 5-34  主程序的流程图

## 5.16  小结

本章主要介绍了嵌入式设备的工作原理和设备组成。总体看来，嵌入式系统具有便利灵活、性能价格比高、嵌入性强等特点，可以嵌入到现有任何信息家电和工业控制系统中。从软件角度来看，嵌入式系统具有不可修改性、系统所需配置要求较低、系统专业性和实时性较强等特点。

## 5.17 复习思考题

1. 试述 RS-232C 总线的特点及其在嵌入式应用中电路连接的典型方式。
2. 简述 RS-485 总线的特点。
3. 试述 A/D 和 D/A 的概念以及它们主要的技术指标。
4. 试介绍一种典型的 GPRS 芯片,并介绍其引脚结构和应用特点。
5. 简述 DAC0832 的主要引脚和功能。
6. 简述 STN 型 LCD 原理。
7. 试述矩阵键盘分类。
8. 试述 ADC0809 的主要引脚功能。

# 第 6 章 传 感 器

**本章主要内容**
- 传感器原理及应用
- 验证语音、笔迹和指纹等的传感技术

传感器已渗透到工业生产、日常家电、宇宙开发、航空航天、海洋探测、环境保护、资源调查、医学诊断、生物工程、甚至文物保护等极其广泛的领域。几乎每一个生产项目、生活用具都离不开各种各样的传感器。传感器技术在发展经济、推动社会进步等方面起着重要作用。

## 6.1 传感器概述

传感器是以一定的精度把被测量的量转换成与之有确定关系的、便于应用的某种量值的测量装置。传感器完成对被测量的信息提取,是完成信息传输(通信技术)和信息处理(计算机技术)的前提和有力保证。

### 6.1.1 传感器的定义

传感器是获取信息的主要途径和手段。如图 6-1 所示,和人的智能劳动类似,传感器相当于人的五官和皮肤,它接收外界信号,将这些信号传送给处理器进行分析处理后传递给执行机构。

国家标准(GB7665—87)对传感器(Sensor/Transducer)定义:

能够感受规定的被测量并按照一定规律转换成可用输出信号的器件和装置。

广义上理解传感器是一种能把特定的信息(物理、化学、生物)按一定规律转换成某种可用信号输出的器件或装置;狭义上,传感器是能把外界非电信息转换成电信号输出的器件。

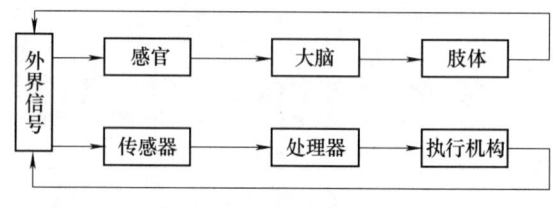

图 6-1 传感器作用

传感器的特征如下:

1)传感器是测量装置,能完成检测任务。
2)输入量是某一被测量,可能是物理量,也可能是化学量、生物量等。
3)输出量是某种物理量,便于传输、转换、处理、显示等,可以是气、光、电物理量,主要是电物理量。
4)输出输入有对应关系,且应有一定的精确程度。

### 6.1.2 传感器的分类

传感器应用于社会的各个方面,种类繁多,包罗万象,分类方法也很多。

1)按传感器的工作机理:分为物理型、化学型、生物型等。
2)按构成原理:分为结构型与物性型两大类。

其中结构型传感器是利用物理学中场的定律构成的,包括动力场的运动定律,电磁场的电磁定律等。物理学中的定律一般是以方程式给出的,对于传感器,这些方程式就是许多传感器在工作时的数学模型。这类传感器的特点是传感器的工作原理是以传感器中元件相对位置变化引起场的变化为基础,而不是以材料特性变化为基础。

物性型传感器是利用物质定律构成的,如欧姆定律。物质定律是表示物质某种客观性质的法则,这种法则大多数是以物质本身的常数形式给出,这些常数的大小决定了传感器的主要性能。因此,物性型传感器的性能随材料的不同而异。如光电管,它利用了物质法则中的外光电效应。显然,其特性与涂覆在电极上的材料有着密切的关系。又如,所有半导体传感器,以及所有利用各种环境变化而引起的金属、半导体、陶瓷、合金等性能变化的传感器,都属于物性型传感器。

3)根据传感器的能量转换情况:分为能量控制型传感器和能量转换型传感器。

其中能量控制型传感器,在信息变化过程中,传感器将从被测对象获取的信息能量用于调制或控制外部激励源,使外部激励源的部分能量载运信息而形成输出信号,这类传感器必须由外部提供激励源,如电阻、电感、电容等电路参量传感器都属于这一类传感器。基于应变电阻效应、磁阻效应、热阻效应、光电效应、霍尔效应等的传感器也属于此类传感器。

能量转换型传感器,又称有源型或发生器型传感器。这种传感器将从被测对象获取的信息能量直接转换成输出信号能量,它主要由能量转换元件构成,不需要外电源。如基于压电效应、热电效应、光电动势效应等的传感器皆属于此类传感器。

4)按照物理原理分类:分为10种类型。

① 电参量式传感器:电阻式、电感式、电容式等。
② 磁电式传感器:磁电感应式、霍尔式、磁栅式等。
③ 压电式传感器:声波传感器、超声波传感器。
④ 光电式传感器:一般光电式、光栅式、激光式、光电码盘式、光导纤维式、红外式、摄像式等。
⑤ 气电式传感器:电位器式、应变式。
⑥ 热电式传感器:热电偶、热电阻。
⑦ 波式传感器:超声波式、微波式等。
⑧ 射线式传感器:热辐射式、γ射线式。
⑨ 半导体式传感器:霍耳器件、热敏电阻。
⑩ 其他原理的传感器:差动变压器、振弦式等。

有些传感器的工作原理是具有两种以上原理的复合形式,如不少半导体式传感器,也可看成电参量式传感器。

5)按照传感器的用途分类:位移、速度、角速度、加速度、力、力矩、压力、真空、流速、液面、温度、湿度、光、热、电压、电流、放射线、气体成分、浓度、粘度等传感器。

6)根据转换过程可逆与否:分为单向和双向传感器。

7)根据传感器输出信号:分为模拟信号传感器和数字信号传感器。

## 6.1.3 传感器的特性

传感器的基本特性主要是指输出与输入之间的关系。当输入量为常量,或变化极慢时,这一关系称为静态特性;当输入量随时间较快地变化时,这一关系称为动态特性。

**1. 传感器的静态特性**

传感器的静态特性是指传感器的输入信号不随时间变化或变化非常缓慢时,所表现出来的输出响应特性,称静态响应特性。通常用来描述静态特性的指标有:测量范围、精度、灵敏度、稳定性、线性度、迟滞、重复性、灵敏阈和分辨力等。

（1）测量范围　指传感器能正常工作时的最小输入值与最大输入值之间的范围。

（2）精度　与精度有关的指标有三个，即精密度、准确度和精确度。

（3）灵敏度　传感器灵敏度是表示传感器的输入增量与由它引起的输出增量之间的函数关系。更确切地说，灵敏度等于传感器输出增量与被测量增量之比，即 $K=\Delta y/\Delta x$，是传感器在稳态输出/输入特性曲线上各点的斜率。

（4）稳定性　传感器的稳定性，一是指传感器在长时间工作的情况下输出量发生的变化，有时称为长时间工作稳定性或零点漂移；二是指在传感器外部环境和工作条件变化时而引起输出值的变化，即用影响量来表示。例如，某传感器输出电压值每小时变化 1.3mV。又如，某传感器由于电源变化 10% 而引起其输出值变化 0.02mA，则应写成 0.02mA/（u10%）。

（5）线性度　传感器的输出与输入具有确定的对应关系时最好呈线性关系，但一般情况下，传感器的输出、输入关系或多或少地存在非线性。在不考虑迟滞、蠕变、不稳定性等因素的情况下，其静态特性可用下列多项式代数方程表示：

$$y = a_0 + a_1 x + a_2 x^2 + a_3 x^3 + \cdots + a_n x^n \tag{6-1}$$

式中，$y$ 为输出量；$x$ 为输入量；$a_0$ 为零点输出；$a_1$ 为理论灵敏度；$a_2$、$a_3$、…、$a_n$ 为非线性项系数。各项系数不同，决定了特性曲线的具体形式。

静态特性曲线可通过实际测试获得。在获得特性曲线之后，可以说问题已经得到解决。但是为了标定和数据处理的方便，希望得到线性关系。这时可采用各种方法，其中也包括通过硬件或软件补偿，进行线性化处理。在非线性误差不太大的情况下，总是采用直线拟合的办法来线性化。

在采用直线拟合线性化时，输出、输入的校正曲线与其拟合曲线之间的最大偏差，就称为非线性误差或线性度。非线性偏差的大小是以一定的拟合直线为基准直线而得出来的，拟合直线不同，非线性误差也不同。所以，选择拟合直线的主要出发点，应是获得最小的非线性误差。另外，还应考虑使用是否方便，计算是否简便。

（6）迟滞　传感器在正（输入量增大）反（输入量减小）行程中输出、输入曲线不重合称为迟滞。迟滞特性如图 6-2 所示，它一般是由实验方法测得。迟滞误差一般以满量程输出的百分数表示，如公式（6-2）所示：

$$\gamma_H = \pm (\Delta H_{max}/y_{FS}) \times 100\% \tag{6-2}$$

（7）重复性　重复性是指传感器在输入按同一方向连续多次变化时所得特性曲线的重复程度，如图 6-3 所示。重复性误差可用正反行程的最大偏差表示。

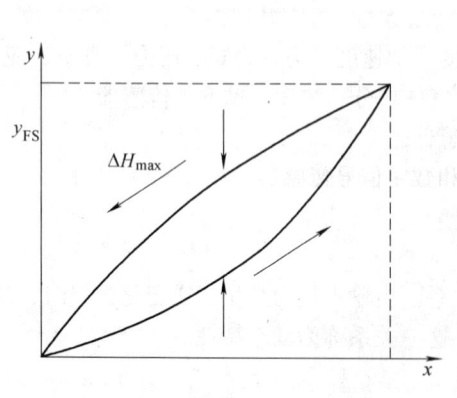

图 6-2　迟滞特性

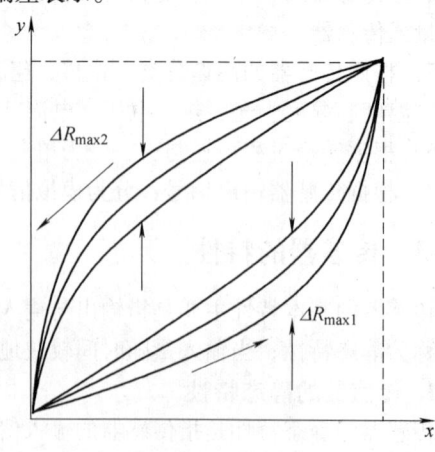

图 6-3　重复性

(8) 灵敏阈与分辨力　灵敏阈是指传感器能够区分出的最小读数变化量。对于模拟式仪表，当输入量连续变化时，输出量只做阶梯变化，则分辨力就是输出量的每个阶梯所代表的输入量的大小；对于数字式仪表，灵敏阈就是分辨力，即仪表指示数字值的最后一位数字所代表的值。从物理含义看，灵敏度是广义的增益，而灵敏阈则是死区或不灵敏度。

**2. 传感器的动态特性**

传感器的动态特性是指传感器对于随时间变化的输入量的响应特性。只要输入量是时间的函数，则其输出量必将是时间的函数。通常研究动态特性的标准输入形式有三种，即正弦、阶跃和线性，而经常使用的是前两种。

传感器输出与输入关系可用微分方程来描述。一般将传感器简化为一阶或二阶系统，采用瞬态响应法和频率响应法研究传感器的动态特性。

## 6.2　传感器原理及应用

### 6.2.1　传感器的组成

传感器一般由三部分组成，即：敏感元件、转换元件、转换电路，如图 6-4 所示。

敏感元件能够灵敏地感受被测量，并做出响应，输出与被测量成确定关系的某一物理量。

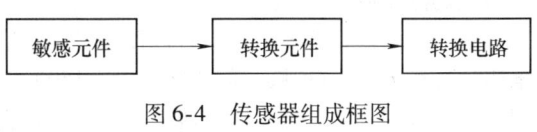

图 6-4　传感器组成框图

转换元件是将敏感元件感受的被测量转换成电路参数的元件。它把输入转换成电路参量。

转换电路将转换元件输出的电路参量接入，转换成电信号输出。

实际上，传感器的组成并不固定，如果敏感元件本身就能直接将被测量变成电路参数，那么，该敏感元件就是具有了敏感和转换两个功能，如热敏电阻将温度变化转换成电阻的变化，也就是将非电路参数（温度）直接变成了电路参数（电阻）。因此，有些传感器很简单，有些则较复杂。最简单的传感器由一个敏感元件（兼转换元件）组成，它感受被测量时直接输出电量，如热电偶。有些传感器由敏感元件和转换元件组成，没有转换电路，如压电式加速度传感器。有些传感器转换元件不只一个，要经过若干次转换。因为不少传感器要在通过转换电路后才能输出电信号，所以转换电路是传感器的组成环节之一。

### 6.2.2　传感器的应用

随着科学技术的发展，传感器的应用已渗透到人们的日常生活之中。在实际使用中，传感器检测被测对象对应的某种特性，通过调理电路对信号进行放大、滤波等处理，经过 A/D 通道送入微处理器，微处理器根据相应的情况进行显示、控制，如图 6-5 所示。

在生产过程中，传感器经常用于温度、压力、流量、成分的检测。

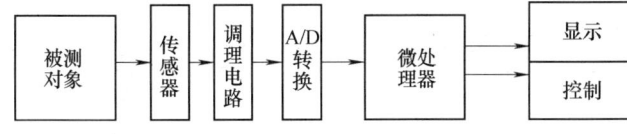

图 6-5　传感器应用框图

**1. 温度检测**

温度是一个重要的物理量，在生产过程中，温度与各个环节紧密相关，因此对温度的测量非常重要。温度测量方法通常分为接触式测温和非接触式测温两大类，目前常用的有热电阻式传感器、热电偶式传感器、辐射式测温装置等。

（1）热电阻式传感器

利用导体或半导体材料的电阻率随温度变化的特性制成的传感器叫做热电阻式传感器。测温范围主要在中低温（-650~-200℃），其测温元件分为金属热电阻和半导体热敏电阻。

金属热电阻传感器的结构比较简单，如图6-6所示，主要由热电阻、内部导线、绝缘管、保护管、接线座及盖等组成。热电阻是最重要的部分，选择其材料时希望电阻温度系数尽可能大，以提高灵敏度；电阻率尽可能大，以减小电阻的体积；具有稳定的化学和物理性能；电阻与温度的关系接近线性，有良好的可加工性等，目前广泛使用的是铂和铜金属。

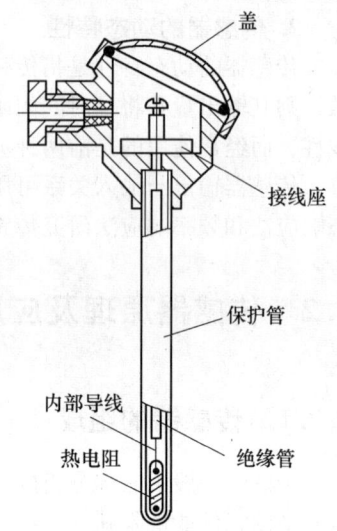

铂金属容易提纯，其物理、化学性能在高温和氧化性介质中很稳定。铂热电阻精度高、稳定性好、性能可靠，广泛应用于温度基准、标准的传递。

目前我国规定工业用铂热电阻有 $R_0 = 50\Omega$ 和 $R_0 = 100\Omega$ 两种，它们的分度号分别为 Pt50 和 Pt100，其中以 Pt100 为常用。铂热电阻不同分度号有相应分度表，即 $R_t - t$ 的关系表，这样在实际测量中，只要测得热电阻的阻值 $R_t$，便可从分度表上查出对应的温度值。

在一些测量精度要求不高且温度较低的场合，可采用铜热电阻进行测温，它的测量范围为 -50~150℃。铜热电阻的电

图6-6 金属热电阻温度传感器结构

阻温度系数较大、灵敏度高、线性度好、容易提纯、加工、价格便宜。但与铂相比，铜的电阻率低，所以铜电阻的体积较大，热惯性较大，稳定性较差，在100℃以上时容易氧化，因此只能用于低温及没有浸蚀性的介质中。

铜热电阻在测量范围内其电阻值与温度的关系几乎是线性的。工业上使用的标准化铜热电阻的 $R_0$ 按国内统一设计取 50Ω 和 100Ω 两种，分度号分别为 Cu50 和 Cu100，具有相应的分度表。

用热电阻传感器进行测温时，测量电路经常采用电桥电路。热电阻与检测仪表相隔一段距离，因此热电阻的引线对测量结果有较大的影响。热电阻内部引线方式有二线制、三线制和四线制三种。工业上一般采用三线制，要获得较精密测量结果则采用四线制接法。

半导体热敏电阻由某些金属氧化物和其他化合物按不同配方比例烧结制成的。热敏电阻主要由热敏探头、引线、壳体等组成，其结构如图6-7所示，一般为两端器件，也有三端、四端器件。

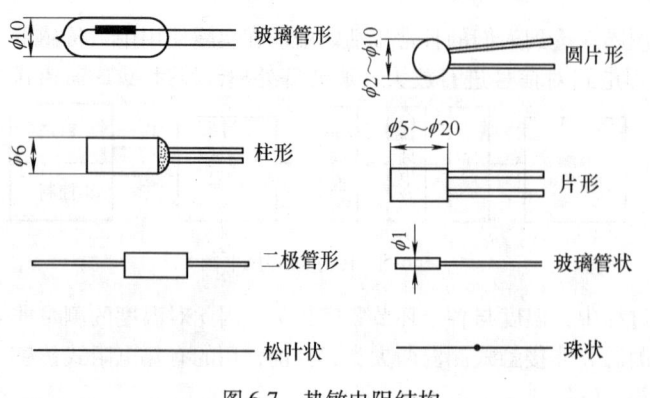

图6-7 热敏电阻结构

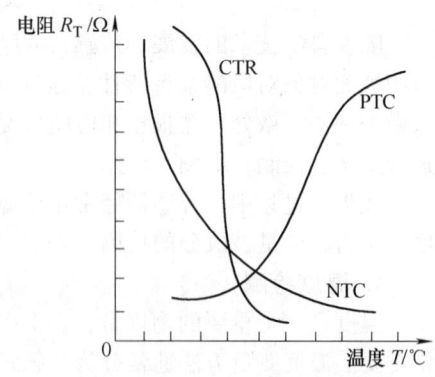

图6-8 热敏电阻温度特性

热敏电阻的优点是温度系数比金属大,电阻率大,体积小,热惯性小,适于测量点温、表面温度及快速变化的温度。缺点是线性度、互换性较差。

按热敏电阻率随温度变化的特性不同,热敏电阻分为正温度系数(PTC)、负温度系数(NTC)、临界温度系数(CTR)三类,其温度特性如图 6-8 所示。

1) 正温度系数(PTC)  热敏电阻的阻值随温度升高而增大,且有斜率最大的区域,当温度超过某一数值时,其电阻值朝正的方向快速变化。其用途主要是彩电消磁、各种电器设备的过热保护,发热源的定温控制,限流元件等。

2) 负温度系数(NTC)  NTC 热敏电阻温度越高,阻值越小,且有明显的非线性,温度系数较高,特别适用于 -100~300℃ 之间测温。

3) 临界温度系数(CTR)  CTR 也具有负温度系数,但在某个温度范围内电阻值急剧下降,曲线斜率在此区段特别陡,灵敏度极高,主要用作温度开关。

各种热敏电阻的阻值在常温下很大,不必采用三线制或四线制接法,给使用带来方便。

(2) 热电偶式传感器

将温度变化转换成电势变化的传感器叫做热电偶式传感器,其主要优点是测温范围广,精度高,信号便于处理和远距离传输。

热电偶测温的原理是基于热电效应,如图 6-9 所示,两种不同材料的导体(或半导体)组成一个闭合回路,当两接点温度 $T$ 和 $T_0$ 不同时,则在该回路中就会产生热电势的现象。

温度高的热端称为测量端或工作端,冷端称为参考端或自由端。热电势的大小与金属的形状、尺寸等无关,取决于材料和接点温度。不同金属组成的热电偶,温度与热电动势之间有不同的函数关系,一般通过实验的方法来确定,并将不同温度下测得的结果列成表格,编制出热电势与温度的对照表,即分度表供查阅使用,每 10℃ 分档,中间值按内插法计算。

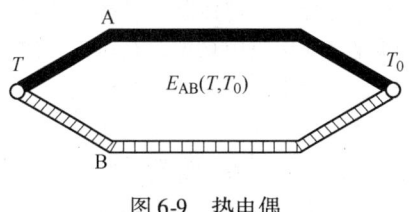

图 6-9  热电偶

国际电工委员会(IEC)向世界各国推荐 7 种标准化热电偶(已列入工业标准化文件中,具有统一的分度表)。我国已采用 IEC 标准生产热电偶,并按标准分度表生产与之相配的显示仪表。

(3) 辐射式测温装置

利用物体的辐射能量随其温度而变化的原理制成的传感器称为辐射式测温装置。低温物体的能量较微弱,高温物体都会以一定波长电磁波的形式向外辐射能量。因此,对于一些高温的生产现场,采用这种测温装置不必与物体直接接触,只接收辐射能即可实现测温。

**2. 压力检测**

压力传感器用来检测气体压力和液体压力,并将压力信号转变为电压信号。压力传感器是工业生产、仪表控制中较为常用的一种传感器,涉及水利水电、铁路交通、航空航天、军工、石化、油井、电力、船舶、机床、管道等众多行业。

压力传感器种类繁多,常见的主要有应变式、压电式、电容式、霍尔式压力传感器。

(1) 应变式压力传感器

应变式压力传感器的工作原理是电阻丝在外力作用下发生机械形变时,其电阻值发生变化,称为电阻应变效应。电阻应变片是应变式传感器的主要组成部分,电阻应变片应用最多的是金属电阻应变片和半导体应变片两种,金属电阻应变片又有丝式应变片和金属箔式应变片两种,如图 6-10 所示。

常用的应变丝的材料是康铜丝和镍铬合丝，通常是将应变片通过特殊的粘和剂紧密地粘合在产生力学应变的基体上，当基体受力发生应力变化时，电阻应变片也一起产生形变，使应变片的阻值发生改变。用薄纸作为基底的应变片称为纸基应变片；用有机聚合物作为基底的应变片称为胶基应变片。

(2) 压电式压力传感器

某些电介质物体在某方向受压力或拉力作用产生形变时，表面会产生电荷。外力去掉后，又回到不带电状态，这种现象称为压电效应。具有压电效应的物体称为压电材料，如天然的石英晶体、人造压电陶瓷、压电半导体等。

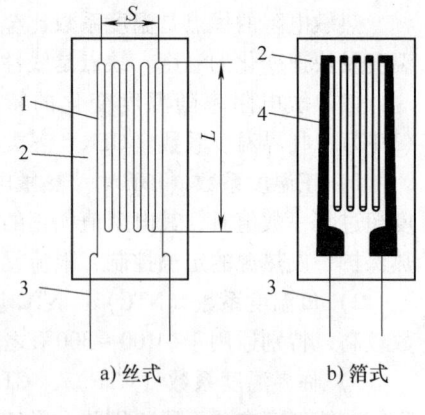

图 6-10　电阻应变片
1—应变丝　2—基底　3—引线
4—金属膜引线

压电效应是压电式传感器的主要工作原理，压电传感器不能用于静态测量，因为经过外力作用后的电荷，只有在回路具有无限大的输入阻抗时才得到保存。实际的情况不是这样的，所以这决定了压电传感器只能够测量动态的应力，主要应用在加速度、压力和力等的测量中，也广泛应用在生物医学测量中，比如心室导管式微音器就是由压电传感器制成的。

(3) 电容式压力传感器

电容式压力传感器是将被测量的变化转换成电容量的变化的一种传感器。目前，从工业生产过程自动化应用来说，有压力、差压、绝对压力、带开方的差压（用于测流量）等品种及高差压、微差压、高静压等规格。

(4) 霍尔式压力传感器

霍尔式压力传感器是利用霍尔元件测量弹性元件变形的一种电测压力计，它结构简单，体积小，频率响应宽，动态范围（输出电动势的变化）大，可靠性高，易于微型化和集成电路化。但其信号转换效率低，温度影响大，使用于转换精度要求高的场合必须进行温度补偿。

## 6.3　验证语音、笔迹和指纹等特征的传感技术

### 6.3.1　AVVS 型验证语音和笔迹的装置

当今社会，验证身份是十分重要的问题。在国防机要、军事基地和作战指挥等部门，需要检验人的身份。未经许可的人接近机密装备的保密数据，会给国家安全造成不可估量的损失。而且现在的好多计算机都有验证声音、笔迹和指纹等功能，这都体现了其传感技术的重要性。为保证高度安全，高性能的身份验证系统必须基于人的属性。

语音和签字特征的验证装置工作过程如下：申请验证的人，首先把自己的身份识别号输入系统；然后按照装置的要求，申请者输入自己的语音和签字；接着，装置把被验证人的语音和签字特征与他预先存在装置中的样板进行比较，如果比较的结果是满意的，提出申请的身份就被接受了。

AVVS 型验证装置由压电压力传感器、模拟处理器、微型计算机和 I/O 接口组成。

**1. 压电压力传感器**

语音和签字验证共用一个由压电薄膜制成的压力传感器为压电压力传感器，它的特点是频响宽、灵敏度高和失真度小，既能敏感语音的电压，又能敏感签字压力的变化。

**2. 模拟处理器**

压力传感器输出的信号需要进行模拟处理。

1）语音信号处理器由放大器和滤波器组成。放大器由前置放大器、高频预提升和自动增益控制放大器组成。滤波器组有十七个通道，其中十六个通道都由一个带通滤波器、一个全波整流器和一个低通滤波器组成。第十七通道由两个低通滤波器和一个全波整流器组成，它的输出代表音波能量。

2）签字信号处理器由电荷放大器和电压放大器组成。

**3. 微型计算机和 I/O 接口**

微型计算机的 I/O 接口包括模/数转换器、键盘和显示器。

模/数转换器把信号数字化，以便在计算机内进行计算和比较。

1）键盘用于控制系统的工作方式和输入申请人的身份识别号。工作方式分训练和执行两种，训练方式用于建立和更新申请人的参考文件，执行方式用于正常的验证。身份识别号由六个字符的编码组成，利用身份识别号找到参考文件。

2）显示器用来和申请人对话，显示判决结果。

由于采用语音和签字双验证，验证装置的可靠度高达 0.998。该装置可用于国防机要、军事基地和作战指挥的安全管理，银行、金融、保密场所、净化厂房和计算机信息中心的人口控制，以及智能机器人和军用专家系统的听觉和触觉系统。

## 6.3.2 语音验证系统

语音验证身份是将声学、语音学与计算机技术结合起来制成的语音信号处理系统，它利用人们的语音特征，对说话人做出验证。本仪器对于国防建设和经济建设具有十分重要的意义。

说话人的语音信号经过 A/D 转换，输入计算机，然后对这些语音样品提取特征。所谓特征，即能够反映说话人语音特点的一些物理量。在语音验证系统中，选取语音信号的基频、线性预测系数、短时频谱作为特征的参量，将说话人的这些特征参量同计算机内预先存放好的、被认可者的标准参量比较，两者的误差可作为判断说话人真伪的标准。作判别对比时，为了消除它们在时间轴上的非线性差异，可用动态规划法进行时间校准。

语音验证系统由一台微型计算机作为主机，附有专用信号处理器、专用的数字信号处理硬件和 A/D 接口板，由压电元件制成的传声器，把说话人的语音信号送入计算机。

为了有效地对受试者进行验证，首先要保证准确性。受试者只需读出给定的句子，系统便会做出判决。对不允许通过的人作出认可的判断称为失误；把应当通过的人拒之门外称为漏识，为保证系统的可靠性，这两种错误率都必须小于 0.01。整个系统的可靠性达 0.98。为满足实用性，本系统的识别速率达到实时。

语音验证系统用途十分广泛，如军事要地装有语音验证系统，能够保证非机要人员不得进入；银行等重地，验证系统也是十分必要的。如果将语音验证系统加以改进，许多算法得到固化，则可替代保险柜。

## 6.3.3 用于身份验证的压电笔

压电笔是一种将输入的笔压信息转换成计算机所需要的数字信号的输出装置。压电笔是利用压电效应的原理制成的。当笔在输入板上书写时，压电振子的表面出现与外力成比例的电荷，故可敏感地检测出书写时笔尖的压力等特征。

压电笔可用于国防机要、基地装备和作战指挥系统的安全管理，也可用于银行、仓库、保密场所、净化厂房和计算机信息中心的入口控制。

压电笔具有自生信号、输出高、体积小、结构可靠等优点。

### 6.3.4 签字验证书写台

签名者的签名信号由书写台转换成电信号，经过 A/D 转换后输入计算机，与原先采集的签名样板信号相比较而判定身份的真伪。

签名书写台是用新型的压电材料 PVDF 制成的压力传感器。在 4mm 厚的有机玻璃上安装该传感器，经过特殊处理引出两根电极引线，签名者的笔压、签名加速度和笔纸接触时间等参数都作为时间的函数直接转换成电信号输出。它有灵敏度高、失真小、耐冲击和书写感觉舒适等优点。

签名书写台配合微机构成实时签名验证系统，用于银行、仓库、保密场所、净化厂房和计算机中心的入口控制；也可用于国防机要、军事基地和作战指挥系统的安全管理，以及计算机终端输入的身份验证系统。

### 6.3.5 指纹自动识别仪

高性能的身份识别装置，必须基于人的属性。除语音和签字外，指纹是判别人身份的更强有力的手段。每个人每个手指均有一百个左右的细节。识别一个人使用十二个细节，则一百亿人中无重复这一手指者。由于指纹具有终生的稳定性和惊人的特殊性，很早以来在身份识别方面就得到了应用，尤其在公安系统中，建国以来就建有指纹制度并存有大量的指纹档卡。本仪器使用微型计算机对指纹进行自动识别。

仪器工作过程如下：指纹输入仪器，经过预处理和特征提取，然后与以前得到的指纹进行比较。如果比较的结果是满意的，输入指纹就被识别了。

识别仪器由指纹输入系统、I/O 接口和微型计算机三部分组成。指纹输入系统包括照明装置和摄像机；I/O 接口把指纹图像量化成二维的数字点阵；微型计算机对量化指纹图像进行预处理和识别。为了进行识别还需在计算机中建立指纹库。

衡量指纹识别仪的指标是识别率和可靠度，本仪器二者均可达到 0.99 以上。指纹识别仪可用于公安部门的身份验证，亦可用于军用地图识别和焊接缺欠。

## 6.4 小结

本章简要介绍了传感器的基本知识、静动态特性和一些常用的温度、压力传感器，并且介绍了几种对传感器应用的实例，如身份验证中的指纹识别等。

## 6.5 复习思考题

1. 试述传感器的定义。
2. 传感器与微处理器组合研究的重点是什么？
3. 简述传感器的特性。
4. 简述传感器的组成。
5. 简述温度传感器分类及其特点。
6. 简述压力传感器分类及其特点。
7. 简述你知道的应用传感器的实例，并详解。

# 第 7 章　嵌入式接口

**本章主要内容**
- 嵌入式接口
- 嵌入式总线
- GPIO 接口
- SPI 总线
- I²C 总线
- I²S 总线

在嵌入式系统设计和实现中，CPU 和存储器这两部分具有较强的通用性，而外部设计和接口的设计和实现却是变化多端的，也复杂了许多。本章主要讲述接口与总线的概念，如 GPIO 接口、SPI 总线、I²C 总线、I²S 总线等。

## 7.1 嵌入式接口概述

CPU 与存储器和外部设备（简称外设）的数据交换都需要通过接口来实现，前者称为存储器接口，后者则统称为 I/O 接口。存储器通常在 CPU 的同步控制下工作，接口电路比较简单；而 I/O 设备品种繁多，其相应的接口电路各不相同。因此，通常所说的接口是指 I/O 接口，而不包括存储器接口。

### 7.1.1 接口功能

计算机 CPU 与外设之间的数据必须通过接口来完成，如图 7-1 所示，各类外设都通过接口电路连接到系统的总线上。总线通常要实现如下功能：外设识别和寻址、速度匹配和缓冲、时序匹配、信息格式匹配和信息类型转换等。

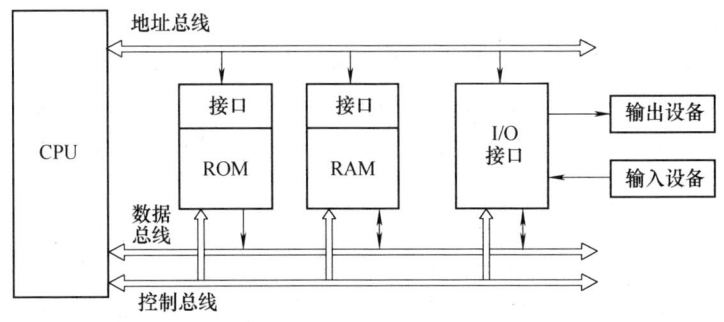

图 7-1　外设通过 I/O 接口连接到系统总线

### 7.1.2 接口结构

接口电路一般由数据存储（缓冲）电路、控制命令逻辑电路、状态设置和存储电路三个部分构成。数据存储（缓冲）电路由一组寄存器组成，暂存 CPU 和外设之间传输的数据，完成速度匹配；控制命令逻辑电路由命令字寄存器和执行逻辑组成，完成全部接口操作的控制；状态设置和存储电路由一组数据寄存器组成，CPU 和外设根据该寄存器内容有条件地进行状态动作。

接口一般提供相应的三类端口给用户来操作这三部分，这三个端口分别称做数据端口、控制端口和状态端口。如图 7-2 所示为接口的构成。

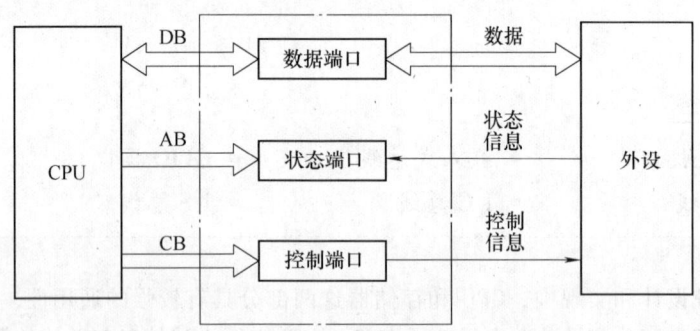

图 7-2　接口的构成

数据端口存放数据信息，数据可能来自 CPU，也可能来自外设，是 CPU 和外设需要传输的有效数据。控制端口存放控制信息，控制信息由 CPU 发出，用于控制外设接口工作及外设的启动和停止的操作。状态端口存放外设的状态信息，该信息表示外设当前所处的工作状态。

### 7.1.3　接口数据传输方式

在嵌入式系统中，CPU 通过接口和外设进行数据传输的方式主要有：程序查询方式、中断方式、直接存储器存取方式（DMA）等几种。

**1. 程序查询方式**

在这种方式下，CPU 通过 I/O 指令询问指定外设当前的状态，如果外设准备就绪，则进行数据的输入或输出，否则 CPU 等待，循环查询。这种方式的优点是结构简单，只需要较少的硬件电路。其缺点是由于 CPU 的速度远远高于外设的速度，因此 CPU 通常处于等待状态，工作效率很低。

**2. 中断方式**

在这种方式下，CPU 不再被动等待，在外设没有准备好之前可以执行其他程序。一旦外设为数据交换准备就绪，便可以向 CPU 提出服务请求。中断方式的优点是显而易见的，它不但为 CPU 省去了查询外设状态和等待外设就绪花费的时间，提高了 CPU 的工作效率，还满足了外设的实时性要求。中断方式的缺点是每传输一个字符都要进行中断，若需要交换大量数据，系统的性能会很低。

**3. DMA 方式**

DMA 方式最明显的一个特点就是它不是使用软件方式而是采用一个专门的控制器来控制内存与外设之间的数据交流，无须 CPU 介入，大大提高了 CPU 的工作效率。在进行 DMA 数据传输之前，DMA 控制器会向 CPU 申请总线控制权，如果 CPU 允许，则将总线控制权交出。在执行 DMA 数据交换时，总线控制权由 DMA 掌握，在传输结束后，DMA 控制器将总线控制权交还给 CPU。

### 7.1.4　接口设计的一般方法

接口设计是嵌入式系统设计（包括硬件设计和软件设计）中最复杂、最繁琐、最具个性的部分，接口的设计在很大程度上决定了产品的基本功能和用途。

接口设计首先应在硬件上分析接口两侧的情况，然后在此基础上，考虑 CPU 总线与 I/O 设备之间信号的转换，合理选用 I/O 接口芯片进行硬件连接。最后进行接口驱动程序的分析与设计。

对于 CPU，要考虑的因素包括：CPU 的特点（如字长、直接寻址范围）；总线情况（如系统总线的类型，地址总线、数据总线和控制总线的时序及逻辑关系等）；端口地址分配情况（哪些可以供用户使用）；系统时钟频率及时序；中断使用情况等。另外，软件开发还需要考虑接口驱动程序的编写，以及与应用程序、操作系统之间的连接。

对于 I/O 设备本身需要考虑的因素包括：用户任务要求（应达到什么目的，是数据采集还是过程控制）；I/O 设备的特点及功能、信号特点（是模拟还是数字，是并行还是串行信号，其电平逻辑，输入或输出等）；信号的传送方式；连接总线及传送速率；控制信号及时序；开始及结束传送的方式等。

根据 CPU 和 I/O 设备的特点，设计接口要做如下工作：选择合适的接口电路，选定适应的工作方式（如无条件、查询、中断或者 DMA），配搭必要的辅助电路（如锁存器、缓冲器及译码电路）；选择中断管理方式，安排优先级别及中断矢量，选定或设计中断管理电路；合理安排端口地址；选定与 CPU 或微机系统匹配的时钟及时序等。

## 7.2 嵌入式总线

任何一个微处理器都要与一定数量的部件和外围设备连接，但如果将每一种部件和外围设备都分别用一组线路与 CPU 直接相连接，那么连线将会错综复杂，甚至难以实现。为了简化硬件电路设计和系统结构，常用一组线路，配以适当的接口电路，将各部件和外围设备连接，这组公用的连接线路称为总线。采用总线结构便于部件和设备的扩充，尤其是制定了统一的总线标准容易使不同设备实现互联。

### 7.2.1 总线及总线分类

总线（Bus）是一组信号线的集合，是系统之间或系统内部各部件之间信息传输所必需的全部信号线的总和。总线是系统中各部件之间传输数据、地址和控制信息的公共通路。

总线按其本质可分为并行总线和串行总线两大类，这两类总线各有其自身独特的优点和缺点。并行总线速度快、实时性好，但由于占用的 I/O 引脚多，不适于小型化产品；而串行总线接口简单，缺点是速率低。由于并行总线速度高，所以主要以内部总线的形式用于微机内部高速通信；而串行总线信号线较少，适合于远距离通信，所以主要用于微机的远程通信和构成由微机组成的系统或网络。

在嵌入式系统中，按照规模、功能和所处位置，总线分为四种类型：内部总线（片内总线）、器件总线（芯片总线）、系统内总线和外总线，通常将后三类并称为片外总线。嵌入式系统中，这四类总线构成了一个层次结构。

### 7.2.2 嵌入式系统总线的层次结构

现代微机系统中，总线的层次化结构发展十分迅速。层次化总线结构主要分为四个层次：片内总线、芯片总线、系统内部总线和外部总线，如图 7-3 所示。

1) 片内总线是大规模集成电路和超大规模集成电路内部各寄存器或功能单元之间的信息交换通道，由生产厂家决定。

2) 芯片总线是指芯片和芯片之间的总线（如 SPI、$I^2C$、并行总线）。

3）系统内总线是指微型计算机系统内链接各插件板的总线，一般采用标准总线，如 ISA 总线、PCI 总线等。

4）外总线指用于完成计算机系统与系统之间、计算机与外部设备之间的通信的一类总线，如 IEEE-488 并行标准总线、RS-232C 串行标准总线、设备间总线（USB、RS-232）等。

在嵌入式系统中，常用的总线有 USB 总线、$I^2C$ 总线、SPI 总线、$I^2S$ 总线、RS-232C 总线、IEEE-488 总线等。ISA 总线、PCI 总线等在通用计算机中使用得十分广泛，而在嵌入式系统中使用得较少。

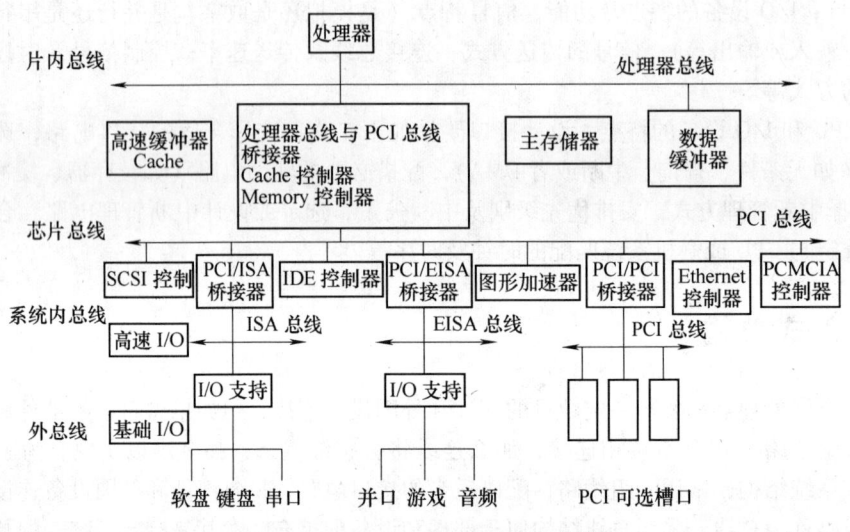

图 7-3  嵌入式系统总线的层次结构

### 7.2.3 衡量总线的参数

总线的主要参数有总线带宽、总线位宽、总线工作频率等。

总线带宽是指一定时间内总线上可以传输的数据量，即常说的最大稳态数据传输率，单位是 MB/s。

与总线带宽密切相关的两个概念是总线位宽和总线工作频率，其换算关系为：总线带宽 = 总线位宽 × 总线工作频率/8。

总线位宽是指总线能同时传输的数据位数，即人们常说的 32 位、64 位等总线宽度的概念。总线的位宽越宽，总线每秒数据传输率越高，也就是总线带宽越宽。总线工作频率以 MHz 为单位，总线工作频率越高，则总线工作速度越快，也即总线带宽越宽。

## 7.3 GPIO 接口

General Purpose Input/Output（通用输入/输出），简称 GPIO，有时也称为总线扩展器。GPIO 模块遵循 FIRM（Foundation IP for Real-Time Microcontrollers）规范，支持多达 60 个可编程 I/O 管脚。利用工业标准 $I^2C$、SMBus 或 SPI 接口简化了 I/O 口的扩展。当 MPU（微处理器）或者芯片组没有足够的 I/O 端口，或当系统需要采用远端串行通信或控制时，GPIO 产品能够提供额外的控制和监视功能。

每个 GPIO 端口可通过软件分别配置成输入或者输出。

## 7.3.1 GPIO 概述

在嵌入式系统中常常有数量众多但是结构却比较简单的外部设备/电路,对这些设备/电路有的需要 CPU 为之提供控制手段,有的则需要被 CPU 用作输入信号。而且,许多这样的设备/电路只要求一位,即只要有开/关两种状态就够了,比如灯亮与灭。对这些设备/电路的控制,使用传统的串行口或并行口都不合适。所以在微控制器芯片上一般都会提供一个"通用 I/O 接口",即 GPIO。接口至少有两个寄存器,即"通用 IO 控制寄存器"与"通用 IO 数据寄存器"。数据寄存器的各位都直接引到芯片外部,而对这种寄存器中每一位的作用,即每一位的信号流通方向,则可以通过控制寄存器中对应位独立的加以设置。这样,有无 GPIO 接口也就成为微控制器区别于微处理器的一个特征。

## 7.3.2 GPIO 的引脚描述

没有连接到特定外设功能的引脚由 GPIO 寄存器进行控制。引脚可以动态配置为输入或输出,表 7-1 为 GPIO 引脚描述,寄存器可以同时对任意个输出口进行置位或清零,输出寄存器的值以及引脚的当前状态都可以读出。

表 7-1 GPIO 引脚描述

| 引脚名称 | 类型 | 描述 |
| --- | --- | --- |
| P0.0 ~ P0.31 | 输入/输出 | 通用 I/O 口,实际可用的 GPIO 数量取决于可选功能的使用 |

## 7.3.3 GPIO 的寄存器描述

GPIO 包括 4 个寄存器,见表 7-2。

表 7-2 GPIO 寄存器映射

| 地址 | 名称 | 描述 | 访问 |
| --- | --- | --- | --- |
| 0xE0028000 | IOPIN | GPIO 引脚值寄存器,不管方向和模式如何设定,引脚的当前状态都可以从该寄存器中读出 | 只读 |
| 0xE0028004 | IOSET | GPIO 输出置位寄存器,该寄存器与 IOCLR 寄存器一起控制输出引脚的状态,写入 1 使对应引脚输出高电平,写入 0 无效 | 读/置位 |
| 0xE0028008 | IODIR | GPIO 方向控制寄存器,该寄存器单独控制每个 I/O 口的方向 | 读/写 |
| 0xE002800C | IOCLR | GPIO 输出清零寄存器,该寄存器控制输出引脚的状态,写入 1 使对应引脚输出低电平并使 IOSET 寄存器中的对应位清零,写入 0 无效 | 只清零 |

**1. GPIO 引脚值寄存器 IOPIN**(0xE0028000)

该寄存器提供 GPIO 引脚的值,它反映了外部环境对引脚的影响,表 7-3 为 GPIO 引脚值寄存器 IOPIN(0xE0028000)位描述。

表 7-3 GPIO 引脚值寄存器 IOPIN

| 位 | 描述 | 复位值 |
| --- | --- | --- |
| 31:0 | GPIO 引脚值。Bit0 ~ Bit31 分别对应于 P0.0 ~ P0.31 | 未定义 |

注:用于测试时,写该寄存器会将值保存到输出寄存器,不需要使用 IOSET 和 IOCLR 寄存器。该特性在应用中几乎毫无用处,因为不可能对该寄存器中单个字节执行操作。

**2. GPIO 输出置位寄存器 IOSET** （0xE0028004）

表 7-4 为 GPIO 输出置位寄存器 IOSET 的位功能描述。当引脚配置为 GPIO 输出模式时，可使用该寄存器从引脚输出高电平，写入 1 对应引脚输出高电平；写入 0 无效。如果一个引脚被配置为输入或者第二功能，则写 IOSET 无效。

读 IOSET 寄存器返回 GPIO 输出寄存器中的值。该值由前一次对 IOSET 和 IOCLR（前面提到的 IOPIN）的写操作决定。该值不反映任何外部环境对引脚的影响。

表 7-4 GPIO 输出置位寄存器 IOSET

| 位 | 描 述 | 复 位 值 |
| --- | --- | --- |
| 31：0 | 输出置位。Bit0 ~ Bit31 分别对应于 P0.0 ~ P0.31 | 0 |

**3. GPIO 输出清零寄存器 IOCLR** （0xE002800C）

表 7-5 为 GPIO 输出清零寄存器 IOCLR 的位功能描述。当引脚配置 GPIO 输出模式时，可使用该寄存器从引脚输出低电平。写入 1 时对应引脚输出低电平；写入 0 无效。如果一个引脚被配置为输入或者第二功能，则写 IOCLR 无效。

表 7-5 GPIO 输出清零寄存器 IOCLR

| 位 | 描 述 | 复 位 值 |
| --- | --- | --- |
| 31：0 | 输出清零。Bit0 ~ Bit31 分别对应与 P0.0 ~ P0.31 | 0 |

**4. GPIO 方向控制寄存器 IODIR** （0xE0028008）

表 7-6 为 GPIO 方向控制寄存器 IODIR 的位功能描述。当引脚配置为 GPIO 模式时，可使用该寄存器控制引脚的方向。任意引脚的方向位的设置必须与引脚功能一致。

表 7-6 GPIO 方向控制寄存器 IODIR

| 位 | 描 述 | 复 位 值 |
| --- | --- | --- |
| 31：0 | 方向控制位（0 = 输入，1 = 输出）。Bit0 ~ Bit31 分别控制 P0.0 ~ P0.31 | 0 |

### 7.3.4 GPIO 的构成

GPIO 共有 17 个端口 GPx，x 为 A ~ Q。每个 GPIO 端口包含 8 个引脚：PA0，PA1，…，PA7。可以通过设置寄存器来确定某个引脚用于输入、输出还是特殊功能。

**1. GPxCON 寄存器**

GPxCON 寄存器用于配置引脚的功能。

端口 A 与端口 B-J 在功能上有所不同，GPACON 中每一位对应一根引脚（共 23 根引脚），当某位为 0 时，对应引脚为输出，此时在 GPADAT 中相应位写入 0 或 1，让此引脚输出低电平或高电平；当某位被设为 1 时，对应引脚为地址线或用于地址控制，此时 GPADAT 保留不用。GPACON 通常被设为全 1，以便访问外部存储设备。端口 B-J 在寄存器操作上完全相同，GPxCON 中每两位控制一根引脚，00 表示输入，01 表示输出，10 表示特殊功能，11 保留不用。

**2. GPxDAT 寄存器**

GPxDAT 寄存器用于读写引脚，当引脚被设为输入时，读此寄存器得到对应引脚的电平状态（是高还是低）；当引脚被设为输出时，写此寄存器相应位，可令此引脚输出高低电平。

### 3. GPxUP 寄存器

GPxUP 某位为 1 时，相应引脚无内部上拉电阻；为 0 时，相应引脚使用内部上拉电阻。上拉电阻、下拉电阻的作用在于，当 GPIO 引脚处于第三态（非高低电平，而是高阻态，即相当于没接芯片）时，它的电平状态由上拉电阻和下拉电阻确定。

## 7.3.5　GPIO 的工作模式

GPIO 端口的每个位可以由软件分别配置成多种模式：输入浮空、输入上拉、输入下拉、模拟输入、开漏输出、推挽式输出、推挽式复用功能、开漏复用功能。最为常用的工作模式有：高阻输入、推挽输出、开漏输出。

**1. 高阻输入**

高阻输入模式如图 7-4 所示。执行 GPIO 引脚（Pin）读操作时，读脉冲会把引脚的当前电平状态读到内部总线上。不执行读操作时，外部 Pin 与内部总线之间是隔离的。

**2. 推挽输出**

推挽输出模式如图 7-5 所示。U1 为输出锁存器，执行 GPIO Pin 写操作时，在写脉冲的作用下，数据被锁存到 Q 和 $\bar{Q}$。T1 和 T2 构成 CMOS 反相器，T1 和 T2 有一个导通时，整个 Pin 都表现出较低的阻抗。但是 T1 和 T2 不会同时导通或关闭，形成的是推挽输出。

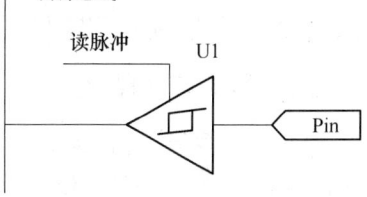

图 7-4　高阻输入

在推挽输出模式下，GPIO 还具有回读功能，实现回读功能的是一个简单的三态门 U2。但执行回读功能时，读到的是引脚的输出锁存状态，而不是外部引脚 Pin 的状态。

**3. 开漏输出**

开漏输出模式如图 7-6 所示。开漏输出的实际作用就是一个开关：输出"1"时，断开；输出"0"时，接地 GND（有一定内阻）。

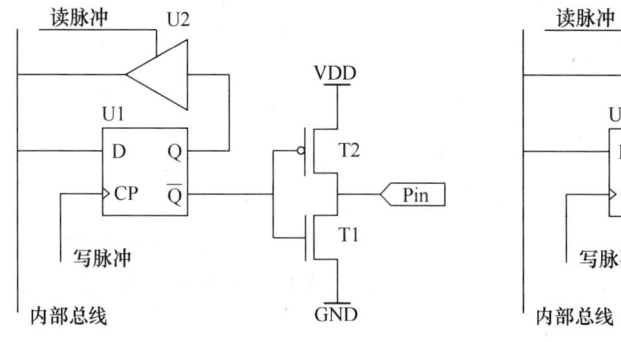

图 7-5　推挽输出

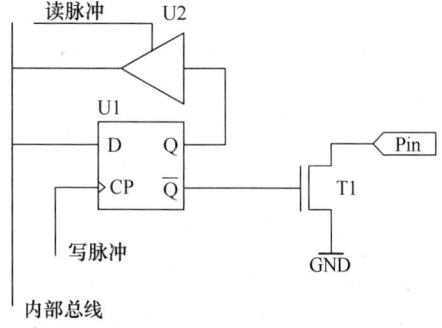

图 7-6　开漏输出

回读功能读到的仍然是输出锁存器状态，不是外部 Pin 的状态，所以开漏输出模式能用来输入。

## 7.3.6　GPIO 的优点

低功耗：GPIO 具有更低的功率损耗（大约 $1\mu A$，$I^2C$ 的工作电流则为 $100\mu A$）。

集成 $I^2C$ 从机接口：GPIO 内置 $I^2C$ 从机接口，即使在待机模式下也能够全速工作。

**小封装**：GPIO 器件提供最小的封装尺寸：3mm × 3mm。
**低成本**：不用为没有使用的功能买单。
**快速上市**：不需要编写额外的代码、文档，不需要任何维护工作。
**灵活的灯光控制**：内置多路高分辨率的 PWM 输出。
**可预先确定响应时间**：缩短或确定外部事件与中断之间的响应时间。
**更好的灯光效果**：匹配的电流输出确保均匀的显示亮度。
**布线简单**：仅需使用两条就可以组成 I²C 总线或使用三条组成 SPI 总线。
**没有上拉电阻**。

## 7.4 SPI 总线

SPI（Serial Peripheral Interface）即串行外围设备接口，是 Motorola 公司推出的三线同步串行接口。SPI 接口通常在 CPU 和外围低速器件之间进行同步串行数据传输。

### 7.4.1 SPI 总线概述

SPI 总线包括一条时钟信号 SCLK、一条数据输入信号 MOSI、一条数据输出信号 MISO 和一条低电平有效的从机选择信号 SSEL。SPI 是一个全双工的串行接口，它设计成可以在一个给定总线上处理多个互联的主机和从机，在一定数据传输过程中，接口上只能有一个主机和一个从机能够通行，在一次数据传输中，主机总是向从机发送一个字节数据，而从机也是向主机发送一个字节数据。

由于 SPI 系统总线一共只需 3~4 位数据线和控制线，即可实现与具有 SPI 总线接口功能的各种 I/O 器件进行接口。相比之下，并行总线则需要 8 根数据线、8~16 位地址线、2~3 位控制线。因此，采用 SPI 总线接口可以简化电路设计，节省很多常规电路中的接口器件和 I/O 口线，提高设计的可靠性。当传输速度要求不是太高时，使用 SPI 总线可以增加应用系统接口器件的种类，提高应用系统的性能。

### 7.4.2 SPI 总线的工作原理

**1. SPI 总线操作过程**

一般情况下，实现 SPI 接口需要 3~4 根信号线，其中：串行时钟线（SCLK）用于同步主器件和从器件之间的串行数据，由主器件输出并决定传输速率；主机输出/从机输入线（MOSI）用于主器件的输出、从器件的输入；主机输入/从机输出线（MISO）用于从器件的输出、主器件的输入；从选择线（SS）用于激活从器件。当 SPI 工作在三线方式时，从选择线被禁止；而当其工作在四线方式时，从选择线用于激活从器件。

SPI 接口是以主-从方式工作的，这种模式通常有一个主器件和一个（或多个）从器件。SPI 接口协议要求接口设备按主-从方式进行配置，且同一时间内总线上只能有一个主器件。基于 SPI 总线的单主器件和单从器件之间的通信，如图 7-7 所示。

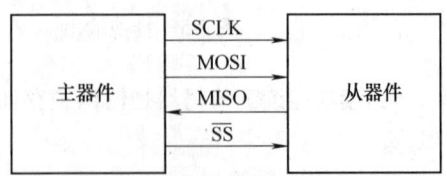

图 7-7 基于 SPI 总线的单主器件和单从器件之间的通信

**2. SPI 总线数据传输过程**

数据传输过程中，输入字节保留在移位寄存器中，然后从接收缓冲区中读出一个字节的数据，具体操作过程如图 7-8 所示。

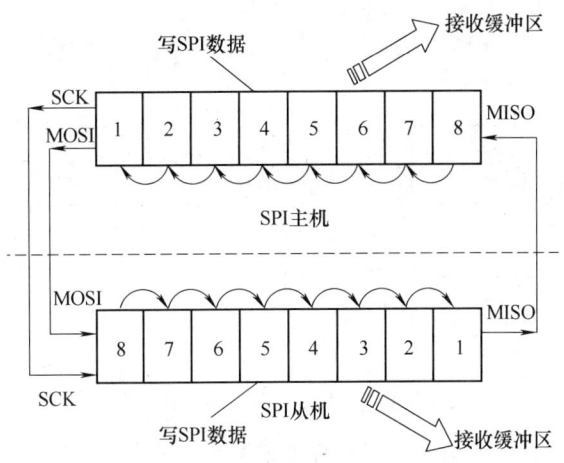

图 7-8 SPI 总线操作过程

### 3. SPI 的工作方式

SCLK 为 MISO 数据的发送和接收提供同步时钟信号。每一位数据的传输都需要一次时钟作用,因此发送或接收 1 个字节的数据,需要 8 个时钟的作用。数据可以设置为时钟的上升沿或者下降沿有效。通过判断 MOSI 及 MISO 上的数据在 SCK 的哪种极性和相位上有效,SPI 总线可以分为 4 种工作方式:SPI0、SPI1、SPI2、SPI3,如图 7-9 所示。其中使用最广泛的是 SPI0 和 SPI3 方式。

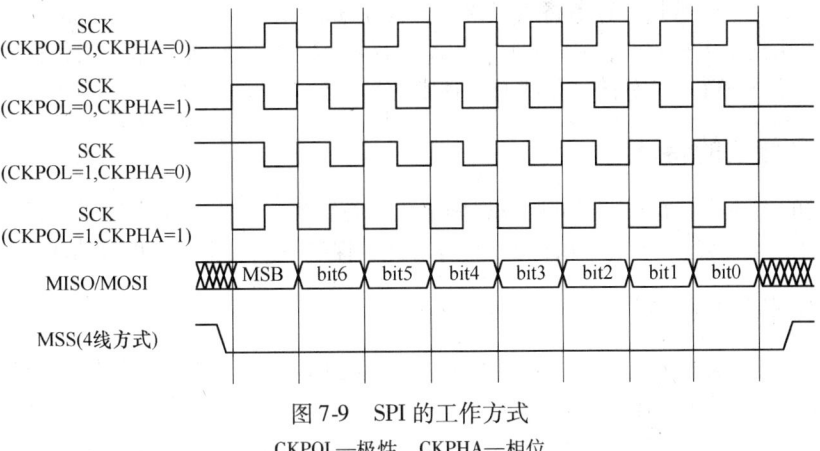

图 7-9 SPI 的工作方式
CKPOL—极性　CKPHA—相位

## 7.4.3　SPI 总线的内部结构

### 1. SPI 总线的内部工作原理

SPI 总线的内部硬件实际上是两个移位寄存器,传输的数据为 8 位,在主器件产生的使能信号和移位脉冲控制下,按位循环传输,高位在前、低位在后。SCK 的每个脉冲完成 1 位数据向对方寄存器位移操作,8 个脉冲周期完成 1 个字节的交换。图 7-10 所示为 SPI 接口的内部工作原理。

### 2. SPI 寄存器

有 5 个寄存器控制 SPI 外设,分别为:SPI 控制寄存器(SPCR)、SPI 状态寄存器(SPSR)、SPI 数据寄存器(SPDR)、SPI 时钟计数器寄存器(SPCCR)、SPI 中断寄存器(SPINT)。所有的寄存器都可以字节、半字节和字的形式访问。

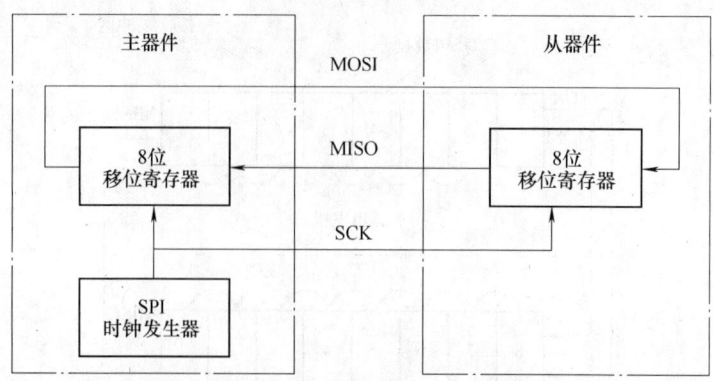

图 7-10　SPI 接口的内部工作原理

SPI 控制寄存器（SPCR）包含一些可编程位来控制 SPI 时钟的功能。该寄存器必须在数据传输之前进行设定。

SPI 状态寄存器（SPSR）包含只读位，用于监视 SPI 外设的状态，包括一般功能和异常状况。该寄存器的主要用途是检测数据传输的完成，这通过 SPIF 位来实现。其他位用于指示异常状况。

SPI 数据寄存器（SPDR）用于提供发送和接收的数据字节。串行数据实际的发送和接收通过内部移位寄存器来实现，在发送时向数据寄存器写入数据，数据寄存器和内部移位寄存器之间没有缓冲区，写数据寄存器会使数据直接进入内部移位寄存器。因此，在没有执行数据发送时，不要向该寄存器写入数据。读数据带有缓冲区，当传输结束时，接收到的数据转移到一个单字节的数据缓冲区，读 SPI 数据寄存器将返回读数据缓冲区的值。

当 SPI 模块处于主模式时，SPI 时钟计数器寄存器用于控制时钟频率。该寄存器必须在数据传输之前设定。当 SPI 模块处于从模式时，该寄存器无效。

### 7.4.4　SPI 总线的特点

SPI 总线的主要特点有：可以同时发送和接收串行数据；可以当做主机或从机工作；提供频率可编程时钟；可以发送结束中断标志；具有写冲突保护和总线竞争保护等功能。

### 7.4.5　SPI 总线的应用

对于支持 SPI 总线的微处理器，使用 SPI 总线连接不同的 SPI 外设器件十分方便。不支持 SPI 总线的微处理器（如标准 51 内核单片机，以及一些 32 位微处理器）中没有 SPI 总线接口可用，对这些微处理器可以使用软件方式模拟 SPI 时序，从而在系统中利用具有 SPI 接口的外设。

x25045 是 Xicor 公司生产的支持四线 SPI 总线的可编程专用看门狗定时器，定时时间通过软件进行设定。x25045 和微处理器之间通过 SPI 总线通信。X25045 芯片有 8 只引脚，表 7-7 列出了 x25045 芯片引脚排列和功能。在使用 51 单片机控制 x25045 时，可以使用软件在单片机 I/O 引脚上模拟 SPI 的操作，包括串行时钟、数据输入和数据输出。

表 7-7　x25045 芯片引脚排列和功能

| 引脚 | 名称 | 功能描述 |
| --- | --- | --- |
| 1 | CS/WDI | 芯片选择输入 |
| 2 | SO | 串行输出。当读数据时，数据在 SCK 脉冲的下降沿由这个引脚送出 |
| 3 | WP | 写保护。当 WP 引脚是低电平时，向 x25045 中写的操作被禁止，但是其他功能正常 |
| 4 | VSS | 地 |

(续)

| 引脚 | 名称 | 功能描述 |
|---|---|---|
| 5 | SI | 串行输出。SI 是串行数据输入端,指令码、地址、数据都是通过这个引脚输入,在 SCK 的上升沿进行数据的输入,并且高位 MSB 在前 |
| 6 | SCK | 串行时钟。串行时钟的上升沿通过 SI 引脚进行输入,下降沿通过 SO 引脚进行数据的输出 |
| 7 | RESET | 复位输出 |
| 8 | VCC | 正电源 |

该芯片与单片机的连接如图 7-11 所示。

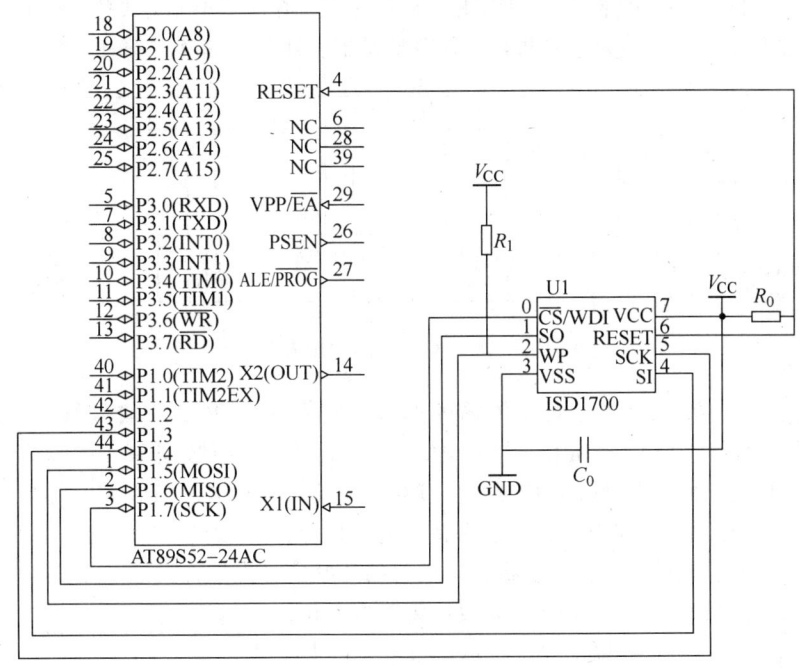

图 7-11 x25045 芯片和单片机之间的连接

对于不同的串行接口外围芯片,它们的时钟时序是不同的。对于在 SCLK 的上升沿输入(接收)数据和在下降沿输出(发送)数据的器件,一般应将其串行时钟输出口 P1.3 的初始状态设置为"1",而在允许接收后再置 P1.3 为"0"。这样,MCU 在输出 1 位 SCK 时钟的同时,将使接口芯片串行左移,从而输出 1 位数据至 MCS-51 单片机的 P1.4 口(模拟 MCU 的 MISO 线),此后再置 P1.3 为"1",使 MCS-51 系列单片机从 P1.0(模拟 MCU 的 MOSI 线)输出 1 位数据(先为高位)至串行接口芯片。至此,模拟 1 位数据输入(输出)便宣告完成。此后再置 P1.3 为"0",模拟下一位数据的输入与输出,如此依次循环 8 次,即可完成一次通过 SPI 总线传输 8 位数据的操作。对于在 SCK 的下降沿输入数据和上升沿输出数据的器件,应取串行时钟输出的初始状态为"0",即在接口芯片允许时,先置 P1.3 为"1",以便外围接口芯片输出 1 位数据(MCU 接收 1 位数据),之后置时钟为"0",使外围接口芯片接收 1 位数据(MCU 发送 1 位数据),从而完成 1 位数据的传输。

## 7.5 $I^2C$ 总线

$I^2C$(Inter Integrated Circuit)总线是由飞利浦(PHILIPS)公司开发的两线式串行总线,用

于连接微控制器及其外围设备,是微电子通信控制领域广泛采用的一种总线标准。它是同步通信的一种特殊形式,具有接口线少,控制方式简单,器件封装形式少,通信速率较高等优点。

## 7.5.1 $I^2C$ 总线概述

$I^2C$ 是一种廉价优质的串行总线,适用于消费电子、通信电子和工业电子等领域的低速器件。大多数嵌入式处理器和 I/O 芯片都集成了 $I^2C$ 总线接口,如 $E^2PROM$ 存储器、温度传感器等。$I^2C$ 总线最主要的优点是简单和有效性。$I^2C$ 总线的标准传输速率是 100KB/s,最大长度 7.62 m,并且能够支持 40 个具有独立地址的组件。$I^2C$ 总线是一种多主机的总线,可以连接多个能控制总线的器件,但同一时刻只能有一个器件控制总线而成为主机。图 7-12 所示是 $I^2C$ 总线的使用方式。挂接在 $I^2C$ 总线上的器件,无论是微处理器、LCD 驱动器,还是存储器,都具有唯一的地址。

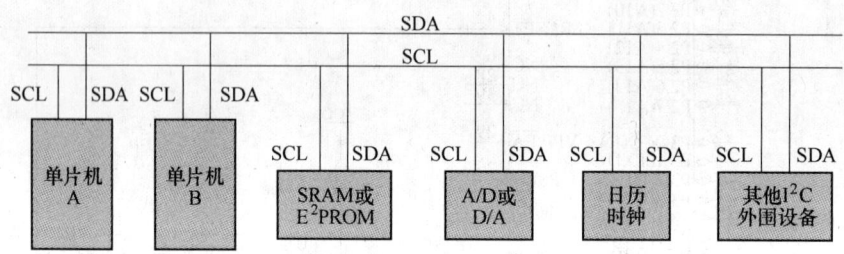

图 7-12 $I^2C$ 总线的使用方式

$I^2C$ 总线是一种流行的串行同步传输的总线,它有两条重要的信号线,即串行数据线(SDA)和串行时钟线(SCL)。所有连接到 $I^2C$ 总线的设备把串行数据 SDA 引脚接到总线的 SDA 线上,把时钟 SCL 引脚接到总线的 SCL 线上。$I^2C$ 总线接口的数据线 SDA 和时钟线 SCL 都是双向传输线。总线备用时,SDA 和 SCL 都必须保持高电平状态。

$I^2C$ 总线上控制总线的设备称为主机,主机启动开始信号以后,发送一个地址字节,该字节的高 7 位为从机地址,最低位(LSB)为数据传输方向位,"0"表示写,"1"表示读,如图 7-13 所示。每个支持 $I^2C$ 总线的从设备都设定有唯一的地址,如果其地址和总线上的地址匹配,则该从设备响应,并准备好下一步的数据收发。

图 7-13 $I^2C$ 总线上的地址字节

## 7.5.2 $I^2C$ 总线的工作过程

**1. 总线数据传输过程**

在 $I^2C$ 总线传输过程中,将两种特定的情况定义为起始信号和结束信号,如图 7-14 所示。当 SCL 保持高电平时,SDA 从"1"跳变到"0",标志着一个数据传输进程的开始;当 SCL 保持高电平时,SDA 从"0"跳变到"1",标志着一个数据传输进程的结束。

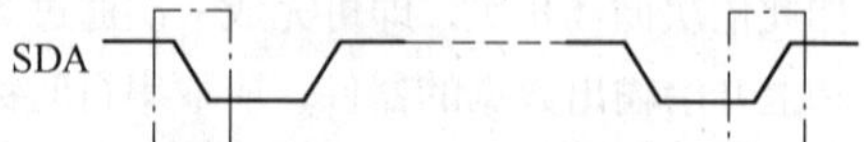

起始信号和结束信号由主设备产生。当 $I^2C$ 总线上出现起始信号时,总线进入"忙"状态;当 $I^2C$ 总线上出现结束信号时,总线进入"空闲"状态。挂接在 $I^2C$ 总线上的主 $I^2C$ 和从 $I^2C$ 通过检测起始信号和结束信号判断总线的"忙"、"闲"状态。由于 $I^2C$ 总线协议不定义优先级概念,因此任何新进程的开始必须等待当前进程的结束。数据传输的结束信号由主设备发出。刚结束一个进程的用户有立即启动

图 7-14 $I^2C$ 总线起始信号和结束信号

一个新进程的优先权。用户可以不发出结束信号而直接发出一个新的起始信号和另一个从 $I^2C$ 地址，从而不给其他用户申请总线的机会，以保持自己继续使用总线的权利。

使用硬件接口可以很容易地检测起始和结束信号，没有这种接口的处理器（如大多数单片机）必须每时钟周期至少对 SDA 取样两次以检测这种变化。

**2. 总线数据的有效性**

$I^2C$ 总线数据传输时，在时钟线 SCL 高电平期间，数据线必须保持稳定的逻辑电平状态，高电平为数据"1"，低电平为数据"0"。只有当时钟线为低电平时，才允许数据线上存在电平状态变化，如图 7-15 所示。

**3. 总线数据传输的格式**

$I^2C$ 总线可以采用 7 位地址来进行数据传输。取得总线使用权的主设备放在 SDA 上的第 1 个字节的高 7 位是从设备的目标地址，第 0 位是操作命令，"1"表示读，"0"表示写。地址字节之后则是连续的数据字节。数据传输字节数是没有限制的。每传送一个字节后都会跟随一个应答位，并且首先发送的数据位为最高位。$I^2C$ 总线数据传输时，每个数据位必须有一个时钟脉冲。在全部数据传输完成后，由主控 $I^2C$ 总线队列寄存器控制发送结束信号，如图 7-16 所示。

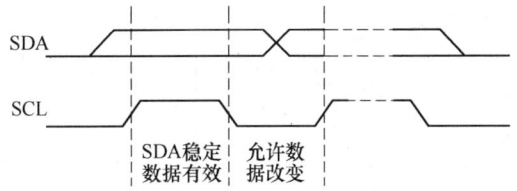

图 7-15　$I^2C$ 总线数据有效的时序　　　　图 7-16　$I^2C$ 总线数据传输的时序

$I^2C$ 总线是各种总线中使用信号线最少，并具有自动寻址、多主机时钟同步和仲裁等功能的总线。因此，使用 $I^2C$ 总线设计计算机系统十分方便、灵活，其体积也较小，因而在各类实际操作中得到广泛应用。

## 7.5.3　$I^2C$ 总线的内部结构

**1. 结构图**

$I^2C$ 总线的内部结构如图 7-17 所示。

**2. 寄存器描述**

在主设备和从设备之间进行数据传输前，$I^2C$ 总线必须根据要求设置相应的 $I^2C$ 总线特殊功能寄存器，如 $I^2C$ 总线控制寄存器（$I^2CCON$）、$I^2C$ 总线状态寄存器（$I^2C$ STAT）、$I^2C$ 总线地址寄存器（$I^2C$ ADD）及 $I^2C$ 总线数据移位寄存器（$I^2C$ DS）等。

1）$I^2C$ 总线控制寄存器（$I^2CCON$）各位含义见表 7-8。

表 7-8　$I^2C$ 总线控制寄存器（$I^2CCON$）各位含义

| 位 | 7 | 6 | 5 | 4 | 0-3 |
|---|---|---|---|---|---|
| $I^2CCON$ | ACKEN 应答使能 | TXCLKSELTX 时钟源选择 | TX/RXINTEN TX/RX 中断使能 | INTPNDF 中断挂起位 | TXCLKVALUE 发送时钟预分频值 |
| 含义 | 0 = 禁止应答<br>1 = 允许应答 | 0 = $I^2CCLK$ = f (mclk)/16<br>1 = $I^2CCLK$ = f (mclk)/512 | 0 = 禁止中断<br>1 = 允许中断 | 0 = 读时没有中断，写时清除挂起的操作；<br>1 = 读时中断挂起，写时无操作 | 这 4 位决定预分频值<br>TXCLK = $I^2CCLK$/（这 4 位编码值 +1） |

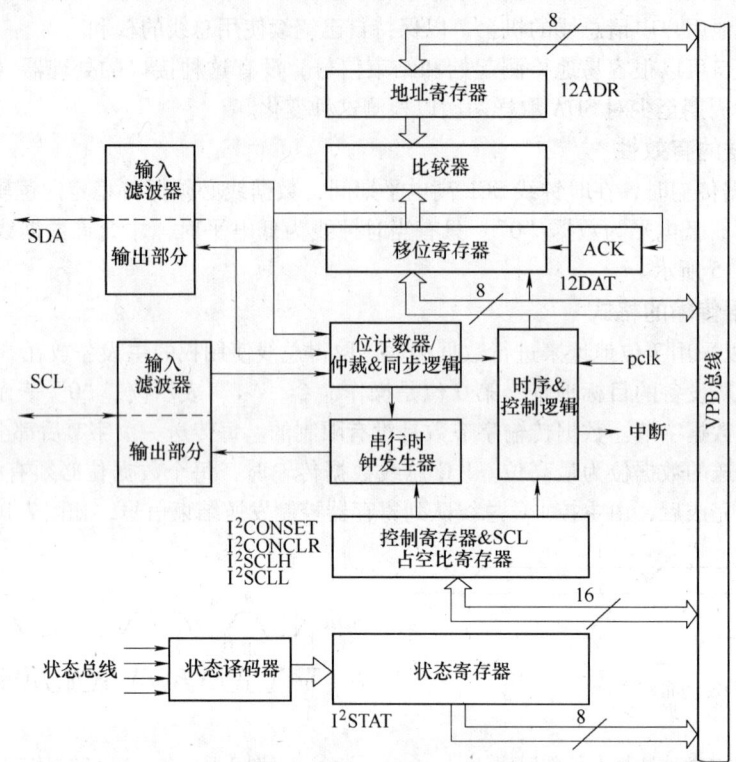

图 7-17 I²C 总线的内部结构

2) I²C 总线状态寄存器（I²C STAT）各位含义见表 7-9。

表 7-9 I²C 总线状态寄存器（I²C STAT）各位含义

| 位 | 7.6 | 6 | 5 | 4 | 3~0 | 3~0 | 0 |
|---|---|---|---|---|---|---|---|
| I²CSTAT | MODESEL 模式选择 | STOPCON 停止条件 | SOUTEN 串行输出使能 | ARBSTAF I²C 总线仲裁过程状态 | SLAVEAD-DRSF 从地址状态标志 | ADDRZSF 0 地址状态标志 | LAST_RBSF 上次接受的状态标志 |
| 含义 | 00 = 从接受<br>01 = 从发送<br>10 = 主接受<br>11 = 主发送 | 0 = 读时不忙时产生停止位<br>1 = 读时忙，写时产生启动位 | 0 = 禁止 TX/RX<br>1 = 允许 TX/RX | 0 = 仲裁成功<br>1 = 仲裁失败 | 0 = 检测到 START 或 STOP 时清除<br>1 = 接受到的从地址与 ICCADD 匹配 | 0 = 检测到 START 或 STOP 时清除<br>1 = 接受到的从地址为 00 000000B | 0 = 最后接受的位是 0（ACK 收到）<br>1 = 最后接受的位是 1（ACK 未收到） |

3) I²C 总线发送移位寄存器（I²C DS）中存放要发送的 8 位（一个字节）数据。

4) I²C 总线地址寄存器（I²C ADD）是一个 8 位的寄存器，最低位 D0 保留，高 7 位 D7~D1 用于存放 I²C 总线地址。

## 7.6 I²S 总线

音响数据的采集、处理和传输是多媒体技术的重要组成部分。众多的数字音频系统已经进入消费市场，例如数字音频录音带、数字声音处理器。对于设备和生产厂家来说，标准化的信息传输结构可以提高系统的适应性。

## 7.6.1　I²S 总线概述

I²S（Inter IC Sound）总线是飞利浦公司为数字音频设备之间的音频数据传输而制定的一种总线标准，该总线专责于音频设备之间的数据传输，广泛应用于各种多媒体系统。它采用了沿独立的导线传输时钟与数据信号的设计，通过将数据和时钟信号分离，避免了因时差诱发的失真，为用户节省了购买抵抗音频抖动的专业设备的费用。

在飞利浦公司的 I²S 标准中，既规定了硬件接口规范，也规定了数字音频数据的格式。I²S 有 3 个主要信号：

1) 串行时钟 SCLK，也叫位时钟（BCLK），即对应数字音频的每一位数据，SCLK 都有 1 个脉冲，SCLK 的频率 = 2 × 采样频率 × 采样位数。

2) 帧时钟 LRCK（也称 WS），用于切换左右声道的数据，LRCK 为 "1" 表示正在传输的是左声道的数据，为 "0" 则表示正在传输的是右声道的数据，LRCK 的频率等于采样频率；

3) 串行数据 SDATA，就是用二进制补码表示的音频数据。

有时为了使系统间能够更好地同步，还需要另外传输一个信号 MCLK，称为主时钟，也叫系统时钟是采样频率的 256 倍或 384 倍。

## 7.6.2　I²S 总线的工作过程

I²S 格式的信号无论有多少位有效数据，数据的最高位总是出现在 LRCK 变化（也就是一帧开始）后的第 2 个 SCLK 脉冲处。这就使得接收端与发送端的有效位数可以不同。如果接收端能处理的有效位数少于发送端，可以放弃数据帧中多余的低位数据；如果接收端能处理的有效位数多于发送端，可以自行补足剩余的位。这种同步机制使得数字音频设备的互连更加方便，而且不会造成数据错位。

**1. 总线数据传输过程**

L3 总线的传输是低位在前，高位在后的。L3 总线数据传输模式时序如图 7-18 所示。在地址模式下，L3MODE 为低电平，地址信息在 L3DATA 线上由时钟一位一位移出；在数据传输模式下，进入该模式前 L3MODE 有一负脉冲，然后保持高电平以表示数据传输开始，数据在 L3DATA 线上由时钟一位一位移入移出；在多字节数据传输模式下，L3MODE 为低电平表示传输地址，地址在时钟作用下按位传输，高电平开始传输数据，数据在时钟作用下按位传输。对于下一个字节数据，则时钟变高电平，L3MODE 有一脉冲，表示后续仍然是字节数据，然后高电平表示传输数据，数据在时钟作用下按位传输。

**2. 总线接口工作模式**

（1）单独发送或接收模式　分为正常传输模式和 DMA 传输模式

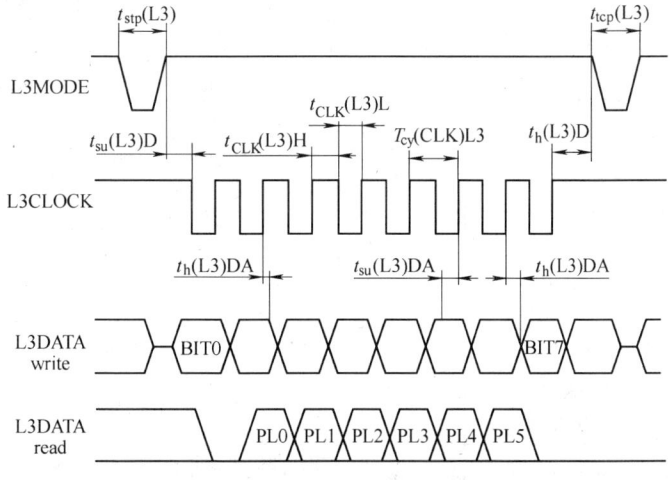

图 7-18　L3 总线数据传输时序图

两种。

1）正常传输模式。I²S 接口采用正常传输模式时，对于发送与接收先进先出队列（FIFO），I²S 控制寄存器有 FIFO 就绪标志位，如发送数据时，当 FIFO 为非空时，FIFO 就绪标志位置为 1；当 FIFO 为空时，FIFO 就绪标志位被置为 0。

2）DMA 传输模式。DMA 传输模式中，由 DMA 控制器来决定是否对发送或接收先进先出队列（FIFO）进行访问。DMA 服务请求由 FIFO 就绪标志位自动给出。

（2）同时发送和接收模式　由于在同时发送和接收模式中，I²S 总线接口只有一个 DMA 源，因此，若要实现同时发送和接收数据，只能是一个通道用正常传输模式，另一个通道用 DMA 传输模式。

## 7.6.3　I²S 总线的内部结构

### 1. I²S 总线特殊功能寄存器

与 I²S 总线接口相关的特殊功能寄存器包括 I²S 总线控制寄存器（I²SCON）、I²S 总线模式寄存器（I²SMOD）、I²S 总线预分频寄存器（I²SSPSR）、I²S 总线队列控制寄存器（I²SFCON）及 I²S 总线队列寄存器（I²SFIF）。

1）I²S 总线控制寄存器（I²SCON）各位含义见表 7-10。

表 7-10　I²S 总线控制寄存器（I²SCON）各位含义

| I²SCON 位名称 | 位 | 描　　述 | 初　始　值 |
|---|---|---|---|
| LRCI | 8 | 左右通道指示（只读）：0 = 左通道；1 = 右通道 | 1 |
| TFIFORF | 7 | 发送 FIFO 就绪标志；0 = FIFO 没有就绪；1 = FIFO 就绪 | 0 |
| RFIFORF | 6 | 接受 FIFO 就绪标志：0 = FIFO 没有就绪；1 = FIFO 就绪 | 0 |
| TDMAREN | 5 | 发送 DMA 请求使能；0 = 禁止；1 = 允许 | 0 |
| RDAREN | 4 | 接受 DMA 请求使能：0 = 禁止；1 = 允许 | 0 |
| TCIC | 3 | 发送通道空闲命令：0 = 通道不空闲；1 = 通道空闲 | 0 |
| RCIC | 2 | 接受通道空闲命令：0 = 通道不空闲；1 = 通道空闲 | 0 |
| I²SPEN | 1 | I²C 与分频使能：0 = 禁止；1 = 允许 | 0 |
| ISIFEN | 0 | I²C 接口使能：0 = 禁止；1 = 允许 | 0 |

2）I²S 总线模式寄存器（I²SMOD）各位含义见表 7-11。

表 7-11　I²S 总线模式寄存器（I²SMOD）各位含义

| I²SMOD 位名称 | 位 | 描　　述 | 初　始　值 |
|---|---|---|---|
| MSMODESEL | 8 | 主从模式选择：0 = 主模式（I²SLRCK 和 I²SCLK 输出）；1 = 从模式（I²SLRCK 和 I²SCLK 输入） | 0 |
| TRMODESEL | 7, 6 | 发送/接受模式选择：00 = 不传输；01 = 接受模式；10 = 发送模式；11 = 发送接受模式 | 00 |
| LRAL | 5 | 左右通道活动级别：0 = 左通道为低，右通道为高；1 = 左通道为高，右通道为低 | 0 |
| SIFOMAT | 4 | 串行接口格式：0 = I²S 兼容格式；1 = MSb – Justified 格式 | 0 |
| SDATABIT | 3 | 串行数据位：0 = 8 位；1 = 16 位 | 0 |
| MCLKFSEL（CODECLK） | 2 | 主时钟频率选择：0 = $256f(n)$；1 = $384f(n)$ | 0 |
| SBITCLKFSEL | 1, 0 | 串行位时钟选择：00 = $16f(n)$；01 = $32f(n)$；10 = $48f(n)$；11 = 未用 | 00 |

3) $I^2S$ 总线预分频寄存器（$I^2$SSPSR）又称比例因子寄存器，其各位含义见表 7-12。

表 7-12  $I^2S$ 总线预分频寄存器（$I^2$SSPSR）各位含义

| USSPSR 位名称 | 位 | 描述 | 初始值 |
| --- | --- | --- | --- |
| PRECA | 7 | 预分频 A 控制：0 = 预分频时钟 A 输出；1 = 系统时钟输出 | 0 |
| PREVA | 6~4 | 预分频 A 的值：比例因子值 = 2×（n+1） | 000 |
| PRECB | 3 | 预分频 A 控制：0 = 预分频时钟 B 输出；1 = 系统时钟输出 | 0 |
| PREVB | 2~0 | 预分频 B 的值：比例因子值 = 2×（n+1） | 000 |

4) $I^2S$ 总线队列控制寄存器（$I^2$SFCON）各位含义见表 7-13。

表 7-13  $I^2S$ 总线队列控制寄存器（$I^2$SFCON）各位含义

| $I^2$SFCON 位名称 | 位 | 描述 | 初始值 |
| --- | --- | --- | --- |
| TFIFOAMODSEL | 11 | 发送 FIFO 访问模式选择：0 = 正常模式存取；1 = DMA 模式存取 | 0 |
| RFIFOAMODSEL | 10 | 接受 FIFO 访问模式选择：0 = 正常模式存取；1 = DMA 模式存取 | 0 |
| TFIFOEN | 9 | 发送 FIFO 使能：0 = FIFO 禁止；1 = FIFO 允许 | 0 |
| RFIFOEN | 8 | 接受 FIFO 使能：0 = FIFO 禁止；1 = FIFO 允许 | 0 |
| TFIFODC | 7~4 | 发送 FIFO 数据计数值（只读）：0~8 | 000 |
| RFIFODC | 3~0 | 发送 FIFO 数据计数值（只读）：0~8 | 000 |

5) $I^2S$ 总线队列寄存器（$I^2$SFIF）存放 $I^2S$ 总线发送和接收的数据，共 16 位。

## 7.7  小结

本章介绍了嵌入式接口的功能、结构及数据的传输方式，着重介绍 GPIO 接口、SPI 总线、$I^2$C 总线以及 $I^2$S 总线，并从其结构、功能、传输方式和相应寄存器进行了详细的说明。

## 7.8  复习思考题

1. 总线的功能是什么？接口电路由哪些部分组成？
2. 接口数据传输方式有哪些？
3. GPIO 寄存器有哪些分类？GPIO 的基本组成有哪些？
4. GPIO 的工作模式有几种？最常用的是哪些工作模式？
5. SPI 总线的概念以及组成有哪些？
6. 简述 SPI 总线的工作过程。
7. 简述 $I^2$C 和 $I^2$S 总线的区别以及各自的数据传输过程。
8. 简述 $I^2$C 和 $I^2$S 总线各自由哪些寄存器组成。

# 第 8 章 嵌入式设备驱动设计

 **本章主要内容**

- 嵌入式设备驱动设计概述
- 块设备驱动设计
- 字符设备驱动设计
- 其他设备驱动

本章将要介绍的是嵌入式设备驱动设计,首先对嵌入式设备驱动设计进行概述,其中包括设备的分类以及特点、Linux 设备驱动与其他模块的关系等内容。然后向读者详细介绍字符设备驱动设计和块设备驱动设计。同时,对于网络设备驱动、Flash 设备驱动、Android 系统驱动进行简单介绍。

## 8.1 嵌入式设备驱动设计概述

前面的章节介绍了嵌入式操作系统和嵌入式设备,本章介绍设备驱动。设备驱动程序是操作系统内核和硬件之间的接口,在不同操作系统中的设备驱动程序是有很大的区别。本章主要介绍 Linux 驱动程序设计。在 Linux 中有一条基本思想,即一切皆是文件。在此思想的指导下,硬件设备被看作是一个"文件",应用程序可以像操作普通文件一样对硬件设备进行操作。完成上述操作的主要原因是设备驱动程序屏蔽了硬件的细节,将多样化的设备操作整合为固定有限的文件操作,所以应用程序就可以很方便地通过文件系统调用操作外部设备。

设备驱动程序属于操作系统内核的一部分,像操作系统的其他部分一样,设备驱动程序在一个高优先级的环境下工作,如果发生错误则可能会引发严重的问题。Linux 以模块的形式加载设备驱动程序,通常来说一个模块对应实现一个设备驱动。一般情况下设备驱动程序调试时采用动态加载的方式,开发人员不必在调试过程中频繁编译 Linux 内核就能完成设备驱动程序的开发工作,设备驱动程序在准备好以后可以编译到内核中,在系统启动的时候和内核一起启动。这样的方法在嵌入式 Linux 系统开发中经常被采用,因为嵌入式设备往往具有大量独立的设备需要开发驱动程序。

由于 Linux 设备驱动编程本质属于 Linux 内核编程,因此有必要掌握 Linux 内核及内核编程的基础知识。这部分内容包括:Linux 内核源代码目录结构;Linux 内核的组成部分及其关系(进程调度、进程通信、进程的同步和互斥、内存分配、内存映射、中断处理、DMA、时钟管理、文件系统、网络接口等);Linux2.6 内核的编译及启动过程;Linux 内核模块编程,加载以及撤销;嵌入式 Linux 下 C 编程。其中嵌入式操作系统相关知识,嵌入式编程语言基础请阅读第 3 章、第 4 章。

Linux 设备驱动必然会涉及相关硬件,所以编写设备驱动程序也需要有一定的硬件基础知识。相关的硬件基础知识请阅读本书第 5 章、第 6 章、第 7 章。

设备驱动程序的基本功能如下:
- 对设备的初始化和释放。
- 把数据从内核传送到硬件和从硬件读取数据。
- 读取应用程序传送给设备文件的数据并回送给应用程序请求的数据。

- 检测处理设备出现的错误。

## 8.1.1 设备的分类及特点

Linux 支持三类硬件设备：
- 字符设备。
- 块设备。
- 网络设备。

**字符设备**指那些无需缓存直接读写的设备，此类设备能够像字符流一样进行访问，大多数字符设备只能顺序访问，不能前后移动访问指针，如触摸屏、磁带驱动器、鼠标、串口设备等。字符设备可以通过设备文件进行访问。

**块设备**可以用任意顺序进行访问，以块为单位进行操作，如硬盘、软驱等。字符设备不经过系统的快速缓冲，而块设备经过系统的快速缓冲。块设备也可以通过设备文件进行访问，但更为平常的访问方法是通过文件系统。

**网络设备**不同于字符设备和块设备，不像字符设备和块设备那样以一个设备文件的形式存在。在应用层，用户通过内核提供的 BSD Socket 套接字接口来使用网络设备。

另外，TTY、I2C、USB、PCI、LCD 等设备可纳入上述 3 类硬件设备，但是由于其本身的复杂性，Linux 系统还定义了独特的驱动体系结构。

## 8.1.2 设备文件及设备号

Linux 操作系统将硬件设备抽象为文件系统中的一个文件，所有针对硬件设备的操作都被视为针对文件的操作。这样的特殊文件就是设备文件，Linux 系统中大部分的硬件设备都可以使用一个特殊的设备文件来表示。例如：系统中的 SATA 硬盘使用/dev/sda 表示。

每个设备文件都对应有两个设备号：主设备号，标识该设备的种类，以及该设备使用的驱动程序；次设备号，标识使用同一设备驱动程序的不同硬件设备，次设备号只由驱动程序使用，内核的其他部分不使用它，仅将它传递给驱动程序。

块设备的设备号与字符设备的设备号相互独立。

在 Linux 内核中，dev_t 类型用来表示设备号。在 Linux 2.6.25 中，dev_t 定义为一个无符号长整型变量，如下：

```
Typedef   u_long   dev_t;
```

在定义 dev_t 之外，系统还有四个宏定义：

```
#define MINORBITS   20
/* 次设备号位数* /
#define MINORMASK   ((IU< <MINORBITS)-1)
/* 次设备号掩码* /
#define MAJOR(dev)  ((unsigned int)((dev)> >MINORBITS))
/* dev 右移 20 位得到主设备号* /
#define MINOR(dev)  ((unsigned int)((dev)&MINORMASK))
/* 与次设备掩码与,得到次设备号* /
```

从宏定义中可以看出，主设备号使用 dev_t 中前面 12 位，次设备号使用 dev_t 中后面的 20 位，如图 8-1 所示。在不同的系统中，主设备号和次设备号的位数有可能不相同。为了增加驱动程序的可移植性，在获取设备的设备号时，应该使用 MAJOR 宏得到主设备号，使用 MINOR 宏来得到次设备号。

分配设备号方法有：静态分配设备号和动态分配设备号。静态分配设备号，就是驱动程序开发者静态地指

| 主设备号(12bit) | 次设备号(20bit) |
|---|---|

图 8-1 设备

定一个设备号。常用于一部分常用的设备，这些设备号可以在内核源码 documentation/devices.txt 文件中找到。静态分配设备号的缺点是，当添加新硬件时，则很可能造成设备号冲突，影响设备的使用。由于静态分配设备号存在冲突的问题，所以建议开发者使用动态分配设备号的方法。字符设备动态分配设备号的函数是 alloc_chrdev_region( )；相对应地，字符设备释放设备号的函数是 unregister_chrdev_region( )。

### 8.1.3 与其他模块的关系

Linux 设备驱动与其他模块的关系如图 8-2 所示，字符设备，块设备以及网络设备都被映射到 Linux 文件系统的文件和目录。其中字符设备和块设备可以通过文件系统的系统调用接口 open( )、write( )、read( )、close( )等函数访问，而网络设备在文件系统映射的系统调用接口为 aio_read、aio_write 等。所有的字符设备和块设备都被统一地呈现给用户。块设备比字符设备复杂，在它上面会首先建立一个文件系统，如 Ext3、YAFFS、JFFS2 等。

应用程序可以使用 Linux 的系统调用接口编程，也可以使用 C 库函数，利用 C 库函数编写的程序具备良好的可移植性。C 库函数本身也通过系统调用接口而实现，如 C 库函数中的 fopen( )、fwrite( )、fread( )、fclose( )分别会调用文件系统提供系统调用 open( )、write( )、read( )、close( )函数。

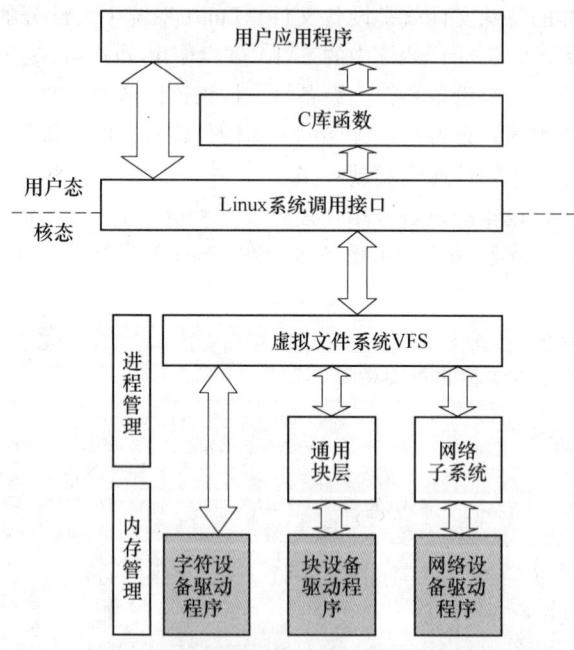

图 8-2 Linux 设备驱动与其他模块的关系

### 8.1.4 如何使用模块机制

由于 Linux 设备驱动使用模块机制，设备驱动编程应该遵循 Linux 内核的模块机制的编程模

型。下面是一个 Linux 2.6 的模块编程模型（helloworld.c），后续的设备驱动程序都是在这个模型的基础上建立起来的。

在该编程模型中使用了内核打印函数 printk，printk 函数定义在/include/linux/kernel.h 中。在下面的模块例子中，printk()使用了 KERN_EMERG，表示日志级别为"紧急事件消息"，可以实现消息的分类输出。没有指定日志级别的 printk 语句采用默认级别 DEFAULT_MESSAGE_LOGLEVEL 为 KERN_WARNING。完整日志级别定义如下（在 include/linux/kernel.h 中）：

```
#define KERN_EMERG   "<0>"      /* 紧急事件消息,系统崩溃之前提示,表示系统不可用*/
#define KERN_ALERT   "<1>"      /* 报告消息,表示必须立即采取措施*/
#define KERN_CRIT    "<2>"      /* 临界条件,通常涉及严重的硬件或软件操作失败*/
#define KERN_ERR     "<3>"      /* 错误条件,驱动程序常用来报告硬件的错误*/
#define KERN_WARNING "<4>"      /* 警告条件,对可能出现问题的情况进行警告*/
#define KERN_NOTICE  "<5>"      /* 正常但又重要的条件,用于提醒*/
#define KERN_INFO    "<6>"      /* 提示信息,如驱动程序启动时,打印硬件信息*/
#define KERN_DEBUG   "<7>"      /* 调试级别的消息*/
//模块编程模型 helloworld.c
//头文件
include <linux/module.h>
include <linux/init.h>
include <linux/kernel>              //printk

//模块初始化函数
static int __init funtionINIT(void)
{
    printk(KERN_EMERG"Hello, world\n");
    Return 0;
}

//模块退出函数
static void _exit funtionEXIT(void)
{
printk(KERN_EMERG"Bye, world\n");
}
//入口出口函数设置
module_init(funtionINIT);           //模块被加载时,会执行 funtionINIT 函数
module_exit(funtionEXIT);           //模块被卸载时,会执行 funtionEXIT 函数
//显式地声明一个开源版本,一般放在模块文件的最后面
MODULE_LICENSE("GPL");

/* 其他的模块声明
 * MODULE_AUTHOR(声明谁编写了模块),
 * MODULE_DESCRIPION(一个人可读的关于模块做什么的说明),
 * MODULE_VERSION (一个代码修订版本号;看 <linux/module.h> 的注释以便知道* 创建版本字串使用的惯例),
```

```
 * MODULE_ALIAS (模块为人所知的另一个名字），
 * MODULE_DEVICE_TABLE (来告知用户空间,模块支持哪些设备）.
 */
```

编译 helloworld 模块需要特定的 Makfile，下面给出一个针对上面 helloworld.c 的 Makefile 的模板，模板中的模块名 modules。

> **注意**：在嵌入式系统中交叉编译模块时，Makefile 中的 KDIR 所表示的目录一定是包含目标操作系统的编译环境，而不是宿主机操作系统的编译环境。

```
obj-m := modules.o                              #要生成的模块名称(modules)
modules-objs := helloworld.o                    #生成这个模块所依赖的目标文件,<模块名称>
                                                 -objs

KDIR := /lib/modules/`uname -r`/build           #KDIR 正在运行的操作系统内核编译目录,编译
                                                 模块需要的环境

PWD := $(shell pwd)
default:
    make -C $(KDIR) M=$(PWD) modules            #M,指定源文件的位置
clean:
    rm -rf *.o *.cmd *.ko *.mod.c.tmp_versions
```

当设备驱动（内核模块）编译成功后，可以在 root 权限下对设备驱动进行添加和删除等动作。模块文件名称（insmod）加载设备驱动程序，模块名称（rmmod）卸载驱动程序。注意："模块文件名称"和"模块名称"是有区别的，"模块名称"是内核模块加载后系统中的名称，在 Makefile 中可以指定模块名称。在上面的例子（使用 Linux 2.6.32 编译）中，模块文件名称为 modules.ko，模块名称为 modules。

用户还可以使用 lsmod 命令来查看当前加载了哪些设备驱动程序，查询的结果中包含"模块名称"。针对上面的例子有如下结果：

| Module  | Size | Used by |
|---------|------|---------|
| modules | 674  | 0       |

下面列出与内核模块有关的命令-

lsmod     列出已被内核调入的模块。
insmod     将某个 module 插入到内核中。
rmmod     将某个 module 从内核中卸载。
depmod 生成依赖文件，告诉将来的 insmod 要从何处调入 modules。生成结果保存在/lib/modules/"kernel 版本"/modules.dep 文件中，例如：/lib/modules/2.6.14/modules.dep。

## 8.1.5 sysfs 虚拟文件系统

Linux 中有一类特殊的文件，每一个文件都对应一个设备，这些特殊的文件又被称为设备文件或设备节点。设备文件和普通文件的操作方法没有什么差别，应用程序可以通过设备文件的读写等操作来控制内核设备驱动程序。

在 Linux 2.4 内核中，使用 devfs 管理设备文件。devfs 改变了早期 Linux 操作系统静态管理设备文件的方式，支持设备文件的动态管理，可以通过程序在设备初始化时在/dev 目录下创建设

备文件，卸载设备时将它删除。

随着系统的拓扑结构越来越复杂，Linux 2.4 内核已经难以满足系统对智能电源管理、热插拔等更高的要求，因此 Linux 2.6 内核提供了全新的内核设备模型。在物理上，外部设备之间是有一种层次关系的，例如把两个 USB 设备插到 USB 接口上，实际上是接在一个 USB Hub 上，USB Hub 又是接在 USB 2.0 主控制器（Host Controller，EHCI）上，最终 EHCI 又是一个接在 PCI Bus 上的设备，如图 8-3 所示。此时，如果需要关闭 PCI Bus 的电源，首先需要关闭 USB 设备 1 和 USB 设备 2 的电源，然后按照 USB Hub→ECHI→PCI Bus 的顺序依次关闭电源，最后才能关闭 PCI Bus 的电源。如果仅仅关闭两个 USB 设备中的一个，PCI Bus 是不可以关闭电源的。从上面的例子

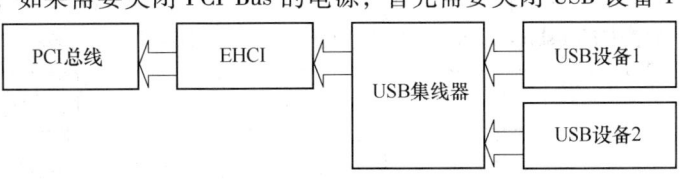

图 8-3　USB 设备的层级关系

可以看出设备的连接是树形结构的层次关系，所以要正确合理关闭设备电源，需要建立一个树形结构把所有外设有效的组织起来，这就是建立设备模型的目的之一。建立内核设备模型的主要任务是实现统一的电源管理，提供用户空间所需要的系统信息，支持热插拔事件管理，实行设备分类以及建立设备对象的相互关系描述和管理机制。

在 Linux2.6 内核设备模型建立后，便引入了一个新的文件系统 sysfs 来描述设备的拓扑结构，它挂载于/sys 目录下，和 devfs 一样都是一种虚拟文件系统。sysfs 产生一个包括所有系统硬件的层级视图，与提供进程和状态信息的 proc 文件系统十分类似，其目的就是代替/proc 下的设备相关文件，用户空间的程序可以利用 sysfs 提供的信息实现和内核交互。用户空间的工具 udev 就是利用了 sysfs 提供的信息实现对设备文件的管理。sysfs 把实际连接到系统上的设备和总线组织成一个树形结构，该文件系统是当前系统上实际设备树的一个直观反应。在 Ubuntu10 下的 sys 目录的树形结构如下：

```
ubuntu@ubuntu:/$ tree sys -L 1
sys
|-- block
|-- bus
|-- class
|-- dev
|-- devices
|-- firmware
|-- fs
|-- kernel
|-- module
`-- power
```

sysfs 目录包括：block，bus，class，dev，devices，firmware，fs，kernel，module，power。

bus 目录提供了一个系统总线视图，例如：bus/usb 包含了所有 BUS 和 USB。

class 目录包含了以高层功能逻辑组织起来的系统设备视图，例如：class/input 包含所有输入设备。

devices 目录是系统中设备拓扑结构视图，它直接映射出了内核中设备结构体的组织层次，按照物理连接关系组成树形结构。devices 目录中包含所有的设备，其他的目录在涉及到设备的时候是通过软连接指向 devices 目录中该设备的目录。

module 目录包含了系统中所有模块的信息,包括内联模块和外部模块,例如:module/usbhid 表示通用的使用 USB 总线 HID 设备的驱动。

这里介绍 bus 目录、class 目录、devices 目录、module 目录,其他的目录暂不介绍,如图 8-4 所示。在图中表示了一个物理的 USB 鼠标在 sysfs 系统中的逻辑位置,在 devices 目录中可以看出它是连接在第二个 USB 集线器的端口 1 上,USB 集线器是连接在 PCI 总线上,在 class 目录中可以看出 USB 鼠标归属于输入设备管理范畴,在 bus 目录中可以看出 USB 鼠标的驱动是在 module 目录中的 usbhid,该 USB 鼠标是属于满足 HID 协议的设备。

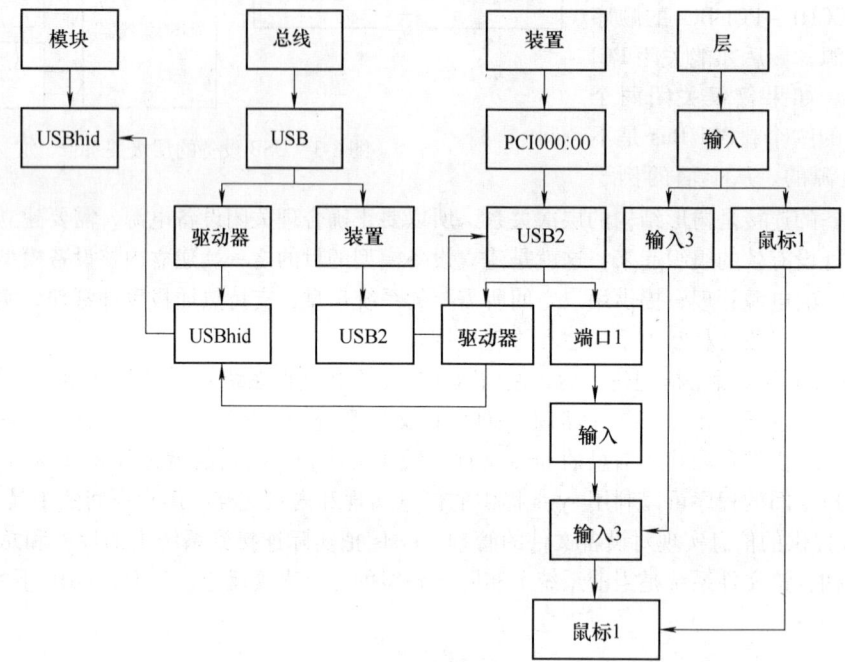

图 8-4　设备模型示意图

## 8.1.6　Linux 内核设备模型

Linux2.6 内核设备模型的基本元素是 bus、device、driver、class。在物理上,总线 bus 是处理器和设备 device 之间的通道;在设备模型中,所有的设备 device 都通过总线 bus 与驱动 driver 相连,总线 bus 负责设备 device 和驱动 driver 的匹配。Linux2.6 内核设备模型中使用 sysfs 虚拟文件系统将四个基本元素组织成树形结构,就像上面的例子讲述的一样,在本书后续的 Linux 驱动编程中也会涉及 class、bus、device、driver 四个基本元素。在具体讲解如何进行 Linux 驱动编程之前,先来了解一下 sysfs 是如何组织这四个基本元素的数据结构的,这对后续理解 Linux 驱动编程有很大帮助。

sysfs 是通过 kobject 子系统来构建上一小节所描述的虚拟文件的,当一个 kobject 被创建的时候,在/sys 中相关的目录下就会创建 kobject 对应的目录,那么也就可以被用户空间的应用程序读写。kobject 是 Linux 2.6 引入的新的设备管理机制,构成内核设备模型的核心结构,提供基本的对象管理。kobject 在内核中由 struct kobject 结构体表示,在 Linux 2.6.25 中定义如下:

```
struct kobject{
    const char        * name;              //名字
```

```
    struct kref            kref;                    //引用计数
    struct list_heAd       entry;                   //双向链表
    struct kobject         * parent;                //父节点指针
    struct kset            * kset;                  //kobject 集合指针
    struct kobj_type       * ktype;                 //一组 kobject 共有特征(包括属性和操作)
       struct sysfs_dirent * sd;                    //sysfs 目录指针
       unsigned int state_initiaized:1;
       unsigned int state_in_sysfs:1;
       unsigned int state_add_uevent_sent:1;
       unsigned int state_remove_uevent_sent:1;
    };
```

kobject 通过 parent 父节点指针和 entry 双向链表，可以构建具备父子关系和平级关系树形结构，如图 8-5 所示。kobject 通过 kref 提供引用计数功能，设备的引用计数就是利用 kref 结构体实现的，kref 在使用前需要通过 kref_init() 初始化。kobject 在 sysfs 中对应一个目录，通过 sysfs_dirent 指针实现的，sysfs_dirent 结构体表示 sysfs 中的一个目录。

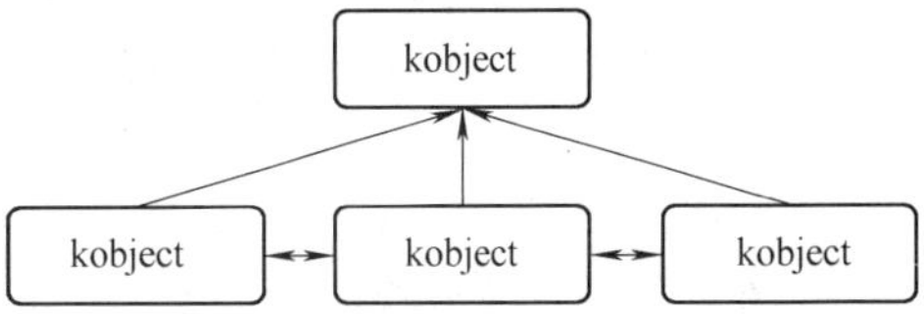

kobject 中包含一个 ktype 指针，由 kobj_type 结构体定义，kobj_type 结构体中的操作和属性都是一组 kobject 所共用的特征。kobj_type 结构体在 Linux 2.6.25 中定义如下：

图 8-5  kobject 树

```
struct kobj_type {
    void (* release)(struct kobject * kobj);        //释放当前 kobject 所占用内存
    struct sysfs_ops * sysfs_ops;                   //包含对 kobject 属性的读操作和写操作
    struct attribute * * default_attrs;             //定义 kobject 默认属性,对应目录下的文件
};
```

在 kobject 的结构体还有一个 kset 指针，kset 指针是指向 struct kset 结构，kset 结构体用来对同类型对象提供一个包装集合，这些同类型的对象可以属于一个子系统，可以使用相同的 uevent_ops 热插拔事件处理方式。kset 结构体在 Linux 2.6.25 中定义如下：

```
struct kset {
    struct list_head       list;                    //容器的双向链表指针
    spinlock_t list_       lock;                    //在容器中进行操作 kobject 时用到的锁
    struct kobject         kobj;
    struct kset_uevent_ops * uevent_ops;            //热插拔事件相关操作
};
```

在 kset 结构体中，包含了一个 kobject 结构体，说明 kset 结构体包含了 kobject 的成员变量，此外还有自己独有的成员变量。这是符合面向对象中继承的观点，虽然 C 语言中没有面向对象的概念，但是可以从用面向对象的角度来解释 kset 结构体，把 kset 看作 kobject 的派生类。此外，在 kset 中包含了双向链表指针，这个可以将 kset 类比为一个 C++ 中的 list 容器，所以将 kset 可以理解为一个容器，把相关的 kobject 聚集起来。kobject 在/sys 中对应某一个目录，kobject 的派生类 kset 也对应于/sys 下的某一个目录。kset 和 kobject 的关系，如图 8-6 所示。注：在 Linux 设备驱动编程第三版中，提到过 subsystem 子系统结构体，在 Linux 2.6 后续的版本中，该结构体已经

消失了，subsystem 和 kset 类似，所以本书中不作介绍。

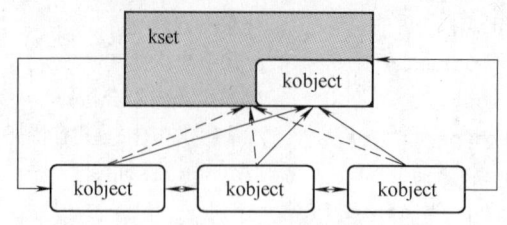

图 8-6　kset 和 kobject 关系

## 8.1.7　Linux 内核驱动模型

Linux 内核驱动模型中的设备驱动、总线和分类如下：

kobject 和 kset 是 Linux 2.6 的设备模型两大基本数据结构，定义在头文件 < linux/kobject.h > 中。设备模型中其他重要的数据结构也是由 kobject 或 kset 派生出来的，例如：device 结构体，device_driver 中的 driver_private 结构体，bus_type 中的 bus_type_private 结构体和 class 结构体。device 结构体，device_driver 结构体，bus_type 结构体和 class 结构体分别对应的就是上文中提到的 Linux2.6 内核设备模型的基本元素 bus、device、driver、class。

后续的设备驱动设计将会使用到 bus_type 结构体，device 结构体，device_driver 结构体和 class 结构体，通过这四个结构体，或者其派生的结构体，结合设备相关的知识，就可以完成大多数设备驱动设计。

deivce 结构体比较庞大，这里没有全部列出，在 Linux 2.6.25 中定义摘录如下：

```
struct device {
    struct klist            klist_children;      //该设备的子设备链表
    struct klist_node       knode_parent;        //表示在父设备链表中的节点
    struct klist_node       knode_driver;        //表示在驱动链表中的一个设备,一个驱动可以
                                                 //  驱动多个设备
    struct klist_node       knode_bus;           //表示在总线链表中的一个设备,一个总线可以
                                                 //  挂载多个设备
    struct device         * parent;              //指向父设备
    struct kobject          kobj;                //包含 kobject
    struct device_type    * type;                //类似于 kobject 中的 ktype,提供共有属性和操
                                                 //  作,例如热插拔操作。
    struct bus_type       * bus;                 //挂载的总线
    struct device_driver  * driver;              //指向对应的驱动程序
    struct list_head        node;                //分类设备链表中的一个设备
    struct class          * class;               //指向设备的分类
    ...
    void(* release)(struct device * dev);        //指向释放设备的操作
};
```

从上面的 device 结构体定义可以看出，device 也是从 kobject 派生出来的，拥有 kobject 所有属性和方法，例如：引用计数，关联 sysfs 目录，构造树形结构等。所以，device 通过 kobject 就可以很容易的加入到 sysfs 虚拟文件系统中，并且符合 sysfs 虚拟文件系统所定义的各种操作。此

外，device 还拥有自己独立的属性，Linux 设备驱动就是利用这些属性进行工作的。这些属性描述了设备和驱动、总线以及分类的逻辑关系：
- 一个设备只能有一条总线、一个驱动，属于一个分类。
- 一条总线可以挂载多个设备。
- 一个分类下可以有多个设备。
- 一个设备可以有多个子设备，但是只能有一个父设备。

driver 使用 device_driver 结构体和 driver_private 结构体一起表示，二者用指针相互关联。在不同的 Linux 版本中 driver 的表达方式也是有所区别的，device_driver 结构体在 Linux 2.6.25 中定义如下：

```
struct device_driver {
    const char          * name;                 //设备驱动程序的名称
    struct bus_type     * bus;                  //设备驱动使用的总线,和被驱动的设备
                                                  使用相同的总线
    struct module       * owner;                //所属模块
    const char          * mod_name;             //模块名

    int (* probe) (struct device * dev);        //设备探测函数,如果成功,驱动将绑定该
                                                  设备
    int (* remove) (struct device * dev);       //卸载设备函数
    void (* shutdown) (struct device * dev);    //关闭设备,停止供电
    int (* suspend) (struct device * dev, pm_message_t state);
                                                //挂起设备,进入低功耗状态
    int (* resume) (struct device * dev);       //唤醒设备
    struct attribute_group * * groups;
    struct driver_private * p;                  //指向 driver_private 私有数据
};
```

driver_private 结构体，在 Linux 2.6.25 中定义如下：

```
struct driver_private {
    struct kobject          kobj;               //包含 kobject
    struct klist            klist_devices;      //包括所有可以驱动设备的 knode_driver
                                                  节点,knode_driver 在上文提到的 de-
                                                  vice 结构体中。

    struct klist_node       knode_bus;          //表示在总线链表中的一个驱动,一条总线可
                                                  以有多个驱动
    struct module_kobject   * mkobj;            //指向驱动模块,module_kobject 结构体也
                                                  是由 kobject 派生而来
    struct device_driver    * driver;           //指向 device_driver
};
```

从 driver 的定义中可以看出，driver 也是继承自 kobject 的，所以 driver 也具备 kobject 中所拥有的属性和方法，例如：引用计数，关联 sysfs 目录，构造树形结构等。此外，driver 还拥有驱动相关的属性和方法，例如：设备探测方法 probe，热插拔和电源管理相关的方法 remove、shutdown、suspend 和 resume，与总线、设备以及模块相关的属性 klist_devices、knode_bus 和 mkobj。

从中可以看出驱动和设备，总线以及模块之间的关系：
- 一个驱动程序可以驱动多个设备。
- 一条总线上可以存在多个驱动。
- 一个驱动程序对应一个模块。

bus 将 device 和对应的 driver 匹配在一起，起到了"中介"的作用。bus 在 Linux 2.6.25 中由 bus_type 结构体和 bus_type_private 结构体一起表示，bus_type 结构体定义如下：

```
truct bus_type {
    const char              * name;                             //总线名称
    struct bus_attribute    * bus_attrs;                        //总线属性
    struct device_attribute * dev_attrs;                        //该总线上所有设备的默认属性
    struct driver_attribute * drv_attrs;                        //该总线上所有驱动的默认属性
    int (* match)(struct device * dev, struct device_driver * drv);
                                                                //驱动设备匹配
    int (* uevent)(struct device * dev, struct kobj_uevent_env * env);
                                                                //填写环境变量,用于向用户空间
                                                                  传递消息,表示事件
    int (* probe)(struct device * dev);                         //设备探测函数
    int (* remove)(struct device * dev);                        //卸载设备
    void (* shutdown)(struct device * dev);                     //关闭设备
    int (* suspend)(struct device * dev, pm_message_t state);
                                                                //挂起设备,进入休眠状态
    int (* resume)(struct device * dev);                        //唤醒设备
    ......
    struct bus_type_private * p;                                //指向总线私有数据
};
```

bus_type_private 结构体定义如下：

```
struct bus_type_private {
    struct kset subsys;                          //内嵌 kset 结构体,bus 被看作子系统
    struct kset * drivers_kset;                  //表示该总线上所有驱动的集合
    struct kset * devices_kset;                  //表示该总线上所有设备的集合(软连接)
    struct klist klist_devices;                  //包含所有的设备
    struct klist klist_drivers;                  //包含所有的驱动
    struct blocking_notifier_head bus_notifier;
    unsigned int drivers_autoprobe:1;            //自动匹配标志
    struct bus_type * bus;                       //指向 bus_type
};
```

从 bus 的定义可以看出，bus 包含 kset 结构体，说明 bus 是继承自 kset，表示一个容器。在 bus 容器中包含了总线上的设备和驱动，通过 drivers_kset, klist_drivers, devices_kset, klist_devices 四个结构体组织总线上相关的设备和驱动。在 bus 定义的方法中，match 负责设备名称和总线名称的匹配，probe 通过调用驱动中的 probe 设备探测函数实现。在设备驱动匹配的过程中，首先调用 match 方法，然后再执行 probe 方法。在分析代码之后，可以知道 bus 定义中电源管理方法，都是调用驱动程序中的相关函数实现，总线本身并不实现。在物理上总线上的设备多种多

样，很难做到通用的电源管理，所以从物理上的分析也可以得出相同的结论。从总线的属性中可以看出：

- 一条总线可以包含多个设备。
- 一条总线可以包括多个驱动。

class 是对 device 进行功能上的划分，属于更高层次的抽象，在同一个 class 中的 device 表示具有相同类型的功能。此外，在嵌入式系统中使用 mdev（在 PC 上使用的是 udev，mdev 是 udev 的简化版）根据 class 提供的信息在 /dev 下创建对应的设备文件，有关 mdev 和 udev 原理请参阅相关 Linux 驱动专著。class 在 Linux 2.6.25 中的定义如下：

```
struct class {
    const char   * name;                              //类名
    struct module   * owner;                          //拥有该类的模块指针
    struct kset   subsys;                             //嵌入式 kset,被看作子系统
    struct list_head   children;                      //指向 class_device 链表,class_
                                                      //  device 表示逻辑设备
    struct list_head   devices;                       //指向"物理"设备链表,一个逻辑设
                                                      //  备可以关联多个"物理"设备
    struct list_head   interfaces;                    //指向 class_interface 链表
    struct kset   class_dirs;                         //嵌入 kset
    struct semaphore   sem;                           //锁,用于访问 children, de-
                                                      //  vices, interfaces 链表
    struct class_attribute * class_attrs;             //类属性
    struct class_device_attribute * class_dev_attrs;  //逻辑设备属性
    struct device_attribute * dev_attrs;              //物理设备属性
    int (* uevent)(struct class_device * dev, struct kobj_uevent_env * env);
                                                      //逻辑设备事件
    int (* dev_uevent)(struct device * dev, struct kobj_uevent_env * env);
                                                      //"物理"设备事件
    void (* release)(struct class_device * dev);      //释放逻辑设备
    void (* class_release)(struct class * class);     //释放设备分类
    void (* dev_release)(struct device * dev);        //释放"物理"设备
    int (* suspend)(struct device * dev, pm_message_t state);
                                                      //挂起设备,进入休眠状态
    int (* resume)(struct device * dev);              //唤醒设备
};
```

从 class 的定义可以看出，class 包含 kset 结构体，说明 class 是继承自 kset，表示一个容器。在 class 容器中包含了分类下的各个设备，从定义中可以看出还存在一个 class_device 结构体，class_device 表示逻辑设备。上文中提到的 device 是描述硬件设备的结构体，可以称之为"物理"设备，device 和硬件设备是一一对应的，而一个逻辑设备 class_device 可以映射多个"物理"设备 device。

通过上面对 device, driver, bus, class 的定义做简要分析，可以借用类的概念，仿照类图得出 kobject, kset, device, driver, bus, class 之间的关系，如图 8-7 所示。

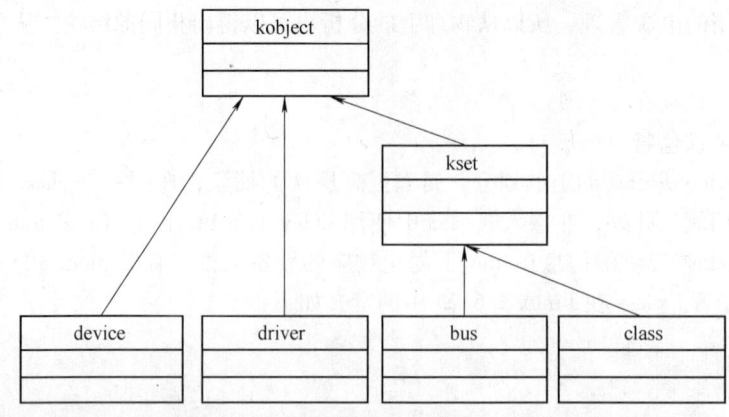

图 8-7 内核设备模型基本结构的"类图"

## 8.2 字符设备驱动设计

设备是系统中不可缺少的部分，由于其工作原理和接口方式各有不同，处理外部设备的驱动程序占据了系统的大部分磁盘空间。Linux 将外设分为三种：字符设备，块设备，网络设备。在 Linux 设备驱动中，也可以将驱动程序分为三类分别对应三种外部设备。三种驱动程序中字符设备驱动较为常见，而且容易理解，所以学习驱动程序应该从字符设备驱动程序开始。字符外设的特点是，I/O 传输的数据是以字节为单位的，一般属于慢速设备，如：键盘、鼠标。

本节主要目的是：学习字符设备通用编程模型，能够编写简单的字符设备驱动程序。

### 8.2.1 设备驱动举例

本节在上一节的基础上建立一个简单完整的字符驱动程序。建立字符设备驱动程序使用了内核模块的编程模式，驱动编译使用的 Makefile 是模块特有格式；驱动的加载和卸载用的是模块的加载 insmod 和卸载 rmmod；使用驱动的方法和读写普通文件的方式相似，驱动外部设备就是读写控制设备文件。出于方便入门学习的目的，本书暂不涉及外部设备相关操作，主要学习驱动程序编写模式。驱动 test_cdev.c 在 Linux 2.6.32 下编译通过，代码如下：

```
#include <linux/module.h>
#include <linux/kernel.h>
#include <linux/fs.h>
#include <linux/cdev.h>
#include <linux/device.h>

static struct cdev ch_dev;                      //定义一个字符设备对象
struct class * ch_class;                        //定义字符设备所属的 class 分类
static dev_t devid;                             //字符设备节点的设备号

static int chopen(struct inode * nd, struct file * filp){
    int major = MAJOR(nd->i_rdev);
    int minor = MINOR(nd->i_rdev);
    printk(KERN_EMERG"char devive opened with dev_t: major = %d, minor = %d\n",major,minor);
```

```c
        return 0;
    }
    static ssize_t chread(struct file * file, char __user * buf, size_t len, loff_t * ppos){
        printk(KERN_EMERG"In the char read() function ! \n");
        return 0;
    }
    static ssize_t chwrite(struct file * file, char __user * buf, size_t len, loff_t * ppos){
        printk(KERN_EMERG"In the char write() function ! \n");
        return 0;
    }
    static int chrelease(struct inode * inode, struct file * filp){
        printk(KERN_EMERG"char device releasd\n");
        return 0;
    }
    struct file_operations chr_ops = {              //描述设备操作的数据结构
        .owner = THIS_MODULE,
        .open = chopen,
        .read = chread,
        .write = chwrite,
        .release = chrelease,
    };
    static int __init ch_dev_init(void){            //模块初始化时,执行的函数
        int ret;
        struct device * clsdev = NULL;
        cdev_init(&ch_dev, &chr_ops);               //初始化字符设备对象
        ret = alloc_chrdev_region(&devid, 0,1,"ch_dev");
                                                    //分配设备号,devid保存设备号
        if(ret < 0){
            printk(KERN_EMERG"Err: failed in alloc_chrdev_region. \n");
            return 0;
        }
        printk(KERN_EMERG"ch_dev_init():major=%d,minor%d \n", MAJOR(devid), MINOR(devid));
        ret = cdev_add(&ch_dev,devid,1);            //将字符设备对象 chr_dev 注册进系统
        if(ret < 0){
            printk(KERN_EMERG"Err: failed in cdev_add. \n");
            goto out_cdev;
        }
        //创建设备的类型,在/sys/class 目录下创建相关目录
        ch_class = class_create(THIS_MODULE, "ch_class");
        if(IS_ERR(ch_class)){
```

```
            printk(KERN_EMERG"Err: failed in creating ch_class. \n");
            goto out_class;
        }
//创建/dev目录中相关的设备文件
    clsdev = device_create(ch_class, NULL, devid,0, "ch_dev% d",MINOR(devid));
    if (IS_ERR(clsdev)){
        printk(KERN_EMERG"Err: failed in creating the /dev/ch_dev file. \n");

            goto out_dev_crt;
        }
    return 0;
out_dev_crt:
    class_destroy(ch_class);
out_class:
    cdev_del(&ch_dev);
out_cdev:
    unregister_chrdev_region(devid, 1);
    return 0;
};
static void __exit ch_dev_exit(void){              //模块退出时,执行的函数
    printk(KERN_EMERG"Removing chr dev module \n");
    device_destroy(ch_class, devid);
    class_destroy(ch_class);
    cdev_del(&ch_dev);                             //将字符设备对象chr_dev从系统
                                                   //  中注销掉
    unregister_chrdev_region(devid, 1);            //释放分配的设备号
}
module_init(ch_dev_init);
module_exit(ch_dev_exit);
MODULE_LICENSE("GPL");                             //模块许可声明
MODULE_DESCRIPTION("A char device driver demo");   //模块描述
MODULE_AUTHOR("Allen");                            //声明模块作者
```

上面的一段模块代码描述了一个简单的字符驱动程序,主要功能实现了设备的打开操作 open,读操作 read,写操作 write 以及释放操作 release。其他的操作并没有实现,如 IO 控制 ioctl。

编译 test_cdev.c 需要的 Makefile 如下:

```
obj-m + = mod_cdev.o                    #要生成的模块名
mod_cdev-objs : = test_cdev.o           #生成这个模块名所需要的目标文件

KDIR : = /lib/modules/ $ (shell uname -r)/build
PWD : =  $ (shell pwd)
default:
```

```
    make -C $ (KDIR) M = $ (PWD) modules
clean:
    rm -rf * . o. * . cmd * . ko * . mod. c. tmp_versions
```

编译完毕后生成名为 mod_cdev. ko 的模块文件,通过 sudo insmod, mod_cdev. ko 就可以将 mod_cdev 模块安装到系统中。正常情况下,在/dev 目录下将出现 ch_dev。修改设备文件属性为 666,这里是对设备文件权限的简单处理。

使用该设备的用户文件 test_cdev_main. c 编写如下:

```
#include <stdio. h>
#include <fcntl. h>
#include <unistd. h>
#define CHR_DEV_NAME "/dev/ch_dev0"
int main()
{
    int ret;
    char buf[32];
    int fd = open(CHR_DEV_NAME,O_RDWR |O_NDELAY);
    if(fd < 0)
    {
        printf("open file % s failed \n",CHR_DEV_NAME);
        return -1;
    }
    ret = read(fd,buf,32);
    if (ret = = -1)
        printf("read return % d \n",ret);
    ret = write(fd,NULL,32);
    if (ret = = -1)
        printf("write return % d \n",ret);
    close(fd);
    return 0;
}
```

test_cdev_main. c 使用 gcc-o test_cdev_main test_cdev_main. c 编译后得到 test_cdev_main。查看结果,具体操作如下:

```
./ test_cdev_main
dmesg
[59064.548754] char devive opened with dev_t: major = 249, minor = 0
[59064.548766] In the char read() function !
[59064.548773] In the char write() function !
[59064.548779] char device releasd
```

## 8.2.2 相关的数据结构以及操作介绍

在 Linux 2.6 内核中使用 cdev 结构体描述字符设备,cdev 结构体的定义如下:

```
struct cdev {
    struct kobject kobj;                        //内嵌 kobject
    struct module * owner;                      //所属模块,一般设置为 THIS_MODULE
    const struct file_operations * ops;         //虚拟文件系统的接口
    struct list_head list;
    dev_t dev;                                  //设备号
    unsigned int count;                         //表示有多少子设备关联到该驱动
};
```

cdev 结构体中包含了 kobject 结构体,说明 cdev 也是从 kobject 继承而来的,cdev 可以拥有 kobject 的 "属性" 和方法,也可以通过 kobject 在 sysfs 中生成相关目录。将 cdev 加入内核模型 "类图" 后,如图 8-8 所示。

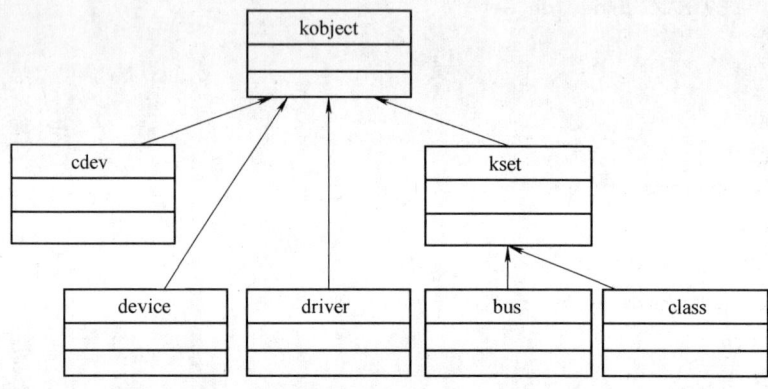

图 8-8　内核设备模型 "类图" 加入 cdev

cdev 结构体的 dev_t 成员定义了设备号,为 32 位,其中高 12 位为主设备号,低 20 位为次设备号。为了使驱动程序具有良好的移植性,应该使用下列宏从 dev_t 获得主设备号和次设备号。

```
MAJOR(dev_t dev)
```

使用下列宏则可以通过主设备号和设备号生成 dev_t。

```
MKDEV(int major, int minor)
```

设备号的生成是调用 register_chrdev_region() 或 alloc_chrdev_region() 函数向系统申请的,这两个函数在 include/linux/fs.h 中定义如下:

```
int alloc_chrdev_region(dev_t * dev, unsigned baseminor, unsigned count, const char * name)
```

register_chrdev_region() 函数用于已知起始设备的设备号注册的情况,而 alloc_chrdev_region() 函数向系统动态申请未被占用的设备号注册的情况。函数调用成功之后,会把得到的设备号放入第一个参数 dev 中。alloc_chrdev_region() 优点在于它会自动避开设备号重复的冲突。在本例中,使用 ret = alloc_chrdev_region (&devid,0, 1," ch_dev"); 形式得到设备号,具体解释为:子设备号从 0 开始分配,只分配一个,分配好的设备号保存在 devid 中。

当注销字符设备时,应该调用 unregister_chrdev_region() 函数释放原先申请的设备号,这个函数的原型如下:

```
void unregister_chrdev_region(dev_t from, unsigned count);
```

## 第8章 嵌入式设备驱动设计

在本例中，使用 unregister_chrdev_region（devid，1）；形式来释放设备号，具体解释为：释放从编号 devid 开始的一个设备号。

cdev 结构体的另一个重要成员 file_operations 定义了字符设备驱动提供给虚拟文件系统的接口函数。file_operations 结构体中的成员函数是字符设备驱动程序设计的主体内容，这些函数实际会在应用程序进行 Linux 对文件操作的系统调用中最终被调用，如：open( )、write( )、read( )、close( )。file_operations 结构体成员函数较多，在 Linux 2.6.25 中定义如下：

```
struct file_operations {
    struct module * owner;              //拥有该结构的模块的指针,一般为 THIS_MODULES
    loff_t (* llseek) (struct file *, loff_t, int);
//用来修改文件当前的读写位置,新位置作为(正的)返回值
    ssize_t (* read) (struct file *, char __user *, size_t, loff_t *);
                                        //从设备中同步读取数据
    ssize_t (* write) (struct file *, const char __user *, size_t, loff_t *);
    //向设备发送数据
    ssize_t (* aio_read) (struct kiocb *, const struct iovec *, unsigned long, loff_t);
    //初始化一个异步的读取操作
    ssize_t (* aio_write) (struct kiocb *, const struct iovec *, unsigned long, loff_t);
    //初始化一个异步的写入操作
    int (* readdir) (struct file *, void *, filldir_t);
    //仅用于读取目录,对于设备文件,该字段为 NULL
    unsigned int (* poll) (struct file *, struct poll_table_struct *);
    //轮询函数,判断目前是否可以进行非阻塞的读取或写入
    int (* ioctl) (struct inode *, struct file *, unsigned int, unsigned long);
    //执行设备 I/O 控制命令
    long (* unlocked_ioctl) (struct file *, unsigned int, unsigned long);
    //不使用 BLK 文件系统,将使用此种函数指针代替 ioctl
    long (* compat_ioctl) (struct file *, unsigned int, unsigned long);
    //在 64 位系统上,32 位的 ioctl 调用,将使用此函数指针代替
    int (* mmap) (struct file *, struct vm_area_struct *);
    //用于请求将设备内存映射到进程地址空间
    int (* open) (struct inode *, struct file *);          // 打开,由 VFS 调用
    int (* flush) (struct file *, fl_owner_t id);
    int (* release) (struct inode *, struct file *);       //关闭
    int (* fsync) (struct file *, struct dentry *, int datasync);
                                        //刷新待处理的数据
    int (* aio_fsync) (struct kiocb *, int datasync);      //异步 fsync
    int (* fasync) (int, struct file *, int);
    int (* lock) (struct file *, int, struct file_lock *);
    ssize_t (* sendpage) (struct file *, struct page *, int, size_t, loff_t *, int);
```

```
    unsigned long (* get_unmapped_area)(struct file * , unsigned long, unsigned long, un-
signed long, unsigned long);
    int (* check_flags)(int);
    int (* dir_notify)(struct file * filp, unsigned long arg);
  int (* flock) (struct file * , int, struct file_lock * );
    ssize_t (* splice_write)(struct pipe_inode_info * , struct file * , loff_t * ,
size_t, unsigned int);
    ssize_t (* splice_read)(struct file * , loff_t * , struct pipe_inode_info * , size_
t, unsigned int);
    int (* setlease)(struct file * , long, struct file_lock * * );
};
```

下面对 file_operations 结构体中的主要成员进行讲解,其他成员函数请查阅 Linux 设备驱动相关的专著。

owner 指向拥有该结构的模块的指针,一般为初始化为 THIS_MODULES。

llseek( )函数用来修改一个文件的当前读写位置,并将新位置作为返回值。在出错时,这个函数返回一个负值。

open( )函数是当用户空间执行 Linux 系统调用 open( )打开设备文件时被调用的。驱动程序可以不实现这个函数,设备的打开操作将永远成功。release( )函数与 open( )函数相反,是关闭设备文件时调用的。

read( )函数用来从设备中获取数据,成功时函数返回读取的字节数,出错时返回一个负值。

write( )函数向设备发送数据,成功时该函数返回写入的字节数。如果此函数未被实现,当用户进行 write( )系统调用时,将得到-EINVAL 返回值。

ioctl( )提供设备相关控制命令的实现(标准操作以外的操作,如磁盘格式化),当调用成功时,返回给调用程序一个非负值。如果设备不提供 ioctl( )函数,对于内核不能识别的命令,用户进行 ioctl( )系统调用时将获得-EINVAL 返回值。

mmap( )函数将设备内存映射到进程内存中,如果设备驱动未实现此函数,用户进行 mmap( )系统调用时将获得-ENODEV 返回值。这个函数对于帧缓冲等设备特别有意义。

在 file_operations 结构体中的成员函数不必全部都实现,具体实现哪些成员函数由具体情况而定。在本例中实现了:open、read、write、release 四个成员函数,代码编写形式如下:

```
struct file_operations chr_ops = {            //描述设备操作的数据结构
    .owner  =THIS_MODULE,
    .open = chopen,
    .read = chread,
    .write = chwrite,
    .release = chrelease,
};
```

该结构体的具体解释为:设备文件被打开时调用函数 chopen,设备文件被关闭的时候调用 chrelease,读设备文件(如果有读权限)的时候调用 chread,写设备文件(如果有写权限)的时候调用 chwrite。

Linux 2.6 内核提供了一组操作 cdev 结构体的函数,如下所示:

```
void  cdev_init(struct cdev * , struct file_operations * );
struct cdev  * cdev_alloc(void);
int  cdev_add(struct cdev * , dev_t, unsigned);
void  cdev_del(struct cdev * );
```

cdev_init( )函数用于初始化cdev的成员，并建立cdev和file_operations之间的连接。cdev_alloc( )函数用于动态申请一个cdev内存，使用cdev_alloc( )函数申请的cdev结构体之后，要编程者关联模块所有者owner及文件操作file_operations等必要信息。cdev_add( )函数和cdev_del( )函数分别向系统添加和删除一个cdev，完成字符设备的注册和注销。对cdev_add( )的调用通常发生在字符设备驱动模块加载函数中，而对cdev_del( )函数的调用则通常发生在字符设备驱动模块卸载函数中。本例中cdev的生命周期是：cdev_init( )→cdev_add( )→cdev_del( )。cdev_get( )判断字符设备是否可用，如果可用则增加设备引用数。cdev_put( )表示释放字符设备，并减少字符设备的引用数。注：早期Linux字符设备使用的方法是register_chrdev( )和unregister_chrdev( )。

本例可以自动生成设备文件。生成设备文件的过程使用了class_create( )和device_create( )。class_create( )和device_create( )的原型为：

```
struct class * class_create(struct module * owner, const char * name);
struct device * device_create(struct class * class, struct device * parent, dev_t devt,
void * drvdata, const char * fmt,...)
```

自动生成设备文件必须先创建设备分类class_create( )。class_create( )需要的参数中有一个name，这个参数表示创建的分类对应的目录名。有了设备分类之后，就可以执行device_create( )创建设备文件，device_create( )需要五个参数：设备分类，父设备，设备号，设备数据，设备名。注：device_create( )在Linux 2.6的版本演变过程中参数的个数发生了变化，早期Linux 2.6的device_create( )是四个参数：设备分类，父设备，设备号，设备名。此外，还需要说明的是创建设备文件还有手动方式，手动创建设备文件时需要知道：设备文件名，主设备号，从设备号，例如：mknod /dev/ch_dev c 249 0，其中249是主设备号，0是从设备号。

在本例中，创建设备文件具体过程如下：

```
ch_class = class_create(THIS_MODULE,"ch_class");
clsdev  = device_create(ch_class, NULL, devid,0, "ch_dev");
```

模块编程和用户态下的编程有很大区别，最大的区别就是模块的入口函数不是main( )函数，而是由module_init( )指定，模块退出时执行的函数由module_exit( )指定。这种执行方式类似于面向对象编程模式中的构造函数和析构函数。本例中具体实现如下：

```
module_init(ch_dev_init);                //模块初始化时,执行函数 ch_dev_init
```

### 8.2.3　增加字符设备驱动的功能

在字符设备驱动程序中，标准的操作函数可以实现大部分功能，但是外设复杂多样，常常需要有个性化的操作，所以很多驱动程序都提供了ioctl来满足这样的需求。本小节将使用ioctl增加字符设备的功能，但是不涉及具体的物理外设操作。设计目标如下：

1）可以通过ioctl系统调用给驱动程序发送两个命令IO_CMD_1和IO_CMD_2。
2）可以通过read系统调用读出当前的命令状态，如果没有命令则返回NO_CMD。

根据设计目标，驱动程序和驱动调用程序都会使用到命令IO_CMD_1和IO_CMD_2，所以增加头文件 ch_iocmd.h，内容如下：

```
#define NO_CMD 0
#define IO_CMD_1 100
#define IO_CMD_2 101
```

根据设计目标，file_operations 结构需要修改，增加 ioctl 的处理函数，test_cdev.c 具体修改如下：

```
#include "ch_iocmd.h"                                    //增加对头文件的引用
static ssize_t chread(struct file * file, char __user * buf, size_t len, loff_t * ppos){
    printk(KERN_EMERG"In the char read() function!\n");
    copy_to_user(buf, &ch_status, sizeof(ch_status));    //复制数据到用户空间,地址
                                                          为 buf
    return 0;
}
//增加 ioctl 的处理函数
static int chioctl(struct inode * inode, struct file * filp, u_int cmd, u_long arg){
    switch(cmd){
        case IO_CMD_1:
            printk(KERN_EMERG"Receive command 1, arg %ld\n",arg);
            ch_status = IO_CMD_1;
            //此处可以添加硬件操作
            break;
        case IO_CMD_2:
            printk(KERN_EMERG"Receive command 2, arg %ld\n",arg);
            ch_status = IO_CMD_2;
            //此处可以添加硬件操作
            break;
    }
    return 0;
}
struct file_operations chr_ops = {
    .owner = THIS_MODULE,
    .open = chopen,
    .read = chread,
    .write = chwrite,
    .release = chrelease,
    .ioctl = chioctl,                                    //增加部分
};
```

根据设计目标，用户态的驱动调用程序也必须做相应的修改，头文件引用修改如下：

```
#include <sys/ioctl.h> //for ioctl
#include "iocmd.h"
```

main( )函数修改如下：

```
    ret = ioctl(fd, IO_CMD_1, NULL);                //无参数发送
    if (ret == -1)
        printf("ioctl IO_CMD_1 return %d\n", ret);
    ret = read(fd, &status, sizeof(status));        //读取当前命令状态
    if (ret == -1)
        printf("read return %d\n", ret);
    else{
        switch(status){
    case IO_CMD_1:
        printf("Read cmd status: IO_CMD_1\n");break;
    case IO_CMD_2:
        printf("Read cmd status: IO_CMD_2\n");break;
    default:
        printf("Read NO status\n");
        }
}
```

如果一切正常，将出现如下结果：

```
./test_cdev_main
Read cmd status:IO_CMD_1
```

## 8.3 块设备驱动设计

块设备和字符设备都属于 Linux 中的设备分类，但是块设备驱动相对于字符设备驱动结构有较大差异。一般情况下，块设备驱动比字符设备驱动要复杂得多，由于块设备的 I/O 操作与字符设备的 I/O 操作上表现出极大的不同，所以块设备涉及的相关概念也有所不同，例如：I/O 调度、请求队列、缓冲等。

块设备驱动和字符设备一样最终都会与设备文件做映射，但与字符设备不同的是块设备驱动程序还会被磁盘文件系统所调用，如图 8-9 所示。在块设备之上就是相应的块设备驱动，主要完成对应块设备的硬件控制以及完成上层的 I/O 操作请求。块设备的驱动所接到的 I/O 请求，是通过调度器调度的结果，例如使用电梯算法优化 I/O 请求，这样做的目的是针对硬盘等机械块设备读写顺序，减少磁头移动距离。调度器之上是通用层，主要完成块设备相关的核心功能。

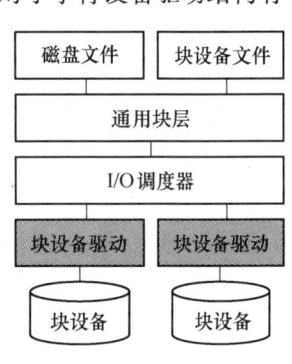

图 8-9 Linux 块设备 I/O

### 8.3.1 块设备的 I/O 特点

块设备与字符设备 I/O 操作的不同如下：
1) 块设备的输入和输出是以块为单位，而字符设备的输入和输出则以字节为单位。

2）块设备可以随机访问，而大部分字符设备只能被顺序读写。

3）块设备针对 I/O 请求进行缓存，通过 I/O 调度器进行访问方式的选择，字符设备无须缓冲且被直接读写。对于像硬盘这样的存储设备而言调整读写的顺序作用巨大，因为顺序地组织块设备的访问可以提高性能，例如：对硬盘扇区 1、4、3、2 的请求被调整为对扇区 1、2、3、4 的请求，磁盘旋转一周即可读取四个请求，否则至少要旋转三周才能取四个请求；但是，对于 ramdisk 虚拟内存盘、loop 伪设备等非机械式的存储设备而言，则不需要进行读写调度，取消读写调度可以提高读写速度。

## 8.3.2 块设备的相关概念

扇区（Sectors）：任何块设备硬件对数据处理的基本单位。通常，1 个扇区的大小为 512B。块设备驱动是基于扇区来访问底层物理磁盘，扇区一般是 2 的 n 次方大小，典型为 512B，内核也要求块是 2 的 n 次方大小，所以块设备容量的大小都是 512B 的整数倍，在后面的例子中块设备容量的大小为 8M，符合这个内核要求。

磁道：以硬盘的盘片中心为圆心，盘片上的不同半径的同心圆称为磁道。

柱面：硬盘中，不同盘片相同半径的磁道所组成的圆柱称为柱面。

磁头：硬盘的盘片有两个面，每个面都会有一个磁头，磁头可以进行读写。

硬盘容量：磁头数×磁道（柱面）数×每道扇区数×每扇区字节数。

块设备容量：所有扇区总数×每扇区字节数。

I/O 调度：硬盘是利用磁头在盘片表面移动来读取数据，配合这种机械硬盘工作方式，合理的组织 I/O 请求的顺序，提高访问性能。在 Linux 2.6 中实现四种 I/O 调度的算法如下：

- Noop（No Operation）算法，该算法实现了一个简单的 FIFO 队列，按照队列先来先服务的顺序处理 I/O 请求。该算法在/block/noop-iosched.c 文件中。
- 完全公平队列（Completely Fair Queuing，CFQ）算法，是按照 I/O 请求的优先级进行排序，而不是按照先来后到的顺序进行响应，该算法可能会引起低优先级的 I/O 操作无法及时被调度。该算法在/block/cfq-iosched.c 文件中。
- 最后期限（Deadline）算法，该算法中具备四个队列：读请求队列，写请求队列，读过期队列和写过期队列。通过增加读过期队列和写过期队列，来保证等待时间较长的请求也能被响应，防止"饥饿"现象出现。该算法在/block/deadline-iosched.c 文件中。
- 预期（Anticipatory）算法，该算法与最后期限算法本质类似，都提供了过期队列。不同的是，该算法在提交一个 I/O 的时候要进行短时间等待，"预期"能够和其他的 I/O 合并，以减少调度次数。该算法在/block/as-iosched.c 文件中。

## 8.3.3 块设备驱动举例

在 Linux 中，文件系统进行输入或输出（I/O）操作时，就会生成 bio 单元（如果 cache 没有命中）。一个 bio 单元表示一次 I/O 操作，由 bio 结构体表示，bio 结构中包含了读写地址、长度、目的设备、回调函数等信息。bio 单元通过 submit_bio( ) 发送给通用层（Generic Block Layer），当通用层接到 bio 之后就会启动 I/O 调度程序，I/O 调度程序对这些 bio 进行合并和排序之后，生成 request 请求并且添加到请求队列中，请求队列用 request_queue 结构体描述。驱动程序任务就是从 request_queue 请求队列中依次取下 request 请求，根据 request 请求结构体中的信息进行 I/O 请求处理。例如，块设备读操作的工作流程图，如图 8-10 所示。

下面先看一个简单的块设备驱动的例子，通过实现 ramdisk 的过程来直接体会块设备驱动的程序设计。该块设备驱动在 Linux 2.6.32 下编译通过。

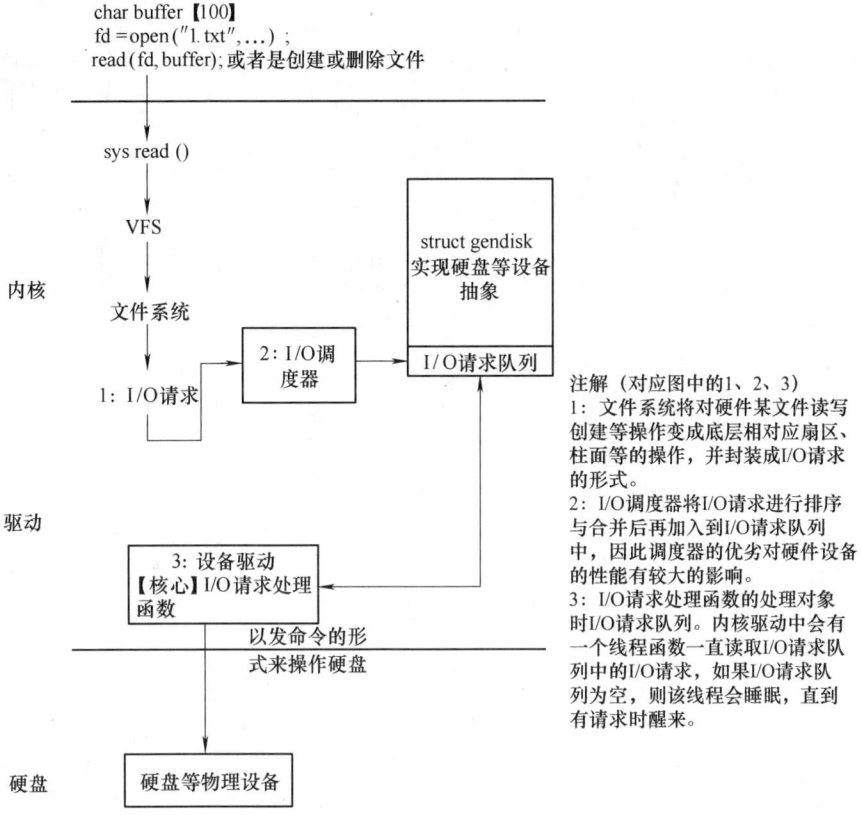

图 8-10 块设备读操作的工作流程图

```
#include <linux/init.h>
#include <linux/module.h>
#include <linux/genhd.h>
#include <linux/fs.h>
#include <linux/blkdev.h>
#define BLKDEV_DISKNAME "blk_dev"                              //块设备名称
#define BLK_SECTOR_SIZE 512                                    //扇区的大小
#define BLK_SECTORS 16                                         //每个磁道的扇区数
#define BLK_CYLINDERS 256                                      //磁道(柱面)
#define BLK_HEADS 4                                            //磁头数
#define BLKDEV_BYTES (BLK_SECTOR_SIZE * BLK_SECTOR_TOTAL)      //块设备容量,8M
static DEFINE_SPINLOCK(rq_lock);                               //定义请求队列需要的自旋锁
unsigned char blkdev_data[BLKDEV_BYTES];                       //申请 8M 空间作为 ramdisk
static struct gendisk * blkdev_disk;                           //定义通用硬盘结构体指针
static struct request_queue * blkdev_queue;                    //定义请求队列
struct block_device_operations blkdev_fops = {                 //块设备操作集合
    .owner = THIS_MODULE,
};
```

```c
static void blkdev_do_request(struct request_queue * q){        //处理 I/O 请求队列上的
                                                                 请求
    struct request * req;                                       //表示一个请求
    req = blk_fetch_request(q);                                 //获取一个请求
    while(req){
  if( ( (blk_rq_pos(req) + blk_rq_cur_sectors(req))* BLK_SECTOR_SIZE) > BLKDEV_BYTES
){
                                                                //越界处理
    printk(KERN_ERR BLKDEV_DISKNAME ":bad request: block =%llu, count =%u \n",(unsigned
long long)blk_rq_pos(req),blk_rq_cur_sectors(req));
        blk_end_request_all(req,0);
        continue;
        }
    switch( rq_data_dir(req)){
    case READ:                                                  //读操作
memcpy(req->buffer, (blkdev_data + (blk_rq_pos(req) * BLK_SECTOR_SIZE)), blk_rq_cur_
bytes(req));
                                                                //读出数据
    break;
    case WRITE:                                                 //写操作
memcpy((blkdev_data + (blk_rq_pos(req) * BLK_SECTOR_SIZE)), req->buffer, blk_rq_cur_
bytes(req));                                                    //写入数据
        break;
    }
    if (!__blk_end_request_cur(req,0))                          //判断请求队列是否为空
        req = blk_fetch_request(q);                             //取下一个请求
    }
    }
    static int blkdev_init(void){                               //模块初始化
       int ret;
    blkdev_queue = blk_init_queue(blkdev_do_request,&rq_lock);  //请求队列初始化
       if(! blkdev_queue){
          ret = -ENOMEM;
          goto error_init_queue;                                //初始化请求队列失败
       }
       blkdev_disk = alloc_disk(1);                             //申请gendisk
       if(! blkdev_disk){
          ret = -ENOMEM;
          goto error_alloc_disk;                                //申请gendisk失败
       }
    //构造通用磁盘结构体
    strcpy(blkdev_disk->disk_name,BLKDEV_DISKNAME);             //磁盘名
    //注册块设备,获得主设备号
```

```c
    blkdev_disk->major = register_blkdev(0,BLKDEV_DISKNAME);
    blkdev_disk->first_minor = 0;                               //第一个次设备号
    blkdev_disk->fops = &blkdev_fops;                           //设置块操作
    blkdev_disk->queue = blkdev_queue;                          //设置请求队列
    set_capacity(blkdev_disk, BLKDEV_BYTES /TST_BLK_SECTOR_SIZE);
                                                                //设置容量,容量已扇区为单位
        add_disk(blkdev_disk);                                  //添加gendisk
        printk("module blkdev added.\n");
        return 0;
error_init_queue:                                               //出错处理
        blk_cleanup_queue(blkdev_queue);
error_alloc_disk:
        return ret;
}
static void blkdev_exit(void){
    unregister_blkdev(blkdev_disk->major, BLKDEV_DISKNAME);  //块设备注销
        del_gendisk(blkdev_disk);                               //删除gendisk
        put_disk(blkdev_disk);                                  //释放对gendisk的引用
        blk_cleanup_queue(blkdev_queue);                        //清除请求队列
        printk("module blkdev romoved.\n");
}
module_init(blkdev_init);                                       //块设备驱动入口函数设定
module_exit(blkdev_exit);                                       //块设备驱动出口函数设定
MODULE_LICENSE("GPL");                                          //模块许可声明
MODULE_DESCRIPTION("A block device driver demo ");              //模块描述
MODULE_AUTHOR("Allen");                                         //声明模块作者
```

对应的Makefile文件如下:

```
obj-m += mod_bdev.o                        #要生成的模块名
mod_bdev-objs := test_bdev.o               #生成这个模块名所需要的目标文件
KDIR := /lib/modules/$(shell uname -r)/build
PWD := $(shell pwd)
default:
    make -C $(KDIR) M=$(PWD) modules
clean:
    rm -rf *.o *.cmd *.ko *.mod.c tmp_versions
```

使用块设备的方法如下(注意权限)

```
1. insmod mod_bdev.ko
2. lsmod | head -2
#可以看到mod_bdev模块,used by列的值为0,说明未被使用。
3. mkfs.ext4 /dev/blk_dev
4. mkdir /mnt/blk_dev
5. mount /dev/blk_dev /mnt/blk_dev
```

```
6. lsmod |head -2
#初始化文件系统并挂载,可以看到 used by 列的值为 1,说明已经被使用。
7. cp /etc/init.d/*  /mnt/blk_dev/
8. ls /mnt/blk_dev/
#此时块设备已经可以正常使用了。
9. rm /mnt/blk_dev/*  -rf
10. umount /mnt/blk_dev
11. lsmod |head -2
#可以看到 mod_bdev 模块,used by 列的值重新置 0。
```

如果正常的话,可以全部顺利做完。后面的章节针对这个例子进行讲解。

## 8.3.4 与块设备相关的数据结构

### 1. gendisk 结构体

在 Linux 内核中,使用 gendisk(通用磁盘)结构体来表示一个独立的磁盘设备(或分区),这个结构体在 Linux 2.6.32 中定义如下:

```
struct gendisk {
    int major;                                      //主设备号设备
    int first_minor;                                //第一个次设备号,使用 disk_devt()得
                                                      到设备号
    int minors;                                     //最大的次设备号,如果 minors 为 1 表
                                                      示没有分区,使用 disk_max_parts()
                                                      来得到最大分区数

    char disk_name[DISK_NAME_LEN];                  //设备名称
    char * (* devnode)(struct gendisk * gd, mode_t * mode);
    struct disk_part_tbl * part_tbl;                //块设备的分区信息
    struct hd_struct part0;                         //分区表中第一个分区
    const struct block_device_operations * fops;    //块设备操作结构体
    struct request_queue * queue;                   //请求队列
    void * private_data;                            //私有数据
    int flags;                                      //标志位,描述驱动器状态
    struct device * driverfs_dev;
    struct kobject * slave_dir;
    struct timer_rand_state * random;               //用于收集随机数
    atomic_t sync_io;
    struct work_struct async_notify;
#ifdef    CONFIG_BLK_DEV_INTEGRITY
    struct blk_integrity * integrity;
#endif
    int node_id;
```

gendisk 结构中包含 kobject 结构体的指针,通过该指针链接块设备和 sysfs 虚拟文件系统。

```
struct kobject * slave_dir;
```

gendisk 结构体是一个动态分配的结构体,它需要 alloc_disk()内核操作来初始化,驱动不能自己分配这个结构体,其中 minors 参数是这个磁盘使用的次设备号的数量,一般也就是磁盘分区的数量,此后 minors 不能被修改,alloc_disk()的定义如下:

```
struct gendisk * alloc_disk(int minors);
```

gendisk 结构体被分配之后,需要经过添加参数,才能被添加到系统中使用。本例中添加了必要的参数,包括磁盘名 disk_name,主设备号 major,第一个次设备号 first_minor,块设备操作 fops,请求队列 queue 以及设定容量 set_capacity。

主设备号是通过 register_blkdev()函数注册一个块设备得到的。容量设定是通过 set_capacity()函数设定完成,该容量数值是以扇区为单位的,虽然物理设备的最小读写单位不一定是 512KB,但是内核与块设备驱动交互都是以 512KB 为单位的。register_blkdev()和 set_capacity()的定义如下:

```
int register_blkdev(unsigned int major, const char * name);
static inline void set_capacity(struct gendisk * disk, sector_t size);
```

gendisk 结构体得到必要的参数之后,就可以调用 add_disk()函数来注册这个磁盘设备,系统才能使用这个磁盘。

```
void add_disk(struct gendisk * gd);
```

当不再需要一个磁盘时,应当使 del_gendisk()函数释放 gendisk,del_gendisk()的定义如下:

```
void del_gendisk(struct gendisk * disk);
```

### 2. block_device_operations 结构体

在块设备驱动中,有一个表示块设备操作集合的数据结构,block_device_operations 结构体,类似于字符设备驱动中 file_operations 结构体,该结构体在 gendisk 存在一个指针 const struct block_device_operations *fops;,通过 block_device_operations 指针实现该块设备的相关操作。block_device_operation 在 Linux 2.6.32 中定义如下:

```
struct block_device_operations {
    int (* open) (struct block_device * , fmode_t);           //打开
    int (* release) (struct gendisk * , fmode_t);             //释放
    int (* ioctl) (struct block_device * , fmode_t, unsigned, unsigned long);
                                                              //ioctl 系统调用
    int (* locked_ioctl) (struct block_device * , fmode_t, unsigned, unsigned long);
    int (* compat_ioctl) (struct block_device * , fmode_t, unsigned, unsigned long);
    int (* direct_access) (struct block_device * , sector_t, void * * , unsigned long
* );
                                                              //提供直接访问所需要的信息
```

```
    int (* media_changed) (struct gendisk * );          //介质改变,适用于支持可移出
                                                          介质的驱动器
    unsigned long long (* set_capacity) (struct gendisk * ,unsigned long long);
                                                        //设置容量
    int (* revalidate_disk) (struct gendisk * );        //响应介质改变,使新介质有效
    int (* getgeo)(struct block_device * , struct hd_geometry * );
                                                        //获得驱动器信息
    struct module * owner;                              //模块拥有者
};
```

block_device_operations 结构体的成员函数和字符设备 file_operations 结构体类似,例如:打开设备 open,释放设备 release,I/O 控制 ioctl。主要的不同操作是:

1) 介质改变 media_changed 函数,检查驱动器中的介质是否已经改变,如果是,则返回一个非 0 值,否则返回 0。这个函数仅适用于支持可移动介质的驱动器,非可移动设备的驱动不需要实现这个方法;

2) 使介质改变 revalidate_disk 函数,该函数被调用来响应介质改变,使驱动在新介质准备好之前进行必要准备工作;获得驱动器信息 getgeo,该函数用来填充一个 hd_geometry 结构体,hd_geometry 结构体包含磁头、扇区、柱面等信息。

本例子比较简单,对 block_device_operations 结构体做简单的初始化,具体的操作过程如下:

```
struct block_device_operations blkdev_fops = {      //块设备操作集合
    .owner = THIS_MODULE,
};
    blkdev_disk - > fops = &blkdev_fops;            //blkdev_init 函数中,将块设备操作
                                                      blkdev_fops 注册到使用 gendisk
                                                      结构体定义的 blkdev_disk 中
```

### 3. request_queue 请求队列结构体

在 gendisk 结构体当中,包含了 request_queue 请求队列结构体,一个请求队列可以包含多个块设备的读写请求(request),请求队列由 I/O 调度器生成。I/O 调度器可以利用 I/O 调度算法生成请求队列,如 Noop,CFQ,Deadline 或者 Anticipatory。

初始化请求队列,在 Linux 2.6.32 中定义如下:

```
struct request_queue * blk_init_queue(request_fn_proc * rfn, spinlock_t * lock);
```

该函数的第一个参数是请求队列处理函数的指针,第二个参数是控制访问队列权限的自旋锁,这个函数可能在申请内存的时候会失败,因此一定要检查它的返回值。这个函数一般在块设备驱动的模块加载函数中调用。

清除请求队列,在 Linux 2.6.32 中定义如下:

```
void blk_cleanup_queue(struct request_queue * q);
```

这个函数完成注销请求队列,包括回收请求队列结构体占用的内存,一般在块设备驱动模块卸载函数中调用。blk_init_queue() 和 blk_cleanup_queue() 必须配对使用。

在本例中使用请求队列的过程如下:

```c
static DEFINE_SPINLOCK(rq_lock);                              //定义访问队列的自旋锁
static void blkdev_do_request(struct request_queue * q){      //定义请求队列处理函数
    ……
}
static int blkdev_init(void){
    ……
blkdev_queue = blk_init_queue(blkdev_do_request, &rq_lock);
                                                              //初始化请求队列
    if(! blkdev_queue){                                       //初始化请求队列失败?
        ret = -ENOMEM;
        goto error_init_queue;
    }
    blkdev_disk->queue = blkdev_queue;                        //挂载请求队列
    …….
}
static void blkdev_exit(void){
    ……
    blk_cleanup_queue(blkdev_queue);                          //清除请求队列
}
```

### 4. request 请求

在请求队列中,使用 request 结构体来表示一个请求,这个结构体在 Linux 2.6.32 中部分定义如下:

```c
struct request {
    struct list_head queuelist;           //双向链表
    ……
    struct request_queue * q;             //指向请求队列
    unsigned int cmd_flags;               //命令标识
    enum rq_cmd_type_bits cmd_type;       //命令类型
    unsigned long atomic_flags;
    sector_t __sector;                    //扇区指针,通过 blk_rq_pos()获得
    unsigned int __data_len;              //剩余数据长度,通过 blk_rq_bytes()获得
    struct bio * bio;                     //请求的 bio 结构体的链表
    struct bio * biotail;                 //请求的 bio 结构体的链表尾
    struct hlist_node hash;               //合并 hash 表
    ……
    struct gendisk * rq_disk;             //指向 gendisk 结构体
    ……
    struct request * next_rq;             //指向下一个请求
};
```

request 在不同的 Linux 版本中是有一定变化的,在 Linux 2.6.32 中一些变量消失了,如:sector(第一个尚未传输的扇区),current_nr_sectors(是当前 I/O 操作中待完成的扇区数),取而代之的是:通过 blk_rq_pos()函数获得第一个尚未传输的扇区,通过 blk_rq_cur_sectors()获得当前 I/O 操作中待完成的扇区数,通过 blk_rq_bytes()获得剩余数据的字节数。

此外，request 的相关操作也有发生变化。从 reqest_queue 请求队列中提取 request 的函数也从先前的 elv_next_request() 变化为 blk_fetch_request()，完成 request 收尾工作的函数从 end_request() 变为 blk_end_request_all()，判断是否完成当前请求使用 _blk_end_request_cur() 函数。blk_fetch_request()、blk_end_request_all()、_blk_end_request_cur() 在 Linux 2.5.32 中定义如下：

```c
struct request * blk_fetch_request(struct request_queue * q);
void blk_end_request_all(struct request * rq, int error);
bool __blk_end_request_cur(struct request * rq, int error);
```

在本例中的 blkdev_do_request() 请求处理函数中有详细的请求处理过程。

```c
static void blkdev_do_request(struct request_queue * q){
    struct request * req;                                //表示一个请求
    req = blk_fetch_request(q);                          //获取一个请求
    while(req){
        if(数据读写地址超出磁盘空间){                    //越界处理
            ……
            blk_end_request_all(req,0);                  //完成当前请求处理
            continue;
        }
        switch( rq_data_dir(req)){
        case READ:                                       //读操作
            ……
            break;
        case WRITE:                                      //写操作
            ……
            break;
        }
        if (! __blk_end_request_cur(req,0))              //判断请求队列是否为空
            req = blk_fetch_request(q);                  //取下一个请求
    }
}
```

### 5. bio 块 I/O

通常一个 bio 对应一个来自上层文件系统的 I/O 请求，I/O 调度算法可将连续的 bio 合并成一个 request 请求。所以，一个 request 请求可以包含多个 bio。bio 在 Linux 2.6.32 中的定义如下：

```c
struct bio {
    sector_t            bi_sector;          //第一个待传输扇区的地址
    struct bio         * bi_next;           //下一个 bio
    struct block_device* bi_bdev;           //指向块设备结构体
    unsigned long       bi_flags;           //状态、命令等
    unsigned long       bi_rw;              //低位表示 READ/WRITE,高位表示优先级
    unsigned short      bi_vcnt;            //bio_vec 数量
    unsigned short      bi_idx;             //当前 bvl_vec 索引
    unsigned int        bi_phys_segments;   //不相邻的物理段的数目
```

```
    unsigned int         bi_size;                    //所需传输的数据大小,以字节为单位
    //为了得到最大的段尺寸,考虑 bio 中第一个和最后一个虚拟的可合并的段的尺寸
    unsigned int         bi_seg_front_size;
    unsigned int         bi_seg_back_size;
    unsigned int         bi_max_vecs;                //能持有的最大 bvl_vecs 数
    unsigned int         bi_comp_cpu;
    atomic_t             bi_cnt;
    struct bio_vec       * bi_io_vec;                //实际的 vec 列表
    bio_end_io_t         * bi_end_io;                //表示 bio 结束处理时调用的函数指针
    void                 * bi_private;
#if defined(CONFIG_BLK_DEV_INTEGRITY)
    struct bio_integrity_payload * bi_integrity;    /* data integrity */
#endif
    bio_destructor_t     * bi_destructor;/* destructor */
    struct bio_vec       bi_inline_vecs[0];
};
```

bio 结构体中部分成员介绍如下:

```
sector_t           bi_sector;
```

表示第一个需要传输的扇区地址,地址单位是 512B:

```
unsigned int       bi_size;
```

待传送的数据大小,以字节为单位,驱动中可以使用 bio_sectors(bio)宏获得以扇区为单位的大小。

```
unsigned long bi_flags;
```

一个 bio 的描述标志,如果是一个写请求,最低有效位被置 1,如果是读操作,最低有效位被置 0,可以使用 bio_data_dir(bio)宏来获得读写方向。其他位的定义在 bio.h 中可以找到。

bio 中其他成员这里不做介绍,深入学习可以阅读相关 Linux 驱动专著。

request,request_queue 以及 bio 之间的关系如图 8-11 所示。

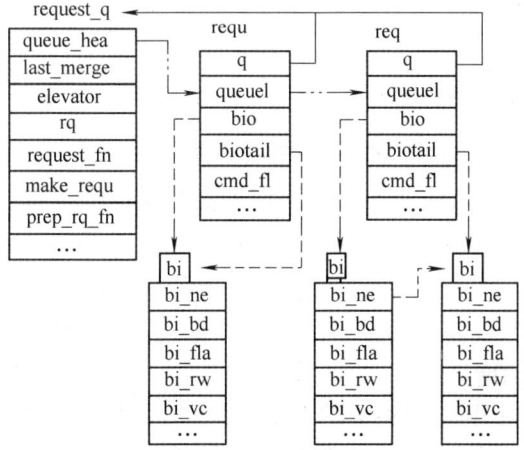

图 8-11 关系图

## 8.3.5 改变块驱动程序设计

### 1. 更换 I/O 调度策略

Linux 中包含四种 I/O 调度器，分别为 as（Anticipatory），cfq，deadline 和 noop。通过下面的命令可以查看当前 Linux 中使用的默认 I/O 调度器。

```
cat /sys/block/sda/queue/scheduler
noop anticipatory deadline [cfq]
```

或者

```
dmesg | grep -i scheduler
[ 1.839601] io scheduler noop registered
[ 1.839606] io scheduler anticipatory registered
[ 1.839611] io scheduler deadline registered
[ 1.839654] io scheduler cfq registered (default)
```

从上面的显示结果可以看出，当前 Linux 的默认 I/O 调度是 cfq。默认调度策略性能优秀，但是对于特殊场合还是需要更换 I/O 调度。更换 I/O 调度的方法有很多种，这里只介绍两种：一种是通过设置 Linux 内核启动参数进行修改 I/O 调度策略，另外一种是通过编写代码更换 I/O 调度策略。

通过设置内核参数方法是在 Linux 启动参数中添加如下格式的参数。

```
elevator = "noop"
```

通过编写代码的方法，可以从 Linux 2.6.32 中的 Mg_disk.c 中更换 I/O 调度策略的代码。下例中使用 noop 算法替代了默认 I/O 调度策略。

```
/* mflash is random device, thanx for the noop */
elevator_exit(host->breq->elevator);
err = elevator_init(host->breq, "noop");
if (err) {
    printk(KERN_ERR "%s:%d (elevator_init) fail\n",
        __func__, __LINE__);
    goto probe_err_6;
}
```

更换 I/O 调度策略的方法介绍如下。

```
void elevator_exit(struct elevator_queue * e);
```

更换 I/O 调度策略时，需要通过 elevator_exit() 退出当前的 I/O 策略。

```
int elevator_init(struct request_queue * q, char * name);
```

通过 elevator_init() 为请求队列选择 I/O 调度器，其中变量 name 就是新的 I/O 策略名，如："deadline"，"noop"，"as" 或者 "cfq"。

### 2. 使用自定义 I/O 调度策略

传统机械的磁盘设备使用请求队列有助于提高系统的性能，但是在嵌入式环境中大多使用存储卡、Flash、Ramdisk 等设备块设备，这类块设备和传统的磁盘结构不一样，没有机械部件，无法从高级的请求队列逻辑中获益。对于这些设备，通用层可以支持通过 blk_queue_make_request() 指定自定义策略函数，而不使用系统定义的默认 I/O 调度策略。

```
void blk_queue_make_request(struct request_queue * q, make_request_fn * mfn);
```

在 blk_queue_make_request()中的第二个参数 bio 处理函数 make_request_fn，驱动必须提供这个"制造请求"函数来处理 bio，make_request_fn 定义如下：

```
typedef int (make_request_fn) (request_queue_t * q, struct bio * bio);
```

make_request_fn()函数的参数包含 bio 结构体，bio 结构体表示上层文件系统传递的读写要求，包含一个或多个要传送的缓冲区，bio 的定义在上文已经介绍过了，这里不再重述。从 make_request_fn()函数的参数可以看出，该方法直接处理 bio，而不是处理 request。针对 Ramdisk 的情况而言，自定义调度策略可以选择处理 bio 的方式，不做任何调度。

如何使用自定调度策略的方法，这里不做介绍，深入学习请阅读相关 Linux 驱动专著。

## 8.4 其他设备驱动

Linux 网络设备驱动程序遵循通用的接口，设计时采用的是面向对象的方法，一个设备就是一个对象（net_device 结构）。一个网络设备最基本的方法有初始化、发送和接收等。

Linux 中将设备分为三大类，字符设备，块设备以及网络设备。Linux 设备驱动程序设计也分为三大类，字符设备驱动程序设计，块设备驱动程序设计，网络设备驱动程序设计。此外，由于外部设备的多样性，在实际设计驱动程序时，往往都会从相关的驱动设计模型开始，经过修改即可使用。除了字符设备驱动，块驱动设备驱动，网络设备驱动设计模型之外，还有 LCD 设备驱动，Flash 设备驱动，USB 设备驱动，PCI 设备驱动等多种设备驱动设计模型，深入学习 Linux 设备驱动程序设计必然会涉及上述多种设备驱动。

### 8.4.1 网络设备驱动

网络设备是将用户数据以数据包的形式通过网络媒介进行发送和接收的设备，它负责将上层协议传递下来的数据包通过特定方式进行发送，同时还负责将接收到的数据包传递给上层协议。

以太网中将数据链路层划分为两个子层，媒体访问控制 MAC 子层和逻辑链路控制 LLC 子层。在以太网中，使 MAC 子层与物理层关联在一起是用硬件来实现的，即常见的网卡。以太网中的 MAC 控制器的功能是连接和控制物理接口，并实现 MAC 协议，PHY 则是用来负责具体的数据收发。MAC 和 PHY 之间是通过 MII 和 MDIO 进行连接的，MAC 获取 PHY 的当前状态及对 PHY 的控制是通过读写 PHY 的寄存器实现的。

在嵌入式中，出于降低成本的考虑，很多嵌入式处理器中都集成了 MAC 控制器，外接一个 PHY 芯片即可。但是，如果嵌入式处理器中不集成 MAC 控制器，那就需要外接同时具备 MAC 控制器和 PHY 控制器的网卡芯片。

在 Linux 系统中，网卡芯片工作也是需要网络设备驱动程序的。Linux 网络设备驱动程序设计和字符设备驱动程序设计以及块设备驱动程序设计一样，也是有章可循的。网络设备驱动程序框架如图 8-12 所示。

网络层协议提供统一的数据包发送接口 dev_queue_xmit()和接收接口 netif_rx()，内核通过这两个接口收发数据。不论上层协议为 ICMP 还是 IP，发送数据时都需要调用 dev_queue_xmit()函数将数据传给驱动程序。当接到外来数据时，驱动程序将数据通过 netif_rx()函数传给上层协议。dev_queue_xmit()和 netif_rx()传递数据都是通过 socket 缓存进行的，socket 缓存通过 sk_buffer 结构体定义。

在 Linux 中，所有网络设备都抽象为一个接口，内核中使用 net_device 结构体来描述具体网络设备属性和操作的接口，即网络接口。net_device 结构体是设备驱动中各功能的容器，在 Linux 网络设备驱动模型中是一个非常重要的数据结构，实现网络设备驱动就是要实现 net_deivce 结构体中的具体成员函数。

在 net_device 结构体的成员函数的具体实现中，有函数名形如 xxx_start_xmit() 的函数，这类函数就是网络设备驱动发送数据的具体实现。当网卡接收到数据时，就会触发中断，然后执行中断处理函数来处理数据。在驱动中，中断处理函数往往命名为 xxx_interrupt，中断处理函数是通过 request_irq() 注册的。

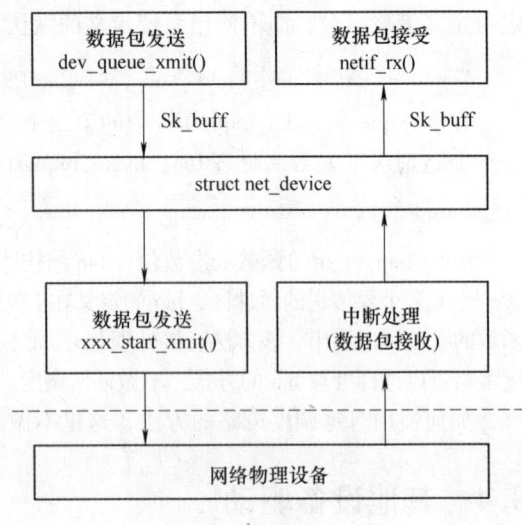

图 8-12　网络驱动框架

网络物理设备是完成数据包发送和接收的物理实体，包括网络适配器和具体的传输媒介，网络适配器被设备驱动功能层中的函数物理上驱动。对于 Linux 系统而言，网络设备和媒介都可以是虚拟的，例如 loopback。

### 8.4.2　Flash 设备驱动

目前嵌入式系统中，Flash 的使用量正在不断增长，常见的 Flash 设备有闪存芯片、小型闪存卡、记忆棒等。在 Linux 中，使用内存技术设备（Memory Technology Device，MTD）来提供 Flash 设备的统一管理。相对于常规块设备而言，Flash 设备数据的擦除和修改都是以"块"为单位的，和块设备类似，但是数据的读取是以字符为单位进行，和字符设备类似。Linux 下的 MTD 就是针对 Flash 设备的特点进行设计的。MTD 介于文件系统与底层的 Flash 存储器之间，屏蔽了上层文件系统的接口，同时 MTD 将 Flash 设备对上层的接口分为两部分：字符接口和块接口，如图 8-13 所示。

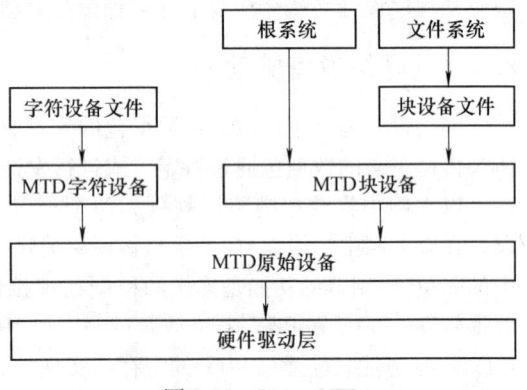

图 8-13　Linux MTD

Linux 系统中，将 MTD 和设备驱动加在一起可以分为 4 层：设备文件、MTD 设备层、MTD 原始设备层和硬件驱动层。

设备文件是在/dev 子目录下建立 MTD 字符设备文件和 MTD 块设备文件，用户通过访问此设备节点即可访问 MTD 字符设备和块设备。

MTD 设备层是基于 MTD 原始设备，定义出 MTD 块设备和字符设备，构成 MTD 设备层。MTD 字符设备的定义在 drivers/mtd/mtdchar.c 中实现，通过实现 file_operations 结构体的成员函数（llseek、read、write、open、release、ioctl、mmap 等）可实现对 MTD 字符设备的读写和控制，这部分和本书前面提到的字符设备驱动一致。MTD 块设备的定义是在 drivers/mtd/mtdblock.c 中实现，MTD 块设备是通过实现 mtd_blktrans_ops 结构体的成员函数来实现其读写和控制的。

MTD 原始设备层由两部分组成,一部分是 MTD 原始设备的通用代码,另一部分是各个特定 Flash 的数据,例如分区。用于描述 MTD 原始设备的数据结构是 mtd_info(mtd.h),这其中定义了大量关于 MTD 的数据和操作函数。mtd_table(mtdcore.c)则表示所有 MTD 原始设备组成的列表。mtd_part(mtd_part.c)是用于表示 MTD 原始设备分区的结构,其中包含了 mtd_info,因为每一个分区都是被看成一个 MTD 原始设备加在 mtd_table 列表中的一个元素。在添加分区的时候,主要工作就是构建 mtd_part 中的 mtd_info 结构体(mtd_part.mtd_info),而 mtd_part.mtd_info 中的大部分数据都从该分区的主分区 mtd_part→master 中获得。

硬件驱动层负责 Flash 硬件设备的读、写、擦除。该层具体分为两类:NOR Flash 芯片(drivers/mtd/chips)和 NAND Flash 芯片(drivers/mtd/nand)。

### 8.4.3 Android 系统驱动

Android 系统是 Google 推出的基于 Linux 内核和 Java 架构的操作系统,它使用了 Linux 内核,大多数应用程序使用 Java 语言开发,所以 Java 编写的应用程序在调用设备驱动时不能像一般的 Linux 应用程序那样直接使用系统调用,必须通过 Java 虚拟机的 JNI 的本地方法使用设备。

Android 系统已经成功使用在多种嵌入式平台上,原因之一是因为该系统的可移植性很强,强调可移植性使得 Android 成为一个通用性很强的平台。在 Android 架构中添加一个硬件抽象层(Hardware Abstract Layer,HAL),为设备的调用提供一个统一的封装,屏蔽不同设备调用的差异性,增强系统的可移植性。HAL 把应用框架和 Linux 内核分离出来,让 Android 使用 Linux 内核而又不完全依赖 Linux 内核。图 8-14 所示为 Android 驱动程序架构。

图 8-14 Android 驱动程序架构

目前,在 Android 系统中 HAL 是通过 Stub 方式来实现的。Stub 是以 Linux 共享库(*.so)形式存在,在整个驱动架构中,Stub 是设备驱动程序运行在用户空间的一部分。HAL 中包含很多 Stub,Stub 向 HAL 提供操作的回调函数,Dalvik 虚拟机向 HAL 取得指定模块的操作函数后,调用这些回调函数。Stub 向上为 Dalvik 虚拟机提供硬件设备的抽象接口,向下通过系统调用与 Linux 内核中的驱动程序进行数据交互。在这个过程中 HAL 可以对驱动程序的数据进行处理,也就是说在 Linux 内核中的驱动程序部分只需要提供一个与硬件设备传输数据接口的功能,而具体的操作可以由 HAL 完成。如图 8-15 所示。

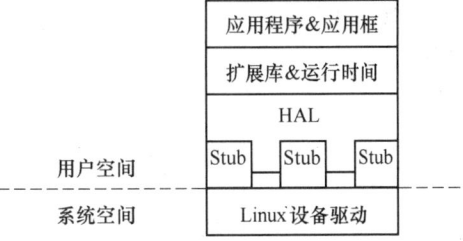

图 8-15 Stub 原理

## 8.5 小结

设备的驱动程序是直接控制硬件的软件部分,驱动程序将系统和底层硬件联系在一起。在 Linux 系统中,设备驱动程序占据大部分的磁盘空间,可见其重要性。本章重点介绍字符设备和块设备驱动的设计模式,最后简要介绍了网络设备驱动,Flash 驱动以及 Android 驱动。由于篇幅有限,不可能全面系统地介绍 Linux 设备驱动,但是希望通过本章介绍对 Linux 设备驱动设计有直观的认识,为进一步深入学习 Linux 驱动程序打下良好的基础。

## 8.6 复习思考题

1. 设备驱动的定义是什么，驱动主要起什么作用？
2. 简述 Linux 驱动特点及其工作原理。
3. 列举 Linux 系统中硬件驱动类型，各类型有什么特点？
4. 简述 ioctl 函数的功能，如何用其增加字符设备驱动功能。
5. 块设备和字符设备 I/O 操作有何不同？
6. 在 Linux 系统中如何实现对 Flash 设备的管理？
7. Android 设备驱动和传统 Linux 系统驱动有何不同？

# 第 9 章 嵌入式开发环境

**本章主要内容**
- 交叉开发环境
- Keil 集成开发环境
- IAR EWARM 集成开发环境
- 嵌入式系统开发流程

## 9.1 交叉开发环境概述

嵌入式系统的功能和使用环境都与普通的 PC 有很大区别,它属于专用的计算机系统。例如,路由器需要长时间不间断的工作,需要极高的稳定性;智能电表不需要键盘、鼠标等外设,但是要求计量计费准确;手机、PDA 等通过电池供电,需要尽可能降低功耗。

有的嵌入式系统的处理能力较弱,存储空间较小,不能在它上面运行开发环境,甚至运行操作系统都会有困难;有的嵌入式系统的处理器结构体系特殊,没有可以在它上面运行的开发工具。所以,在开发嵌入式系统时,通常需要采取交叉开发的方式进行,交叉开发环境的模型如图 9-1 所示。

图 9-1 中,TARGET 就是嵌入式系统,HOST 是宿主机,一般可以认为是桌面电脑。在宿主机上,可以安装成熟的开发工具,方便地编辑、编译目标系统的 BootLoader、操作系统内核,文件系统以及应用程序,然后在目标板上运行。这种在宿主机环境下开发,在目标板上运行的开发模式称为交叉开发。

在这种开发环境下,宿主机不仅为开发人员提供各种开发工具,同时也是作为目标板的服务器,提供各种外围环境的支持,包括下载应用程序的二进制文件。通常在开发的整个过程中,目标板在可以正常运行之前都必须依赖宿主机,只有当开发过程结束后,目标板才能脱离宿主机独立地运行。

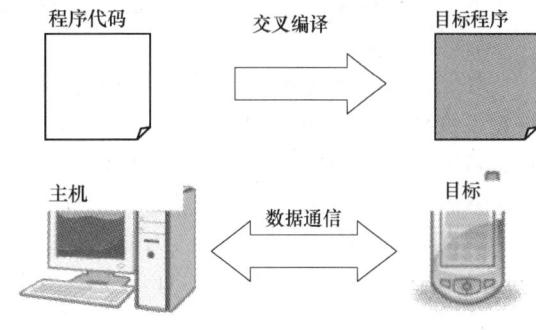

图 9-1 交叉开发环境模型

### 9.1.1 宿主机与目标板的连接方式

由于宿主机和目标板是两个不同的实体,所以需要在二者之间建立某种物理连接,才能实现信息通信、文件传输等功能。通常,在目标板和宿主机之间可以使用串口、以太网接口、USB 接口或者 JTAG 接口等方式建立物理连接,下面分别介绍这些通信接口的特点。

**1. 串口通信接口**

串口通信是最常见也是最简单的一种通信方式,广泛应用于工控设备、电信设备、终端设备等。目前较为常用的串口有 9 针串口和 25 针串口。通信距离较近时,可以用电缆线直接连接标准 RS232 端口(RS422、RS485 较远);若距离较远,需附加调制解调器(MODEM)。

在嵌入式开发中，一般使用电缆线直接连接 RS232 标准的 9 针串口。RS-232 是 PC 与通信工业中应用最广泛的一种串行接口，通过串口可以向目标板发送命令，接收显示信息，或者通过串口传送文件等。串口通信的优点是驱动程序实现比较简单，缺点是速度较慢，不适合大数据量传输。RS232 常见的配置参数包括：波特率、数据位、奇偶校验位和停止位。

**2. 以太网接口**

以太网是一种最流行的计算机局域网组网技术，IEEE 制定的 IEEE 802.3 标准给出了以太网的技术标准。以太网是由 Xerox 创建，然后由 Xerox、DEC 和 Intel 共同开发。以太网通过广播方式进行数据包的交换，连接在电缆上的设备使用 CSMA/CD 协议进行通信。

网络接口一般采用 RJ-45 接头，PC 上一般都配置有 10M/100M 以太网卡。以太网接口进行通信的优点是速度较快，可以实现 NFS 文件共享和 Tftp 网络文件传输等；缺点是驱动程序实现比较困难，一般都是基于厂家提供的网络驱动进行二次开发来实现此功能。通常情况下，成本敏感的嵌入式设备不提供以太网接口。

**3. USB 接口**

通用串行总线（Universal Serial Bus，USB）是一个外部总线标准，用于规范电脑与外部设备的连接和通信。USB 具有诸多特性和优点：统一外部设备接口；支持即插即用；支持热插拔；具备 1.5Mbit/s、12Mbit/s、480Mbit/s（USB 2.0）、5Gbit/s（USB 3.0）等传输速率；可以连接多个设备（最多 127 个设备）；可由 USB 电缆供电；具有电源管理功能。

USB 的总线结构是采用阶梯式星形的拓扑结构，包含了两种类型的 USB 设备：USB 集线器和 USB 设备。位于最顶端的为 USB Host（宿主机端）。从 Host 的联ँ往下连接至 Hub（集线器），再由集线器按阶梯式以一层或一阶的方式往下扩展出去，每个集线器都可以连接设备或连接另一个集线器。一个 USB 设备同时充当 USB 设备和 USB 主机，但是需要相应的驱动程序支持。

**4. JTAG 接口**

JTAG（Joint Test Action Group）最初是用来对芯片进行测试的，目前 JTAG 接口还常用于实现在系统编程（In-System Programmer，ISP），对 Flash 等器件进行编程。JTAG 编程方式是在线编程，传统生产流程中先对芯片进行预编程然后再装到板上，而简化的流程为先在电路板上焊接器件，然后用 JTAG 编程，从而大大加快工程进度。

现在多数的高级器件都支持 JTAG 协议，如 CPU、DSP、CPLD、FPGA 器件等。标准的 JTAG 接口是 4 线：TMS、TCK、TDI、TDO，分别为模式选择、时钟、数据输入和数据输出。

JTAG 接口的时钟一般在 1~16MHz 之间，所以传输速率很快。但是实际的数据传输速度要取决于仿真器与宿主机端的通信速度和传输软件发送速度。

## 9.1.2 文件传输

嵌入式应用程序最终目标是在目标板上运行，所以必须有至少一种方式下载到目标板上。通常情况下，目标板的引导程序都具备把宿主机端的文件下载到内存中的功能。根据不同的连接方式，可以有多种文件传输方式，每一种方式都有对应的传输协议。

**1. 串口传输方式**

宿主机端可以通过 Linux 下的 kermit、minicom 工具或者 windows 下的超级终端等工具通过串口发送文件。当然发送之前需要配置好数据传输率和传输协议，目标板端也要做好准备。常见的波特率可以配置成 115200bit/s，8 位数据位，无校验位，1 位停止位。传输协议可以使用 Kermit、Xmodem、Ymodem 或者 Zmodem 等。

**2. 网络传输方式**

网络传输方式一般采用 TFTP（Trivial File Transport Protocol）协议。TFTP 协议是一种简单的

网络传输协议，是基于 UDP 协议而实现的。TFTP 协议非常简单，通过少量存储器就能轻松实现，在目标板的引导程序中可以添加 TFTP 协议，TFTP 协议非常适合嵌入式环境。当然，使用 TFTP 传输之前，需要驱动目标板以太网接口并且配置 IP 地址。

**3. USB 接口传输方式**

USB 传输通常分主、从设备端，宿主机端为主设备端，目标板端为从设备端。宿主机端需要安装驱动程序，在宿主机端识别从设备后，可以向目标板传输数据。目前，Android 手机都支持 USB 接口传输方式。USB2.0 标准使用也最广泛，最新的 USB 标准是 USB3.0。

**4. JTAG 接口传输方式**

JTAG 仿真器跟宿主机之间的连接通常是串口、并口、以太网接口或者 USB 接口，传输速率受到仿真器硬件与宿主机连接方式的限制。

采用网络通信方式或者 USB 通信方式两种连接方式的优点是速度快，仿真器内部配有专门的处理器和固化的程序，JTAG 协议转换工作用硬件方式实现，而且处理网络或 USB 协议，这样的方式硬件成本较高，价格昂贵。

串口通信的实现也类似于前面的两种方式，也要额外处理串口协议，速度较慢。

并口通信方式可以直接控制引脚电平，这样 JTAG 协议转换部分的功能可以通过软件编程方式在 PC 上完成。虽然传输速度不快，但是软件实现方式灵活，成本低廉。

**5. 移动存储设备**

如果目标板上支持 SD 卡、TF 卡等移动存储介质，就可以通过移动存储介质将文件复制到目标板上，例如：很多 Android 手机可以通过 TF 卡上的升级文件自动进行系统升级。

## 9.1.3 宿主机环境

嵌入式交叉编译环境依据宿主机的不同，可以分为基于 Linux 和 Windows 环境下的交叉编译环境。交叉编译环境是建立嵌入式系统所必需的环境，Windows 环境中，一般在 Cygwin 上建立交叉编译环境，而 Linux 下必须安装对应的交叉编译工具链。

嵌入式开发环境中，串口通信软件也是必须使用的。Windows 下使用超级终端（Hyperterminal）作为串口通信软件，而 Linux 环境下使用 minicom 作为串口通信软件，或者 kermit。

TFTP 协议是简单文件传输协议，基于 UDP 协议，没有文件管理、用户控制等功能，因此实现起来简单易行，使用方便，正好适合目标板的 Bootloader 等使用。TFTP 分为服务器程序和客户端程序，在宿主机上可以配置 TFTP 服务端，目标板可以配置 TFTP 客户端。

网络文件系统（Network File System，NFS）是一种将远程主机上的分区（目录）通过网络挂载到本地系统的一种机制。通过对网络文件系统的支持，目标板就可以在本系统上像操作本地分区一样来对远程主机（宿主机）的共享分区（目录）进行操作，宿主机此时必须开始 NFS 服务。

在嵌入式 Linux 的开发过程中，开发者需要在宿主机上进行所有的软件开发，交叉编译后，然后将可执行文件下载到嵌入式系统运行，但这种方式不但效率低下，且无法实现在线调试。因此，可以通过建立 NFS，把宿主机上的特定分区（目录）共享到待调试的嵌入式目标系统上，这样就可以直接在嵌入式目标系统上读写宿主机资源，同时可以在线对程序进行调试和修改，大大方便了软件的开发。因此，NFS 是嵌入式 Linux 开发的一个重要组成部分。

## 9.1.4 交叉编译工具链

交叉编译工具链是用来完成交叉编译的工具集合。交叉编译，通俗地讲就是在一种体系结构的平台上编译出能运行在另一种体系结构平台上的程序，比如在 PC 平台（X86 CPU）上编译出能运行在以 ARM 为内核的 CPU 平台上的程序，编译得到的程序在 X86 CPU 平台上是不能运行的，必须放到 ARM CPU 平台上才能运行。相对与交叉编译，平常做的编译叫本地编译，也就是在当前平台编译，编译得到的程序也是在同类平台执行。所以要生成在目标机上运行的程序，必须要用交叉编译工具链来完成。

在裁减和定制 Linux 内核用于嵌入式系统之前，通常都要在宿主机（PC）上建立一个用于目标机的交叉编译工具链，用该交叉编译工具链在 PC 上编译目标机上要运行的程序。交叉编译工具链是一个由编译器、连接器和解释器组成的综合开发环境，交叉编译工具链主要由 binutils、gcc 和 glibc 3 个部分组成。有时出于减小 libc 库大小的考虑，也可以用 uClibc、dietlibc 或者 newlib 来代替 glibc。

交叉编译的构建方法大致分为三种：

**1. 从头编译**

这种方法是最复杂而繁琐的，它需要编译和安装交叉编译工具链所需要的库文件和源代码，然后才能生成所需要的交叉编译工具链。虽然过程繁复，但是对于学习交叉编译工具链来说，也是有很大帮助的。

**2. 脚本编译**

网上有提供专门的 Crosstool 脚本工具，选择合适的脚本来生成所需要的交叉编译工具链。

**3. 下载使用**

如果不涉及学习交叉编译工具链，仅仅出于使用的目的，则可以下载已经制作好的交叉编译工具链。这种方法最方便，但不能满足所有环境需要。

## 9.1.5 嵌入式软件开发流程

嵌入式软件开发流程包括 8 个步骤：

第一步：开发目标硬件系统。

第二步：建立开发环境，配置开发主机。

操作系统一般使用 Redhat Linux，选择定制安装或全部安装，通过网络下载相应的 GCC 交叉编译器进行安装（比如，arm-linux-gcc、arm-uclibc-gcc），或者安装产品厂家提供的相关交叉编译器。

配置 minicom，一般的参数为波特率 115200 Baud/s，数据位 8 位，停止位为 1 和 9，无奇偶校验，软件、硬件流控设为无。在 Windows 下的超级终端的配置也是这样。minicom 软件的作用是作为调试嵌入式开发板的信息输出的监视器和键盘输入的工具。配置网络主要是配置 NFS 网络文件系统，需要关闭防火墙，简化嵌入式网络调试环境设置过程。

第三步：建立引导装载程序 BootLoader。

从网络上下载一些公开源代码的 BootLoader，如 U.Boot、BLOB、VIVI、LILO、ARM-Boot、Red-Boot 等，根据具体芯片进行移植修改。有些芯片没有内置引导装载程序，比如，三星的 ARM7、ARM9 系列芯片，这样就需要编写开发板上 Flash 的烧写程序，可以在网上下载相应的烧写程序，也有 Linux 下的公开源代码的 J-Flash 程序。如果不能烧写自己的开发板，就需要根据自己的具体电路进行源代码修改，这是让系统可以正常运行的第一步。如果用户购买了厂家的仿真器就比较容易烧写 Flash，虽然无法了解其中的核心技术，但对于需要迅速开发自己的应用程序的人来说可以极大提高开发速度。

第四步：下载已经移植好的 Linux 操作系统。

如 MCLinux、ARM-Linux、PPC-Linux 等，如果有专门针对所使用的 CPU 移植好的 Linux 操作系统最好了，下载后再添加特定硬件的驱动程序，然后进行调试修改，对于带 MMU 的 CPU 可以使用模块方式调试驱动，而对于 MCLinux 这样的系统只能编译内核进行调试。

第五步：建立根文件系统。

下载使用 BusyBox 软件进行功能裁减，产生一个最基本的根文件系统，再根据自己的应用需要添加其他的程序。由于默认的启动脚本一般都不会符合应用的需要，所以就要修改根文件系统中的启动脚本，它的存放位置位于/etc 目录下，包括：/etc/init.d/rc.S、/etc/profile、/etc/.profile 等，自动挂装文件系统的配置文件/etc/fstab，具体情况会随系统不同而不同。根文件系统在嵌入式系统中一般设为只读，需要使用 mkcramfs、genromfs 等工具产生烧写映像文件。

第六步：建立应用程序的 Flash 磁盘分区。

一般使用 JFFS2 或 YAFFS 文件系统，这需要在内核中提供这些文件系统的驱动，有的系统使用一个线性 Flash（NOR 型）512KB~32MB，有的系统使用非线性 Flash（NAND 型）8MB~512MB，有的两个同时使用，需要根据应用规划 Flash 的分区方案。

第七步：开发应用程序。

可以放入根文件系统中，也可以放入 YAFFS、JFFS2 文件系统中，有的应用不使用根文件系统，直接将应用程序和内核设计在一起，这有点类似于 μC/OS-II 的方式。

第八步：烧写和发布。

烧写内核、根文件系统和应用程序，最后发布产品。

## 9.2 IAR EWARM 集成开发环境

IAR Embedded Workbench for ARM（IAR EWARM）是 IAR Systems 公司为 ARM 微处理器开发的一个集成开发环境。在 IAR EWARM 集成开发环境中，包含有项目管理器、编辑器、编译连接工具和支持 RTOS 的调试工具 C-SPY，在该环境下可以使用 C/C++ 和汇编语言方便地开发出嵌入式应用程序，并且可以通过芯片相关的代码优化器使嵌入式应用程序更加高效可靠。

IAR EWARM 中包含一个全软件的模拟程序（simulator）。用户不需要任何硬件支持就可以模拟各种 ARM 内核、外部设备甚至中断的软件运行环境，从中可以了解和评估 IAR EWARM 的功能和使用方法。下面以 IAR EWARM 6 为例介绍 IAR。

IAR EWARM 集成开发环境具备模块化和可扩展性：

- 无缝集成编译调试的嵌入式应用开发环境。
- 强大的项目管理，让多个项目同时并存于工作区。
- 集成 IAR visualSTATE。
- 项目的分层管理。
- 可停靠和浮动的窗口管理。
- 智能源码浏览器。
- 多层次源文件级别配置工具选项。
- 支持更好的代码优化，支持多文件编译。
- 在编译的过程中，具备灵活的项目编译方式，例如：批量编译，或者通过外部工具进行客户定制编译。
- 集成 Subversion 或其他源代码版本控制系统。

IAR EWAM 集成开发环境具备支持设备的广泛性：

- 核心支持 ARM7，ARM7E，ARM9，ARM9E，ARM10E，ARM11，SecurCore，XScale，Cortex-M0，Cortex-M1，Cortex-M3，Cortex-M4，Cortex-R4（F），Cortex-A5，Cortex-A8 以及 Cortex-A9。
- 预置大部分设备和评估板的外设寄存器定义文件和 Flash 下载工具。
- 集成多种评估板的超过 2200 例项目，例如 IAR Systems，ADI，Atmel，Energy Micro，飞思

卡尔（Freescale）、富士通（Fujitsu）、OKI、恩智浦（NXP）、意法半导体（ST）、德州仪器（Texas Instruments）、东芝（Toshiba）等评估板。
- IAR EWAM 集成开发环境具备高度优化的 C/C++ 编译器。
- 支持 C，嵌入式 C++ 和 C++。
- 兼容 ARM 嵌入式应用程序二进制接口（EABI）和 ARM Cortex 微控制器软件接口标准（CMSIS），以及支持 CMSIS SVD 文件。
- 与其他 EABI 工具兼容。
- 自动检查 MISRA C 规则（MISRA C：2004）。
- 支持特定目标芯片的语言扩展。
- 支持 ARM，Thumb1 和 Thumb-2 处理器模式。
- 支持 VFP9-S 浮点协处理器。
- 支持 4GB 的应用程序。
- 支持 64 位数据长度。
- 支持 32 位和 64 位浮点类型标准 IEEE 格式。
- 支持重入代码。
- 支持位置无关代码和数据（PIC/PID）。
- 支持代码占用空间大小和执行速度的多层次优化，如内联函数、循环展开等。
- 先进代码优化，可以产生紧凑而稳定的代码。

## 9.2.1 IAR EWARM 创建应用程序

EWARM 是按项目进行管理的，它提供了应用程序和库程序的项目模板。项目下面可以分级分类管理源文件。允许为每个项目定义一个或多个编译链接（build）配置。在生成新项目之前，必须建立一个新的工作区（Workspace）。一个工作区中允许存放一个或多个项目。

**1. 生成新的工作区（Workspace）**

选择主菜单 File > New > Workspace 生成新工作区。

**2. 生成新项目**

1）选择主菜单 Project > Create New Project，弹出生成新项目窗口，如图9-2 所示。

2）在 Tool chain 栏中选择 ARM，选择项目模板（Project templates）中的 Empty project，然后单击 OK 按钮。

3）在弹出的另存为窗口中浏览和选择新建的 My project 目录，输入文件名 project1，然后保存。这时在屏幕左边的 Workspace 窗口中将显示新建的项目名。如图9-3 所示。

IAR EWARM 提供两种默认的项目生成配置，即 Debug 和 Release。本例在 Workspace 窗口顶部的下拉菜单中选取 Debug。现在 My project 目录下已生成一个 project1.ewp 文件。该文件中包含与 project1 项目设置有

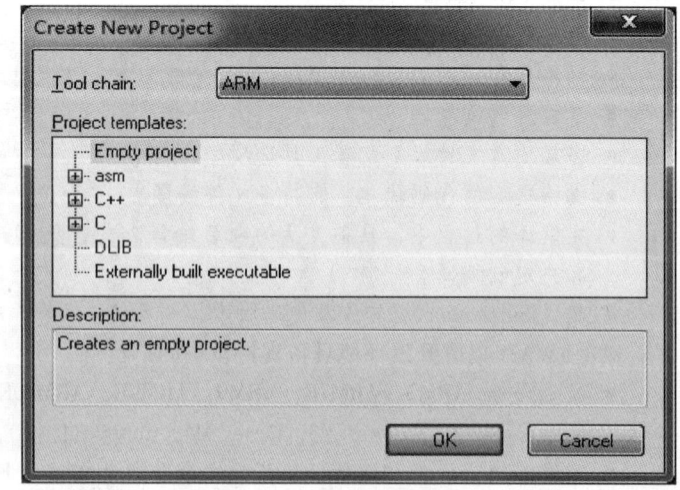

图9-2　IAR 创建项目

关的信息，如 build 选件等。项目名后缀上的*号表示该工作区有改变但还没有被保存。如图 9-4。

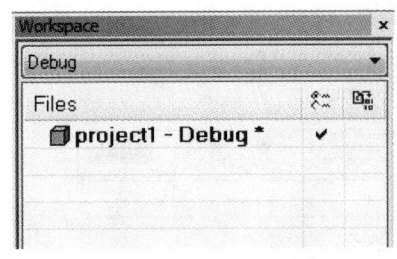

图 9-3  Workspace 空间

图 9-4  选择生成配置

本例调用 printf 库函数，这是在 C-SPY 模拟器中的一个低级 write 函数。如果用户希望在真实硬件上以 Release 配置运行例子，就必须提供与硬件相适配的 write 函数。

4）保存工作区。先选择主菜单 File > Save Workspace，浏览并选择 My projects 目录。然将工作区取名为 tutorials 输进 File name 输入框，按保存按钮退出。这时在 My projects 目录下将生成一个 tutorials. eww 文件，该文件中保存了用户添加到 tutorials 工作区中的所有项目。窗口和断点放置等与当前操作有关的其他信息则被存储在 My projects \ settings 目录下的文件中。

### 3. 给项目添加文件组

IAR EWARM 允许生成若干个源文件组。用户可以根据项目需要来组织自己的源文件。

1）在 Workspace 中选择希望添加文件的目的地，可以是项目或源文件组。本例直接选 project1。

2）选择主菜单 Project > Add Group 打开标准浏览窗口，如图 9-5 所示。

本示例向 project1 中添加 3 个工作组 src（用户代码文件）、startup（启动文件）、inc（标准外设库驱动文件），如图 9-6 所示。

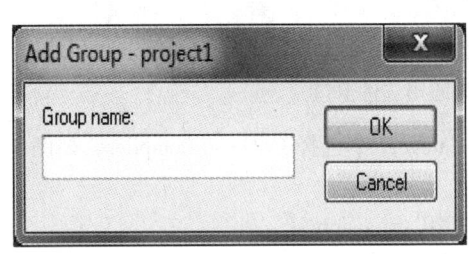

图 9-5  添加文件组

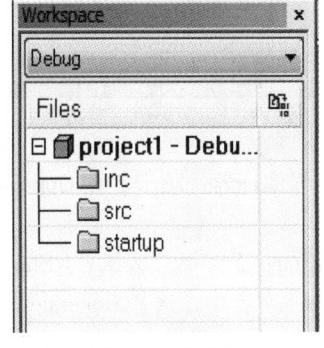

图 9-6  文件组

3）给文件组添加文件。由于接下来的几个文件中包含一个名为 stm32f10x_conf. h 的头文件，所以用户先将其复制到 My projects 目录下。可以从 .. \ IAR Systems \ Embedded Workbench 6.0 \ arm \ examples \ ST \ STM32F10x 文件夹下找到该文件。

### 4. 工程设置

生成新项目和添加文件后就应该为项目进行设置。IAR EWARM 允许为任何一级目录和文件单独设置，但是用户必须为整个项目设置通用的编译链接（build）选项。通过选择主菜单 Project→Options。也可以通过选择鼠标右键命令中的 Options。

1）选择通用设置选项卡。在 General Options 中，主要要对芯片型号进行设置。单击 General Options 选项，进入通用选项设置。在 Target 选项下面，单击 "Device" 选项，在右侧选择处理器型号。

在打开的 Options 窗口左边的 Category 中选择 General Options。然后分别在：
- Target 页面/Core 条目下选择 ARM7TDMI-S，如图 9-7 所示。
- Output 页面中，Output file 条目下选择 Executable。
- Library Configuration 页面中，Library 条目下选择 Normal。

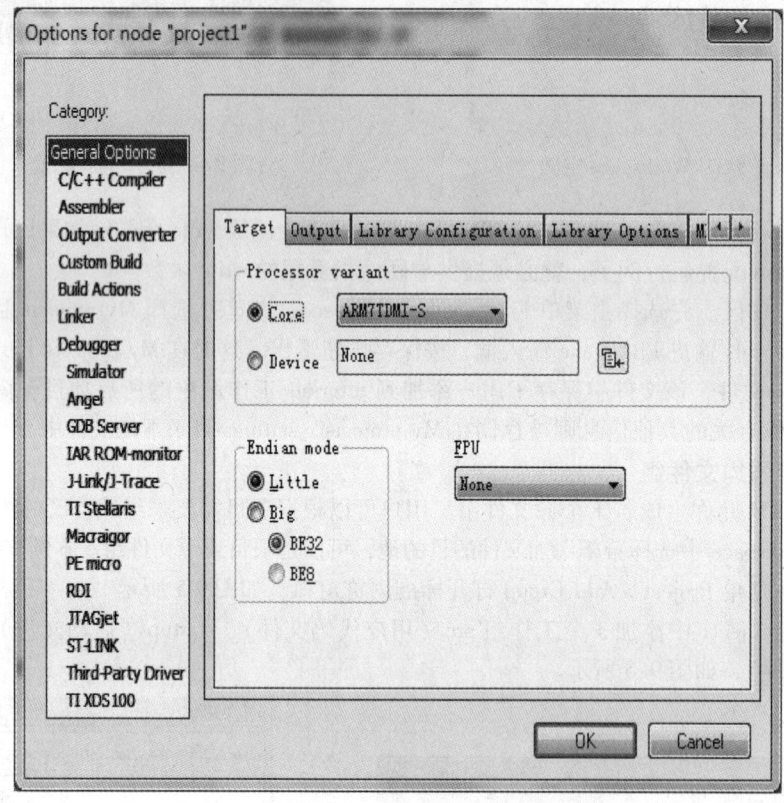

图 9-7　项目通用选件窗口

2）选择编译器选项卡。在 Options 窗口的 Category 中选择 C/C++ Compiler，如图 9-8 所示。然后在：
- Language 页面中，选择 C，Standard with IAR extension 等。
- Output 页面中，选择 Generate debug information。
- List 页面中，选择 Output list file，并选择 Assembler mnemonics 和 Diagnostics。
- 单击 OK 按钮，确认选择的选件。
- C\C++ Compiler 中的 Preprocessor 选项卡中：Additional include direction 为应用工程所需和自己编写的头文件所在文件夹，使得编译器搜寻这些文件夹找到头文件。$ PROJ_DIR $ \ 意为当前工程的根目录；预编译 Define symbols：XXXX 相当于编译器针对整个工程或某个文件（option 选项为整个工程或单个文件）进行了 #define 指令。

3）Output Converter 设置。在"Output"选项卡中，勾选"Generate additional output"，在"Output format"里选中"binary"，再勾选"Override default"，如图 9-9 所示。这样，将来编译时会自动生成二进制文件"Demo.bin"，方便用 LMFlashProgrammer 软件下载。

4）Linker 选项设置。Override default 中的镜像文件为 link 中文件之一，与前面的选择一致，路径为相对路径。再单击 Edit 可设置堆栈，如图 9-10 所示。

第 9 章 嵌入式开发环境

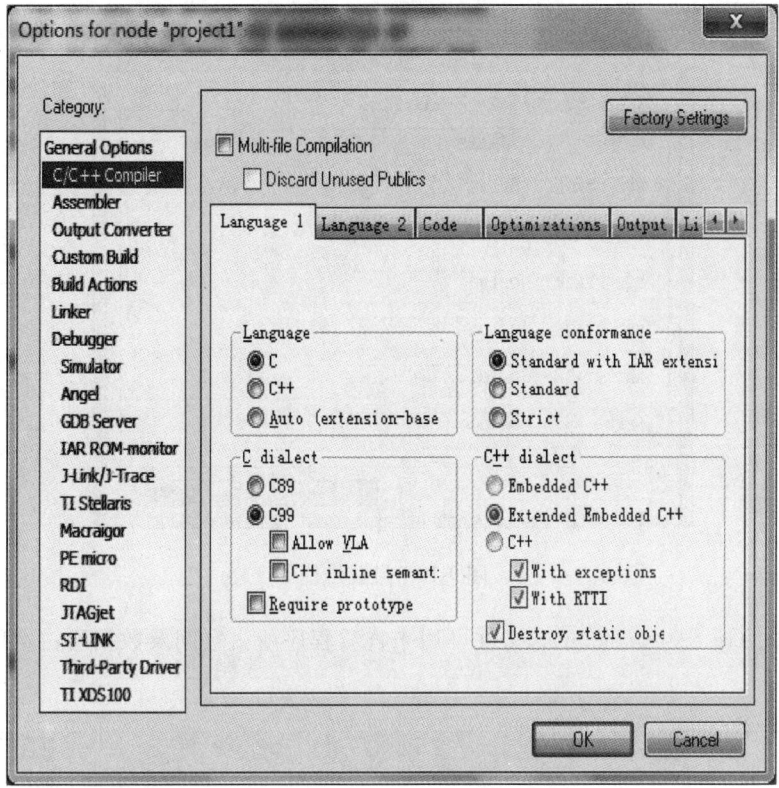

图 9-8　C/C++ 编译器设置

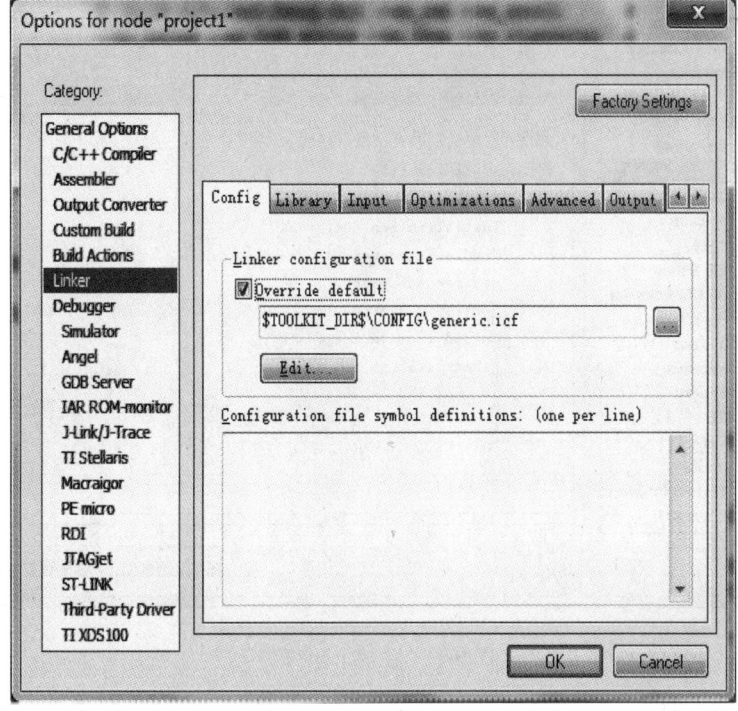

图 9-9　链接选项卡

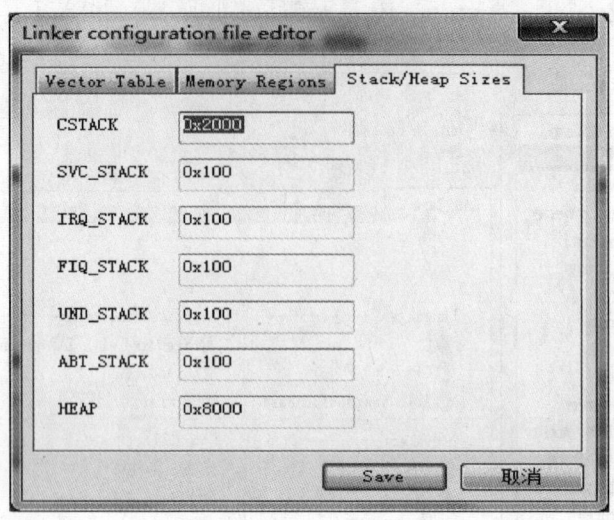

图 9-10　设置堆栈

Linker 中的 List 中生成的 .map 文件可用来查看程序所占空间及数据所占空间，如图 9-11 所示。

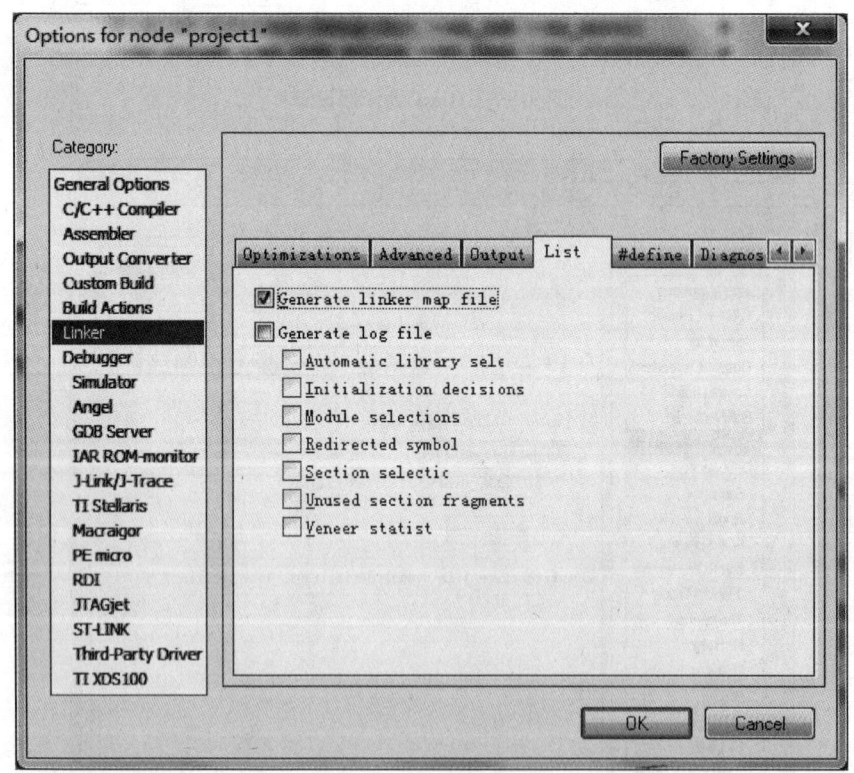

图 9-11　生成 map 文件

5）在 Debugger 的 Setup 选项卡中选择所使用的仿真器，如图 9-12 所示。

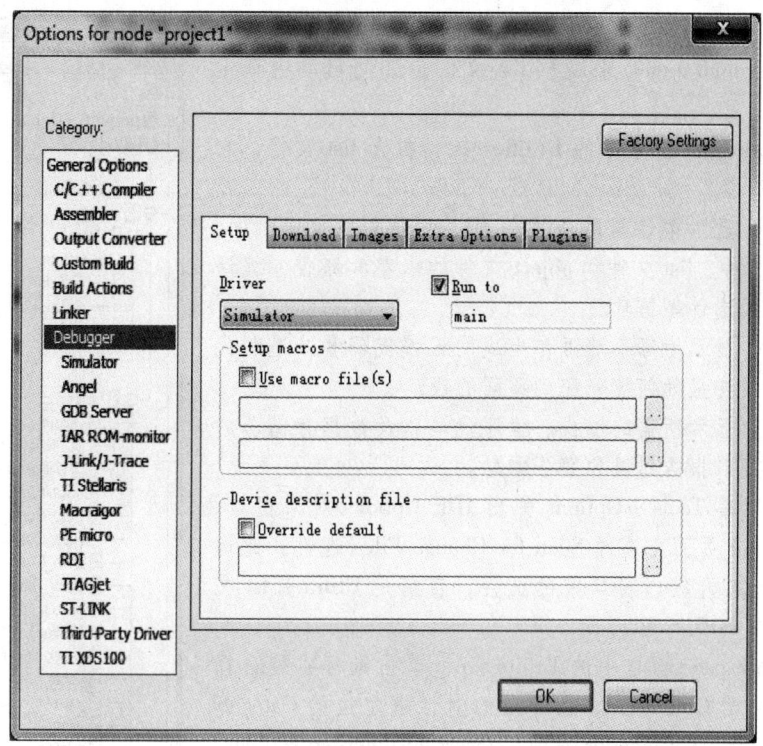

图 9-12　Debugger

**5. 编译和链接应用程序**

这一步编译和链接（build）项目程序，同时生成一个编译器列表文件（compiler list file）和一个链接存储器分配文件（linker map file）。

1）编译源文件：

- ◆ 选中 workspace 中 utilities.c 文件。
- ◆ 选择主菜单 Project→Compile，或工具条中的 Compile 按钮，或单击右键后选择 Compile 命令。编译结束后在消息窗口中出现信息如图 9-13 所示。
- ◆ 用同样的方法编译 tutor.c。
- ◆ 编译完成后在 My projects 目录下将生成一批新子目录。因为在建立新项目时选择了 Debug 配置，所以在 My projects 目录下自动生成一个 Debug 子目录。Debug 子目录下又包含另 3 个子目录，名字分别为 List、Obj、Exe。它们的用途如下：

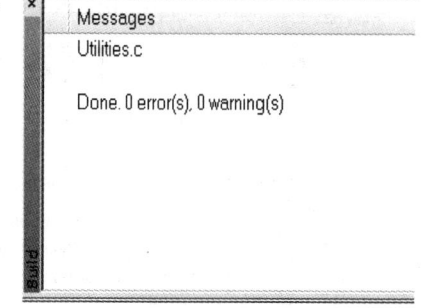

图 9-13　编译结果

- List 目录存下放列表文件，列表文件的后缀是 .lst。
- Obj 目录下存放 Compiler 和 Assembler 生成的目标文件，这些文件的后缀为 .o，可以用作 IAR XLINK 链接器的输入文件。
- Exe 目录下存放可执行文件，这些文件的后缀为 .out，可以用作 IAR C-SPY 调试器的输入文件，注意在执行链接处理之前这个目录是空的。
- 单击 project1-Debug 前面的 + 号将目录展开，可以从自动生成的 Output 目录中看到所有生成的输出文件名以及反映相互依赖关系的头文件名，如图 9-14 所示。

2）查看编译器列表文件。现在我们通过改变编译器选件中的优化级别（Optimization）来观察 list 文件是如何自动更新生成的代码量的。

- 双击 Workspace 窗口中的 Utilities.lst，打开 list 文件，它包含以下信息：
  - 文件头，显示编译器的版本信息，列表文件生成时间，source 文件、list 文件和 object 文件的名字和路径，编译命令行及选件等信息。
  - 文件体，显示为每条源语句生成的汇编代码和二进制代码，以及变量如何被分配到不同的段。
  - 文件尾，显示所需的堆栈、程序代码以及数据存储器的总量，同时报告错误和警告信息。
- 选择主菜单 Tools→Options 弹出 IDE Options 对话窗口，选择 Editor 页面。选择 Scan for Change Files 选件。此选件将自动打开编辑窗口中的文件，目前是 Utilities.lst 文件，如图 9-15 所示。
- 选中 Workspace 窗口中的 Utilities.c，单击鼠标右键选择弹出框中的 Options…。从弹出的对话框左边的 Category 中选择 C/C++ Compiler 并确定 Override inherited settings。打开 Optimization 页面，把优化级别从 None 改为 High，然后单击 OK 按钮。
- 重新编译 Utilities.c，请注意这时编辑窗口中的 Utilities.lst 文件已经自动被刷新，文件尾显示的代码大小也因优化级别的升高而减小。
- 对本例而言，Optimization 应选择 None，所以在链接处理前应该将优化级别恢复到原来的设置。这时应选中 Utilities.c，单击鼠标右键选择弹出框中的 Options…，选择 C/C++

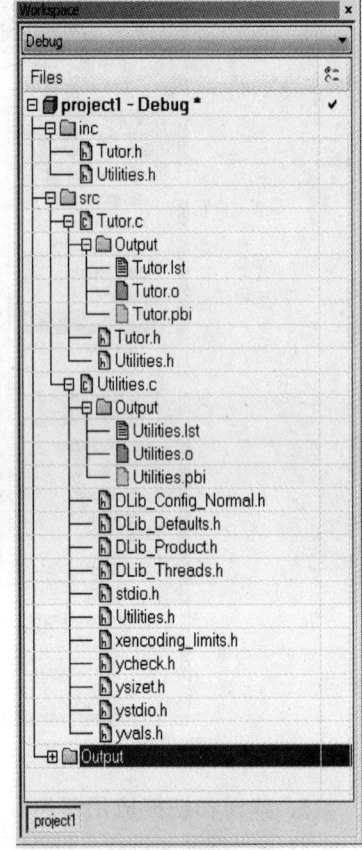

图 9-14　编译处理后的文件结构

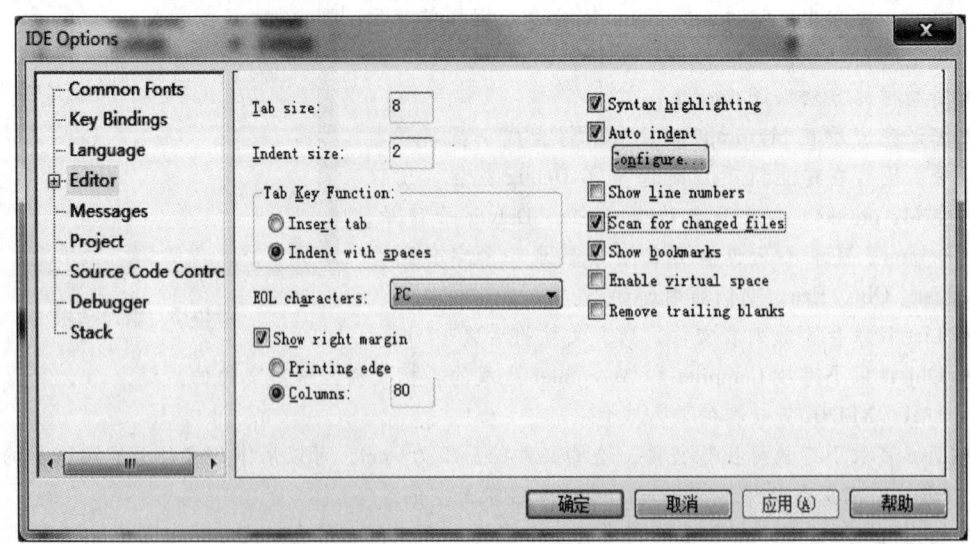

图 9-15　IDE Options 窗口

Compiler 并取消 Override inherited settings，然后重新编译 Utilities. c。

3）查看 MAP 文件。双击 Workspace 中 Output 目录下的 project1. map 文件，编辑器窗口中将显示该 MAP 文件。从 MAP 文件中可以了解以下内容：

◆ 文件头中显示链接器版本，输出文件名，MAP 文件名以及链接器命令行等。
◆ Runtime Model Attributes，部分显示 Endian 等属性。
◆ Placement Summary，部分显示各 sections 在存储器中的分布。
◆ Init Table，部分显示与初始化有关的 section tables。
◆ Module Summary，部分显示所有被链接的文件信息，包括目标文件和库文件等。
◆ Entry List，部分给出了所有函数的入口地址及其所在的目标文件。
◆ 文件尾中显示了总的代码和数据字节数。

如果编译链接没有任何错误，则生成 project1. out 应用程序代码，并可以用于在 IAR C-SPY 中调试。

## 9.2.2 测试应用程序

若代码经过调试、编译没有问题，即可单击右上角的 或者 按钮进行下载仿真。IAR 调试器在 Debug 菜单中提供了 8 种程序运行命令： Step Over、 Step Into、 Step Out、 Next Statement、 Run to Cursor、 Go、 Stop Debugging 和 Break。仿真界面如图 9-16 所示。

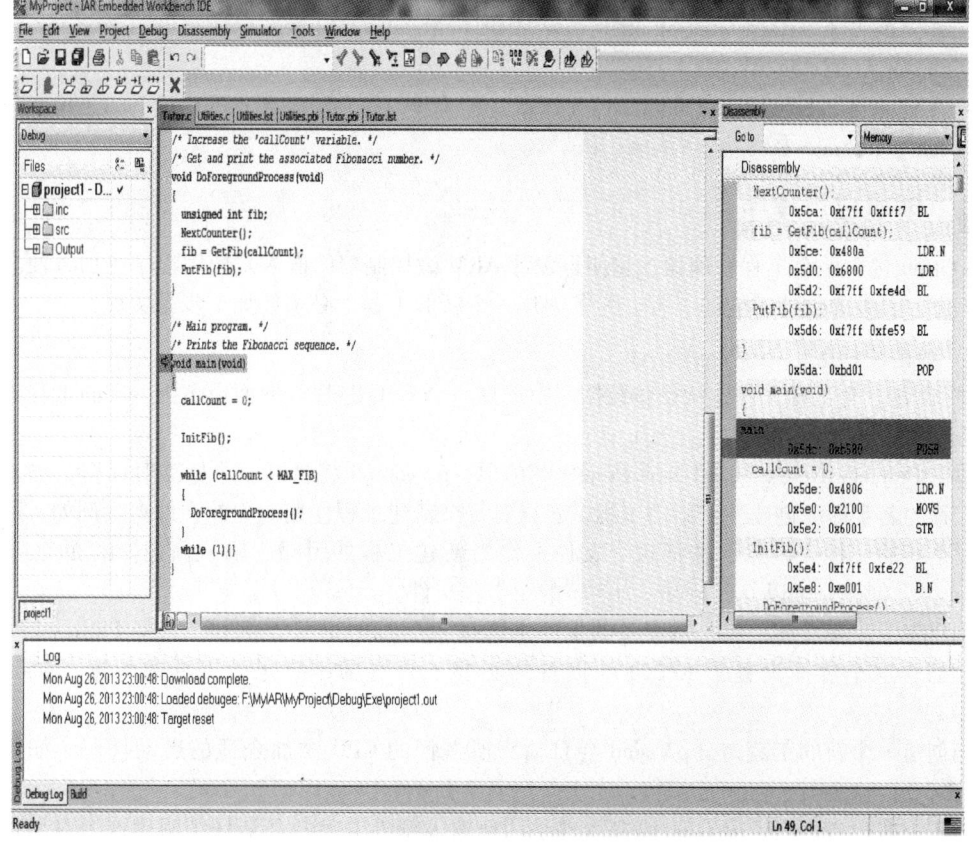

图 9-16 仿真界面

## 9.3　Keil 集成开发环境

ARM 发布 Keil μVision4 集成开发环境（IDE），用来在基于 ARM，XC16x，C16x，ST10，251 以及 8051 等微控制器上创建、仿真和调试嵌入式应用。μVision4 IDE 是为增强开发人员的工作效率设计的，有了它可以更快速、更高效地开发和检验程序。通过 μVision4 IDE 中引入的灵活的窗口管理系统，开发人员可以使用多台监视器，在可视界面任何地方全面控制窗口放置。新用户界面可以更好地利用屏幕空间，更有效地组织多个窗口，为开发应用提供整齐高效的环境。

μVision4 在 μVision3 的成功经验的基础上增加了：

- System Viewer（系统查看程序）窗口，提供了设备外围寄存器信息，这些信息可以在 System Viewer 窗口内部直接更改。
- Debug Restore Views（调试恢复视图）允许保存多个窗口布局，为程序分析迅速选择最适合的调试视图。
- Multi-Project Workspace（多项目工作空间）为处理多个并存的项目提供了简化的方法，如引导加载程序和应用程序。
- 为基于 ARM® Cortex™ 处理器的 MCU 提供了 Data and instruction trace（数据和指令追踪）功能。
- 扩展了 Device Simulation（设备仿真）功能以支持许多新设备，如 Luminary、NXP 和东芝生产的基于 ARM Cortex-M3 处理器的 MCU；Atmel SAM7/9；及新的 8051 衍生品，如 Infineon XC88x 和 SiLABS 8051Fxx。
- 支持许多 debug adapter interfaces（调试适配器接口），包括 ADI miDAS Link、Atmel SAM-ICE、Infineon DAS 和 ST-Link。

### 9.3.1　创建应用程序

μVision 包含一个工程管理器，它使得设计 ARM 微控制器的嵌入式应用程序更加方便。创建应用程序，必须先创建对应的工程。为了创建一个新的工程，必须按如下步骤实现：

1) 双击图标 ![μ4]，运行 μVision。

2) 创建一个工程文件，从设备数据库中选择一个 CPU 芯片。下面以名为 test 的工程为例创建工程文件。

单击 Project→New...→μVision Project 菜单项，μVision 4 将打开一个标准对话框，输入希望新建工程的名字即可创建一个新的工程，建议对每个新建工程使用独立的文件夹。例如，这里先建立一个新的文件夹，然后选择这个文件夹作为新建工程的目录，输入新建工程的名字 test，μVision 将会创建一个以 test.uvproj 为名字的新工程文件。

创建完了工程文件之后，从设备数据库中选择一个 CPU 芯片。例如，选择 Philips LPC2106 微控制器，这个选择设置了 LPC2106 设备的必要工具选项，简化了工具的配置，如图 9-17 所示。

当创建一个新的工程时，μVision 会自动为所选择的 CPU 添加合适的启动代码，如图 9-18 所示。

对于一些设备而言，μVision 需要用户手动地输入额外的参数。请仔细阅读这个对话框右边的信息，因为它可能包含所选设备的额外配置要求。

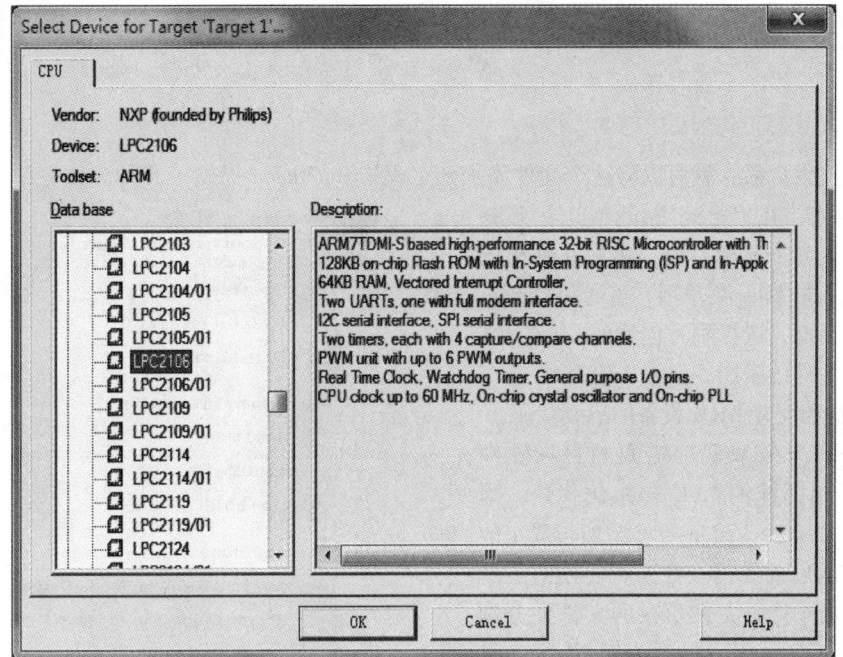

图 9-17 选择 CPU 芯片

图 9-18 添加启动代码

3）创建一个新的源文件，将这个源文件加载到工程中。

通过 File→New 菜单项可创建一个新的源文件，这时将打开一个空文件编辑窗口，在这里可以输入源文件代码。当通过 File→Save As 对话框以扩展名 .C 的形式保存了这个源文件以后，μVision 可以用彩色高亮度显示 C 语言的语法。例如，保存下面的代码到 main.c 文件中。

```
#include <stdio.h>              /* prototype declarations for I/O functions */
#include <LPC21xx.H>             /* LPC21xx definitions */
/****************/
/* main program */
/****************/
int main (void) {                /* initialize the serial interface*/
    PINSEL0 = 0x00050000;
    U1LCR = 0x83;                /* 8 bits, no Parity, 1 Stop bit*/
    U1DLL = 97;                  /* 9600 Baud Rate @ 15MHz VPB Clock*/
    U1LCR = 0x03;                /* DLAB = 0 */
    printf("Hello World\n");     /* the 'printf' function call */
    while (1) {                  /* An embedded program does not stop and */
```

```
                       ;            /* never returns. We use an endless loop*/
             }                      /* Replace the dots (...) with your own code. */
}
```

创建源文件以后，就可以将这个文件添加到工程中。μVision 提供了几种方法将源文件添加到工程中。例如，在 Project Workspace→Files 页的文件组上单击鼠标右键，然后在弹出的菜单中选择 Add Files 菜单项，这时将打开标准的文件对话框，选择刚才创建的 main.c 文件即完成源文件的添加，如图 9-19 所示。

4）增加和配置 ARM 设备的启动代码。

一般来说，ARM 程序需要与目标硬件的设计配置相匹配的 CPU 初始化代码。当创建工程的时候，μVision 要求添加与选定的 CPU 相匹配的启动代码。根据所使用的工具链的不同，启动代码文件所在的文件夹分别为..\ARM\Startup（针对 Keil 开发工具链），..\ARM\GNU\Startup（针对 GNU 开发工具链）和..\ARM\ADS\Startup（针对 ADS 开发工具链）。对于不同的微控制

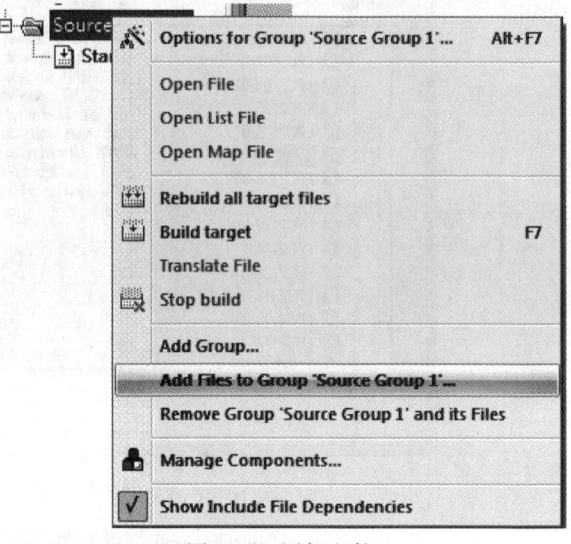

图 9-19　添加文件

器来说，这些文件夹包含不同的启动代码。Philips LPC2106 的启动代码文件为...\Startup\Philips\Startup.s。为了和目标硬件相匹配，用户可能会修改这个启动代码文件，所以工程中的启动代码文件是 Startup.s 的一个副本。

文件组（file group）可以组织更大的工程。对于 CPU 的启动代码和其他的系统配置文件，可以通过 Project→Manage→Components，Environment and Books 对话框创建一个单独的文件组。使用 New（Insert）按钮创建名为 System Files 的文件组。在工程窗口中，可以将 Starup.s 文件拖放到这个新建的文件组中，如图 9-20 所示。

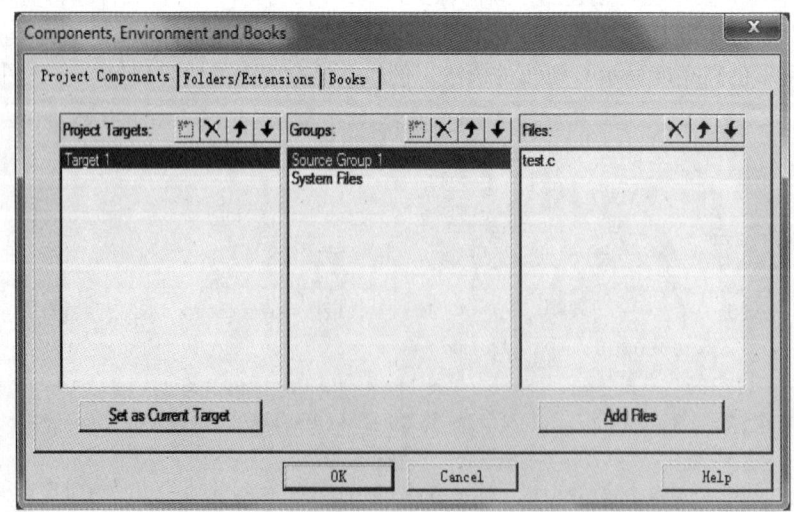

图 9-20　Components，Environment and Books 对话框

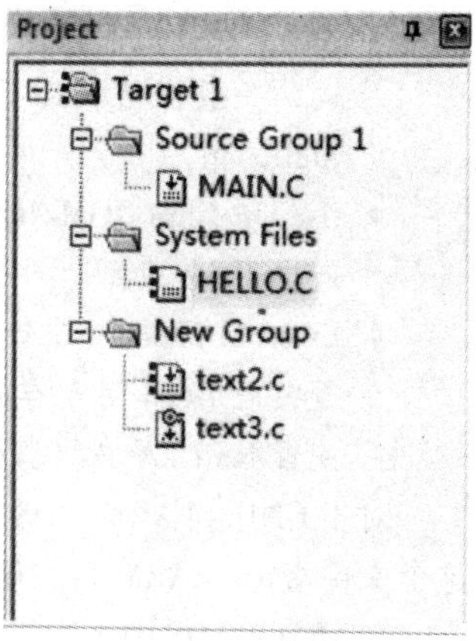

# 第 9 章　嵌入式开发环境

如图 9-21 所示，在工程中添加文件后，μVision 的工程空间窗口中将会出现所有的文件，这个窗口中的文件以在窗口中的排列顺序进行编译和链接。可以通过拖放的方式移动文件的位置，同时也可以单击目标和组改变它们的名字。在本窗口内单击鼠标右键，在弹出的菜单中可以进行如下的操作：

- 设置工具选项
- 删除文件或组
- 将文件添加到组中
- 打开文件

在工程空间中，不同的图标显示了文件和文件夹（文件组）的不同属性。如：

带箭头的文件图标表示编译和链接工程文件。

图 9-21　工程空间中的文件

链接运行时不包含的文件不带箭头。对于一般的文档文件这是很常见的，然而，在属性对话框中取消 Include in Target Build 的选择，同样也可以不包含源文件。

只读文件被标志为一个钥匙。在软件版本控制系统中这样的文件是很常见的，因为 SVCS 使这样文件的复制为"只读"。

，带有特殊选项的文件和文件夹被圆点标记。

5）设置目标硬件的工具选项。

μVision 可以设置目标硬件的选项。通过工具栏按钮或 Project→Options for Target 菜单项打开 Options for Target 对话框，在 Target 页中设置目标硬件及所选 CPU 片上组件的参数。图 9-22 是 LPC2106 的一些参数设置。

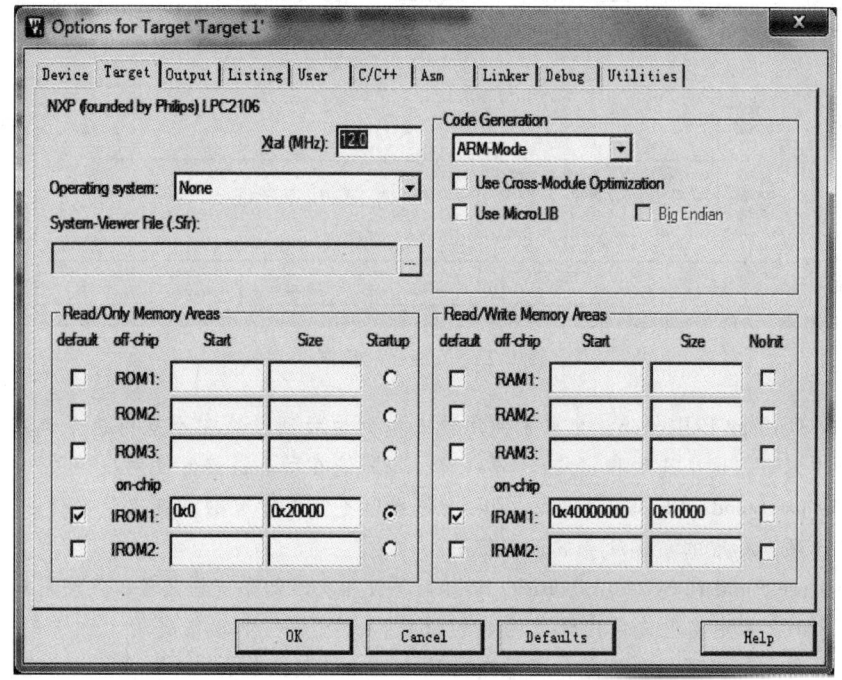

图 9-22　LPC2106 的参数设置

- Xtal，设备的晶振频率。大多数基于 ARM 的微控制器都使用片上 PLL 产生 CPU 时钟。所以，一般情况下 CPU 的时钟与 Xtal 的频率是不同的。仔细查阅硬件手册以确定合适的 Xtal 的值。
- Use On-Chip ROM/RAM，仅针对 Keil ARM 工具。选择这两个多选框以后，将设置 Keil LA 链接器/装载器。对于 GNU 和 ADS，是通过链接器控制文件实现的。
- External Memory 仅针对 Keil ARM 工具，指定目标硬件的外部存储区域。RAM 用于存取变量，而 ROM 用于存储常量和程序代码（一般为 EPROM 或 Flash 存储器）。这些信息用于配置 Keil LA 链接器/装载器。对于 GNU 和 ADS，是通过链接器控制文件实现的。

对于 GNU 和 ARM ADS/RealView 工具链来说，链接器的配置是通过链接器控制文件实现的。这个文件指定了 ARM 目标硬件的存储配置。预配置的链接器控制文件在文件夹 ..\ARM\GNU 或 ..\ARM\ADS 中。为了与目标硬件相匹配，用户可能会修改链接器控制文件，所以工程中的那个文件是预配置的链接控制文件的一个副本。这个文件可以通过 Project-Options for Target 对话框的 Linker 页添加到工程中，如图 9-23 所示。

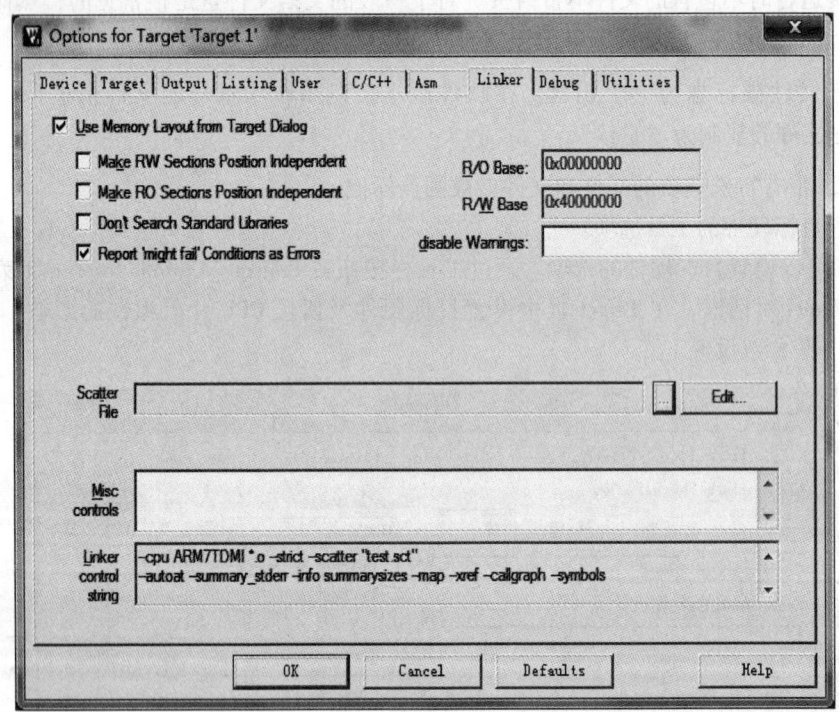

图 9-23　Linker 对话框

- Enable Garbage Collection，允许未使用输入段的垃圾回收。在不支持这个选项的目标中，它会被忽略。这个选项和 '-r' 不一样，也不能在动态链接时使用。
- Do not use Standard System Startup Files，链接时不使用标准的系统启动文件。如果不选中这个选项，标准的系统库会被正常使用。
- Do not use Standard System Libraries，链接时不使用标准的系统库文件，仅使用 C 和 GCC 库。
- Text Start，指定输出文件代码段的起始地址，必须是一个单精度的十六进制整数。为了保持和其他链接器的兼容性，必须忽略这个十六进制值前面的 0X。
- Data Start，指定输出文件数据段的起始地址，必须是一个单精度的十六进制整数。为了

# 第 9 章 嵌入式开发环境

保持和其他链接器的兼容性，必须忽略这个十六进制值前面的 0X。
- BSS Start，指定输出文件 BSS 段的起始地址，必须是一个单精度的十六进制整数。为了保持和其他链接器的兼容性，必须忽略这个十六进制值前面的 0X。
- Linker Script File Include Libraries，指定在编译时导入的库。
- Include Paths，向路径列表中添加路径，在这些路径中 LD 将搜索库文件和 ld 控制脚本。在任何时候都可以使用这个选项。这些文件夹是按照它们在列表中的顺序搜索，且是在默认文件之前搜索的。
- Misc controls，使用 Misc 控制框指定链接器需要的命令，这些命令没有单独的对话框控制。
- Linker control string，这个文本框显示了当前链接器的命令行。

6) 编译工程，创建能烧写到 PROM 中的十六进制文件。

一般来说，在新建一个应用程序的时候，Options→Target 页中的所有工具和属性都要配置。

单击 Build Target 工具栏 按钮将编译所有的源文件，链接应用程序。当编译有语法错误的应用程序时，μVision 将在 Output Window→Build 窗口中显示错误和警告信息，如图 9-24 所示。单击这些信息行，μVision 将会定位到相应的源代码处。

```
Build Output
Build target 'Target 1'
compiling test.c...
test.c(12): error:   #29: expected an expression
Target not created
```

图 9-24　编译错误提示

如果源文件编译成功，产生应用程序以后就可开始调试了，然后创建可下载到 EPROM 或软件仿真器中运行的 Intel 十六进制文件。当 Options for Target→Output 页中的 Create HEX file 多选框被选中后，μVision 每次编译后都会生成十六进制文件。Flash Fill Byte、Start 和 End 文本框中的值被 OH166 使用工具用来产生十六进制文件，如图 9-25 所示。在 Run User Program #1 文本框中指定程序时，当编译过程完成后就可以启动 PROM 编程器了。

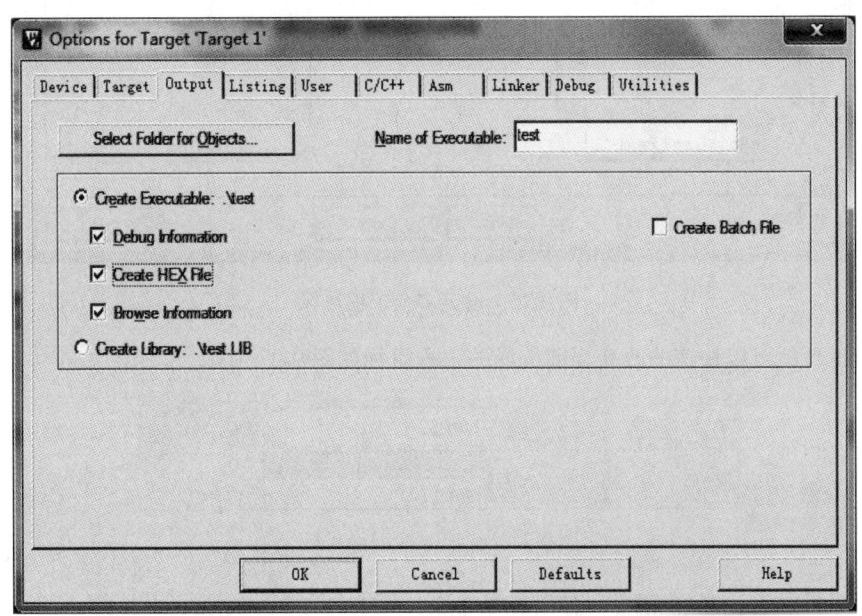

图 9-25　编译生成十六进制文件选项

现在，可以修改工程中已存在的代码或向工程中添加代码了。Build Target 工具按钮仅编译已修改过或新建的源文件，产生可执行的文件。μVision 有一个文件的依赖列表，它记录了每一个源文件所包含的头文件。甚至工具选项都保存在文件依赖列表中，所以只有在需要的时候μVision 才会重新编译这些源文件。

通过使用不同的工程目标（project target），μVision 可以使单个工程生成几个不同的程序。开发者可能需要一个目标（target）作为测试，另一个目标作为应用程序的发布版。在同一个工程文件中，每一个目标都具有各自的工具设置，通过快捷键 Alt + F7，即可调出图 9-26 进行多目标工具设置。

文件组（file group）可以将工程中相关的文件组织在一起，这样有利于将一组文件组织到一个功能块中或区分一个开发团队中的工程师。在以前的一些例程中，已经以文件组的形式将 CPU 相关文件同其他源文件隔离开。在 μVision 中，使用这种技术很容易管理具有几百个文件的工程。

在 Project→Manage→Components，Enviroment and Books→Project Components 对话框中可以创建工程目标和文件组，如图 9-26 所示。

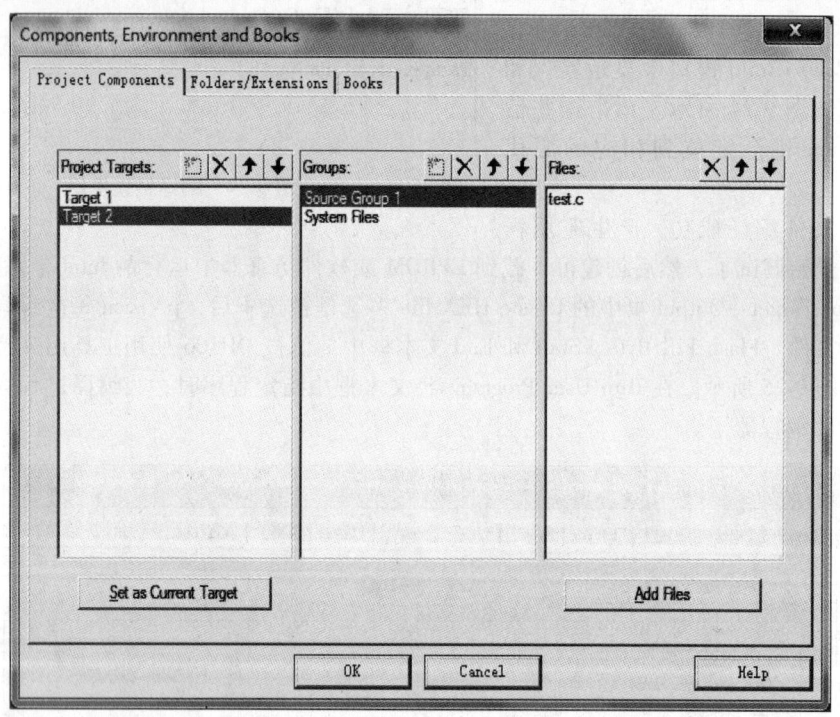

图 9-26　设定多个工程目标

在编译工具栏可以快速的改变当前编译的工程目标如图 9-27 所示。

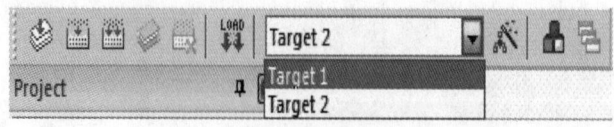

图 9-27　快速改变编译目标

在编译工具栏中，按钮可以弹出工程选项，其中包含多个标签页，如图 9-28 所示。各个标签页简要介绍见表 9-1。

表 9-1　标签页简要介绍

| 标 签 页 | 功　能 |
|---|---|
| Device | 从 μVision 的设备数据库中选择设备 |
| Target | 为应用程序指定硬件环境 |
| Output | 定义工具链的输出文件，在编译完成后运行用户程序 |
| Listing | 指定工具链产生的所有列表文件 |
| C | 设置 C 编译器的工具选项，例如代码优化和变量分配 |
| Asm | 设置汇编器的工具选项，如宏处理 |
| Linker | 设置链接器的相关选项。一般来说，链接器的设置需要配置目标系统的存储分配。设置链接器定义存储器类型和段的位置 |
| Debug | 设置 μVision 调试器 |
| Utilities | 配置 Flash 编程实用工具 |

## 9.3.2　测试应用程序

μVision 调试器可以测试用 GNU 或 ARM ADS/RealView 工具链开发的应用程序。μVision 调试器提供了两种操作模式，这两种模式可以在 Options for Target→Debug 对话框中选择，如图 9-28 所示。

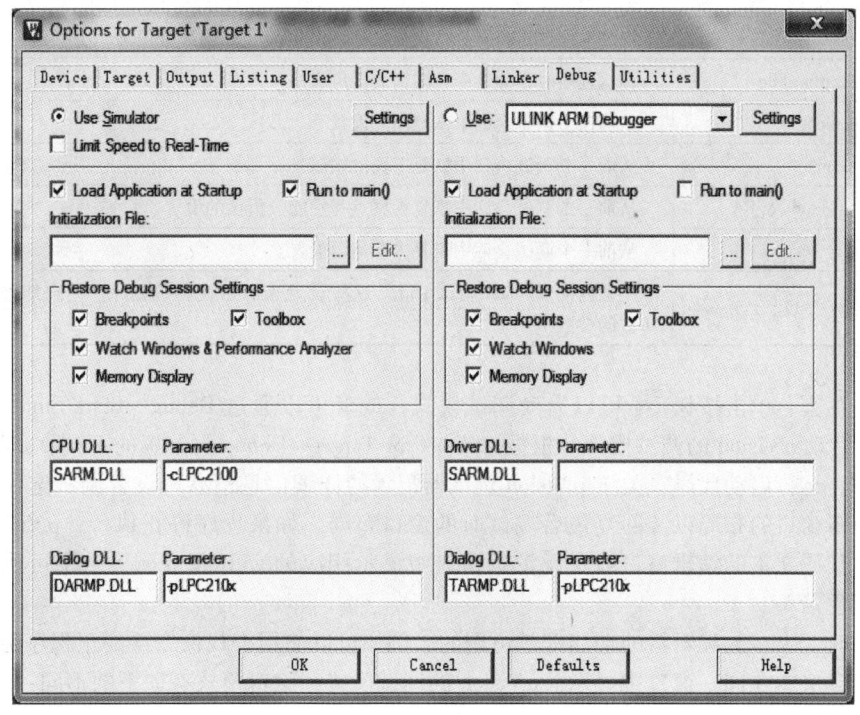

图 9-28　Debug 设定

- 单选框 Use Simulator 用于选择 μVision 的软件仿真器作为调试器，它可以在没有目标硬件的情况下仿真 ARM7 微控制器的大部分功能。在目标硬件设计好之前，可以用这个软件仿真器调试嵌入式应用程序。μVision 可以仿真许多片上外设，例如串口、外部 I/O 和定时器。当为目标（target）从设备数据库中选择一个 CPU 时，可仿真的片上外设就已经确定了。

- 使用高级 GDI 驱动器，例如 Keil ULink2 ARM 调试器提供了一个与目标硬件相连接的接口。使用高级 GDI 接口可以直接将 μVision 调试器与硬件仿真器、嵌入式 ICE（片上调试系统）相连，例如带 USB-JTAG 接口的 Keil ULink2 仿真器。

μVision 调试器可以仿真高达 4GB 的存储空间，这些存储空间可以被映射为读、写或可执行等访问权限。μVision 软件仿真器可以捕获和报告非法的存储访问。除了存储映射以外，软件仿真器同时可以仿真各种基于 ARM 微控制器的片上外围设备。在创建工程时，从设备数据库中选择的 CPU 就决定了可以用软件仿真器仿真的片上外围设备。关于从设备数据库中选择设备的信息请参考运行 μVision 及创建工程文件。可以通过调试菜单选择和显示片上外围设备，同时通过相应的对话框改变这些外围设备的特征。

图 9-28 中，对话框选项解释见表 9-2。

表 9-2　Options for target→Debug 对话框选项解释

| 选　项 | 功　能 |
| --- | --- |
| Use Simulator | 选择 μVision 的软件仿真器作为调试工具 |
| Use ULink2 | 选择高级的 GDI 驱动器和调试硬件相连 |
| Keil ULink2 ARM7 Debugger | ARM7 调试器可以用带 USB-JTAG 接口的 Keil ULink2 仿真器和目标板相连。同时也有现存的第三方 μVision 驱动器 |
| Settings | 打开已选的高级 GDI 驱动器的配置对话框 |
| Load Application at Startup | 选中该选项以后，在启动 μVision 调试器时自动加载目标应用程序 |
| Run till main () | 当启动调试器时开始执行程序，直到 main () 函数处停止 |
| Initialization File | 调试程序时作为命令行输入的指定文件 |
| Breakpoints | 从前一个调试会话中恢复断点设置 |
| Toolbox | 从前一个调试会话中恢复工具框按钮 |
| Watch windows & PA | 从前一个调试会话中恢复观察点和性能分析仪的设置 |
| Memory Display | 从前一个调试会话中恢复内存显示设置 |
| CPU DLL, Driver DLL, Parameter | 配置内部 μVision 调试 DLL。这些设置来源于设备数据库。用户能修改 DLL 或 DLL 的参数 |

在工具栏上，单击按钮 可以启动调试模式，或者可以通过 Debug→Start/Stop Debug Session 菜单项启动 μVision 的调试模式。根据 Options for Target→Debug 页配置的不同，μVision 将加载应用程序，运行启动代码。关于 μVision 调试器配置的详细信息请参考设置调试选项。μVision 可以保存编辑窗口的布局以及回复最后调试时的窗口布局。如果程序停止执行，μVision 将打开一个显示源代码文本的编辑窗口或在反汇编窗口中显示相应的 CPU 指令。下一个可执行的语句被标记为黄色箭头。

在调试时，大多数编辑器的功能都是可用的，例如可以使用查找命令或纠正程序错误。应用程序的源代码文本在同一窗口中显示。μVision 的调试模式和编辑模式有如下的不同：
- 调试菜单和调试命令是可用的。调试窗口将在以后讨论。
- 工程结构和工具参数是不能被修改的。所有的编译命令不可用。

在 Debug 模式下， 按钮表示执行应用程序， 按钮表示重置 CPU， 按钮表示停止代码执行， 按钮表示设置断点， 按钮可以使断点生效或失效， 按钮表示关闭所有断点， 和 按钮表示调试下一行代码，调试状态的界面如图 9-29 所示。

# 第 9 章 嵌入式开发环境

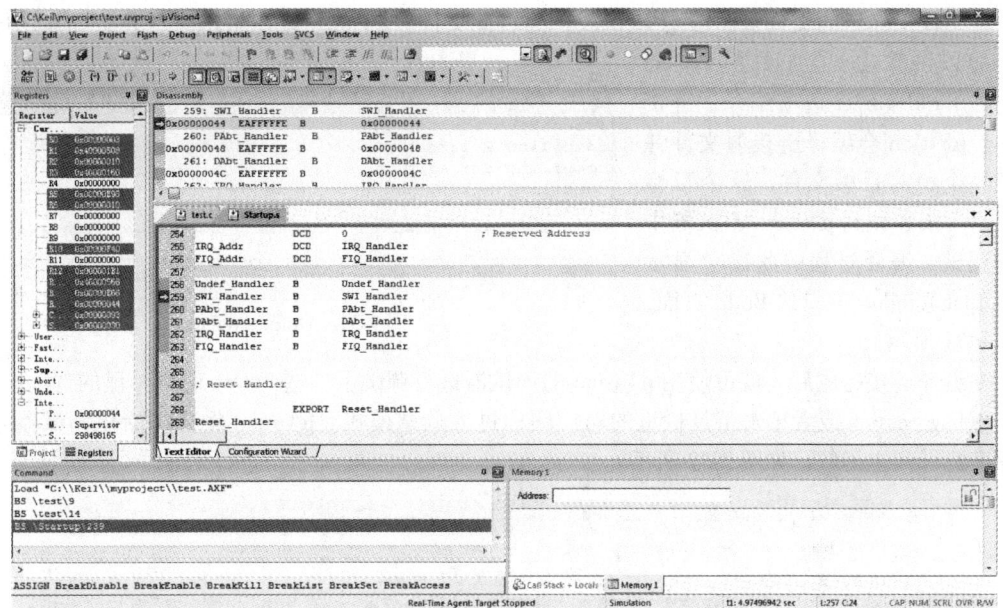

图 9-29　Debug 模式界面

下面以 Hello 工程为例介绍 μVision 调试器的使用简要过程。

Hello 例程可在 \ Keil \ ARM \ Examples \ Hello 中找到，这个例程用来通过串口打印出字符串"Hello World"。在 Hello.c 中包含整个程序的源代码。

这个小程序可以用来验证应用程序的编译、链接以及调试。可以使用工程文件或使用批处理文件在 DOS 命令行或 μVision 环境中执行这些操作。例程 Hello/GNU 是基于 Atmel LPC2100 的，该例程使用了片上外设的串口。此外，μVision 还可以为此例程仿真目标硬件而不需要实际的 CPU。

在 μVision 里，应用程序被组织在一个工程文件中。在工具栏 Project 中选择 Open Project 选项，选择路径 \ Keil \ ARM \ Examples \ Hello，打开 Hello.uvproj 工程文件，如图 9-30 所示。

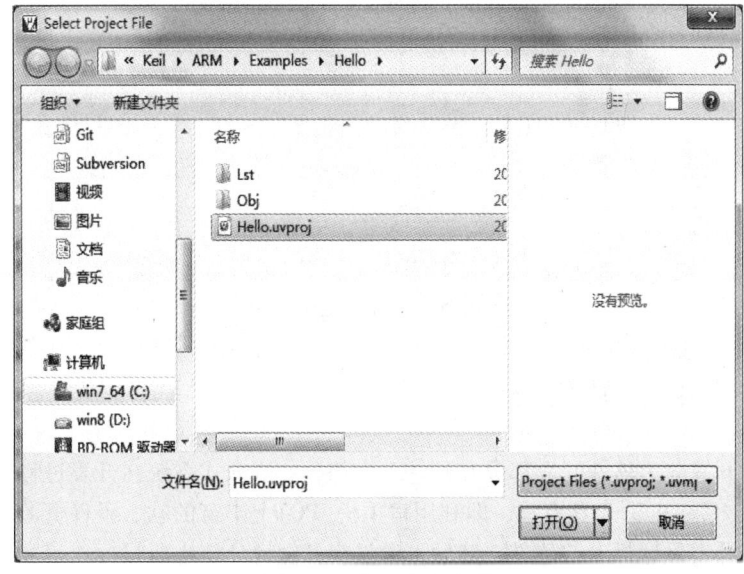

图 9-30　打开工程文件

在工程工作区的文件页面双击 Hello.c，编辑此文件。μVision 会在编辑窗口装载和显示的文件内容以供修改。在工具栏 Project 中选择 Build Target 选项编译、链接工程。μVision 会编译链接源文件并生成一个绝对目标文件，这个目标文件可用来装载到 μVision 调试器中进行调试。编译过程的状态会显示在 Output Window 窗口的 Build 页面，如图 9-31 所示。

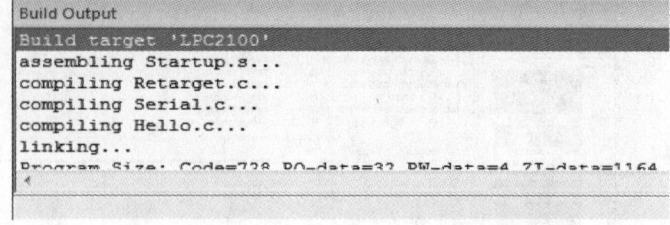

图 9-31　Output Window

在编译链接完成后，就可使用 μVision 的调试器进行调试了。选择 Debug 菜单里的选项 Start/Stop Debug Session 或者单击工具栏里的对应图标进入调试模式。μVision 将会初始化调试器并启动程序运行到主函数，如图 9-32 所示。

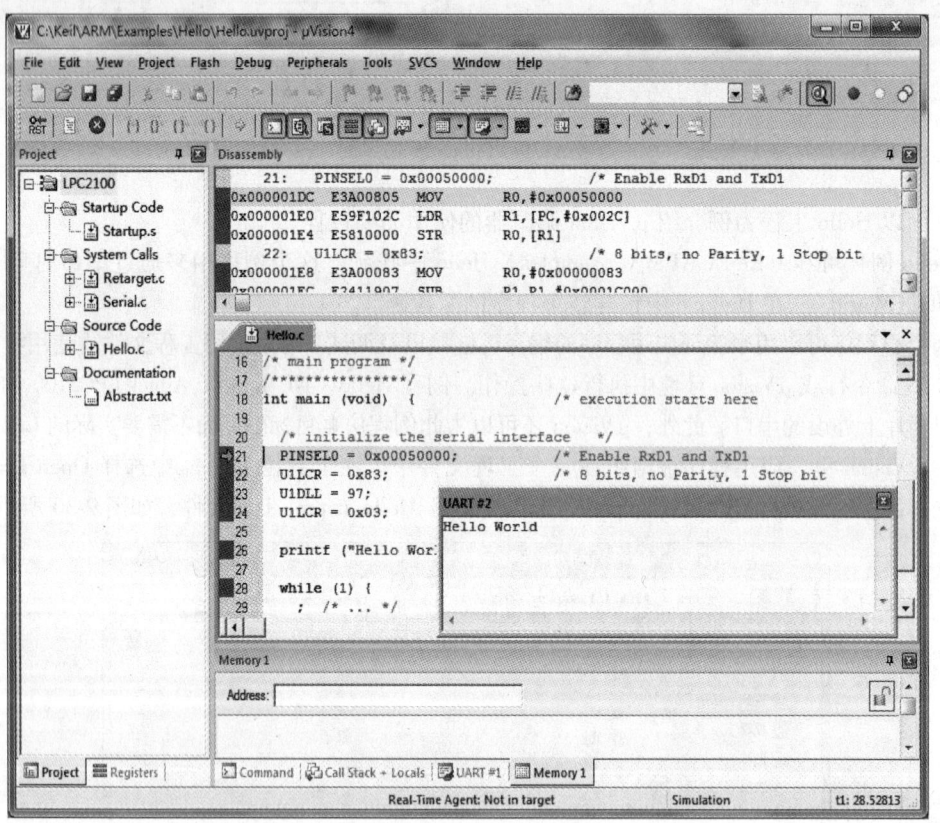

图 9-32　Hello.c 运行结果

## 9.4　嵌入式系统开发流程

嵌入式系统开发分为软件开发部分和硬件开发部分。嵌入式系统在开发过程一般都采用上文所述的"宿主机/目标板"开发模式，即利用宿主机（PC）上丰富的软、硬件资源及良好的开发环境和调试工具来开发目标板上的软件。然后，通过交叉编译环境生成目标代码和目标板可以运行的文件，通过上文所述的下载方式（串口/USB/以太网/JTAG 等）下载到目标板上，利用交叉调试器在宿主机上调试目标板上的应用程序。最后,将程序下载固化到目标机上,完成整个开发过程。

嵌入式系统开发流程和软件工程流程有一定相似,例如都具有需求分析、总体设计和测试等部分,但是嵌入式系统往往会涉及硬件开发,所以其开发有其自身的一些特点,如图 9-33 所示为嵌入式系统开发的一般流程,主要包括系统需求分析(要求有严格规范的技术要求)、系统总体设计、硬件(机械系统)设计、软件设计、系统集成、系统测试,最终得到产品。

(1) 系统需求分析。确定设计任务和设计目标,并完成设计规格说明书,作为正式设计指导和测试验收的标准。系统需求分析包括功能性需求和非功能性需求两个方面。功能性需求是系统的基本功能,包括输入输出信号、操作方式、表现形式等;非功能需求包括系统性能、成本、功耗、体积、重量等因素。

(2) 体系结构设计。根据系统需求分析的结果,描述系统如何实现所述的功能和非功能需求,包括对硬件和软件的功能划分和选型等。一个好的体系结构是嵌入式系统设计成功的关键。

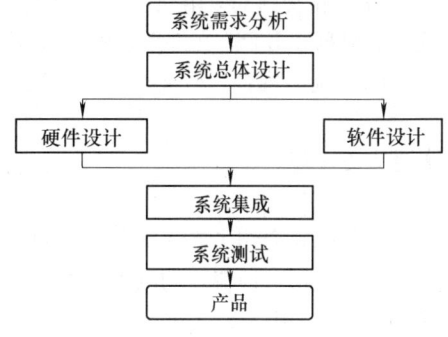

图 9-33 嵌入式系统开发流程

(3) 软硬件协同设计。基于体系结构,对系统的软硬件进行详细设计。为了缩短产品开发周期,设计往往是并行的。嵌入式系统设计的工作大部分都集中在软件设计上,软件设计的过程需要完成的工作包括代码编程、交叉编译和链接、交叉调试和测试等。

(4) 系统集成。把系统的软件和硬件集成在一起,进行调试,发现并改进单元设计过程中的错误。

(5) 系统测试。对设计好的系统进行测试,看其是否满足规格说明书中给定的功能要求。一般的开发过程中,软硬件设计、系统集成以及系统测试是反复进行的。

嵌入式系统开发模式最大特点是软件开发和硬件开发相结合的,软件针对硬件开发、固化,不易修改。如果在一个嵌入式系统中使用 Linux 作为开发系统,根据应用需求分析的结果会有不同的应用配置方法。这里介绍一下完整的开发过程:

(1) 建立开发环境。操作系统可以使用 Windows,也可以选择 Linux,选择相应的交叉编译器进行安装(比如,arm-linux-gcc、arm-uclibc-gcc),或者安装产品厂家提供的相关交叉编译器。

(2) 配置宿主机。如上文所述,包括:安装配置串口通信软件,例如 Linux 下的 Minicom,Windows 下的超级终端;安装 JTAG、USB 等下载工具的驱动程序;如果目标板支持网络通信,那么可以配置 NFS 网络文件系统;

(3) 建立引导装载程序 Boot Loader。从网络上下载一些 Boot Loader 开源代码,如 U-Boot、Blob、VIVI、ARMboot、Redboot 等,根据具体芯片进行移植修改。有些芯片没有内置引导装载程序,比如,三星的 ARM7、ARM9 系列芯片,这样就需要编写开发板上 Flash 的烧写程序,例如:Windows 下的 Flash 烧写工具 H-JTAG,Linux 下的开源代码的 J-Flash,或者可以使用开发板厂家提供的 Flash 烧写程序。这是让系统可以正常运行的第一步。

(4) 下载已经移植好的 Linux 操作系统,如 uCLinux、ARM-Linux 等。如果有专门针对所使用的开发板移植好的 Linux 操作系统则可以减少嵌入式系统开发的工作量,否则需要针对开发板进行系统移植,移植包括内存重新划分、外设的支持等。

(5) 建立根文件系统。使用 Busybox 软件按照需要生成根文件系统,包括所需要的命令和目录结构，然后添加启动脚本。由于默认的启动脚本一般都不会符合应用的需要，所以就要修改根文件系统中的启动脚本，它的存放位置位于/etc 目录下，包括/etc/inittab、/etc/init.d/rc.S 等，自动挂装文件系统的配置文件/etc/fstab，具体情况会随系统有所变化。

（6）建立应用程序的 Flash 分区方案。嵌入式系统可以使用线性 NOR Flash（512KB ~ 32MB），也可以使用非线性 NAND Flash（8MB ~ 512MB）。在确定了 Flash 的类型和容量后，需要根据应用规划设计 Flash 的详细分区方案，来确定代码和数据的存放位置。

（7）开发测试应用程序。在嵌入式 Linux 环境中，应用程序可以放入根文件系统中，也可以放入 YAFFS、JFFS2 文件系统中。

（8）烧写内核、根文件系统和应用程序，发布产品。

## 9.5 小结

本章主要介绍了嵌入式开发环境的特点和基本知识，使读者对嵌入式开发环境有全面的了解，其中包括目前流行的两种开发环境 IAR 和 Keil，读者可以初步了解这两种开发环境的基本步骤。此外，简要介绍了嵌入式开发流程，为后续深入地学习和工作打好坚实的基础。

## 9.6 复习思考题

1. 简述交叉编译的定义，解释为什么要使用交叉开发环境？
2. 列举宿主机与目标机的连接方式，各连接方式在传输文件时优、缺点。
3. 简述嵌入式软件开发的流程。
4. 简述 IAR EWARM 集成开发环境的优点。
5. 简述 Keil 集成开发环境的优点。
6. 简述嵌入式系统的开发流程。

# 第 10 章  图形界面编程

**本章主要内容**

- 嵌入式图形编程概述
- Qt 编程实例
- MiniGUI 编程实例
- Qt 编程基础
- MiniGUI 编程基础

为了让读者对嵌入式 Linux 中能够使用的图形及图形用户界面有较全面的认识，本章将为读者介绍一些嵌入式 Linux 系统中常见的图形及图形用户界面系统。

## 10.1  嵌入式图形编程概述

### 10.1.1  Linux 图形开发基础

本节在介绍图形用户界面一般构架的基础上，详细讨论嵌入式图形用户界面开发常见的底层支持库和高级函数库。这些内容都是 Lines 图形界面开发的基础知识。

**1. GUI 的一般架构**

图形用户界面 GUI(Graphics User Interface)是迄今为止计算机系统中最为成熟的人机交互技术。一个好的图形用户界面的设计不仅要考虑到具体硬件环境的限制，而且还要考虑到用户的喜好等。

由于图形用户界面的引入主要是从用户角度出发的，因此用户自身的主观感受对图形用户界面的评价占了很大比重，比如易用性、直观性、友好性等。另外，从纯技术的角度看，仍然会有一些标准需要考虑，比如跨平台性、对硬件的要求等。在嵌入式系统开发和应用中，我们所考虑的问题主要集中在图形用户界面对硬件的要求，以及对硬件类型的敏感性方面，在提供给用户的最终界面方面只是要求简单实用就够了。

虽然不同的 GUI 系统因为其使用场合或服务目的的不同，具体实现互有差异，但是总结起来，一般在逻辑上可以分为以下几个模块：底层 I/O 设备驱动（显示设备驱动、鼠标驱动、键盘驱动等）、基本图形引擎（画点、画线、区域填充）、消息驱动机制、高层图形引擎（画窗口、画按钮），以及 GUI 应用程序接口 (API)。如图 10-1 所示。

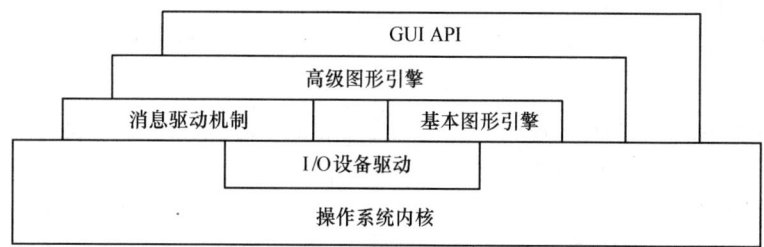

图 10-1  GUI 的一般架构

(1) 底层 I/O 设备驱动，例如，显示驱动、鼠标驱动、键盘驱动等构成了 GUI 的硬件基础。由于此类设备的多样性，需要对其进行抽象，并提供给上层一个统一的调用接口。而各类设备驱动则自成一体，形成一个 GUI 设备管理模块。当然，从操作系统内核的角度看，GUI 设备管理模块则是操作系统内核的 I/O 设备管理的一部分。

(2) 基本图形引擎模块完成一些基本的图形操作，如画点、画线、区域填充等，它直接和底层 I/O 设备打交道。同时，多线程或者多进程机制的引入也为基本图形模块的实现提供了较大的灵活性。

(3) 消息不仅是底层 I/O 硬件和 GUI 上层进行交互的基础，同时也是各类 GUI 组件，如窗口、按钮等相互作用的重要途径。一个 GUI 系统的消息驱动机制的效率对该系统的性能，尤其是对响应速度等性能的影响很大。

(4) 高级图形引擎模块则在消息传递机制和基本图形引擎的基础上完成对诸如窗口、按钮等的管理。

(5) GUI API 则是提供给最终程序员的编程接口，使得他们能够利用 GUI 体系所提供的 GUI 高级功能快速开发 GUI 应用程序。

另外，为了实现 GUI 系统，一般需要用到操作系统内核提供的功能，如线程机制、进程管理。当然，不可避免地需要用到内存管理、I/O 设备管理，甚至还可能有文件管理。

从用户的观点来看，图形用户界面（GUI）是系统的一个至关重要的方面。由于用户通过 GUI 与系统进行交互，所以 GUI 应该易于使用并且可靠性强。此外，它不能占用太多的内存，以便在内存受限的微型嵌入式设备上无缝执行。由此可见，它应该是轻量级的，并且能够快速装入。

嵌入式 GUI 要求简单、直观、可靠、占用资源小且反应快速，以适应系统硬件资源有限的条件。另外，由于嵌入式系统硬件本身的特殊性，嵌入式 GUI 应具备高度可移植性与可裁减性，以适应不同的硬件条件和使用需求。总体来讲，嵌入式 GUI 具备以下特点：

① 体积小。
② 运行时耗用系统资源小。
③ 上层接口与硬件无关，高度可移植。
④ 高可靠性。
⑤ 在某些应用场合应具备实时性。

一个能够移植到多种硬件平台上的嵌入式 GUI 系统，应至少抽象出两类设备：基于图形显示设备（如 VGA 卡）的图形抽象层 GAL（Graphic Abstract Layer）和基于输入设备（如键盘，触摸屏等）的输入抽象层 IAL（Input Abstract Layer）。GAL 层完成系统对具体的显示硬件设备的操作，最大限度地隐藏各种不同硬件的技术实现细节，为程序开发人员提供统一的图形编程接口。IAL 层则需要实现对于各类不同输入设备的控制操作，提供统一的调用接口，如图 10-2 所示。GAL 层与 IAL 层设计概念的引入，可以显著提高嵌入式 GUI 的可移植性。

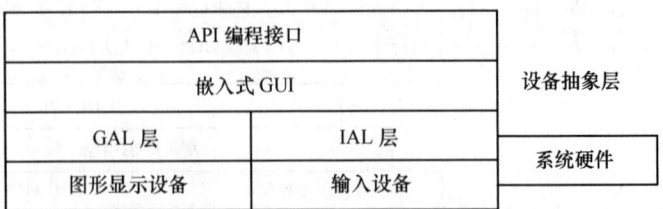

图 10-2 基于嵌入式 Linux 的 GUI 系统底层实现基础

**2. 嵌入式 GUI 底层支持库**

目前应用于嵌入式 Linux 系统中比较成熟，功能也比较强大的 GUI 系统底层支持库有 X Window、FrameBuffer、SVGA lib、LibGGI 等。

（1）X Window

提起 Linux 上的图形，许多人首先想到的是 X Window（简称 X）。这一系统是目前 Linux 系统中处于主导地位的桌面图形系统，其架构如图 10-3 所示。

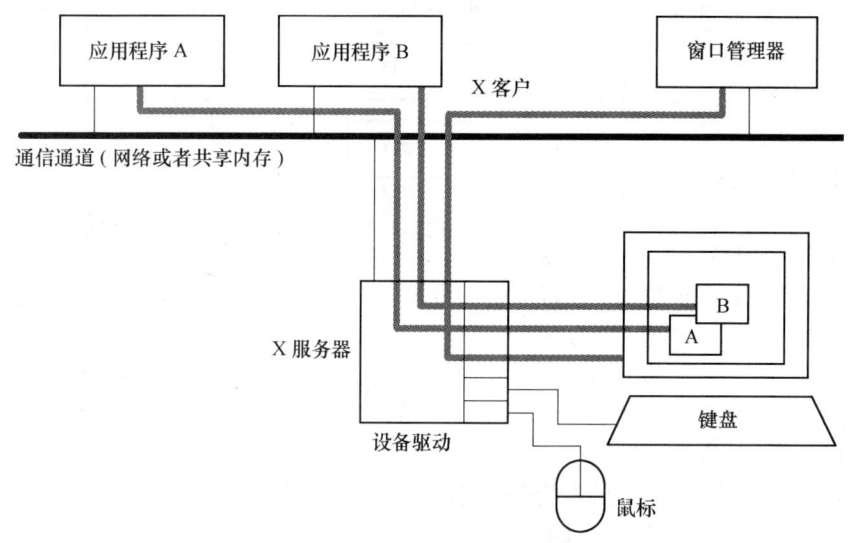

图 10-3　X Window 系统的一般架构

X Window 是一个客户机/服务器型的应用程序，服务器程序用来控制键盘、鼠标及显示器等 I/O 设备，服务器上同时运行多个应用程序，而每个应用程序都拥有自己的一个主窗口。

X 的 I/O 设备是由 X 服务器（X Server）控制，应用程序要对 I/O 设备操作，只需通过某个指定的通信通道向 X 服务器发出申请就可以了。

X 服务器负责管理显示图形界面，接收键盘鼠标等输入设备事件，并将它们传送给对应的应用程序，这些应用程序在这里被称为 X 客户（X Client），同时接收并处理应用程序发出的显示请求。对诸如按钮、窗口这样的用户界面，X 服务器并没有做定义或者相应的运行，这些都留给了 X 客户程序自行完成。

1）在 X Window 系统中，用户界面被进一步分成两个部分，一部分是窗口管理器，它负责管理桌面环境，包括窗口的移动、缩放、创建和注销等；另一部分是应用程序界面，这部分的功能包括决定标题栏的显示方式等，它最终决定应用程序的观感。窗口管理器通常是由独立的管理程序实现的；而由于应用程序界面是内置于应用程序的，因此在同一个显示屏上可能会有不同风格的界面类型出现。

X 的显示基础是窗口（Window），所有一切的输出都在窗口中。在 X Window 系统中，窗口是极其廉价的资源，用户可以轻松拥有数百个窗口，而不像其他视窗系统中，由于每个窗口对应一个打开的文件，从而受到存储资源的限制，这种情况下，用户能拥有数十个窗口就不错了。

2）在 X Window 系统中，所有的窗口组成了一个树状的层次结构，在这个树的根部是所有窗口的根窗口，它覆盖了整个显示屏。每个应用程序都有一个主窗口，而这些主窗口都是根窗口的子窗口。而每个应用程序会在主窗口之内继续创建新的窗口，这些窗口又成为相应主窗口的子窗口，如此循环下去形成了一个严整的树形结构，如图 10-4 所示。

3）在 X Window 系统中，允许多屏显示，即可以拥有多个显示屏幕，从而能够拥有更大的视野。另外，它还支持虚拟显示屏，可以通过移动鼠标从一个虚拟屏幕转换到另外一个虚拟屏幕，而这些虚拟屏幕共用同一个显示设备，这样做的结果就是无形中扩大了显示设备的视野。理论上讲，一个窗口可以无限大，但是，除了根窗口之外，所有的窗口都会因为是某个窗口（父窗口）的子窗口所以其可见部分不能超出其父窗口的可视范围，换句话说，任何一个窗口的显示区域都不可能超过根窗口的显示区域。

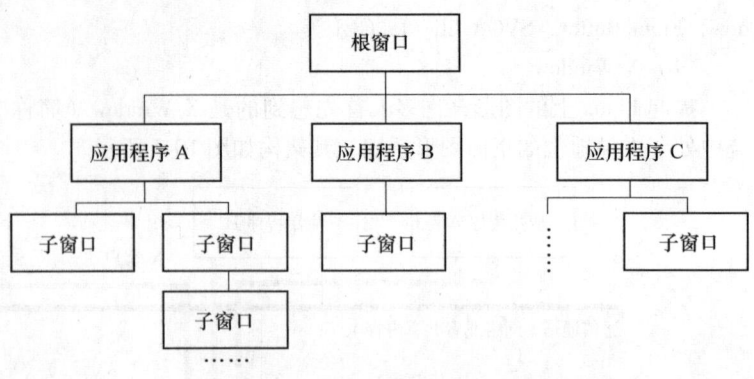

图 10-4　X Window 系统的树形视窗结构

客户程序的显示输出实际上是一个请求/响应过程。由于客户程序向 X 服务器发送的是对象显示请求，而不是位图显示请求，所以即使在网络环境中，这种请求/响应过程也是很高效的，在带宽很小的条件下也能顺畅进行。

由于通信通道可以是网络也可以是进程间通信常常提及的共享内存，因此，X 系统的客户和服务器可以在同一台机器上，也可以不在同一台机器上。一个应用程序不管是在本地运行，还是在某台机器上远程运行，都可以实现在本地显示。X 系统的这种特性就是所谓的网络透明。服务器则是使用"事件"将键盘鼠标的动作或者某些状态的改变通知给客户程序，而客户程序在接收到这些事件之后会做出相应的反应。

X Window 作为一个图形环境是非常成功的，在它上面可以运行包括 CAD 建模工具和办公套件在内的大量应用程序。但由于 X Window 在体系接口上的原因，限制了它对游戏、多媒体的支持能力。用户在 X Window 上运行 VCD 播放器，或者一些大型的三维游戏时会发现，同样的硬件配置却不能获得和 X Window 操作系统一样的图形效果，即使使用了加速的 X Server，其效果也不能令人满意。另外，大型的应用程序（比如 Mozilla 浏览器）在 X Window 上运行时的响应能力也不尽如人意。当然，这里有 Linux 内核在进程调度上的问题，也有 X Window 的原因。X Window 为了满足对游戏、多媒体等应用对图形加速能力的要求，提供了 DGA（直接图形访问）扩展，通过该扩展，应用程序可以在全屏模式下直接访问显示卡的帧缓冲区，并能够提供对某些加速功能的支持。

Tiny-X 是 X Server 在嵌入式系统的小巧实现，它由 Xfees86 care Team 的 Keith Packard 开发，它的目标是运行于小内存系统环境，典型的运行于 X86 CPU 上的 Tiny-X Server 占用的内存接近（小于）1MB。

(2) FrameBuffer

FrameBuffer 是出现在 2.2.xx 内核中的一种驱动程序接口。由于 Linux 工作在保护模式，所以用户态进程无法像 DOS 那样使用显卡 BIOS 里提供的中断调用来实现直接写屏，Linux 抽象出 FrameBuffer 这个设备来供用户态进程实现直接写屏。在使用 FrameBuffer 时，Linux 是将显卡置于图形模式下的。FrameBuffer 就是模仿显卡的功能，相当于抽象的显卡硬件结构，实现了通过 FrameBuffer 的读写直接对显存进行操作。用户可以将 FrameBuffer 看成是显示内存的一个映像，将其映射到进程地址空间之后，就可以直接进行读写操作，而写操作可以立即反映在屏幕上。这种操作是抽象的、统一的。用户不必关心物理显存的位置、换页机制等具体细节，因为这些都是由 FrarmeBuffer 设备驱动来完成的。

FrameBuffer 设备还提供了若干 ioctl 命令，通过这些命令，可以获得显示设备的一些固定信息（例如显示内存大小），与显示模式相关的可变信息（例如，分辨率、像素结构、每扫描线的字节宽度），以及伪彩色模式下的调色板信息等。通过 FrameBuffer，还可以获得当前内核所支持的加速显示卡的类型（通过固定信息得到），这种类型通常是和特定显示芯片相关的。例如，目前最新的内核（2.4.9）中，就包含有对 S3、Matrox、nVidia、3Dfx 等流行显示芯片的加速支持。在获得了加速芯片类型之后，应用程序可以将 PCI 设备的内存 I/O（memio）映射到进程的地址空间。这些 memio 一般是用来控制显示卡的寄存器，通过对这些寄存器的操作，应用程序可以控制特定显卡的加速功能。但由于 FrameBuffer 本身不具备任何运算数据的能力，只是一个提供显示内存和显示芯片寄存器从物理内存映射到进程地址空间中的设备。所以，对于应用程序而言，如果希望在 FrameBuffer 之上进行图形编程，还需要自己动手完成其他许多工作。举个例子来讲，FrameBuffer 就像一张画布，使用什么样的画笔、如何画画，还需要用户自己动手完成。在这种机制下，尽管 FrameBuffer 需要真正的显卡驱动的支持，但由于所有显示任务都由 CPU 完成，因此 CPU 负担很重。

(3) SVGALib

SVGALib 是 Linux 系统中最早出现的非 X 图形支持库，是 Linux 下的 VGA 驱动函数库。虽然它的品质有点低，支援显卡种类也不多，但是有许多的游戏及程序都是用它来做开发，可以算是非官方的标准了。这个库从最初对标准 VGA 兼容芯片的支持开始，已经发展到对老式 SVGA 芯片，以及现今流行的高级视频芯片的支持。它为用户提供了在控制台上进行图形编程的接口，使用户可以在 PC 兼容系统上方便地获得图形支持。但该系统也存在一些不足：

- SVGALib 从最初的 VGAlib 发展而来，保留了老系统的许多接口，而这些接口却不能良好地适应新显示芯片的图形能力。
- 未能较好地隐藏硬件细节。许多操作不能自动使用显示芯片的加速能力支持。
- 可移植性差。SVGALib 目前只能运行在 X86 平台上，除 Alpha 平台，对其他平台的支持能力较差。
- SVGALib 作为一个老的图形支持库，目前的应用范围越来越小，尤其在 Linux 内核增加了 FrameBuffer 驱动支持之后，有逐渐被其他图形库替代的趋势。

(4) LibGGI

LibGGI 是一个跨平台的绘图库，可以建立一个一般性的图形接口，这个抽象接口连同相关的输入（鼠标、键盘、游戏杆等）接口一起，可以方便地运行在 X Window、SVGALib、FrameBuffer 等之上。建立在 LibGGI 之上的应用程序，不用重新编译，就可以在上述这些底层图形接口上运行。

在 Linux 上，LibGGI 是通过调用 FrameBuffer 或 SVGALib 来完成图形操作的，可能速度比较慢。但在某些不支持 FrameBuffer 或 VGA 的系统上，采用 LibGGI 仍然是一种不错的选择。

### 3. 嵌入式 GUI 高级函数库

(1) Xlib 及其他相关函数库

在 X Window 系统中进行图形编程时，可以选择直接使用 Xliba。Xliba 实际上是对底层 X 协议的封装，可通过该函数库进行一般的图形输出。如果用户的 X Server 支持 DGA，则可以通过 DGA 扩展直接访问显示设备，从而获得加速支持。对一般用户而言，由于 Xliba 的接口太原始而且复杂，直接使用 Xliba 开发应用程序界面，往往十分复杂且工作量大。为了提高应用程序界面的开发效率，人们进一步在 X 窗口系统之上引入了高层的软件开发工具箱，因此一般的图形程序选择其他高级一些的图形库作为基础。例如，可以选择 FLTK（Fast Light Toolkit），这是一个简单但灵活的 GUI 工具箱，它在 Linux 世界中赢得越来越多的关注，特别适用于占用资源很少的环境。FLTK 提供了大多数通用的窗口构件，如按钮、对话框、文本框和出色的"赋值器"〔用于输入数值的窗口构件），以及滑动器、滚动条、刻度盘等构件。

（2）SDL

SDL（Simple DiFectMedia Layet）是一个跨平台的多媒体游戏支持库。其中包含了对图形、声音、游戏杆、线程等的支持，目前可以运行在许多平台上，其中包括 X Window、X Window with DGA、Linux FrameBuffer 控制台、Linux SVGALib 以及 Windows DirectX、BeOS 等。

SDL 支持图形的功能强大，高级图形处理能力尤为突出，可以实现 Alpha 混合、透明处理、YUV 覆盖、Gamma 校正等。在 SDL 环境中能够非常方便地加载支持 OpenGL 的 Mesa 库，从而提供对二维和三维图形的支持。

有关 SDL 的进一步信息，可参阅 http：//www.libsdl.org 网站。

（3）Allegro

Allegro 是一个专门为 X86 平台设计的游戏图形库。最初的 Allegro 运行在 DOS 环境下，目前也可运行在 Linux FrameBuffer 控制台、Linux SVGALib、X Window 等系统上。Allegro 提供了丰富的图形功能，包括矩形填充和样条曲线生成等，而且具有较好的三维图形显示能力。由于 Allegro 的许多关键代码是采用汇编语言编写的，所以该函数库具有运行速度快、占用资源少的特点。同时，Allegro 也存在如下缺点：

- 对线程的支持较差。Allegro 的许多函数是非线程安全的，不能同时在两个以上的线程中使用。
- 对硬件加速能力的支持不足，在设计上没有为硬件加速提供接口。

有关 Allegro 的进一步信息，可参阅 http：//www.allegroic.com 网站。

（4）Mesa3D

Mesa3D 是一个兼容 OpenGL 规范的开放源码函数库，是目前 Linux 上提供专业三维图形支持的唯一选择。Mesa3D 也是一个跨平台的函数库，能够运行在 X Window、X Window with DGA、BeOS、Linux SVGALib 等平台上。

有关 Mesa3D 的进一步信息，可参阅 http：// www.mesa3d.org/网站。

（5）DirectFB

DirectFB 是特别为 Linux FrameBuffer 加速的一个图形库，其正在尝试建立一个兼容 GTK（GIMP Toolkit）的嵌入式 GUI 系统。它以可装载函数库的形式提供对加速 FrameBuffer 驱动程序的支持，目前该函数库正在开发之中。

## 10.1.2 嵌入式 Linux 图形用户界面简介

### 1. Qt/Embedded

Qt/Embedded（简称 QtE）是一个专门为嵌入式系统设计的图形用户界面的工具包，由挪威 Trolltech 公司开发，最初作为跨平台的开发工具用于 Linux 台式机。它支持各种有 UNIX 和 Microsoft Windows 特点的系统平台。Qt/Embedded 以原始 Qt 为基础，许多基于 Qt 的 X Window 程序可以非常方便地移植到 Qt/Embedded 上，因此，自从 Qt/Embedded 以 GPL 条款形式发布以来，就有大量的嵌入式 Linux 开发商转到了 Qt/Embedded 系统上，比如，韩国的 Mizi 公司。

Qt/Embedded 通过 Qt API 与 Linux I/O 设备直接交互，是面向对象编程的理想环境。面向对象的体系结构使代码结构化、可重用并且运行快速，与其他 GUI 相比，Qt GUI 非常快，没有分层，这使得 Qt/Embedded 成为基于 Qt 程序的最紧凑的环境。

Qt/Embedded 延续了 Qt 在 X 上的强大功能，在底层摒弃了 X lib，仅采用 FrameBuffer 作为底层图形接口。同时，将外部输入设备抽象为 keyboard 和 mouse 输入事件，底层接口支持键盘、GPM 鼠标、触摸屏以及用户自定义的设备等。

Qt/Embedded 类库完全采用 C++ 封装，丰富的控件资源和较好的可移植性是 Qt/Embedded 最为突出的优点。它的类库接口完全兼容于同版本的 Qt-X11，使用 X 下的开发工具可以直接开发基于 Qt/Embedded 的应用程序 GUI。

**2. MiniGUI**

MiniGUI 是由许多自由软件开发人员支持的一个自由软件项目（遵循 LGPL 条款发布），其目标是为基于 Linux 的实时嵌入式系统提供一个轻量级的图形用户界面支持系统。该项目自 1998 年底开始使用，现在已经非常成熟和稳定。

MiniGUI 为实时嵌入式操作系统提供了完善的图形及图形用户界面支持。可移植性设计使得它不论在哪个硬件平台、哪种操作系统上运行，均能为上层应用程序提供一致的应用程序编程接口（API）。

MiniGUI 的灵活性非常好，可以应用在包括手持设备、机顶盒、游戏终端等在内的各种高端或者低端的嵌入式系统当中。在 MiniGUI 的发展过程中，有许多值得一提的技术创新点，正是由于这些技术上的创新，才使得 MiniGUI 更加适合实时嵌入式系统，这些技术创新包括：

（1）图形抽象层　图形抽象层对顶层 API 基本没有影响，但大大方便了 MiniGUI 应用程序的移植、调试等工作。目前包含三个图形引擎：SVGALib、LibGGI，以及直接基于 Linux FrameBuffer 的 Native Engine。MiniGUI 现在已经被证明能够在基于 ARM、MIPS、StrongARM，以及 PowerPC 等的嵌入式系统上流畅运行。

（2）多字体和多字符集支持　这部分通过设备上下文（DC）的逻辑字体（LogFont）实现，不管是字体类型还是字符集，都可以非常方便地进行扩充。应用程序在启动时，可切换系统字符集，比如 GB、BIG5、EUC-JP、Shift-JIS、EUC-KR 的这种字符集支持，不同于传统通过 UNICode 实现的多字符集支持，这种实现更适合于嵌入式系统。

（3）两个不同架构的版本　最初的 MiniGUI 运行在 PThread 库之上，这个版本适合于功能单一的嵌入式系统，但存在系统健壮性不够的缺点。在 0.9.98 版本中，引入了 MiniGUI-Lite 版本，这个版本在提高系统健壮性的同时，通过一系列创新途径，避免了传统 C/S 结构的弱点，为功能复杂的嵌入式系统提供了一个高效、稳定的 GUI 系统。

在 MiniGUI 1.1.0 版本的开发中，参照 SDL 和 Allegro 的图形部分，重新设计了图形抽象层，增强了图形功能，同时增强了 MiniGUI-Lite 版本的某些特性。增强的 MiniGUI-Lite 支持层的设计，同一层可以容纳多个同时显示的客户程序，并平铺在屏幕上显示。新的 GAL 支持硬件加速能力，并能够充分使用显示内存；新 GAL 之上的新 GDI 接口得到进一步增强，可以支持 Alpha 混合、透明位块传输、光栅操作、YUV 覆盖、Gamma 校正，以及高级图形功能（椭圆、多边形、样条曲线）等。

## 10.2　Qt 编程基础

开发 Qt 的挪威 TrollTech 公司，主要开发提供给嵌入式 Linux 开发的应用程序平台和跨平台应用程序界面框架，Qtopia 和 Qt 分别是其中具有代表性的两个。

Qtopia 是第一个面向嵌入式 Linux 的全方位应用程序开发平台，已经应用于众多基于 Linux 的 PDA（个人数字助理）设备和智能电话。Qtopia 环境包括一个程序发布器和一套支持应用程序开发的程序和库。它还有灵活的输入处理器，包括手写识别、选择板和虚拟键盘，可以很容易地编写新的输入法。Qtopia 是夏普公司的 Zaurus PDA（如图 10-5 所示）使用的标准环境。

Qt 是一个跨平台 C++ 应用程序开发框架，可以编写单一代码的应用程序，并可在 Windows、Linux、UNIX、Mac OS X 和嵌入式 Linux 等不同平台上进行本地化运行，是开放源代码 KDE 桌面环境的基础。目前，Qt 已被成功应用于商业应用程序的开发。

Qt 作为 Linux 桌面环境 KDE 的基础，与 Windows 下的 MFC 类似，Qt 的类库等价于 MFC 的开发库。但是 Qt 的类库封装了适应不同操作系统的访问细节，支持跨平台的类库，这种优点使得 Qt 的应用非常广泛。目前 Qt 可以支持现有的多种操作系统平台，主要有：

- MS/Windows 95、Windows 98、WindowsNT 4.0、Windows 2000、Windows XP。
- Unix/X11 Linux、Sun Solaris、Hewlett Packard Unix、Compaq True64 Unix、IBM AIX、SGI IRIX 和很多其他 X11 平台；
- Macintosh Mac OS X；
- 带 FrameBuffer 的嵌入式 Linux 平台。

### 10.2.1 Qt/Embedded 概述

Qt/Embedded 是一个为嵌入式应用定制的用于多种平台图形界面程序开发的C++工具包，以原始 Qt 为基础，做了许多适用于嵌入式环境的调整，是面向对象编程的理想环境。Qt/Embedded 通过 Qt API 与 Linux I/O 设备直接交互，面向对象的体系结构使代码结构化、可重用并且运行快速。与其他 GUI 相比，

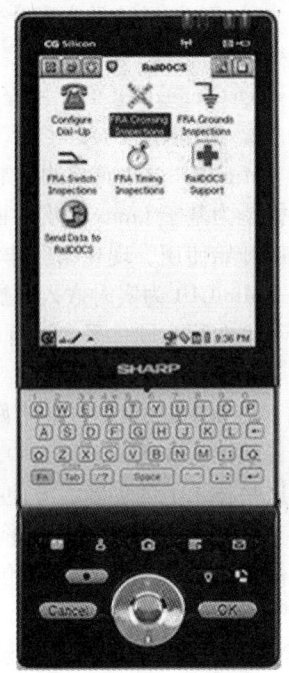

图 10-5　夏普公司的 Zaurus PDA

Qt GUI 非常快，没有分层结构，这使得 Qt/Embedded 成为运行基于 Qt 程序的最紧凑环境。Qt/Embedded 为带有轻量级窗口系统的嵌入式设备提供了标准的 Qt API。面向对象的设计思想，使得它能很好地支持键盘、鼠标和图形加速卡这样的附加设备。通过使用 Qt/Embedded，开发者可以感受到在 Qt/X11，Qt/Windows 和 Qt/Mac 等不同的版本下使用相同的 API 编程所带来的便利。

**1. Qt 的体系结构**

Qt 的功能建立在所支持平台底层的 API 上，这使得 Qt 灵活而高效。Qt 是一个"模拟的"多平台工具包，所有窗口部件都由 Qt 绘制，可以通过重新实现其虚函数来扩展或自定义部件功能。Qt 为所支持平台提供底层 API，这不同于传统分层的跨平台工具包（如 Windows 中的 MFC）。

Qt 是受专业支持的，它利用了以下平台：Microsoft Windows、X11、Mac OS X 和嵌入式 Linux。它使用单一的源代码树，只需简单的在目标平台上重编译就可以把 Qt 程序转换成可执行程序。Qt/Embedded 与 Qt/X 11 的 Linux 版本的比较如图 10-6 所示。

Qt/X11 使用 Xlib 与 X 服务器直接通信，而不使用 Xt (X Toolkit)、Motif、Athena 或其他工具包。Qt 能够自动

| | Application Source Code | |
|---|---|---|
| | Qt API | |
| Qt/Embedded | | Qt/Xll |
| | | X lib |
| | | X Window Server |
| Frame-buffer | | |
| Linux Kernel | | |

图 10-6　Qt/Embedded 与 Qt/X11 在嵌入式 Linux 中的比较

适应用户的窗口管理器或桌面环境，并且拥有 Motif、SGI、CDE、GNOME 和 KDE 的外观。这与大多数其他的 UNIX 工具包形成鲜明对比，那些工具包常将用户锁定为它们自己的外观。

Qt/Embedded 提供了完整的窗口环境，可以直接写入 Linux 的帧缓存。Qt/Embedded 去掉了对 X 服务器的依赖，而且运行起来比基于 X11 的 Linux 设备更快、更省内存。

虽然 Qt 是一个多平台工具包，但是客户会发现它比个别平台上的工具包更易学、也更有用。许多客户用 Qt 进行单一平台的开发，因为他们喜欢 Qt 完全面向对象的做法。

## 2. 窗口系统

一个 Qt/Embedded 窗口系统包含了一个或多个进程，其中的一个进程可作为服务器，这个服务进程会分配客户显示区域，以及产生鼠标和键盘事件。同时，这个服务进程还能为已经运行的客户程序提供输入方法和用户接口，这个服务进程其实也就是一个有某些额外权限的客户进程。任何程序都可以在命令行上加上"-qws"使它作为一个服务器运行。

客户与服务器之间的通信使用共享内存的方法实现，通信量应该保持最小。例如，客户进程直接访问帧缓冲来完成全部的绘制操作，而不会通过服务器，客户程序需要负责绘制它们自己的标题栏和其他式样，这就是 Qt/Embedded 库内部层次分明的处理过程。

Qt/Embedded 支持 4 种不同的字体格式：True Type（TTF）、Postscript Type、位图发布字体（BDF）和 Qt 的预呈现（Pre-rendered）字体（QPF）。Qt 还可以通过增加 QFontFactory 的子类来支持其他字体，也可以支持以插件方式出现的反别名字体。

Qt/Embedded 支持几种鼠标协议：BusMouse、IntelliMouse、Microsoft 和 MouseMan。通过 QWSMouseHandler 或 QcalibratedMouseHandler 派生子类，可以支持更多的客户指示设备。

通过 QWSKeyboardMouseHandler，可以支持更多的客户键盘和其他非指示设备。

对于一个无键盘的设备，输入法成了唯一的字符输入手段。Qtopia 提供了 4 种输入法：笔迹识别器、图形化的标准键盘、Unicode 键盘和基于字典方式提取的键盘。其样式如图 10-7 所示。

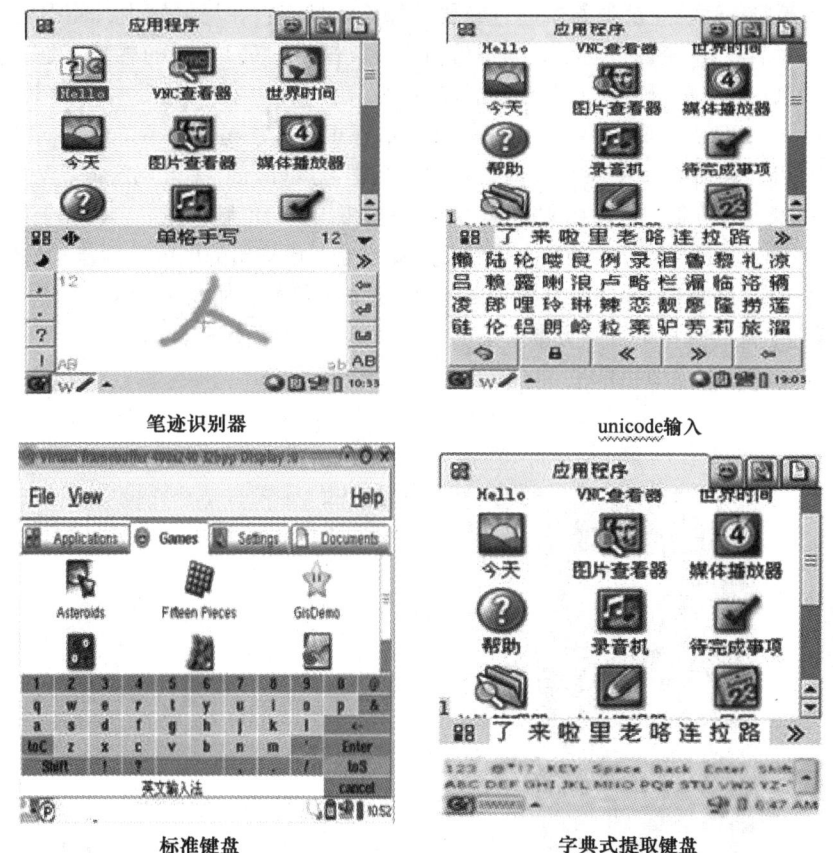

图 10-7 Qtopia 提供的 4 种输入法

通过子类 Qscreen 和 QgfxRaster，可以为显示提供硬件的加速操作，Trolltech 为 Mach64 和 Voodoo3 显卡提供了操作实例，用户可以连接到自己的驱动程序里去。

## 10.2.2 创建 Qt/Embedded 编程环境

基于 Qt/Embedded 开发的应用程序最终会发布到安装有嵌入式 Linux 操作系统的小型设备上，所以使用装有 Linux 操作系统的 PC 或者工作站来完成 Qt/Embedded 开发是最理想的环境。下面将介绍如何在一台装有 Linux 操作系统的机器上建立 Qt/Embedded 开发环境。

这里所用的是 Qt Creator 软件。Qt Creator 包括项目生成向导、高级的C++代码编辑器，浏览文件及类的工具，集成了 Qt Designer、Qt Assistant、Qt Linguist 图形化的 GDB 调试前端，集成 qmake 构建工具等。

这个软件需要运行在 Linux 操作系统下。

有三种创建 Linux 的方案：

(1) 直接在 PC 上安装 Linux　利用光驱安装最简洁，但是一般的 Linux 镜像都是 DVD 版，且光盘容易损坏，没有 DVD 光驱的电脑就无能为力了。可利用镜像从硬盘安装，即从网上下载镜像到硬盘，利用 login、grub 等 DOS 引导工具完成硬盘引导，可达到类似光驱安装的效果。缺点为：对初学者来说非常麻烦，且一旦安装错误可能会破坏已有 Windows 数据。

(2) 架设专用的 Linux 服务器　在一个小型局域网内，有多个人从事 Linux 开发的情况下比较适合架设专门的 Linux 服务器，通过 FTP、Smba 等工具进行主机与服务器之间数据的共享，通过 telnet、SSH 等服务远程登录服务器进行必要的操作。优点：在局域网内，使得资源得到了最大化利用，不占用自己的资源，便于数据备份与交换。缺点：对 Linux 的感受不是十分形象，在调试某些程序时，如网络、硬件等，会造成资源冲突。

(3) Windows 下安装虚拟机软件　对于初学者最理想的方法是，在 Windows 下可以直接使用 Linux，借助于 Windows 下的一些工具及网络资源进行学习。Virtual PC、VMware、Virtual Box 等虚拟机正是这样一类软件，他们可以在 Windows 平台下虚拟出多台电脑，在一台机器上同时运行二个或更多的操作系统，并进行数据交换，方便快捷。缺点是：虚拟出的电脑的性能相比物理机较差，很多效果无法实现，比如 Ubuntu 的 3D 效果，它对物理机的性能，如内存、CPU、磁盘等要求较高。

作为初学者，适合选用第三种方案。下面主要介绍第三种方案。

**1. VMwarePlayer 虚拟机的安装**

1) 按照路径：../光盘资料/VMwarePlayer/找到安装软件，打开，单击"Next"按钮，如图 10-8 所示。

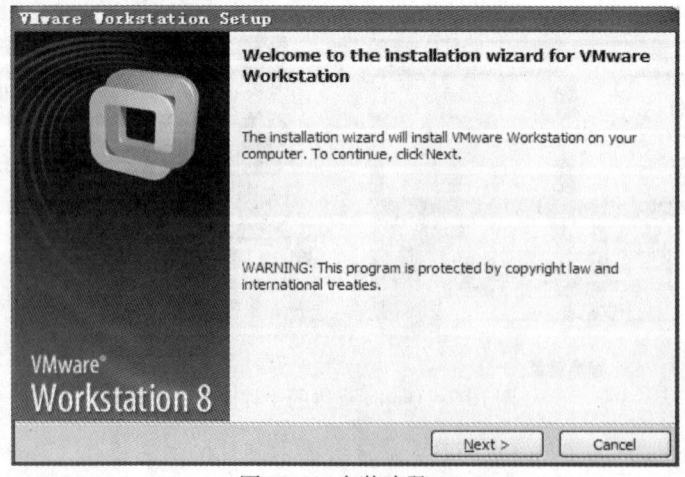

图 10-8　安装步骤 1

2）单击"Typical"图标，然后单击"Next"，如图 10-9 所示。

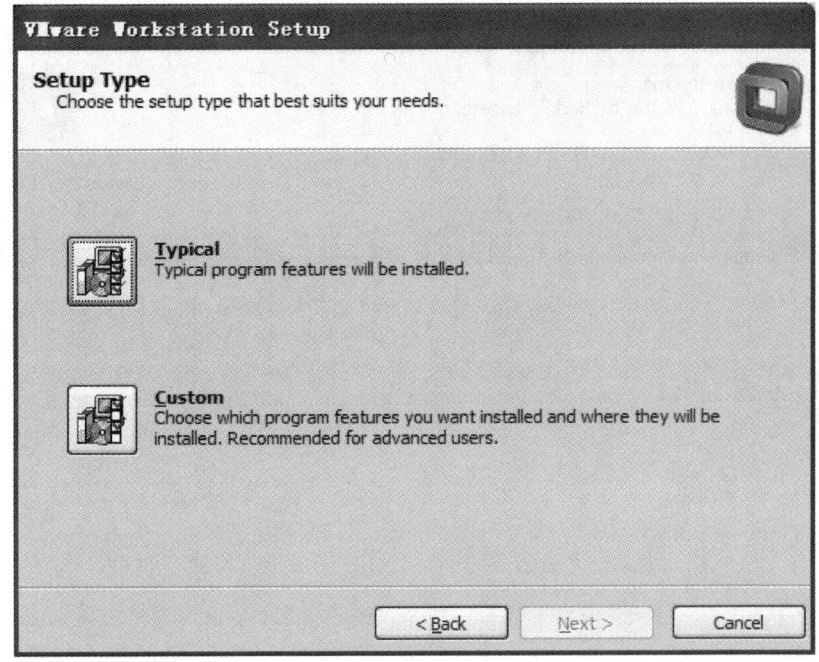

图 10-9　安装步骤 2

3）单击"Change…"图标，选择安装路径，然后单击"Next"，如图 10-10 所示。

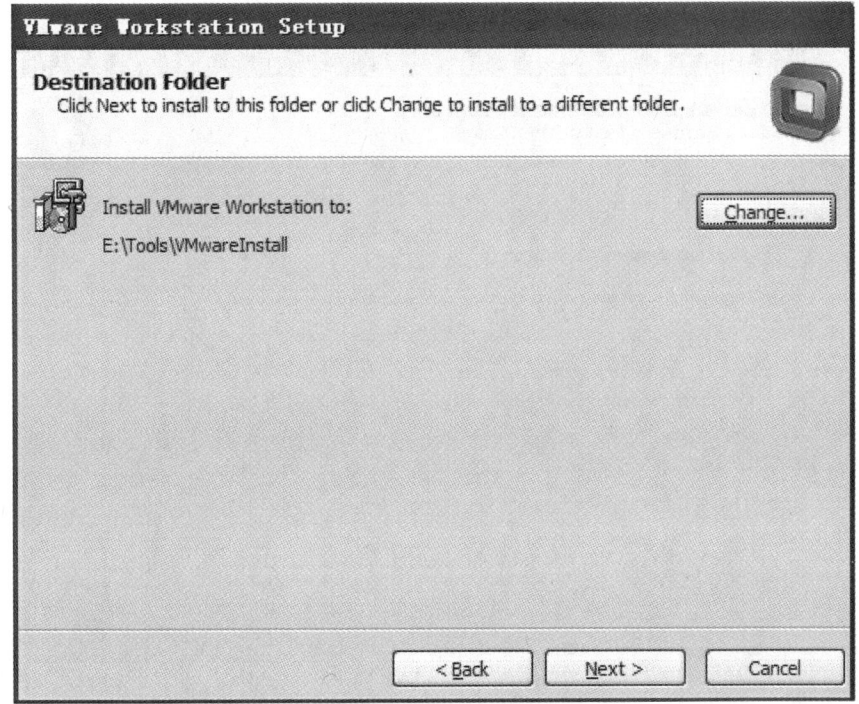

图 10-10　安装步骤 3

4）单击"Next",如图 10-11 所示。

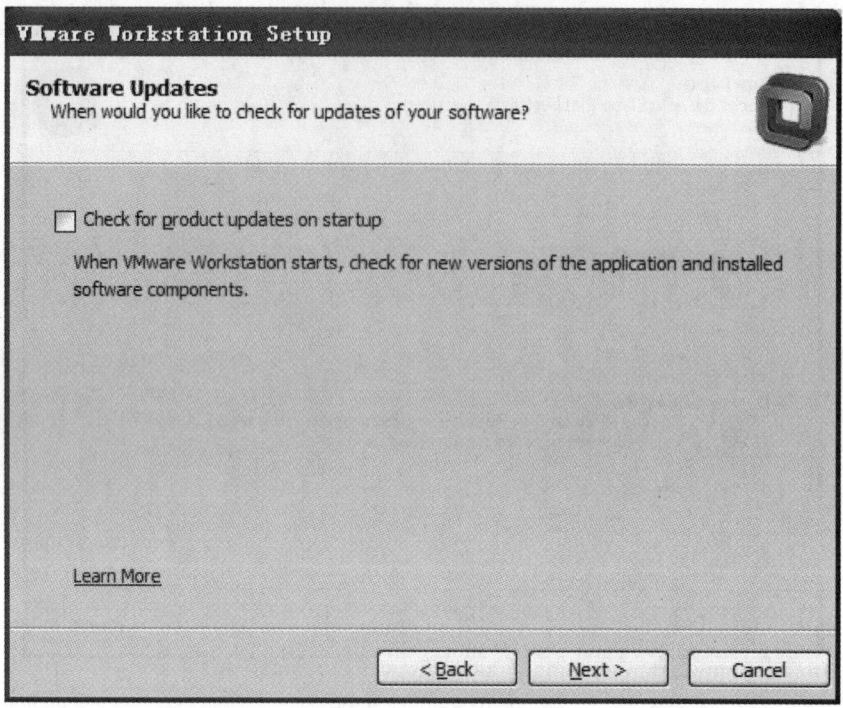

图 10-11　安装步骤 4

5）单击"Next",如图 10-12 所示。

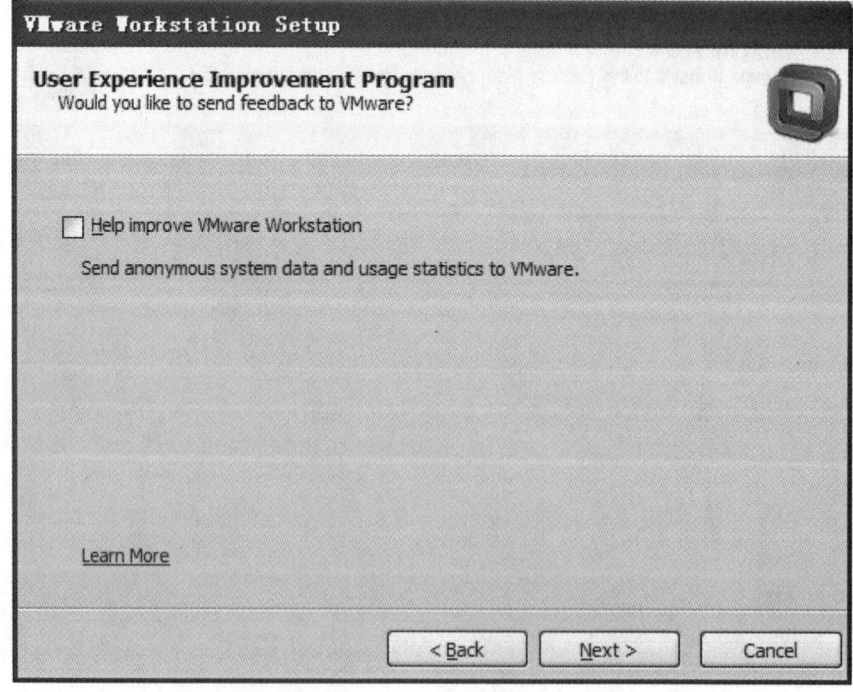

图 10-12　安装步骤 5

6）单击"Continue"，如图 10-13 所示。

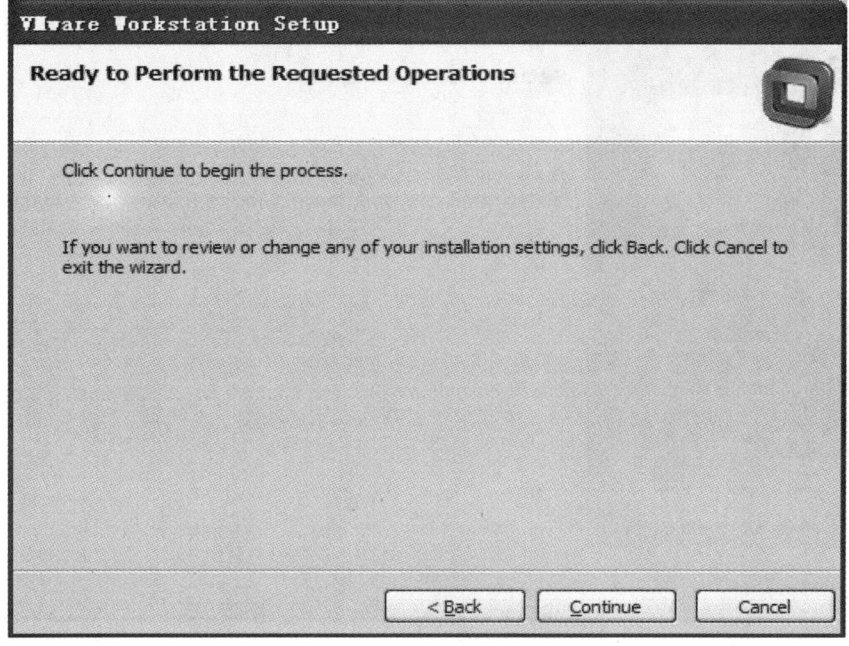

图 10-13　安装步骤 6

7）等待安装完成，如图 10-14 所示。

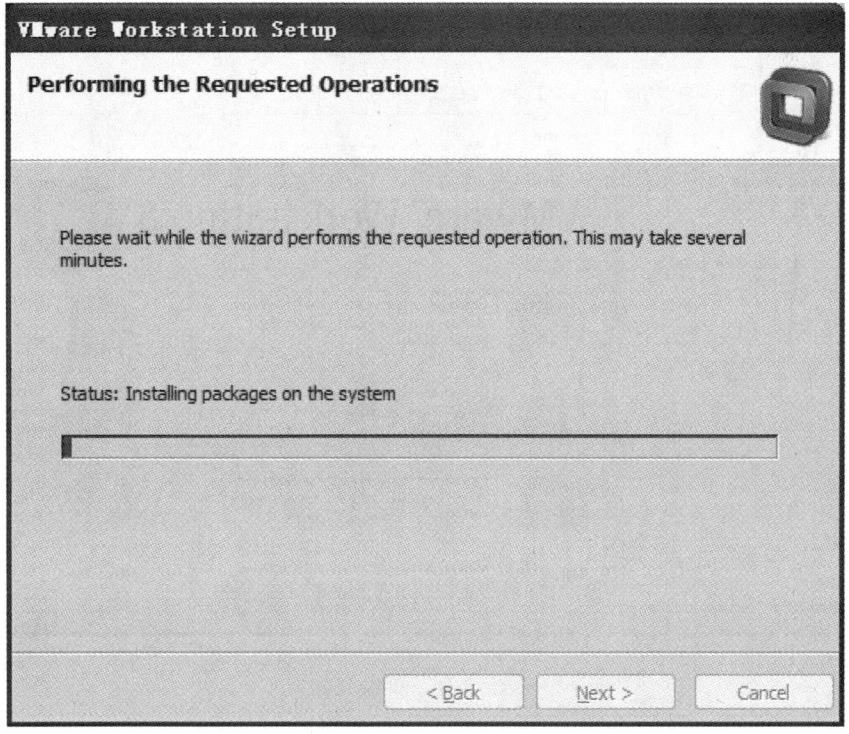

图 10-14　安装步骤 7

8)单击"Finish",安装完成,如图 10-15 所示。

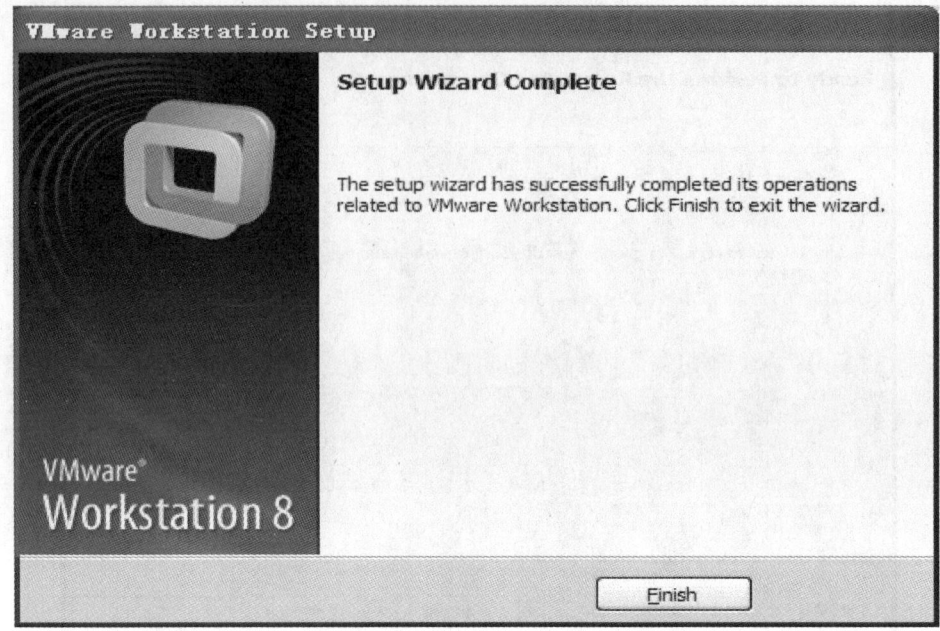

图 10-15　安装步骤 8

**2. 打开虚拟机 Ubuntu**

1)打开 VMware,如图 10-16 所示。

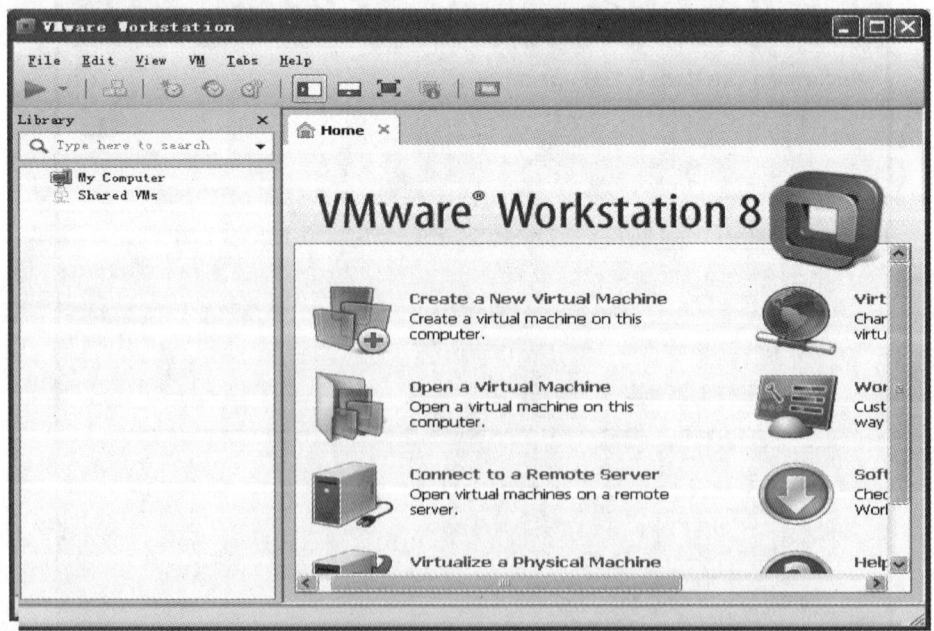

图 10-16　步骤 1

2)单击"File",在下拉菜单中选择"Open"选项,如图 10-17 所示。

# 第 10 章 图形界面编程

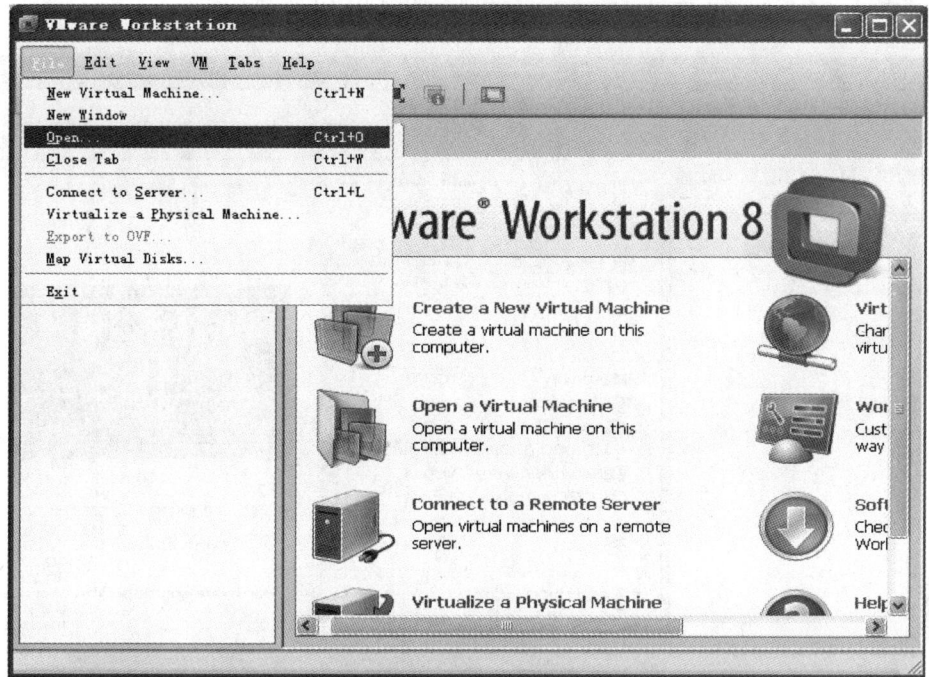

图 10-17 步骤 2

3）按照虚拟机存放的路径打开虚拟机，如图 10-18 所示。

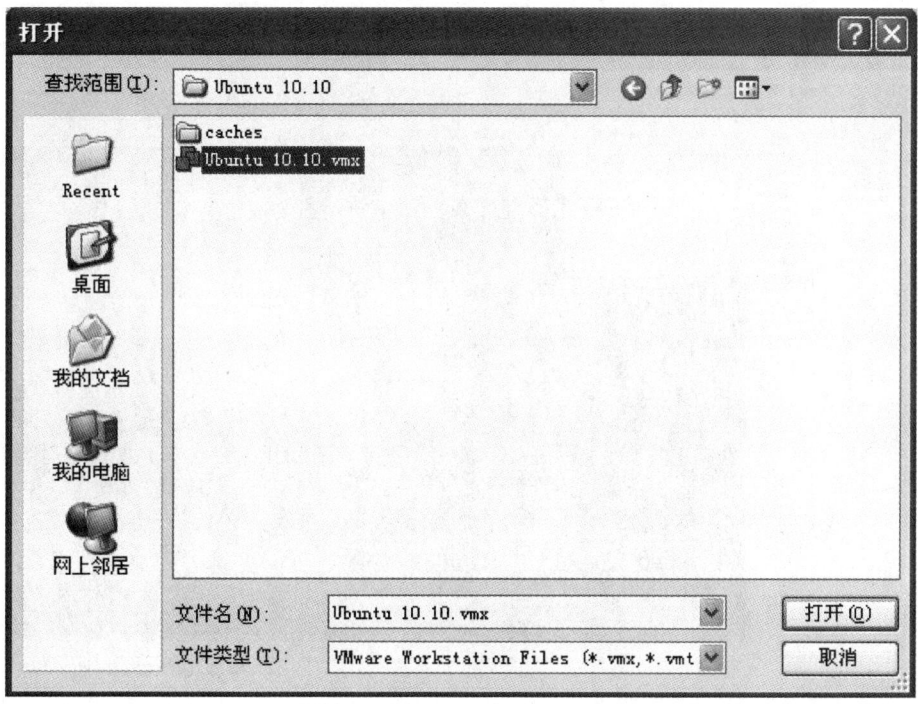

图 10-18 步骤 3

4)选择"Power on this virtual machine"选项,如图 10-19 所示。

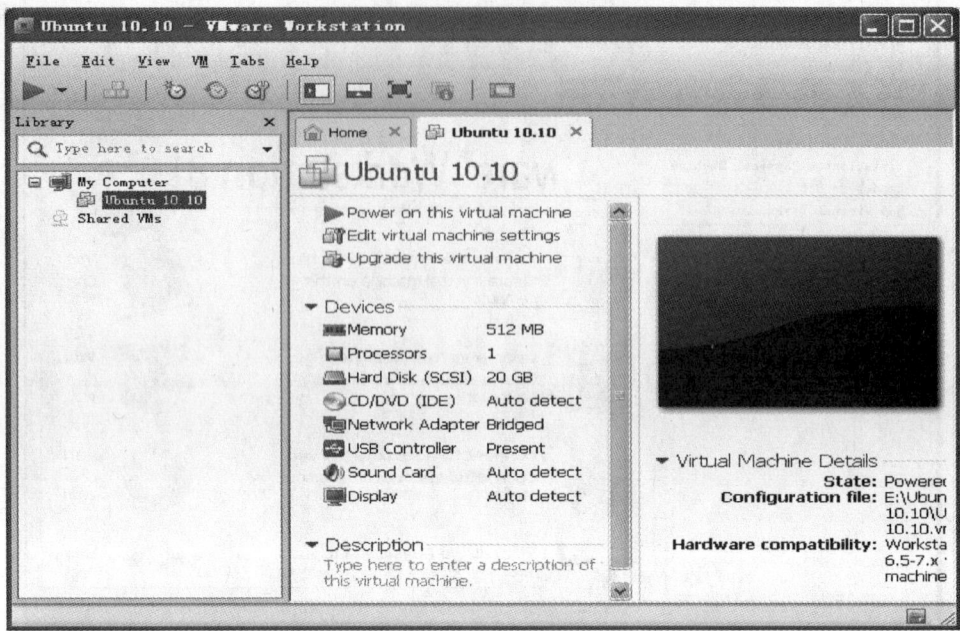

图 10-19　步骤 4

## 3. Windows 与虚拟机共享数据

1)单击"VM",在下拉菜单中选择"Setting"选项,如图 10-20 所示。

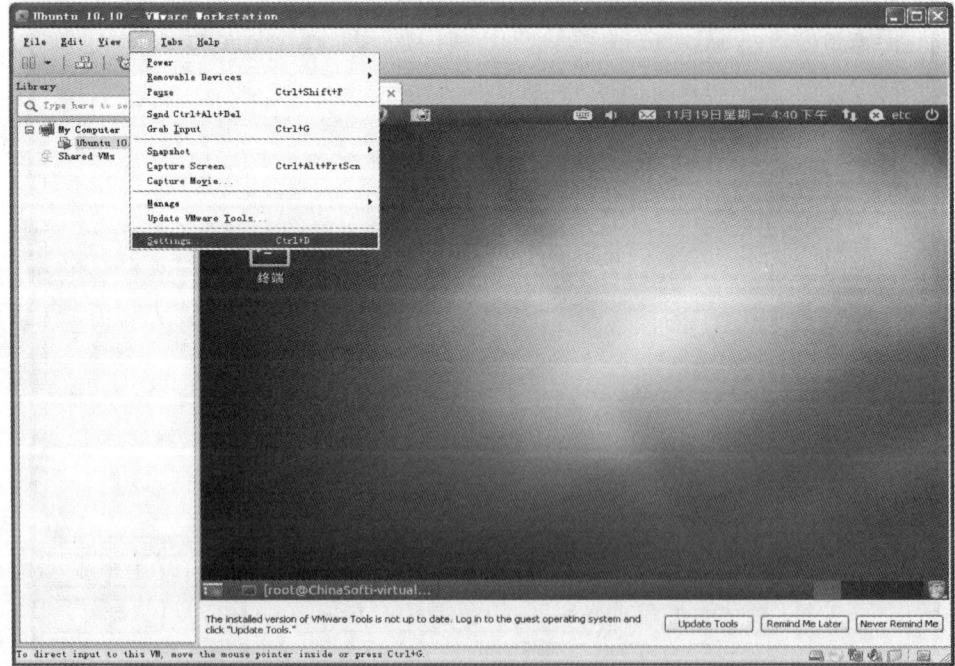

图 10-20　步骤 1

2）设置如图 10-21 所示。

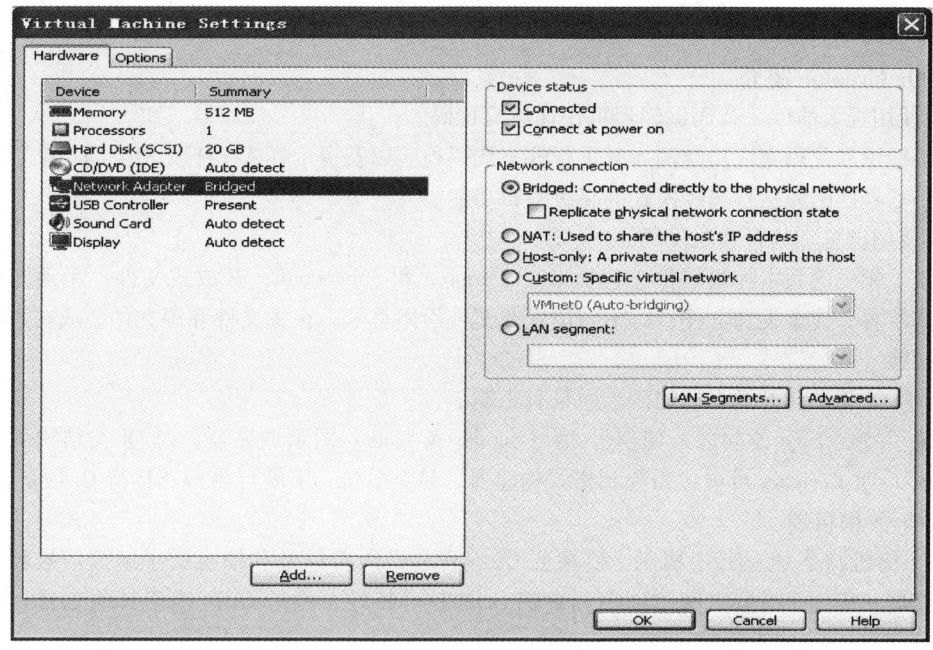

图 10-21　步骤 2

3）设置如图 10-22 所示。

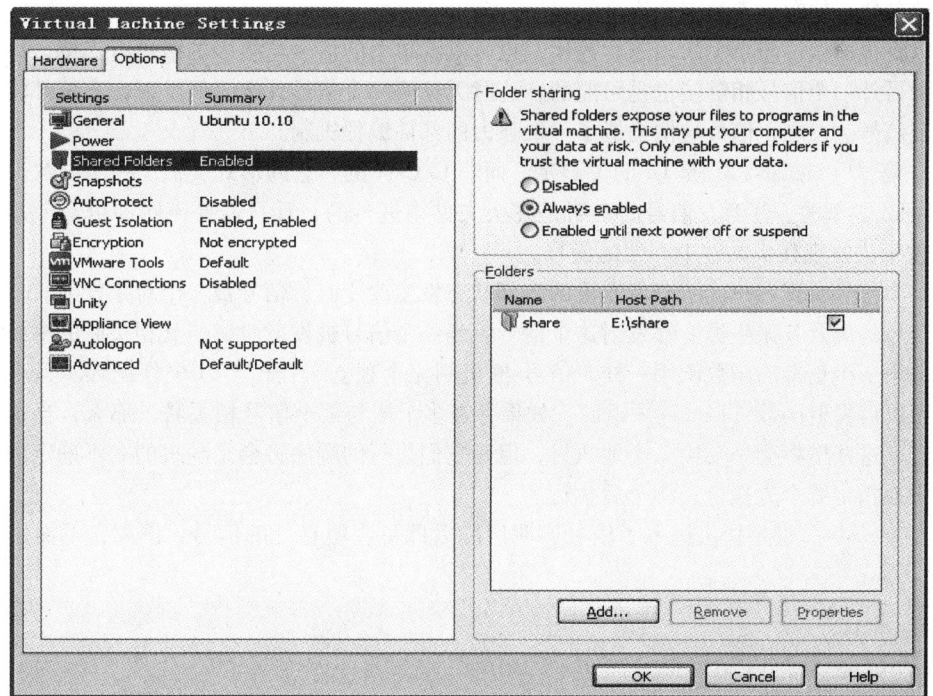

图 10-22　步骤 3

到此,虚拟机已安装完毕。

## 10.2.3 Qt Creator 介绍

**1. Qt Creator 简介**

1)使用强大的C++代码编辑器可快速编写代码。

语法标识和代码完成功能输入时进行静态代码检验以及提示样式上下文相关的帮助。具有代码折叠、括号匹配和括号选择模式的高级编辑功能。

2)使用浏览工具管理源代码。

集成了领先的版本控制软件,包括Git、Perforce和Subversion;开放式文件,无须知晓确切的名称或位置;搜索类和文件;跨不同位置或文件沿用符号;在头文件和源文件,或在声明和定义之间切换。

3)为Qt跨平台开发人员的需求而量身定制。

集成了特定于Qt的功能,如信号-槽(Signals & Slots)图示调试器,对Qt类结构可一目了然。集成了Qt Designer可视化布局和格式构建器,只需单击一下就可生成和运行Qt项目。

**2. 信号-槽机制**

信号-槽机制是Qt的核心机制,要精通Qt编程就必须对信号和槽有所了解。信号和槽是一种高级接口,应用于对象之间的通信,它是Qt的核心特性,也是Qt区别于其他工具包的重要地方。

在我们所熟知的很多GUI工具包中,窗口小部件(widget)都有一个回调函数用于响应它们能触发的每个动作,这个回调函数通常是一个指向某个函数的指针。但是,在Qt中信号和槽取代了这些凌乱的函数指针,使得编写这些通信程序更为简洁明了。信号和槽能携带任意数量和任意类型的参数,他们是类型完全安全的。

可以将很多信号与单个的槽进行连接,也可以将单个的信号与很多的槽进行连接,甚至将一个信号与另外一个信号相链接也是可能的,这时无论第一个信号什么时候发射,系统都将立刻发射第二个信号。总之,信号与槽构造了一个强大的部件编程机制。

(1)信号(Signals) 是Qt的关键字,而非C/C++的,它的形式类似于一个函数,返回值只能是Void类型的。注意,信号的声明是在头文件中进行的,且只需要声明即可,千万不要在.cpp文件中去实现在头文件中声明的信号。

当某个信号对其客户或所有者发生的内部状态发生改变时,信号被一个对象发射。只有定义过这个信号的类及其派生类能够发射这个信号。当一个信号被发射时,与其相关联的槽将被立刻执行,就象一个正常的函数调用一样。信号-槽机制完全独立于任何GUI事件循环。只有当所有的槽返回以后发射函数(emit)才返回。如果存在多个槽与某个信号相关联,那么,当这个信号被发射时,这些槽将会一个接一个地执行,但是它们执行的顺序将会是随机的、不确定的,我们不能人为地指定哪个先执行、哪个后执行。

Qt的signals关键字指出进入了信号声明区随后即可声明自己的信号。例如,下面定义了三个信号:

```
Signals;
void mySignal();
void mySignal(int x);
void mySignalParam(int xint y);
```

在上面的定义中，Signals 是 Qt 的关键字，而非 C/C++ 的。接下来的一行 void mySignal()定义了信号 mySignal，这个信号没有携带参数。接下来的一行 void mySignal（int x）定义了重名信号 mySignal，但是它携带一个整形参数，这有点类似于C++中的虚函数。从形式上讲信号的声明与普通的C++函数是一样的，但是信号却没有函数体定义，另外，信号的返回类型都是 void，不要指望能从信号返回什么有用信息。

信号由 moc 自动产生，它们不应该在 .cpp 文件中实现。

（2）槽　　槽是普通的C++成员函数，可以被正常调用，它们唯一的特殊性就是很多信号可以与其相关联。当与其关联的信号被发射时，这个槽就会被调用。槽可以有参数，但槽的参数不能有默认值。

既然槽是普通的成员函数，因此与其他的函数一样，它们也有存取权限。槽的存取权限决定了谁能够与其相关联。同普通的C++成员函数一样，槽函数也分为三种类型，即 public slots、private slots 和 protected slots。

1）public slots：在这个区内声明的槽意味着任何对象都可将信号与之相连接。这对于组件编程非常有用，例如可以创建彼此互不了解的对象，将它们的信号与槽进行连接以便信息能够正确传递。

2）protected slots：在这个区内声明的槽意味着当前类及其子类可以将信号与之相连接。这适用于那些槽：它们是类实现的一部分，但是其界面接口却面向外部的槽。

3）private slots：在这个区内声明的槽意味着只有类自己可以将信号与之相连接。这适用于联系非常紧密的类。

槽的声明也是在头文件中进行的。例如，下面声明了三个槽：

```
public slots:
    void mySlot();
    void mySlot(int x);
    void mySignalParam(int x,int y);
```

槽也能够声明为虚函数，这是非常有用的，Qt 的元对象系统能够识别这种多态性，在连接信号的时候执行正确的槽。

📖 **注意**：

信号和槽都可以有参数，但要求它们的参数类型和个数是一样的，如果信号的参数比槽的多，则多余的会被省略。

信号和槽的参数还有许多的限制，如不能用于模板，不能用于函数指针，不能有默认值。

（3）信号与槽的关联　　通过调用 QObject 对象的 connect 函数来将某个对象的信号与另外一个对象的槽函数相关联，这样当发射者发射信号时，接收者的槽函数将被调用。

该函数的定义如下：

```
bool QObject::connect ( const QObject * sender, const char * signal, const QObject * receiver, const char * member ) [static]
```

这个函数的作用就是将发射者（sender）对象中的信号（signal）与接收者（receiver）中的成员（member）槽函数联系起来。当指定信号（signal）时必须使用 Qt 的宏 Signal（），当指定槽函数时必须使用宏 Slot（）。如果发射者与接收者属于同一个对象的话，那么在 connect 调用中接收者参数可以省略。

## 10.3 Qt 编程实例

本节的 Qt 编程通过使用 Qt Creator 软件编写多窗口程序。

### 10.3.1 实现功能

程序开始出现一个对话框，按下按钮后便能进入主窗口，如果直接关闭这个对话框，便不能进入主窗口，整个程序也将退出。当进入主窗口后，按下按钮，会弹出一个对话框，无论如何关闭这个对话框，都会回到主窗口。

### 10.3.2 实现原理

在程序里先建立一个主工程，作为主界面，然后再建立一个对话框类，将其加入工程中，最后在程序中调用自己新建的对话框类来实现多窗口。

### 10.3.3 实现过程

1) 首先新建 Qt Gui Application 工程，工程名为 nGui，Base class 选为 QWidget。建立过程及结果如图 10-23 所示。

其他默认，然后单击 finish 完成。

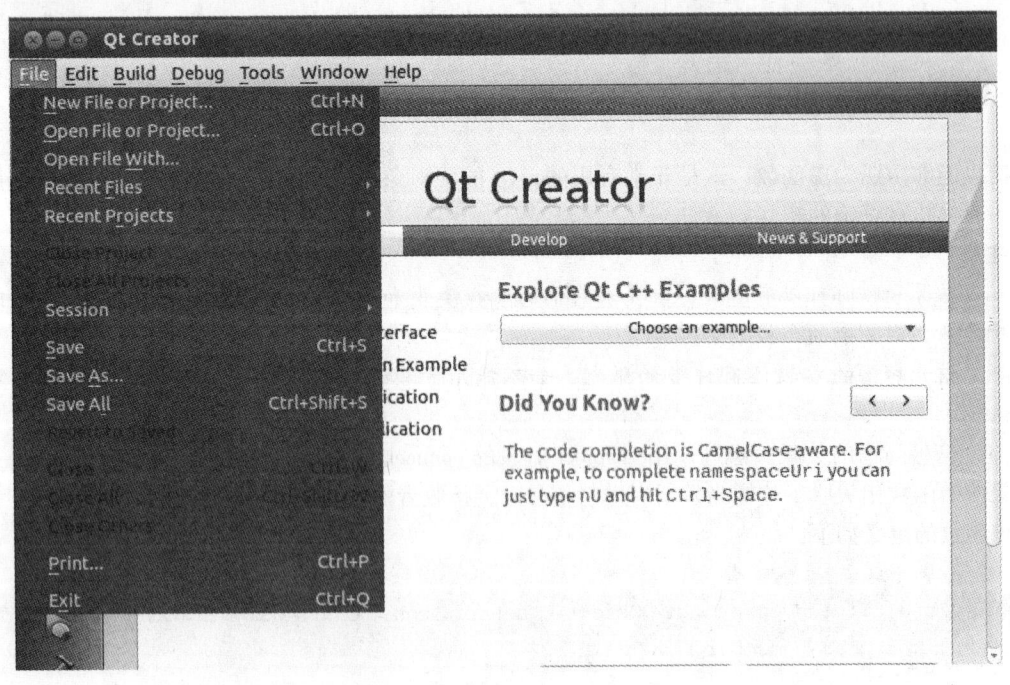

a)

图 10-23　步骤 1

第 10 章 图形界面编程 · 235 ·

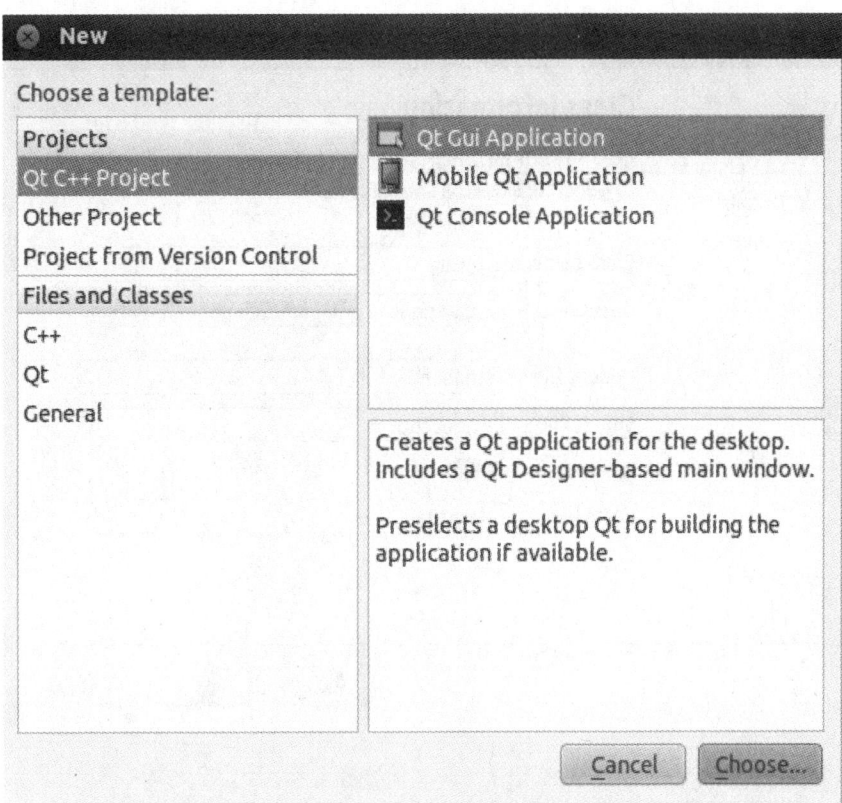

b)

c)

图 10-23 步骤 1（续）

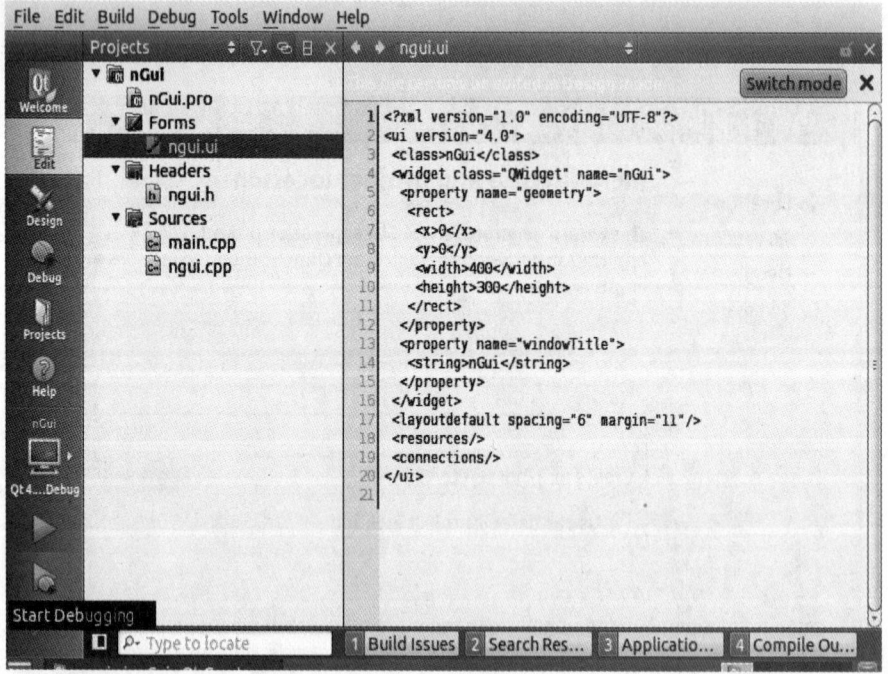

d)

e)

图 10-23　步骤 1（续）

2）新建对话框类，如图 10-24 所示，在新文件中，选择 Qt Designer Form Class。

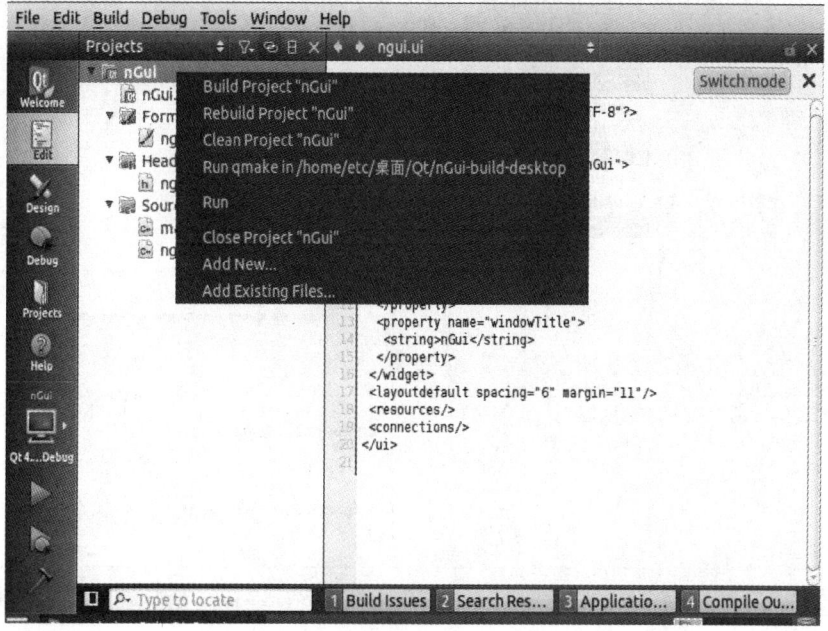

a)

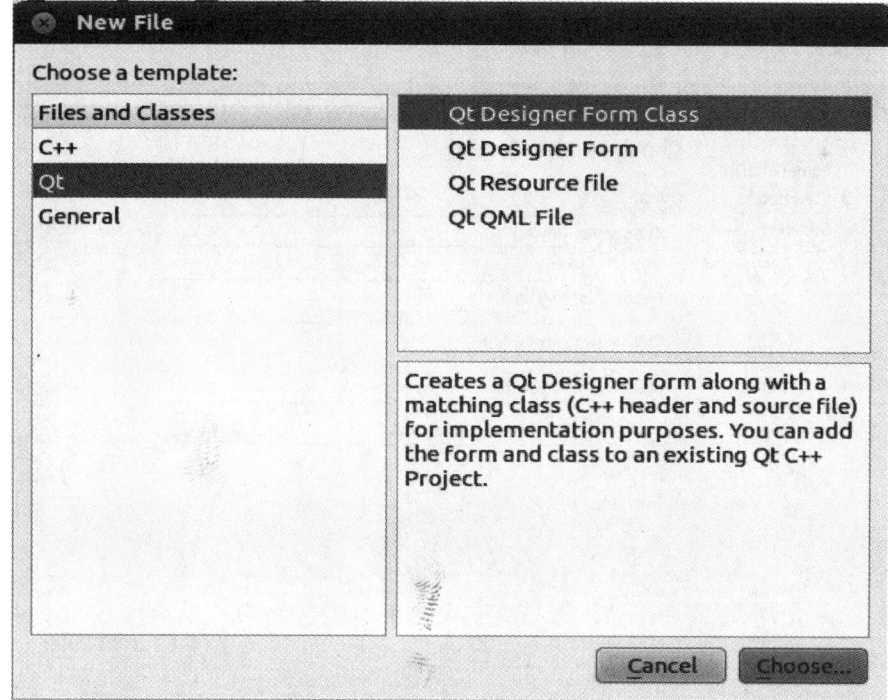

b)

图 10-24　步骤 2

3）选择 Dialog without Buttons，如图 10-25 所示。

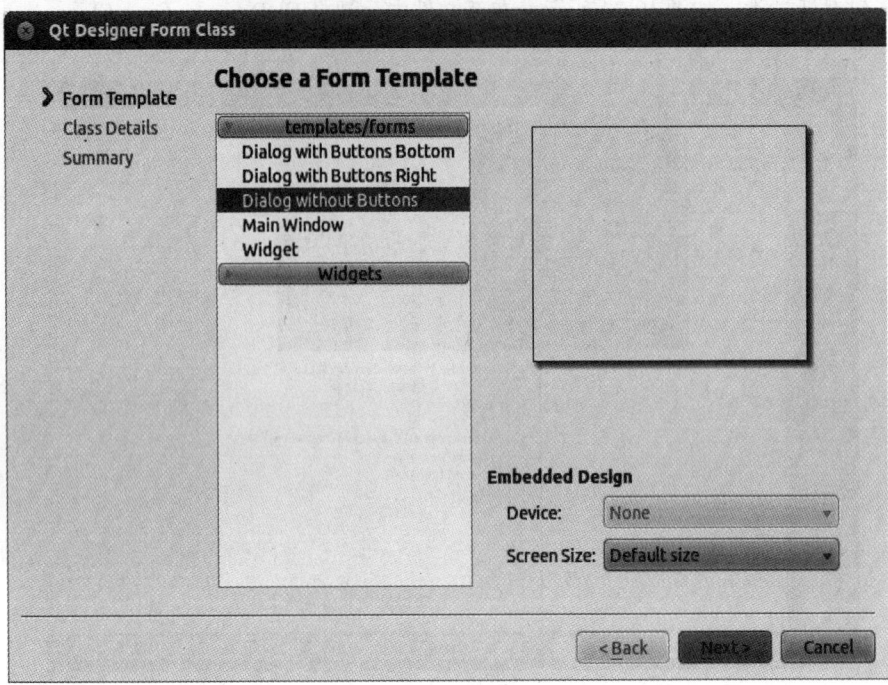

图 10-25　步骤 3

4）类名设为 myDlg，如图 10-26 所示。

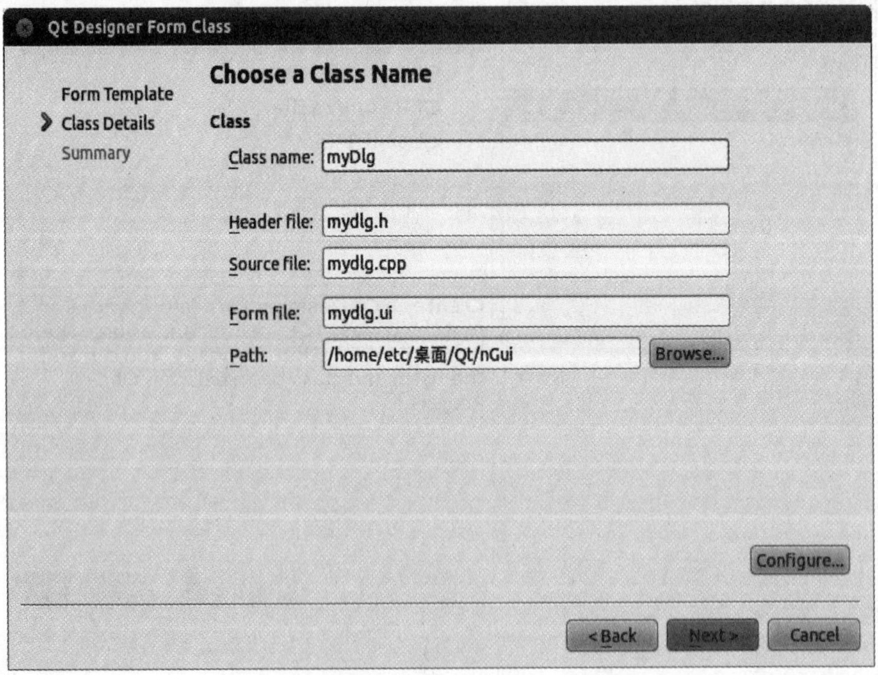

图 10-26　步骤 4

5）单击 Finish，如图 10-27 所示。注意这里已经默认将其加入到刚建的工程中了。

# 第 10 章 图形界面编程

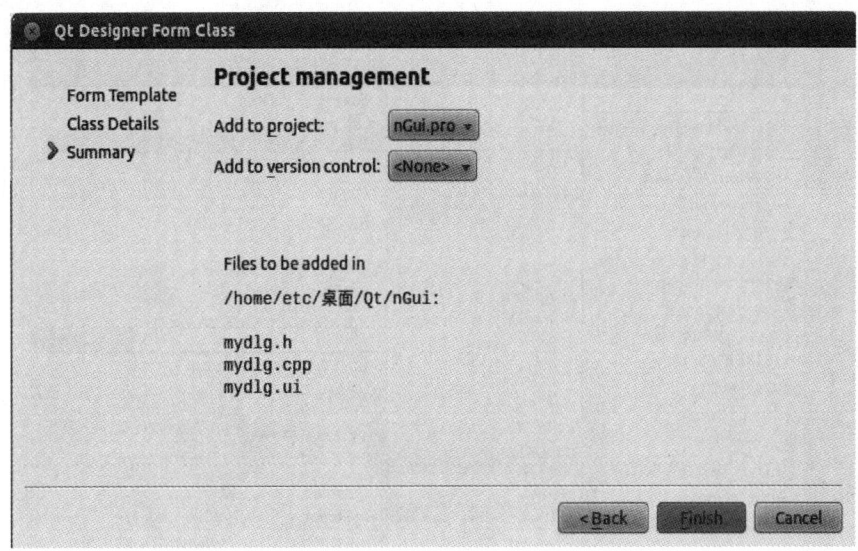

图 10-27　步骤 5

6）如图 10-28 所示，在 mydlg.ui 中拖入一个 Push Button，将其上的文本改为"进入主窗口"，在其属性窗口中将其 Object Name 改为 enterBtn，在下面的 Signals and slots editor 中进行信号和槽的关联。其中，Sender 设为 enterBtn，Signal 设为 clicked()，Receive 设为 myDlg，Slot 设为 accept()。这样就实现了单击这个按钮使这个对话框关闭并发出 Accepted 信号的功能。下面我们将利用这个信号。

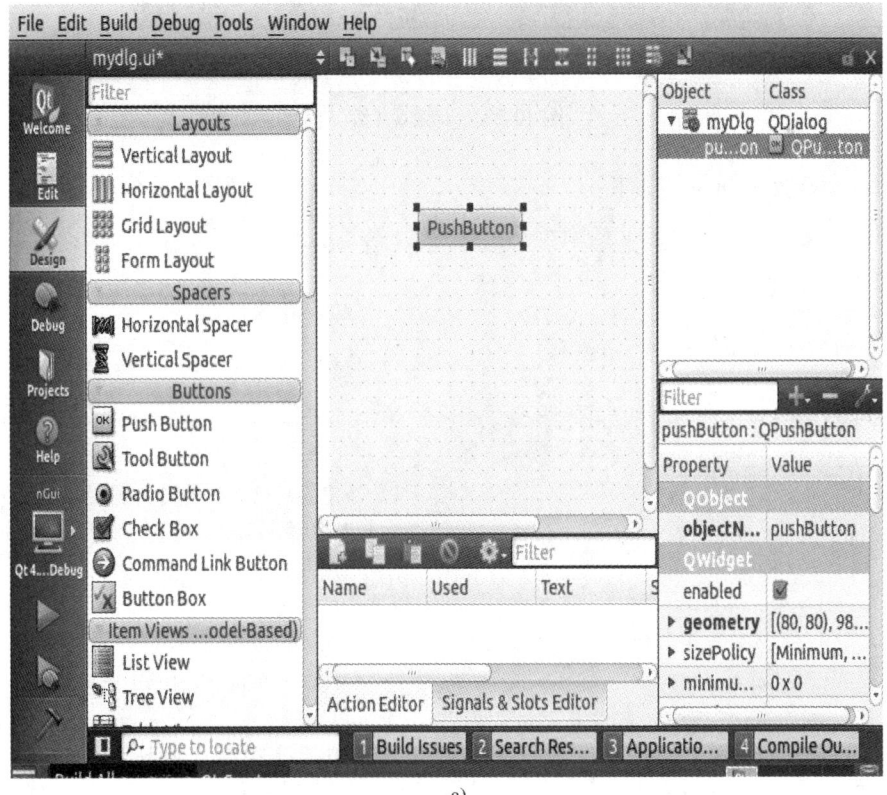

a)

图 10-28　步骤 6

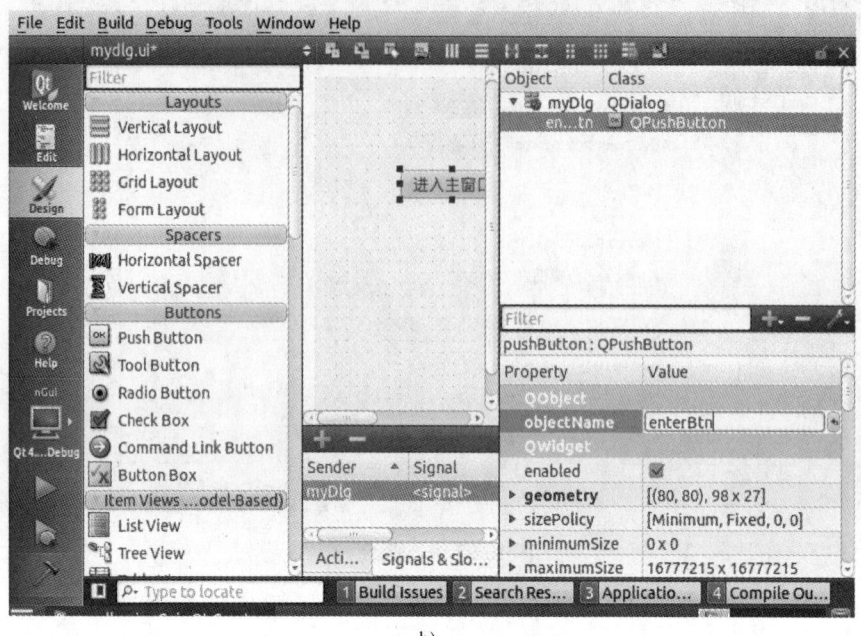

b)

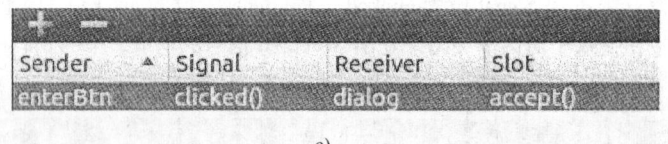

c)

图 10-28 步骤 6（续）

7）修改主函数 main.cpp 如下：

```
#include <QtGui/QApplication>
#include "widget.h"
 #include "mydlg.h"                           //加入头文件
 int main(int argc, char * argv[])
{
    QApplication a(argc, argv);
    Widget w;
    myDlg my1;                                //建立自己新建的类的对象 my1
    if(my1.exec() == QDialog::Accepted)       //利用 Accepted 信号判断 enterBtn 是否被
                                              //  按下
    {
        w.show();                             //如果被按下,显示主窗口
        return a.exec();                      //程序一直执行,直到主窗口关闭
    }
    else return 0;                            //如果没被按下,则不会进入主窗口,整个程
                                              //  序结束运行
}
```

运行程序，单击绿色箭头，如图 10-29a 所示。
单击"进入主窗口"。

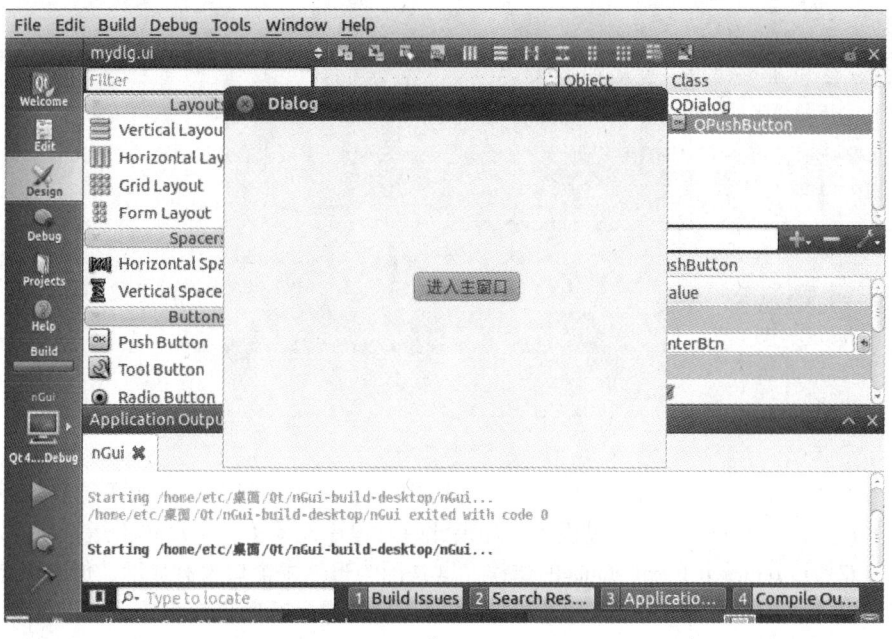

a)

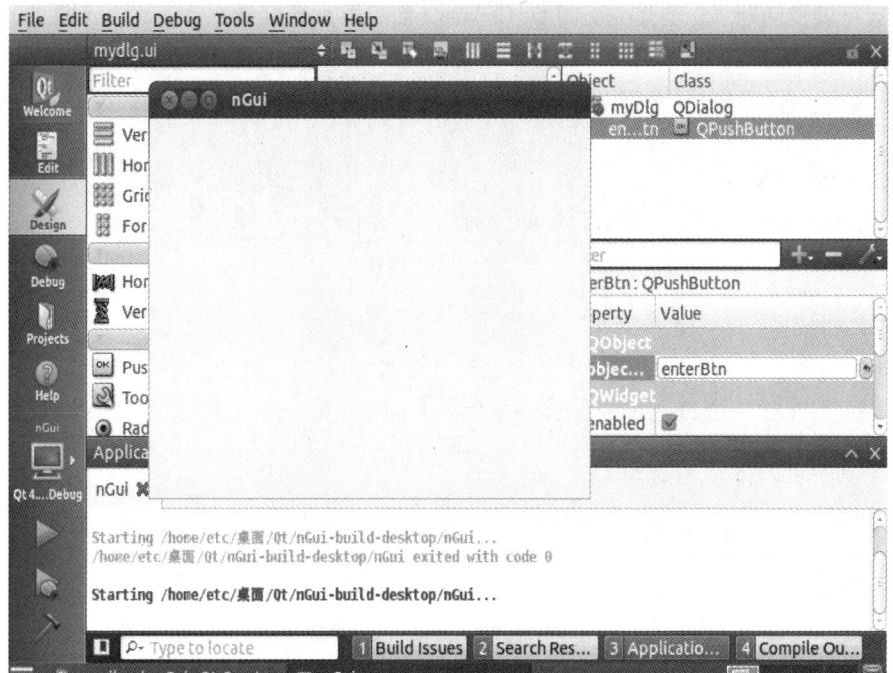

b)

图 10-29  步骤 7

主函数必须这么写，才能完成所要的功能。

如果主函数写成下面这样:

```
#include <QtGui/QApplication>
#include "widget.h"
#include "mydlg.h"
int main(int argc, char * argv[])
{
    QApplication a(argc, argv);
    myDlg my1;
    if(my1.exec() = = QDialog::Accepted)
    {
        Widget w;
        w.show();
    }
    return a.exec();
}
```

因为 w 是在 if 语句里定义的,所以当 if 语句执行完后它就无效了。这样导致的后果就是,按下 enterBtn 后,主界面窗口一闪就没了。如果此时对程序改动了,再次单击运行时,就会出现 error：collect2：ld returned 1 exit status 的错误。这是因为虽然主窗口没有显示,但它只是隐藏了,程序并没有结束,而是在后台运行。所以这时改动程序,再运行时便会出错。可以按下调试栏上面的红色 Stop 停止按钮来停止程序运行,也可以在 Windows 任务管理器的进程中将该进程结束,之后再次运行就没问题了,当然先关闭 Qt Creator,而后再重新打开,也能解决问题。

如果把程序改为这样:

```
#include <QtGui/QApplication>
#include "widget.h"
#include "mydlg.h"
int main(intargc, char * argv[])
{
    QApplication a(argc, argv);
    myDlg my1;
    Widget w;
    if(my1.exec() = = QDialog::Accepted)
    {
        w.show();
    }
    return a.exec();
}
```

虽然解决了上面主窗口一闪而过的问题,但是,如果在 my1 对话框出现的时候不单击 enterBtn,而是直接关闭对话框,那么此时整个程序应该结束执行,但是事实是这样的吗？如果此时对程序进行了改动,再次按下 run 按钮,会发现又出现了 error：collect2：ldreturned 1 exit status 的错误,这说明程序并没有结束。可以打开 Windows 任务管理器,看到程序仍在执行。因为 return a.exec();表示只要主窗口界面不退出,那么程序就会一直执行。所以只有用第一种方法,将该语句也放到 if 语句中,而在 else 语句中用 else return 0；,这样如果 enterBtn 没有被按下,那么程序就会结束执行了。

到这里，我们就实现了一个界面结束执行，然后弹出另一个界面的程序。

## 10.4 MiniGUI 编程基础

### 10.4.1 事件驱动编程

MiniGUI 是一个图形用户界面支持系统，通常的 GUI 编程概念均适用于 MiniGUI 编程，如窗口和事件驱动编程等。

在传统的 GUI 图形系统模型中，键盘和鼠标动作产生由应用程序不断轮询的事件。这些事件通常被发送到具有焦点的窗口，而应用程序把这些事件交由和该窗口相关联的例程来处理。这些窗口例程通常是由应用程序定义的，或者是某些标准例程中的一个。操作系统、其他窗口的事件处理例程和应用程序代码都可以产生事件。

用于处理事件的窗口例程通常标识了某一个"窗口类"，具有相同窗口例程的窗口实例被认为是属于同一窗口类。

焦点和光标的概念用于管理输入设备和输入事件的传送。鼠标光标是一个绘制在屏幕之上的小位图，指示当前的鼠标位置。以某种非破坏性的方式绘制该位图是窗口系统的责任，不过应用程序可以控制绘制哪一个位图以及是否显示该光标。应用程序还可以捕捉鼠标光标并获取光标事件，即使该光标已经超出该应用程序窗口的显示范围。键盘输入有类似的输入焦点和键盘输入插入符的概念。只有具有输入焦点的窗口才能获取键盘事件。改变窗口的焦点通常由特殊的按键组合或者鼠标光标事件完成。具有输入焦点的窗口通常绘制有一个键盘插入符。该插入符的存在、形式、位置，以及该插入符的控制完全是由窗口的事件处理例程完成的。

应用程序可通过调用一些系统函数来要求重绘窗口或窗口的某一部分，这些事件通常由窗口例程来处理。

### 10.4.2 MiniGUI 的三种运行模式

在编写第一个 MiniGUI 程序之前，需要了解如下事实：我们可将 MiniGUI 配置编译成三种具有不同体系架构的版本，称为运行模式：

**1. MiniGUI-Threads**

运行在 MiniGUI-Threads 上的程序可以在不同的线程中建立多个窗口，但所有的窗口在一个进程或者地址空间中运行。这种运行模式非常适合于大多数传统意义上的嵌入式操作系统，比如 uC/OS-II、eCos、VxWorks、pSOS 等等。当然，在 Linux 和 uClinux 上，MiniGUI 也能以 MiniGUI-Threads 的模式运行。

**2. MiniGUI-Processes**

MiniGUI-Processes 和 MiniGUI-Threads 相反，MiniGUI-Processes 上的每个程序是独立的进程，每个进程也可以建立多个窗口。MiniGUI-Processes 适合于具有完整 UNIX 特性的嵌入式操作系统，比如嵌入式 Linux 和 VxWorks 6。

**3. MiniGUI-Standalone**

这种运行模式下，MiniGUI 可以以独立进程的方式运行，既不需要多线程也不需要多进程的支持，这种运行模式适合功能单一的应用场合。比如在一些使用 uClinux 的嵌入式产品中，因为各种原因而缺少线程库支持，这时，就可以使用 MiniGUI-Standalone 来开发应用软件。

和 Linux 这样的类 UNIX 操作系统相比，一般意义上的嵌入式操作系统具有一些特殊性。举例而言，诸如 uClinux、uC/OS-II、eCos、VxWorks 等操作系统，通常运行在没有 MMU（内存管理单元，用于提供虚拟内存支持）的 CPU 上，这时，往往就没有进程的概念，而只有线程或者任务的概念，这样，GUI 系统的运行环境也就大相径庭。因此，为了适合不同的操作系统环境，可将 MiniGUI 配置成上述三种运行模式。

### 10.4.3 运行模式适用范围

一般而言，MiniGUI-Standalone 模式的适应面最广，可以支持几乎所有的操作系统，甚至包括类似 DOS 这样的操作系统；MiniGUI-Threads 模式的适用面次之，可运行在支持多任务的实时嵌入式操作系统，或者具备完整 UNIX 特性的普通操作系统；MiniGUI-Processes 模式的适用面较小，它仅适合于具备完整 UNIX 特性的普通操作系统。

### 10.4.4 MiniGUI 进程

MiniGUI 的早期版本（即 MiniGUI-Threads）采用基于 POSIX 线程的消息传递和窗口管理机制，这种实现提供最大程度的数据共享，但同时造成了 MiniGUI 体系结构上的脆弱。

如果某个线程因为非法的数据访问而终止运行，则整个系统都将受到影响。为了解决这个问题，使 MiniGUI 更符合嵌入式 Linux 系统的应用需求，MiniGUI 从 0.9.8 版本开始推出 Lite 运行模式。Lite 运行模式下的 MiniGUI 使用嵌入式 Linux 的进程机制，从而使得 MiniGUI 更稳定。基于有效的客户/服务器结构，在 MiniGUI-Lite 模式下，可以运行多个客户进程，并且充分利用类似地址空间保护的高级性能。因此，在 MiniGUI-Lite 运行模式下，基于 MiniGUI 的嵌入式系统的灵活性和稳定性将得到极大的提高。举例来说，可以在 MiniGUI-Lite 运行模式下运行多个 MiniGUI 客户进程，并且如果其中一个进程不正常终止，其他进程将不受影响。除此之外，在 MiniGUI-Lite 运行模式下，非常有利于集成第三方应用程序。实际上，这就是为什么许多嵌入式设备开发商使用 Linux 作为操作系统的原因。

尽管 MiniGUI-Lite 运行模式提供了多进程支持，但是它不能同时管理不同进程创建的窗口。因此，MiniGUI-Lite 运行模式根据层来区分不同进程中的窗口。这种方法适合于大多数具有低端显示设备的嵌入式设备，但是也给应用程序的开发带来了一些问题。

MiniGUI V2.0.x 完全地解决了这一问题。MiniGUI-Lite 运行模式下，客户创建的窗口不是一个全局对象，也就是说，客户不知道其他人创建的窗口。然而，MiniGUI-Processes 模式下创建的窗口都是全局对象，并且由这种模式下创建的窗口可以互相剪切。因此，MiniGUI-Processes 是 MiniGUI-Lite 的继承者。它支持具备完整 UNIX 特性的嵌入式操作系统，如 Linux 和 VxWorks 6。

在 MiniGUI-Processes 版本中，可以同时运行多个 MiniGUI 应用程序。首先启动一个服务器程序 mginit，然后可以启动其他作为客户端运行的 MiniGUI 应用程序。如果因为某种原因客户终止，服务器不会受任何影响，可以继续运行。

本书中，在运行演示程序之前，假定已经配置并且安装了 MiniGUI-Processes 运行模式。在运行这些事例程序之前，应该首先运行 mginit 程序，它可以是用户自定义的 mginit 程序或是 MDE 提供的 mginit 程序。我们已经仔细编码以确保每个示例程序都能在 MiniGUI-Processes、MiniGUI-Standalone 及 MiniGUI-Threads 模式下编译并运行。

此外，MiniGUI 提供类 Win32 的 API，熟悉 Win32 编程的读者可以很快地掌握 MiniGUI 编程的基本方法和各个 API。

## 10.5 MiniGUI 编程实例

理解 MiniGUI 基本编程方法的最快途径就是分析一个简单程序的结构。以下是一个 MiniGUI 版本的"Hello World!"程序，我们将对其进行详细的解释说明。

```c
#include <stdio.h>
#include <minigui/common.h>
#include <minigui/minigui.h>
#include <minigui/gdi.h>
#include <minigui/window.h>
static int HelloWinProc(HWND hWnd, int message, WPARAM wParam, LPARAM lParam)
{
HDC hdc;
switch (message) {
    case MSG_PAINT:
        hdc = BeginPaint (hWnd);
        TextOut (hdc, 60, 60, "Hello world!");
        EndPaint (hWnd, hdc);
        return 0;
case MSG_CLOSE:
        DestroyMainWindow (hWnd);
        PostQuitMessage (hWnd);
        return 0;
    }
    return DefaultMainWinProc(hWnd, message, wParam, lParam);
}
int MiniGUIMain (int argc, const char* argv[])
{
    MSG Msg;
    HWND hMainWnd;
    MAINWINCREATE CreateInfo;
#ifdef _MGRM_PROCESSES
    JoinLayer(NAME_DEF_LAYER , "helloworld" , 0 , 0);
#endif
    CreateInfo.dwStyle = WS_VISIBLE | WS_BORDER | WS_CAPTION;
    CreateInfo.dwExStyle = WS_EX_NONE;
    CreateInfo.spCaption = "HelloWorld";
    CreateInfo.hMenu = 0;
    CreateInfo.hCursor = GetSystemCursor(0);
    CreateInfo.hIcon = 0;
    CreateInfo.MainWindowProc = HelloWinProc;
    CreateInfo.lx = 0;
    CreateInfo.ty = 0;
```

```
    CreateInfo.rx = 240;
    CreateInfo.by = 180;
    CreateInfo.iBkColor = COLOR_lightwhite;
    CreateInfo.dwAddData = 0;
    CreateInfo.hHosting = HWND_DESKTOP;
    hMainWnd = CreateMainWindow (&CreateInfo);
    if (hMainWnd = = HWND_INVALID)
        return -1;
    ShowWindow(hMainWnd, SW_SHOWNORMAL);
    while (GetMessage(&Msg, hMainWnd)) {
        TranslateMessage(&Msg);
        DispatchMessage(&Msg);
    }
    MainWindowThreadCleanup (hMainWnd);
    return 0;
}

#ifndef _MGRM_PROCESSES
#include <m
#endif
```

该程序在屏幕上创建一个大小为 240×180 像素的应用程序窗口，并在窗口客户区的中部显示"Hello world!"，如图 10-30 所示。

图 10-30　Hello world 程序的输出

## 10.5.1　头文件

helloworld.c 的开始所包括的四个头文件 <minigui/common.h>、<minigui/minigui.h>、<minigui/gdi.h> 和 <minigui/window.h> 是所有的 MiniGUI 应用程序都必须包括的头文件：

- common.h 包括 MiniGUI 常用的宏以及数据类型的定义。
- minigui.h 包含了全局的和通用的接口函数以及某些杂项函数的定义。
- gdi.h 包含了 MiniGUI 绘图函数的接口定义。
- window.h 包含了窗口有关的宏、数据类型、数据结构定义以及函数接口声明。

使用预定义控件的 MiniGUI 应用程序还必须包括另外一个头文件——<minigui/control.h>：

- control.h 包含了 libminigui 中所有内建控件的接口定义。

所以，一个 MiniGUI 程序的开始通常包括如下的 MiniGUI 相关头文件：

```c
#include <minigui/common.h>
#include <minigui/minigui.h>
#include <minigui/gdi.h>
#include <minigui/window.h>
#include <minigui/control.h>
```

### 10.5.2 程序入口点

一个 C 程序的入口点为 main 函数，而一个 MiniGUI 程序的入口点为 MiniGUIMain，该函数原型如下：

```c
int MiniGUIMain (int argc, const char* argv[]);
```

main 函数已经在 MiniGUI 的函数库中定义了，该函数在进行一些 MiniGUI 的初始化工作之后调用 MiniGUIMain 函数。所以，每个 MiniGUI 应用程序（无论是服务器端程序 mginit 还是客户端应用程序）的入口点均为 MiniGUIMain 函数。参数 argc 和 argv 与 C 程序 main 函数的参数 argc 和 argv 的含义是一样的，分别为命令行参数个数和参数字符串数组指针。

### 10.5.3 加入层

MiniGUI-Processes 模式下加入层的程序如下：

```c
#ifdef _MGRM_PROCESSES
    JoinLayer(NAME_DEF_LAYER , "helloworld" , 0 , 0);
#endif
```

JoinLayer 是 MiniGUI-Processes 模式的专有函数，因此包含在_MGRM_PROCESSES 的条件编译中。在 MiniGUI-Processes 运行模式下，每个 MiniGUI 客户端程序在调用其他 MiniGUI 函数之前必须调用该函数，将自己添加到一个层中（或创建一个新层）。

如果程序是 MiniGUI-Processes 服务器端，应该改为调用 ServerStartup：

```c
if (! ServerStartup (0 , 0 , 0))
{
    fprintf (stderr,"Can not start the server of MiniGUI-Processes: mginit. \n");
    return 1;
}
```

> 注意：MiniGUI 针对三种运行模式分别定义了不同的宏。
> - MiniGUI-Threads：_MGRM_THREADS
> - MiniGUI-Processes：_MGRM_PROCESSES 和_LITE_VERSION
> - MiniGUI-Standalone：_MGRM_STANDALONE 和_LITE_VERSION 和_STAND_ALONE

### 10.5.4 创建和显示主窗口

```c
hMainWnd = CreateMainWindow(&CreateInfo);
```

每个 MiniGUI 应用程序的初始界面一般都是一个主窗口，可以通过调用 CreateMainWindow 函数来创建一个主窗口，其参数是一个指向 MAINWINCREATE 结构的指针，本例中就是 CreateInfo，返回值为所创建主窗口的句柄。MAINWINCREATE 结构描述一个主窗口的属性，在使用 CreateInfo 创建主窗口之前，需要设置它的各项属性。

```
CreateInfo.dwStyle = WS_VISIBLE | WS_BORDER | WS_CAPTION;
```

设置主窗口风格，这里把窗口设为初始可见的，并具有边框和标题栏。

```
CreateInfo.dwExStyle = WS_EX_NONE;
```

设置主窗口的扩展风格（该窗口没有扩展风格）。

```
CreateInfo.spCaption = "HelloWorld";
```

设置主窗口的标题为"HelloWorld"。

```
CreateInfo.hMenu = 0;
```

设置主窗口的主菜单（该窗口没有主菜单）。

```
CreateInfo.hCursor = GetSystemCursor(0);
```

设置主窗口的光标为系统默认光标。

```
CreateInfo.hIcon = 0;
```

设置主窗口的图标（该窗口没有图标）。

```
CreateInfo.MainWindowProc = HelloWinProc;
```

设置主窗口的窗口过程函数为 HelloWinProc，所有发往该窗口的消息由该函数处理。

```
CreateInfo.lx = 0;
CreateInfo.ty = 0;
CreateInfo.rx = 320;
CreateInfo.by = 240;
```

设置主窗口在屏幕上的位置，该窗口左上角位于（0,0），右下角位于（320,240）。

```
CreateInfo.iBkColor = PIXEL_lightwhite;
```

设置主窗口的背景色为白色，PIXEL_lightwhite 是 MiniGUI 预定义的像素值。

```
CreateInfo.dwAddData = 0;
```

设置主窗口的附加数据，该窗口没有附加数据。

```
CreateInfo.hHosting = HWND_DESKTOP;
```

设置主窗口的托管窗口为桌面窗口。

```
ShowWindow(hMainWnd, SW_SHOWNORMAL);
```

创建完主窗口之后，还需要调用 ShowWindow( ) 函数才能把所创建的窗口显示在屏幕上。ShowWindow 的第一个参数为所要显示的窗口句柄，第二个参数指明显示窗口。

### 10.5.5 进入消息循环

在调用 ShowWindow( ) 函数之后，主窗口就会显示在屏幕上。和其他 GUI 一样，现在是进入消息循环的时候了。MiniGUI 为每一个 MiniGUI 程序维护一个消息队列。在发生事件之后，

MiniGUI 将事件转换为一个消息,并将消息放入目标程序的消息队列之中。应用程序现在的任务就是执行如下的消息循环代码,不断地从消息队列中取出消息,进行处理:

```
while (GetMessage(&Msg, hMainWnd)) {
    TranslateMessage(&Msg);
    DispatchMessage(&Msg);
}
```

Msg 变量是类型为 MSG 的结构,MSG 结构在 window.h 中定义如下:

```
typedef struct _MSG
{
    HWND hwnd;
    int message;
    WPARAM wParam;
    LPARAM lParam;
    unsigned int time;
#ifndef _LITE_VERSION
    void* pAdd;
#endif
} MSG;
typedef MSG*    PMSG;
```

GetMessage 函数调用从应用程序的消息队列中取出一个消息:

```
GetMessage( &Msg, hMainWnd);
```

该函数调用的第二个参数为要获取消息的主窗口的句柄,第一个参数为一个指向 MSG 结构的指针,GetMessage 函数将用从消息队列中取出的消息来填充该消息结构的各个域,包括:
- hwnd:消息发往的窗口的句柄。在 helloworld.c 程序中,该值与 hMainWnd 相同。
- message:消息标识符。这是一个用于标识消息的整数值。每一个消息均有一个对应的预定义标识符,这些标识符定义在 window.h 头文件中,以前缀 MSG 开头。
- wParam:一个 32 位的消息参数,其含义和值根据消息的不同而不同。
- lParam:一个 32 位的消息参数,其含义和值取决于消息的类型。
- time:消息放入消息队列中的时间。

只要从消息队列中取出的消息不为 MSG_QUIT,GetMessage 就返回一个非 0 值,消息循环将持续下去。MSG_QUIT 消息使 GetMessage 返回 0,导致消息循环终止。

```
TranslateMessage (&Msg);
```

TranslateMessage() 函数把击键消息转换为 MSG_CHAR 消息,然后直接发送到窗口过程函数。

```
DispatchMessage (&Msg);
```

DispatchMessage() 函数最终将把消息发往该消息的目标窗口的窗口过程,让它进行处理。在本例中,该窗口过程就是 HelloWinProc。也就是说,MiniGUI 在 DispatchMessage() 函数中调用主窗口的窗口过程函数(回调函数)对发往该主窗口的消息进行处理。处理完消息之后,应用程序的窗口过程函数将返回到 DispatchMessage( ) 函数中,而 DispatchMessage( ) 函数最后又将返回到应用程序代码中,应用程序又从下一个 GetMessage( ) 函数调用开始消息循环。

### 10.5.6 窗口过程函数

窗口过程函数是 MiniGUI 程序的主体部分,应用程序实际所做的工作大部分都发生在窗口过程函数中,因为 GUI 程序的主要任务就是接收和处理窗口收到的各种消息。

在 helloworld.c 程序中,窗口过程是名为 HelloWinProc( ) 的函数。窗口过程函数可以由程序员任意命名,CreateMainWindow( ) 函数根据 MAINWINCREATE 结构类型的参数中指定的窗口过程创建主窗口。

窗口过程函数总是定义为如下形式:

```
static int HelloWinProc (HWND hWnd, int message, WPARAM wParam, LPARAM lParam);
```

窗口过程的 4 个参数与 MSG 结构的前四个域是相同的。第一个参数 hWnd 是接收消息的窗口的句柄,它与 CreateMainWindow 函数的返回值相同,该值标识了接收该消息的特定窗口。第二个参数与 MSG 结构中的 message 域相同,它是一个标识窗口所收到消息的整数值。最后两个参数都是 32 位的消息参数,它提供和消息相关的特定信息。

程序通常不直接调用窗口过程函数,而是由 MiniGUI 进行调用,也就是说,它是一个回调函数。

窗口过程函数不予处理的消息应该传给 DefaultMainWinProc( ) 函数进行默认处理,从 DefaultMainWinProc( ) 返回的值必须由窗口过程返回。

### 10.5.7 屏幕输出

程序在响应 MSG_Paint 消息时进行屏幕输出。应用程序应首先通过调用 BeginPaint( ) 函数来获得设备上下文句柄,并用它调用 GDI 函数来执行绘制操作。这里,程序使用 TextOut 文本输出函数在客户区的中部显示了一个 "Hello world!" 字符串。绘制结束之后,应用程序应调用 EndPaint( ) 函数释放设备上下文句柄。

### 10.5.8 程序的退出

用户单击窗口右上角的关闭按钮时窗口过程函数将收到一个 MSG_Close 消息。helloworld 程序在收到 MSG_Close 消息时调用 DestroyMainWindow( ) 函数销毁主窗口,并调用 PostQuitMessage( ) 函数在消息队列中投入一个 MSG_Quit 消息。当 GetMessage 函数取出 MSG_Quit 消息时将返回 0,最终导致程序退出消息循环。

程序最后调用 MainWindowThreadCleanup 清除主窗口所使用的消息队列等系统资源并最终由 MiniGUIMain 返回。

## 10.6 小结

本章详细介绍了图形界面编程的基础知识和相关软件的使用。首先介绍了 Linux 图形开发基础和两种现在比较流行的嵌入式 Linux 图形用户界面。然后以 Qt Creator 为例介绍了 Qt 编程环境的搭建及使用,并通过多窗口程序演示了编程过程。最后在介绍 MiniGUI 的编程基础后,以 "Hello World!" 程序演示了使用 MiniGUI 编程的过程。

## 10.7 复习思考题

1. 嵌入式 GUI 具有哪些特点？
2. 目前应用于嵌入式 Linux 系统中的 GUI 系统底层支持库有哪些？分别简述一下各自的特点。
3. 列举常用嵌入式 GUI 高级函数库及其主要特点。
4. 当前流行的嵌入式 Linux 图形用户界面开发环境有哪些？
5. Qt/Embedded 作为一种多平台图形界面程序开发工具包，其重要特点是什么？为什么适合嵌入式系统开发？
6. 如何创建 Qt Creator 开发环境？
7. 什么是 Qt 的体系结构？
8. 简要分析 MiniGUI 三种运行模式的优、缺点。

# 第 11 章 Android 应用

**本章主要内容**

- Android 概述
- Android 应用开发
- Android 开发环境搭建
- Android 应用开发扩展

本章将要介绍的是 Android 开发起步的相关知识，首先将会对 Android 平台进行简单的介绍，其中包括 Android 的背景及其应用程序的框架。然后会向读者讲解如何搭建 Android 的开发环境、如何在 Eclipse 中创建一个项目，以及如何使用 Android 平台提供的工具调试和监控应用程序。

## 11.1 Android 概述

Android 平台自发布以来就一直吸引着广大开发者的目光，本节就对 Android 平台做简单的介绍，读者通过本节的学习可以对 Android 平台的来龙去脉及内部结构有比较透彻的了解。

### 11.1.1 Android 背景介绍

Android 是一个开放的手机操作系统平台，为移动设备提供了一个包含操作系统、中间件及应用程序的软件叠层架构。Android SDK 为开发人员使用 Java 语言编写 Android 平台下的应用程序提供了必要的工具和 API。

**1. Android 的特性**

Android 自推出以来如此受追捧不仅仅是因为网络巨头 Google 的大力扶持，Android 自身所具有的特性才是吸引全球精英开发者的更重要原因。

- 应用程序框架：可以方便地重用和替换手机组件。
- Dalvik 虚拟机：专为移动设备优化过的虚拟机。
- 内部集成浏览器：基于开源的 WebKit 引擎。
- 优化的图形系统：其中自定义了 2D 图形库，3D 图形库基于 OpenGL ES 1.0，可选硬件加速。
- SQLite：集成了轻量级数据库管理系统。
- 多媒体支持：支持常见的音频和视频，以及各种图片格式，如 MPEG4、H.264、MP3、AAC、AMR、JPG、PNG、GIF 等。
- GSM 技术、蓝牙、EDGE、3G 和 WiFi：需要硬件支持。
- 摄像头、GPS、罗盘、加速度计：需要硬件支持。
- 完备的开发环境：包括设备模拟器、调试工具、内存和性能分析工具，以及用于 Eclipse 开发环境的插件。

**2. Android 的优点**

目前市面上的手机操作系统除了 Android，还有 Symbian、IOS 等，与这些手机操作系统相比，Android 具有如下的优点。

(1) 真正开放　Android 平台提供了从底层操作系统到上层的程序界面的所有软件，使用这个平台无须缴纳任何授权许可费用，同时不同的厂商还可以根据自身需求修改和扩展 Android 平台。

(2) 应用程序相互平等　在 Android 平台下，除了应用程序运行的载体虚拟机之外，其他的软件是完全平等的。例如可以自己开发收发 E-mail 的应用程序来替换系统提供的相应软件。

(3) 应用程序之间沟通无界限　在 Android 平台下开发应用程序，可以方便地实现应用程序之间的数据共享，只需要经过简单的声明或操作，应用程序就可以访问或调用其他应用程序的功能，或者将自己的部分数据和功能提供给其他应用程序使用。

## 11.1.2　Android 的系统构架

先来看看 Android 的体系结构，如图 11-1 所示。

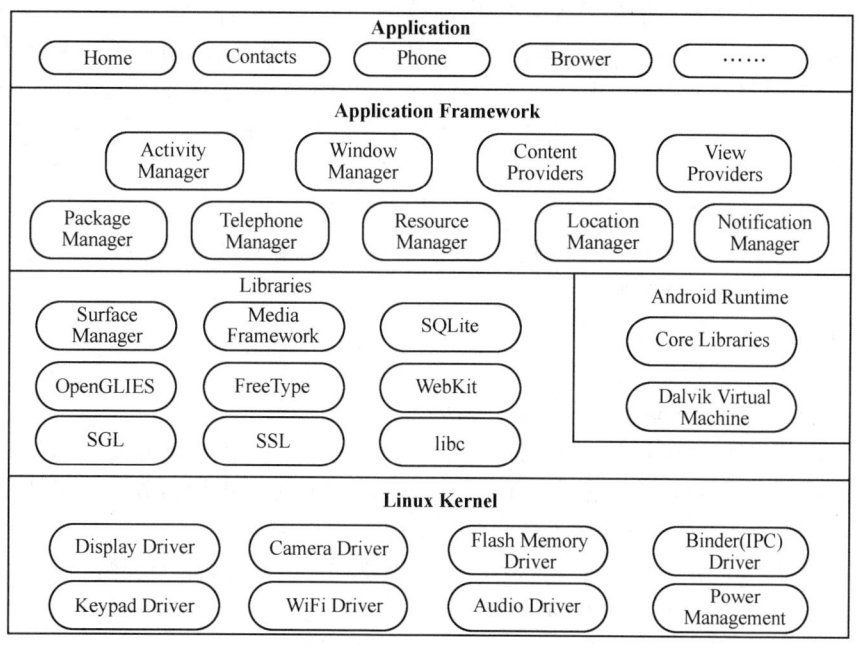

图 11-1　Android 体系结构

从图 11-1 可以看出 Android 分为 4 层，从高到低分别是应用层、应用框架层、系统运行库层和 Linux 内核层。下面将对这 4 层进行简要的分析和介绍。

**1. 应用层**

应用是用 Java 语言编写的运行在虚拟机上的程序，如图 11-1 中最上层部分所示。其实，Google 最开始时就在 Android 系统中捆绑了一些核心应用，比如 E-mail 客户端、SMS 短消息程序、日历、地图、浏览器、联系人管理程序等。

**2. 应用框架层**

这一层是编写 Google 发布的核心应用时所使用的 API 框架，开发人员同样可以使用这些框架来开发自己的应用，这样便简化了程序开发的架构设计，但是必须遵守其框架的开发原则。

从图 11-1 中可以看出，Android 提供了如下一些组件：

- 丰富而又可扩展的视图（View）：可以用来构建应用程序。包括列表（List）、网格（Grid）、文本框（Text Box）、按钮（Button），以及可嵌入的 Web 浏览器。
- 内容提供器（Content Providers）：可以让一个应用访问另一个应用的数据（如联系人数据

库),或共享它们自己的数据。
- 资源管理器（Resource Manager）：提供非代码资源的访问，如本地字符串、图形和布局文件（Layout File）。
- 通知管理器（Notification Manager）：应用可以在状态栏中显示自定义的提示信息。
- 活动管理器（Activity Manager）：用来管理应用程序生命周期并提供常用的导航退回功能。
- 窗口管理器（Window Manager）：管理所有的窗口程序。
- 包管理器（Package Manager）：Android 系统内的程序管理。

后面的章节将进一步介绍这些组件的使用。

**3. 系统运行库层**

系统运行库包括 C/C++ 库以及 Android 运行库。当使用 Android 应用框架时，Android 系统会通过一些 C/C++ 库来支持所使用的各个组件，使其能更好地服务。

- Bionic 系统 C 库：C 语言标准库，系统最底层的库，C 库通过 Linux 系统来调用。
- 多媒体库（MediaFramework）：Android 系统多媒体库，基于 PacketVideoOpenCORE，该库支持多种常见格式的音频、视频的回放和录制，以及图片，比如 MPEG4、MP3、AAC、AMR、JPG、PNG 等。
- SGL：2D 图形引擎库。
- SSL：位于 TCP/IP 协议与各种应用层协议之间，为数据通信提供支持。
- OpenGL ES 1.0：3D 效果的支持。
- SQLite：关系数据库。
- Webkit：Web 浏览器引擎。
- FreeType：位图（bitmap）及矢量（vector）。

每个 Java 程序都运行在 Dalvik 虚拟机之上。与 PC 一样，每个 Android 应用程序都有自己的进程，Dalvik 虚拟机只执行 .dex 的可执行文件。当 Java 程序通过编译，最后还需要通过 SDK 中的 dx 工具转化成 .dex 格式才能正常在虚拟机上执行。

Google 于 2007 年底正式发布了 Android SDK，作为 Android 系统的重要特性，Dalvik 虚拟机也第一次进入了人们的视野。它对内存的高效使用，以及在低速 CPU 上表现出的高性能，确实令人刮目相看。Android 系统可以简单地完成进程隔离和线程管理。每一个 Android 应用在底层都会对应一个独立的 Dalvik 虚拟机实例，其代码在虚拟机的解释下得以执行。

很多人认为 Dalvik 虚拟机是一个 Java 虚拟机，因为 Android 的编程语言恰恰就是 Java 语言。但是这种说法并不准确，因为 Dalvik 虚拟机并不是按照 Java 虚拟机的规范来实现的，两者并不兼容。它们有两个明显的不同：Java 虚拟机运行的是 Java 字节码，而 Dalvik 虚拟机运行的则是其专有的文件格式为 dex（Dalvik Executable）的文件。在 Java SE 程序中的 Java 类会被编译成一个或者多个字节码文件（.class）然后打包到 jar 文件，而后 Java 虚拟机会从相应的 class 文件和 jar 文件中获取相应的字节码；Android 应用虽然也是使用 Java 语言进行编程，但是在编译成 class 文件后，还会通过一个工具（dx）将所有应用的 class 文件转换成一个 dex 文件，而后 Dalvik 虚拟机会从其中读取指令和数据。

Dalvik 虚拟机非常适合在移动终端上使用，相对于在桌面系统和服务器系统运行的虚拟机而言，它不需要很高的 CPU 计算速度和大量的内存空间。根据 Google 的测算，64MB 的内存已经能够让系统正常运转了。其中 24MB 被用于底层系统的初始化和启动，另外 20MB 被用于启动高层服务。当然，随着系统服务的增多和应用功能的扩展，其所消耗的内存也势必越来越大。归纳起来，Dalvik 虚拟机有如下几个主要特征：

（1）专有的 dex 文件格式　dex 是 Dalvik 虚拟机专用的文件格式，为什么弃用已有的字节码文件（.class 文件）而采用新的格式呢？原因如下：
- 每个应用中会定义很多类，编译完成后即会有很多相应的 class 文件，class 文件中会有大量冗余信息，而 dex 文件格式会把所有的 class 文件内容整合到一个文件中。这样，除了减少整体的文件尺寸和 I/O 操作外，也提高了类的查找速度。
- 增加了对新的操作码的支持。
- 文件结构尽量简洁，使用等长的指令，借以提高解析速度。
- 尽量扩大只读结构的大小，借以提高跨进程的数据共享。

（2）dex 的优化　dex 文件的结构是紧凑的，但是如果希望运行时的性能有进一步提高，就需要对 dex 文件进一步优化。优化主要针对以下几个方面：
- 调整所有字段的字节序（LITTLE_ENDIAN）和对齐结构中的每一个域。
- 验证 dex 文件中的所有类。
- 对一些特定的类和方法里的操作码进行优化。

（3）基于寄存器　相对于基于堆栈实现的虚拟机，基于寄存器实现的虚拟机虽然在硬件、通用性上要差一些，但是它在代码的执行效率上却更胜一筹。

（4）一个应用，一个虚拟机实例，一个进程　每一个 Android 应用都运行在一个 Dalvik 虚拟机实例中，而每一个虚拟机实例都是一个独立的进程空间。虚拟机的线程机制、内存分配和管理、Mutex 等的实现都依赖底层操作系统。所有 Android 应用的线程都对应一个 Linux 线程，虚拟机因而可以更多地依赖操作系统的线程调度和管理机制。不同的应用在不同的进程空间里运行，对不同来源的应用都使用不同的 Linux 用户来运行，可以最大程度地保护应用的安全性和独立性。

**4. Linux 内核层**

Android 的核心系统服务基于 Linux 2.6 内核，如安全性、内存管理、进程管理、网络协议栈和驱动模型等。Linux 内核同时也作为硬件和软件栈之间的抽象层。

Android 更多的是需要一些与移动设备相关的驱动程序，主要的驱动如下：
- 显示驱动（Display Driver）：基于 Linux 的帧缓冲（Frame Buffer）驱动。
- 键盘驱动（KeyBoard Driver）：作为输入设备的键盘驱动。
- Flash 内存驱动（Flash Memory Driver）：基于 MTD 的 Flash 驱动程序。
- 照相机驱动（Camera Driver）：常用的基于 Linux 的 v4l2（Video for Linux）驱动。
- 音频驱动（Audio Driver）：常用的基于 ALSA（Advanced Linux SoundArchitecture）的高级 Linux 声音体系驱动。
- 蓝牙驱动（Bluetooth Driver）：基于 IEEE 802.15.1 标准的无线传输技术。
- WiFi 驱动：基于 IEEE 802.11 标准的驱动程序。
- Binder IPC 驱动：Android 的一个特殊的驱动程序，具有单独的设备节点，提供进程间通信的功能。
- Power Management（电源管理）：比如电池电量等。

## 11.1.3　Android 应用程序框架

上一节对 Android 的系统构架进行了详细剖析，Android 分为应用层、应用框架层、系统运行库层和 Linux 内核层。在开发应用时都是通过框架来与 Android 底层进行交互，接触最多的就是应用框架层了。

什么是应用程序框架呢？框架可以说是一个应用程序的核心，是所有参与开发的程序员共同使用和遵守的约定，大家在其约定上进行必要的扩展，但程序始终保持主体结构的一致性。其作用是让程序保持清晰和一目了然，在满足不同需求的同时又互不影响。

Android 系统提供给应用开发者的本身就是一个框架，所有的应用开发都必须遵守这个框架的原则，在开发应用时就是在这个框架上进行扩展。下面来看看 Android 这个框架都有些什么功能可供使用。

- android. app：提供高层的程序模型和基本的运行环境。
- android. content：包含对各种设备上的数据进行访问和发布。
- android. database：通过内容提供者浏览和操作数据库。
- android. graphics：底层的图形库，包含画布、颜色过滤、点、矩形，可以将它们直接绘制到屏幕上。
- android. location：定位和相关服务的类。
- android. media：提供一些类管理多种音频、视频的媒体接口。
- android. net：提供帮助网络访问的类，超过通常的 java. net 接口。
- android. os：提供系统服务、消息传输和 IPC 机制。
- android. opengl：提供 OpenGL 的工具。
- android. provider：提供访问 Android 内容提供者的类。
- android. telephony：提供与拨打电话相关的 API 交互。
- android. view：提供基础的用户界面接口框架。
- android. util：涉及工具性的方法，例如时间日期的操作。
- android. webkit：默认浏览器操作接口。
- android. widget：包含各种 UI 元素（大部分是可见的）在应用程序的布局中使用。

## 11.1.4　OMS 介绍

OMS（即面向移动互联网的开放型移动智能终端软件平台，Open Mobile System），它包括基于 Linux 2.6 内核的移动终端下层操作系统、上层应用软件、中间件、Java 虚拟机、硬件参考设计以及基于 WebKit 的各类应用。它具有强大的兼容性、扩展性和安全性，以及简单易用、友好的人机界面等，而且具有完全自主的知识产权。在此之上，OMS 拥有开放统一的 API 开发接口、完备的集成开发环境和活跃的在线生态环境，极大地方便了移动应用的开发。OMS 的可移植性将使该软件平台在其他领域具有广泛的应用，如航空航天、军事、制造业等。

**1. OPhone 介绍**

OPhone 是基于 Linux 的面向移动互联网的终端基础软件及系统解决方案。由于 OPhone 与 Android 兼容，都是基于 Java 开发的，因此可以同时用 OMS API 和 Android API 来开发 OMS 应用。任何用 Android API 开发的应用都可以在 OMS 终端上正确地运行。然而，不能在 Android 终端上运行由扩展的 OMS API 开发的程序，因为这些 OMS API 是 OMS 平台独有的，而且在运行时是必需的。

OPhone 是指采用了 OMS 智能操作系统的手机。为了突破 TD 终端瓶颈，以及促进手机终端与中国移动的网络和应用服务进行无缝对接，中国移动在 Android 操作系统基础上自主开发了 OMS 系统，该系统直接内置了中国移动的服务菜单、音乐随身听、手机导航、号簿管家、139 邮箱、飞信、快讯和移动梦网等特色业务，如图 11-2 所示。

**2. Widget 介绍**

OMS 除了支持基于 Java 的应用，还支持 Widget 应用开发。Widget 应用是 OMS 的精华，而 Android 从 1.5 版本开始同样支持 Widget 应用开发，但是所采用的标准则和 OMS 不同，后面章节将详细讲解。

Widget 应用采用了 JIL（Joint Innovation Lab）Widget 标准。JIL Widget 是一个采用 HTML、JavaScript 和 CSS 等网络技术的应用程序。Widget 应用是在 Widget 引擎上运行的独立的应用程序。Widget 已经成为手机上非常流行的技术，可以为用户带来良好的移动互联网体验，随时随地获取有用的资讯，如天气预报、股票信息、头条新闻等。从用户的角度来看，Widget 应用和 OPhone 应用没有什么区别。实际上，Widget 应用不同于 OPhone 应用，OPhone 应用是采用 Java 技术的应用程序，而 Widget 应用则是采用 HTML、JavaScript 和 CSS 等网络技术的应用程序。相比较而言，Widget 应用的开发更加方便快捷。此外，JIL Widget 还提供了许多 JavaScript API 来扩展 Widget 应用的能力，如访问手机电话本、手机文件系统等。Widget 应用运行效果如图 11-3 所示。

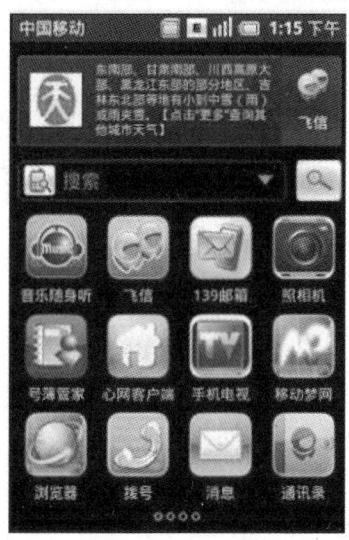

图 11-2　OPhone 系统界面图

图 11-3　Hello Widget 效果预览

## 11.2　Android 开发环境搭建

本书在前面的章节介绍了 Android 平台的相关知识，了解了 Android 的背景知识及平台架构，本节将向读者介绍如何在 Eclipse 中搭建自己的 Android 开发环境，同时还将通过一个"Hello Android"项目向读者演示 Android 平台下应用程序的开发过程。

### 11.2.1　相关软件的下载与安装

搭建 Android 开发环境的第一步是下载与开发环境有关的软件资源，这些资源主要包括 JDK、Eclipse、Android SDK 及 Android 的支持插件。

**1. JDK 的下载与安装**

Android 平台下应用程序的开发是采用 Java 语言的，所以首先需要下载并安装 JDK。打开浏览器，在地址栏输入如下地址并访问：http://java.sun.com/javase/downloads/index.jsp，打开后的页面如图 11-4 所示。

单击如图 11-4 所示的"Download"按钮即可进入下载界面，选择操作系统平台之后，就可以下载 JDK 了，目前最新的 JDK 版本为 JDK 6 Update 18。

双击并运行下载好的 JDK 安装文件，按照提示将 JDK 安装到指定的文件夹，本书中将其安装到了 C:\Program Files\Java\jdk1.6.0_18 目录下。

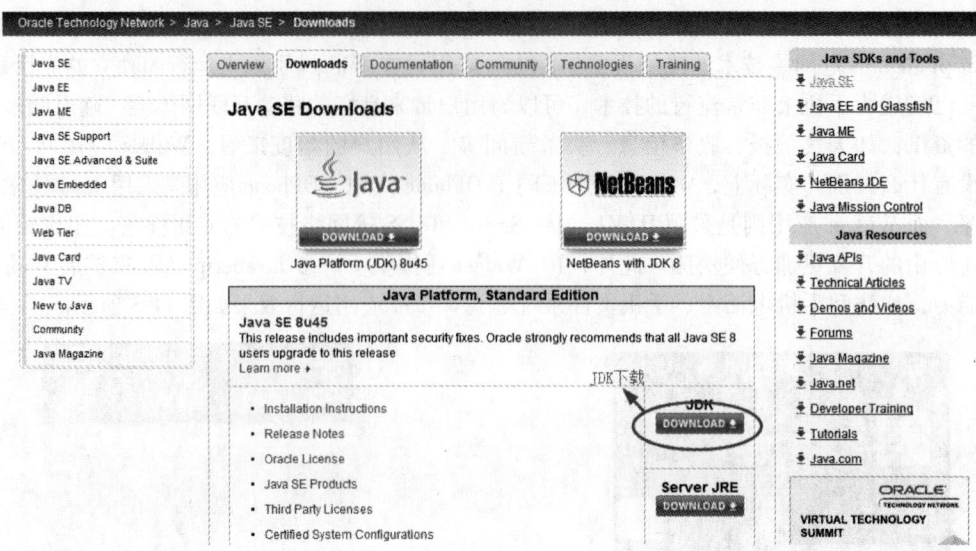

图 11-4 JDK 下载界面

**2. Eclipse 的下载与安装**

打开浏览器，在地址栏输入 http：//www.eclipse.org/downloads/，在下载界面找到 Eclipse Classic 3.5.2，单击下载链接，将 Eclipse 下载到电脑上。Eclipse 不需要安装，只需将下载到电脑上的压缩包解压到硬盘上某个目录即可，本书中将其解压到 F：\eclipse 目录下。

**3. Android SDK 的下载与安装**

1) 打开浏览器，在地址栏输入 http：//developer.android.com/sdk/index.html，打开 Android SDK 的下载页面，将 android-sdk_r05-windows.zip 下载到电脑上，并将其解压到硬盘上某个位置，本书中为 F：\android-sdk-windows。

2) 运行 F：\android-sdk-windows 目录下的 SDK Setup.exe，程序将自动检测是否有更新的 SDK 版本可供下载，检查结果如图 11-5 所示。

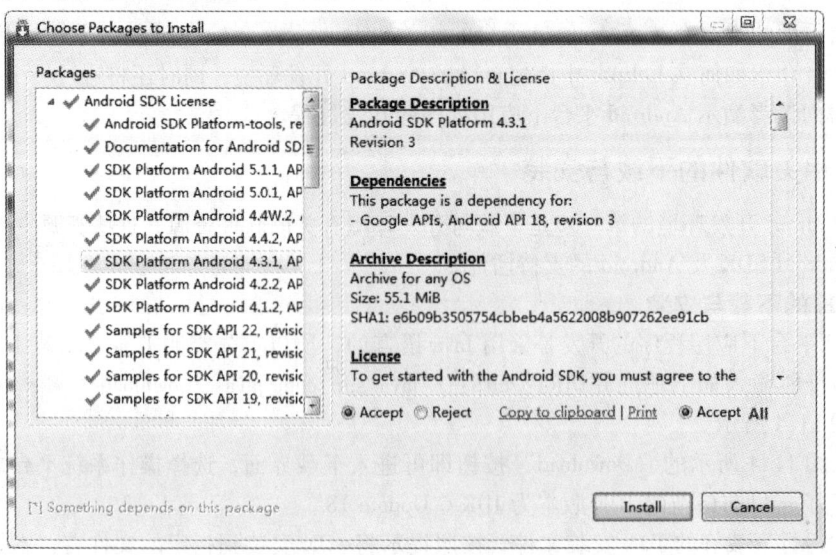

图 11-5 Android SDK 下载示意图

3）单击如图 11-5 所示的"Accept License"单选按钮，并单击"Install"按钮安装最新版本的 SDK。单击"Install"按钮后如图 11-6 所示。最新的 SDK 文件将会下载到 F：\ android-sdk-windows 目录中。

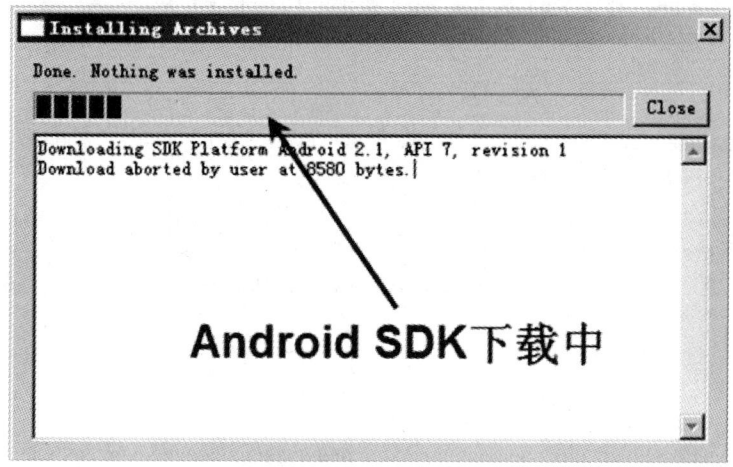

图 11-6　Android SDK 下载示意图

4）在桌面上右键单击"我的电脑"，依次选择"高级"-"环境变量"-"系统变量"，在系统变量 Path 中添加"F：\ android-sdk-windows \ tools"并单击"确定"按钮，如图 11-7 所示。

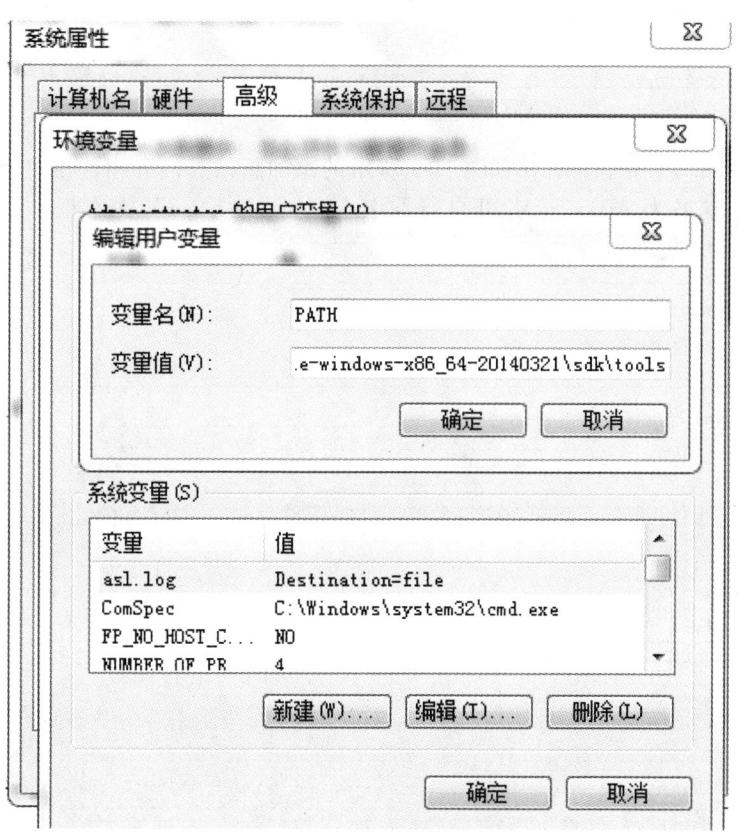

图 11-7　将 tools 路径添加到系统变量 Path 中

## 4. ADT 的下载与安装

下面介绍在 Eclipse 环境下进行 Android 开发所必需的插件 ADT（Android Development Tools）的安装，主要通过如下几个步骤来完成：

1）运行 F：\ eclipse 目录下的 eclipse.exe，单击"Help-Install New Software..."，弹出如图 11-8 所示的界面。

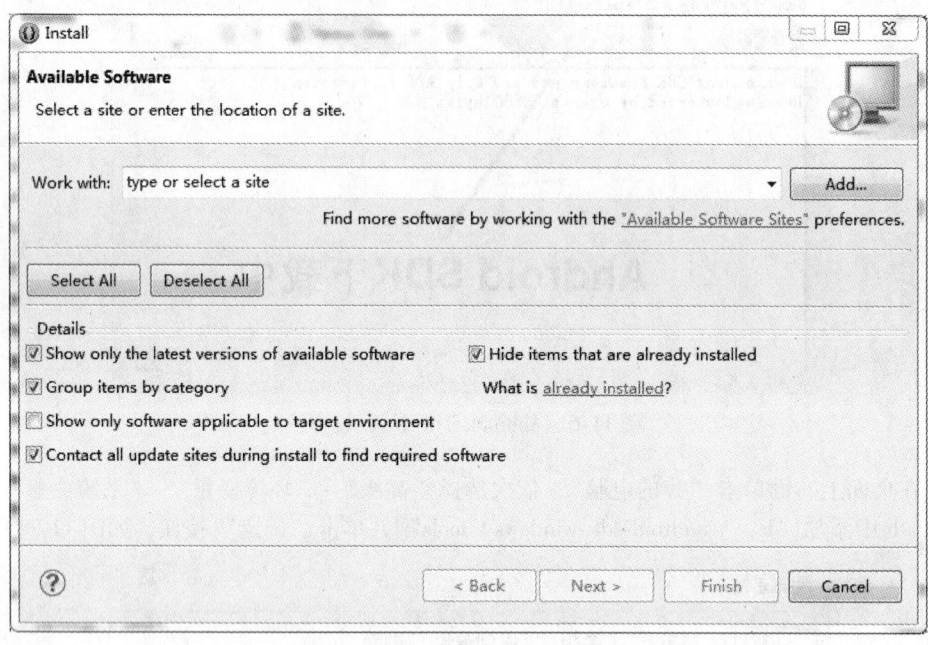

图 11-8　Install New Software 界面

2）单击"Add..."按钮，弹出如图 11-9 所示的添加新站点的界面，在"Name"文本框中输入站点名称（本书为 ADT，读者可自行取名），在"Location"文本框中输入 https：//dl-

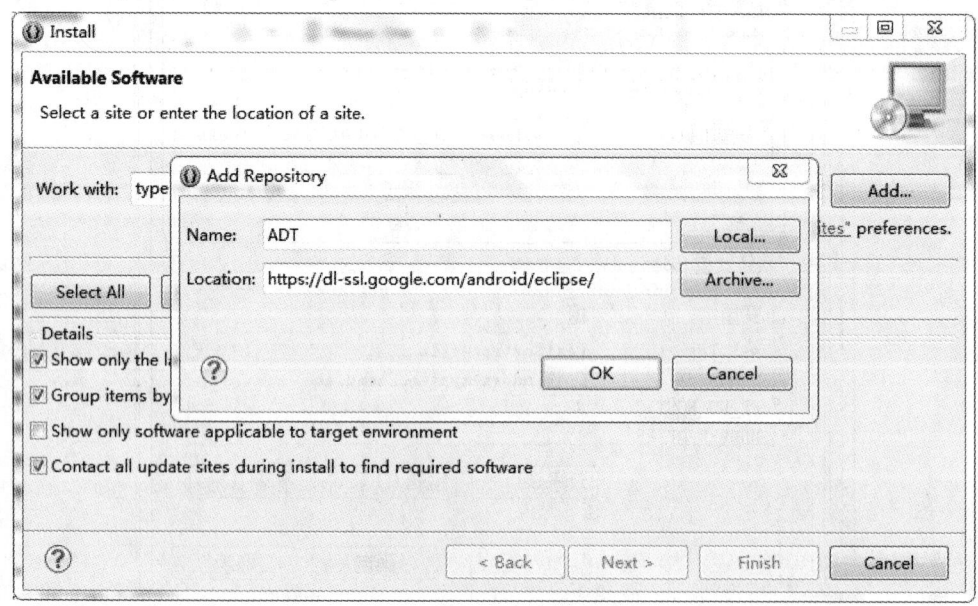

图 11-9　添加 Site 界面

ssl. google. com/android/eclipse/，输入完成后单击"OK"按钮。

3）Eclipse 会自动连接该站点，并将连接结果显示在如图 11-10 所示的列表中。单击"Next"按钮，将弹出显示所要安装插件的细节内容的界面，如图 11-11 所示。

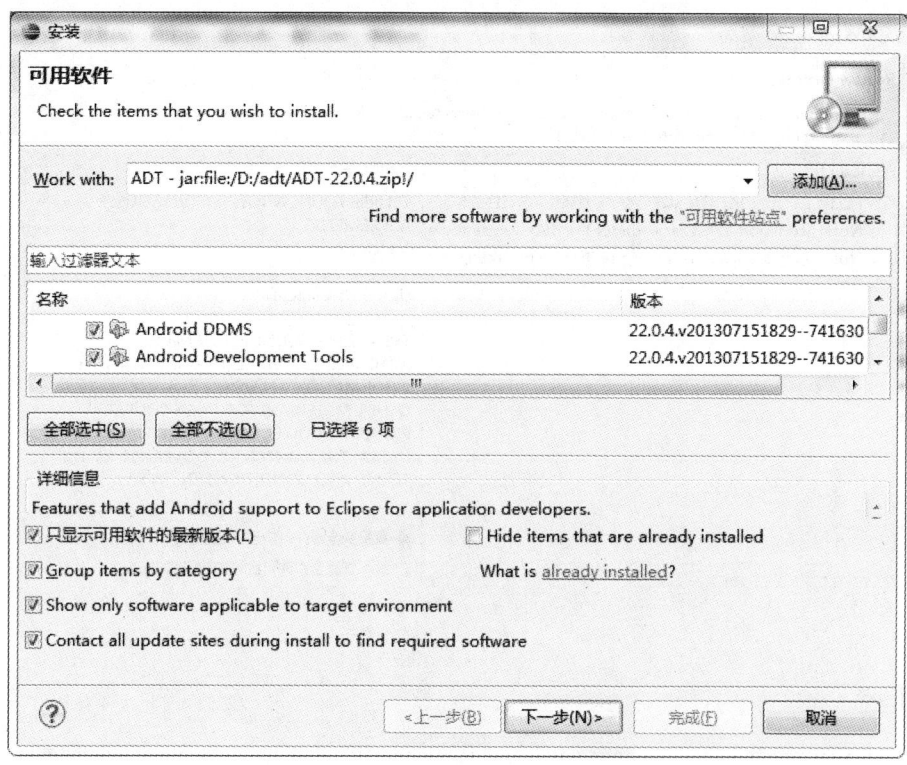

图 11-10　获取 ADT 信息示意图

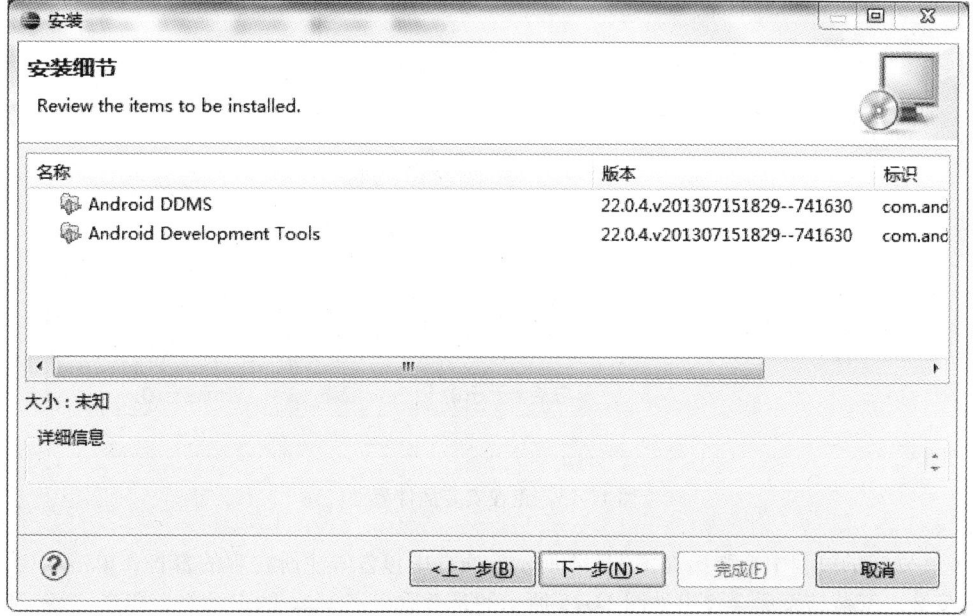

图 11-11　显示所要安装插件细节的界面

4）继续单击"Next"按钮，将弹出如图 11-12 所示的确认安装插件界面，选中"I accept the terms of the license agreements"单选按钮并单击"Finish"按钮，Eclipse 将会进行 ADT 和 DDMS 插件的安装，安装进度如图 11-13 所示。

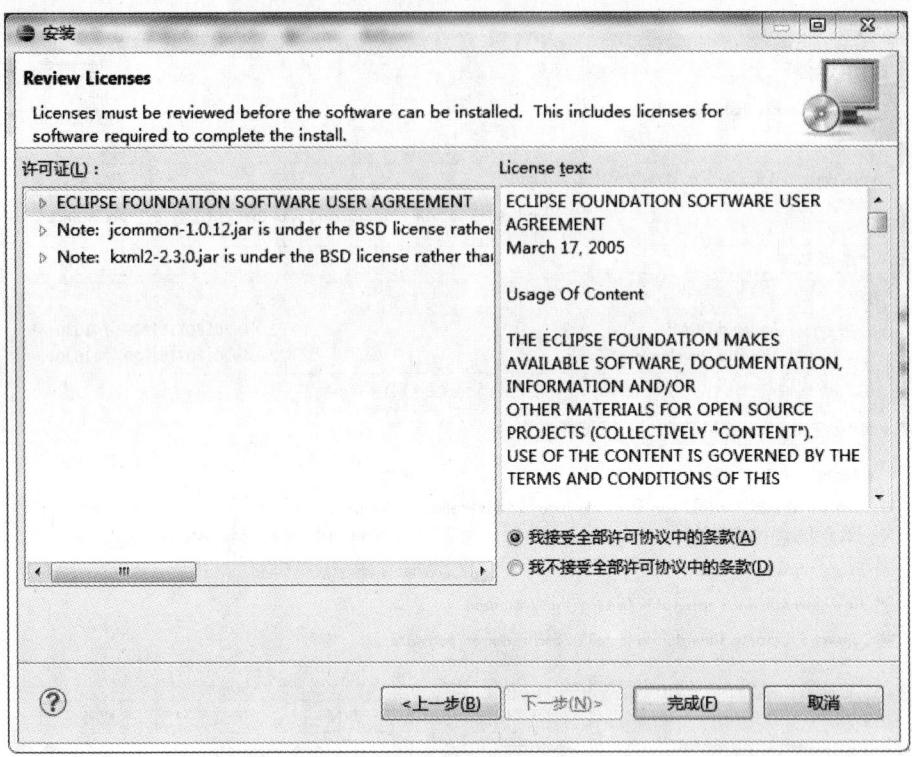

图 11-12　确认安装插件界面

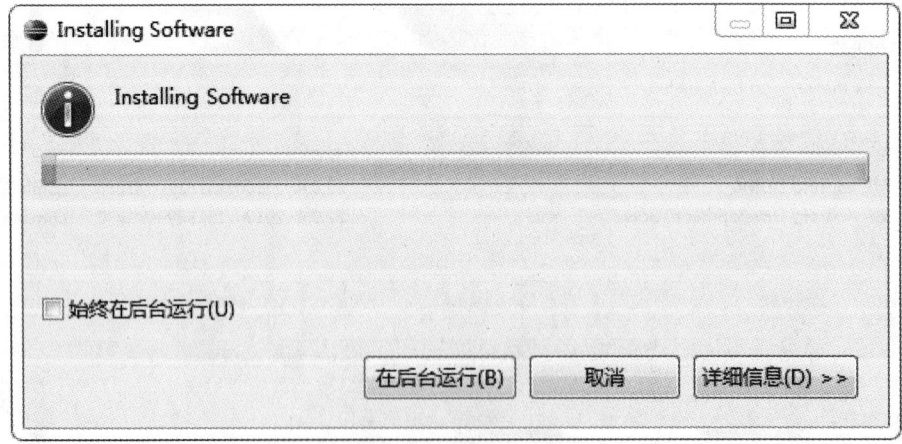

图 11-13　正在安装插件界面

5）在安装的过程中会弹出如图 11-14 所示的插件中包含未注册内容的警告，单击"OK"按钮继续安装。安装结束后会弹出如图 11-15 所示的是否重启 Eclipse 的提示框，单击"Yes"重启 Eclipse。

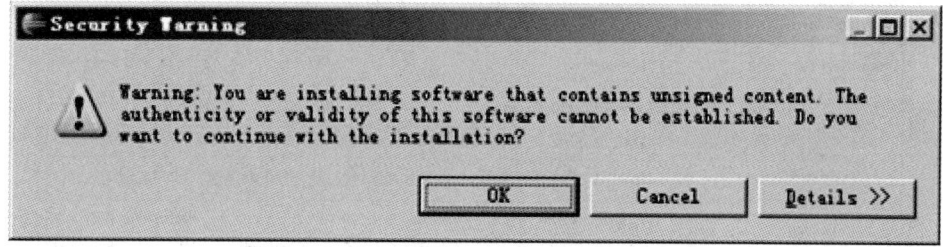

图 11-14　弹出未注册警告提示框

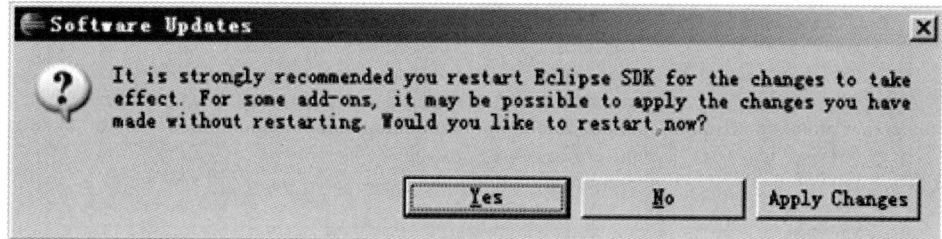

图 11-15　弹出重启 Eclipse 提示框

6）Eclipse 重启之后，选择"Window"-"Preferences"菜单选项，如图 11-16 所示。在 Preferences 菜单左侧选择"Android"，Eclipse 会提示还没有指定 Android SDK 的路径，在如图 11-17 所示的界面中输入 Android SDK 的路径，确认后完成 ADT 插件的安装。

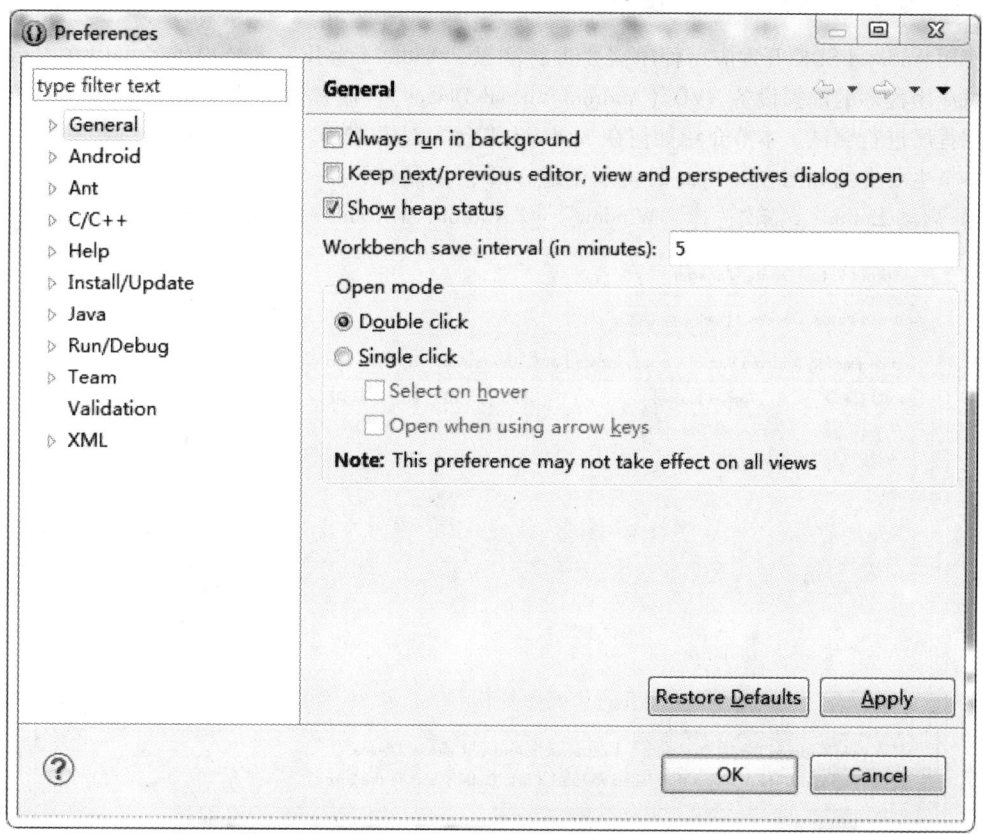

图 11-16　Preferences 菜单界面

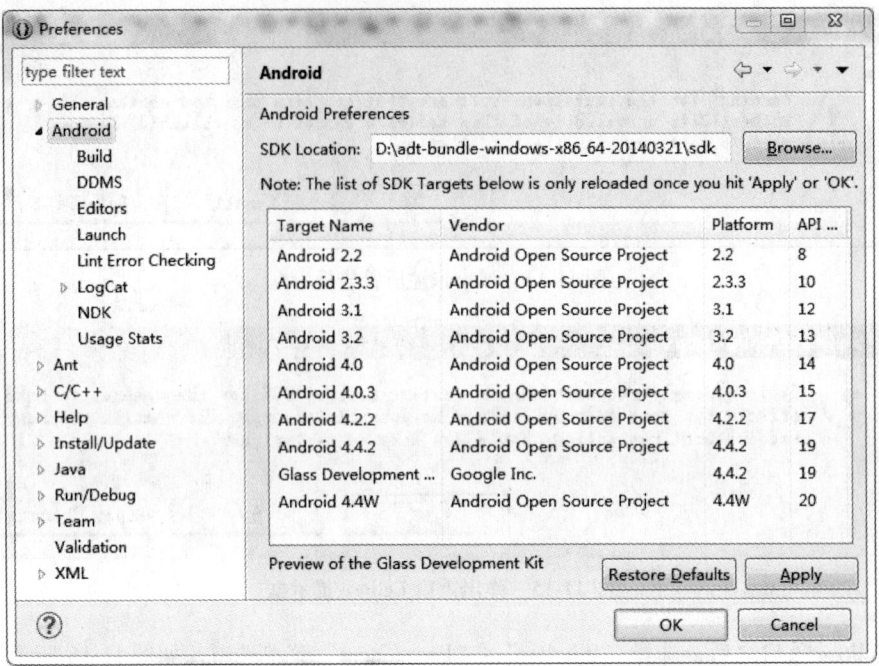

图 11-17　配置 Android SDK 的路径

## 11.2.2　虚拟设备的创建和使用

使用 Android SDK 开发应用程序需要进行测试，Android 为开发人员提供了可以在电脑上直接测试应用程序的虚拟设备 AVD（Android Virtual Device），或称模拟器，使用 AVD 可以方便地对应用程序进行测试。本节介绍如何在 Android 平台下创建 AVD。

本节主要介绍如何在 Eclipse 环境下创建 AVD，步骤如下：

1）启动 Eclipse，依次选择"Window"-"Android SDK and AVD Manager"，如图 11-18 所示。

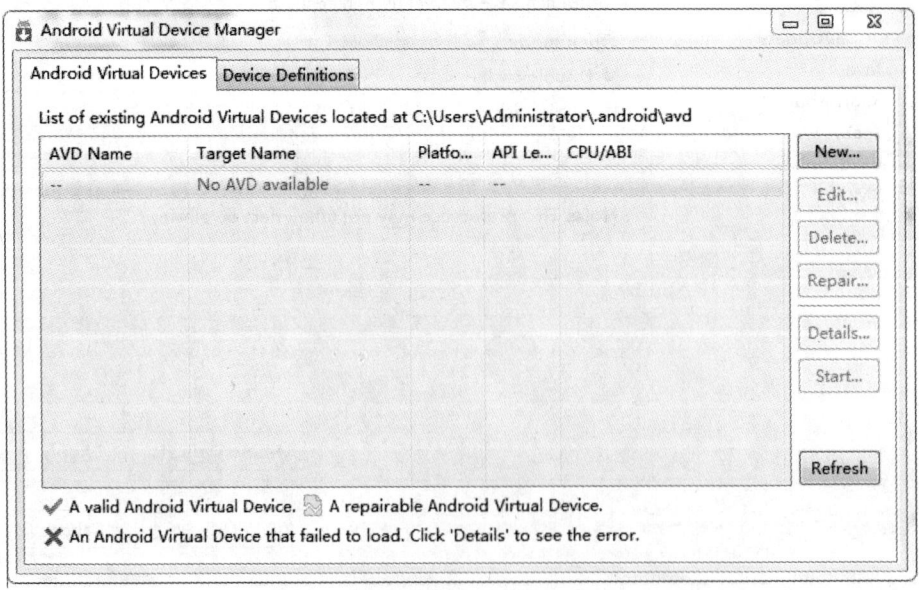

图 11-18　Android SDK and AVD Manager 界面

2）单击如图 11-18 中所示的"New…"按钮，弹出如图 11-19 所示的对话框。

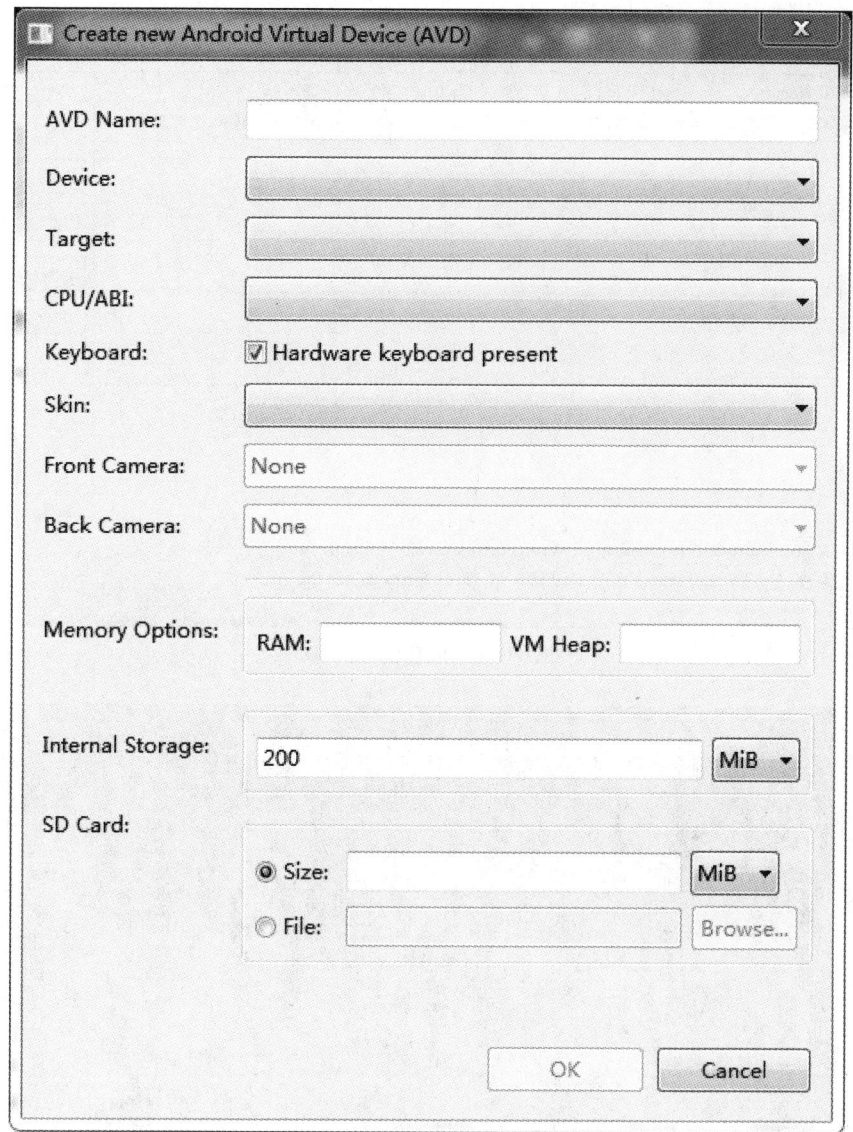

图 11-19　创建 AVD 对话框

3）在图 11-19 所示的对话框中设置所要创建的 AVD 的名称、API 版本、SD 卡的大小及 AVD 的皮肤，单击"Create AVD"按钮完成 AVD 的创建。创建成功的 AVD 将会显示在如图 11-20 所示的列表中。

4）在如图 11-20 所示界面中单击"Start…"按钮，将会启动所选的 AVD，本例中将启动名为"And-21"的 AVD，启动后的虚拟设备如图 11-21 所示。

此时可以通过在命令行输入"emulator-avd And-21-2"来启动刚刚创建好的以"And-21-2"为名称的 AVD。同时，在命令行下创建的 AVD 也可以在 Eclipse 的"Android SDK and AVD Manager"中看到，也可以在 Eclipse 中启动它。

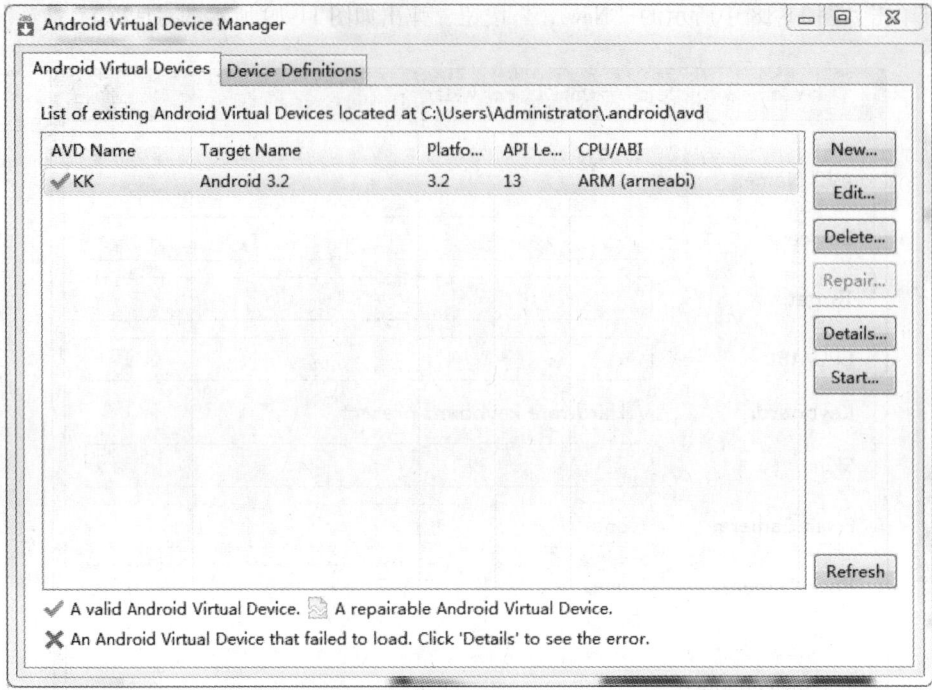

图 11-20 成功创建 AVD

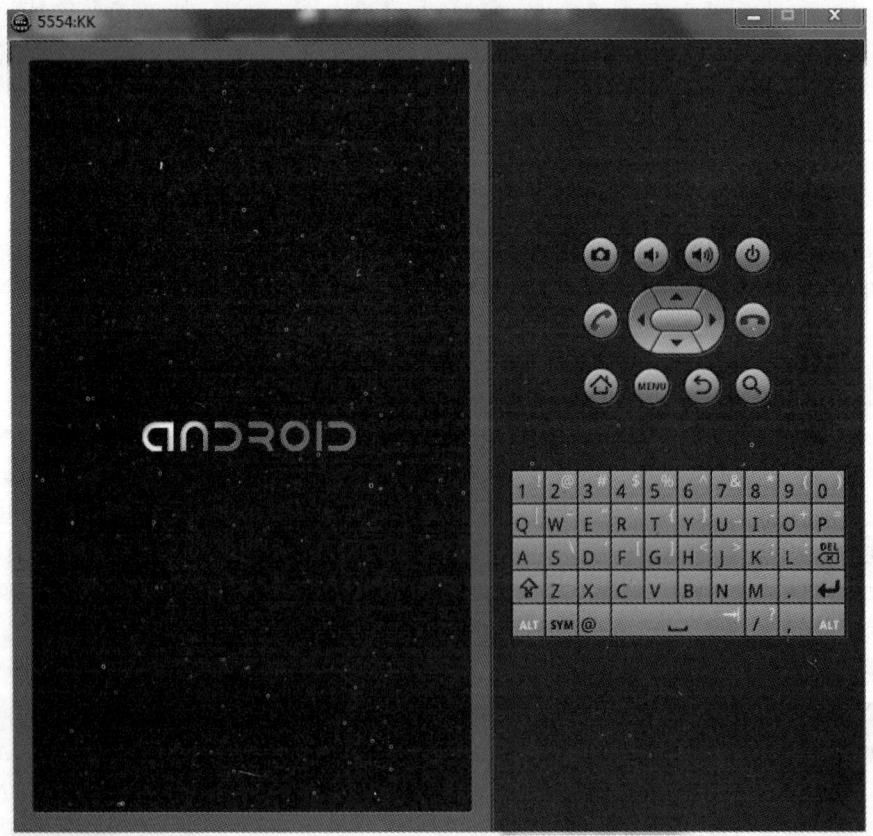

图 11-21 启动后的虚拟设备

## 11.3 Android 应用开发

前面的章节已完成了 Android 开发环境的初步搭建及虚拟设备 AVD 的创建，本节将向读者介绍如何在 Eclipse 环境下开发第一个 Android 应用程序——Hello Android。开发步骤如下：

1）启动 Eclipse，按照如图 11-22 所示依次选择"File"-"New"-"Android Project"，将弹出如图 11-23 所示的创建新项目界面。

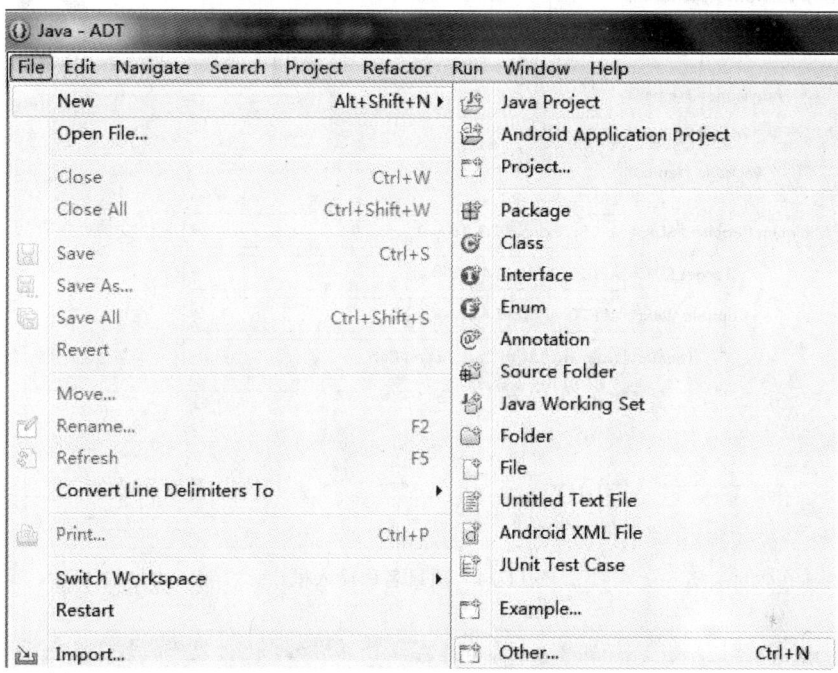

图 11-22 创建 Android 项目菜单

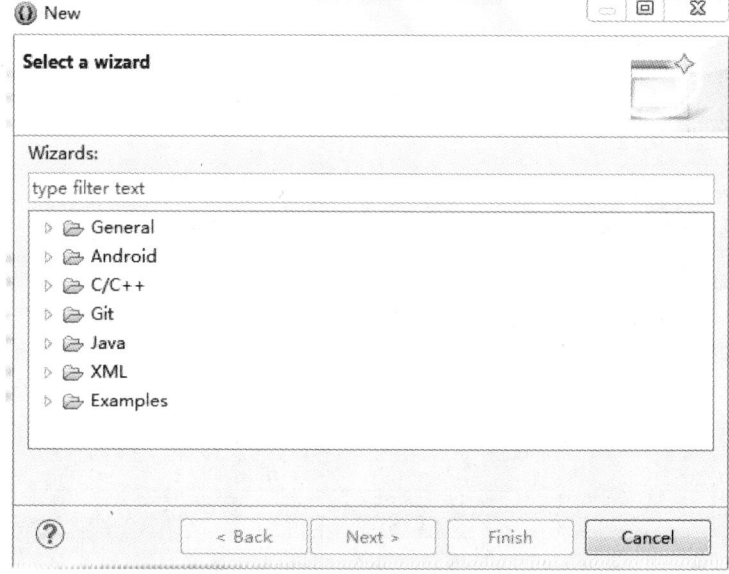

图 11-23 新建项目类型选框

如果没有 Android 选项，就单击 Other，进入如图 11-23 的选框，选择 Android Application Project 选项。

单击"Next"，在如图 11-24 所示的创建 Android 项目界面填入必要的信息，如项目名称、应用程序名称、Activity 名称等，同时还需要为项目选择目标 API 版本，如图 11-25 所示，填写好相关信息后单击"Finish"按钮，将创建一个项目。

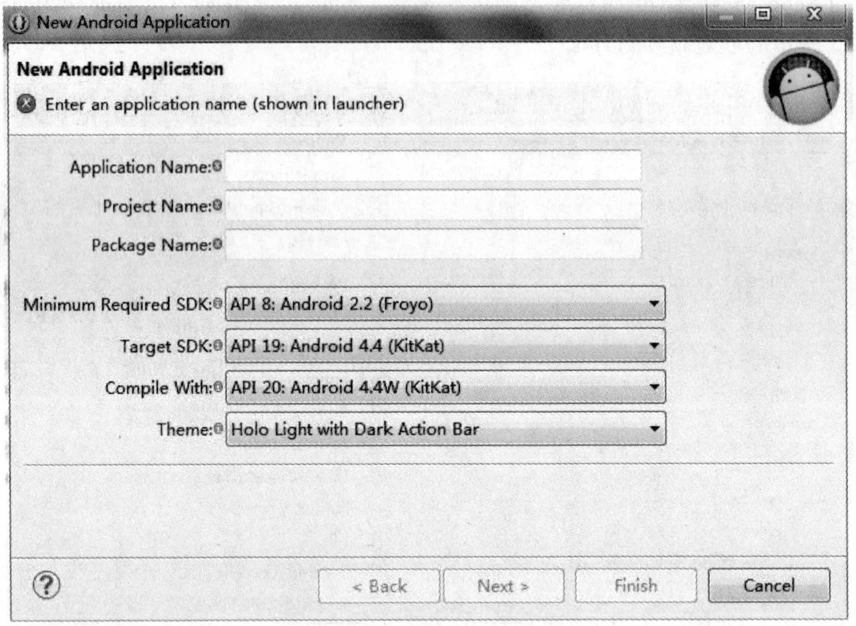

图 11-24　项目名称输入框

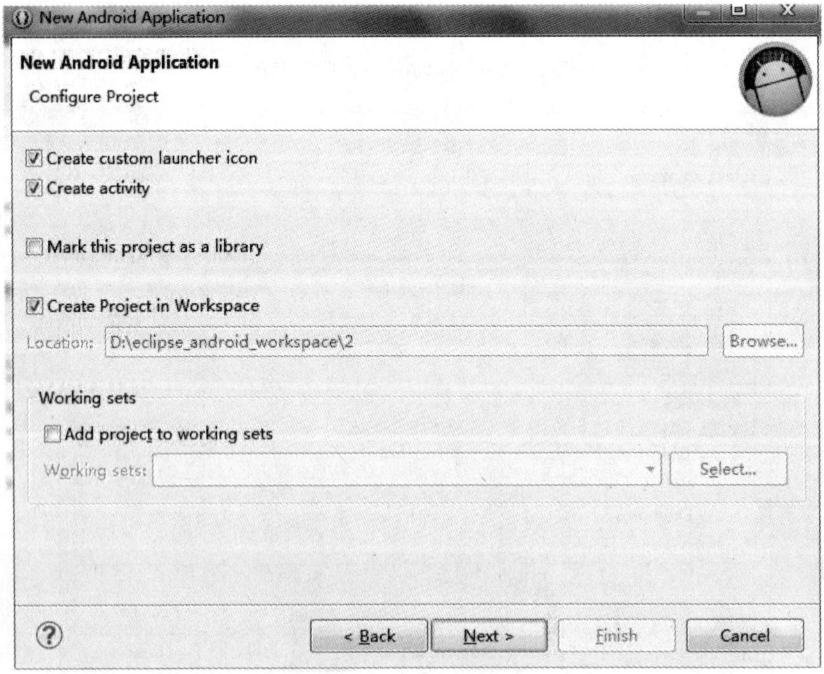

图 11-25　项目相关设置

单击"Next",进入应用程序图标选择界面,如图 11-26 所示。

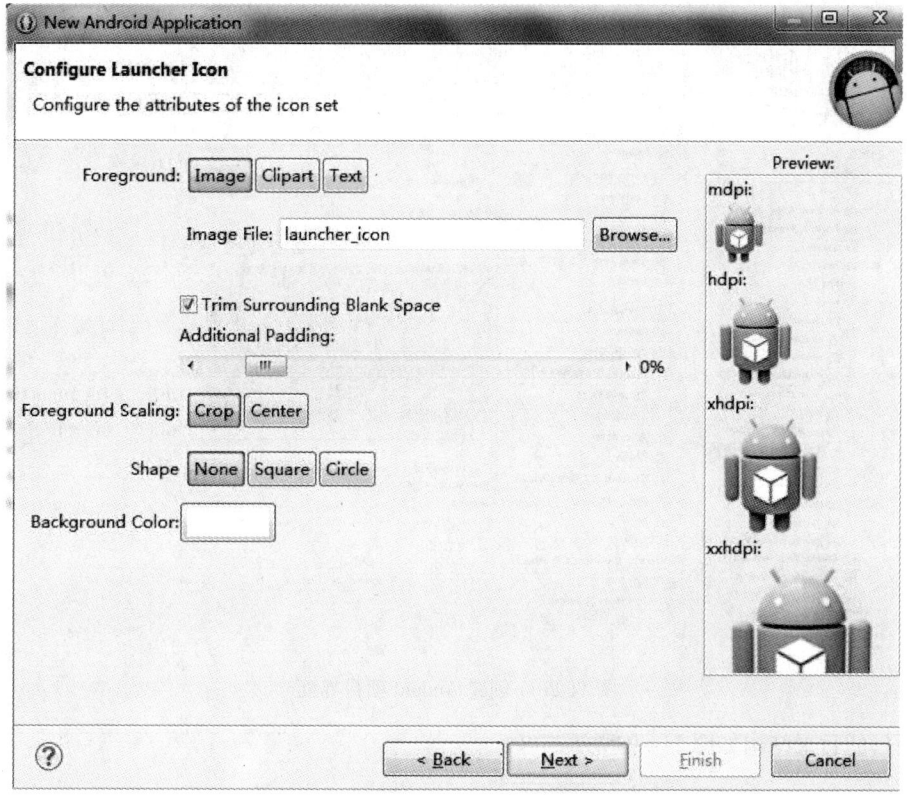

图 11-26　应用程序图标选择

单击"Next",输入 Activity 和 Layout 名称,如图 11-27 所示。

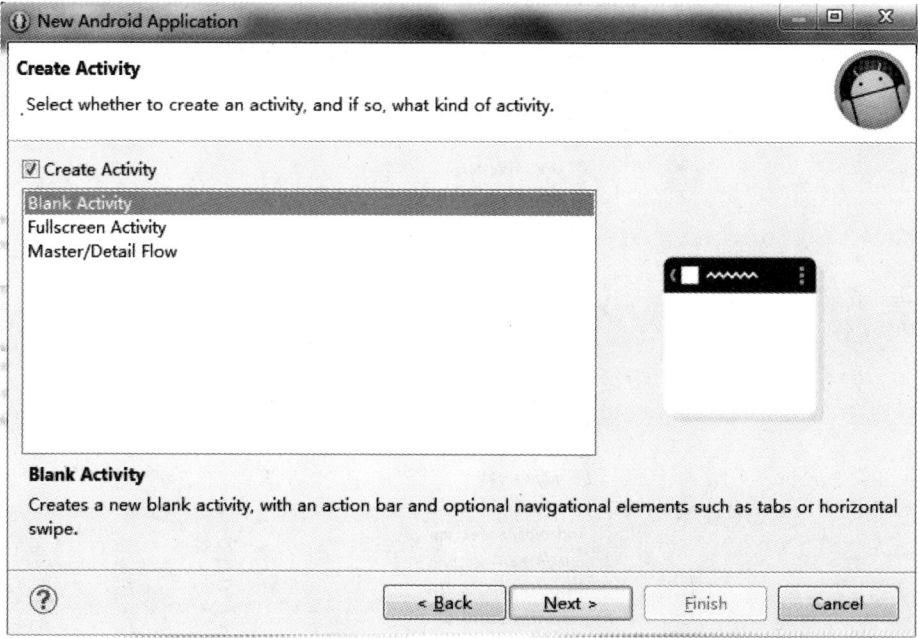

图 11-27　Activity 和 Layout 名称

单击"Finish",完成工程的创建,界面如图 11-28 所示。

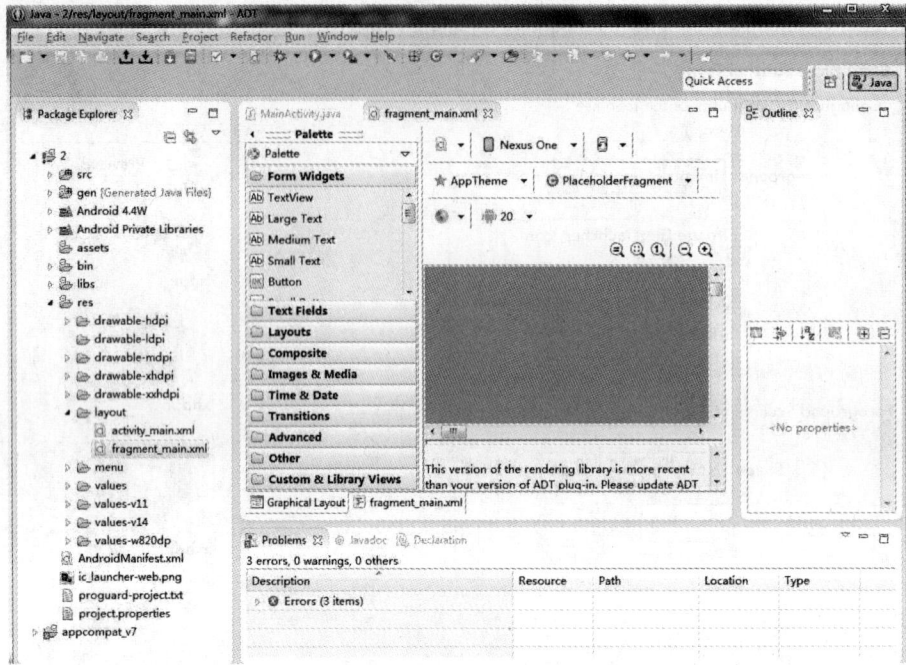

图 11-28　创建 Andoid 项目界面

该项目的目录结构如图 11-29 所示。

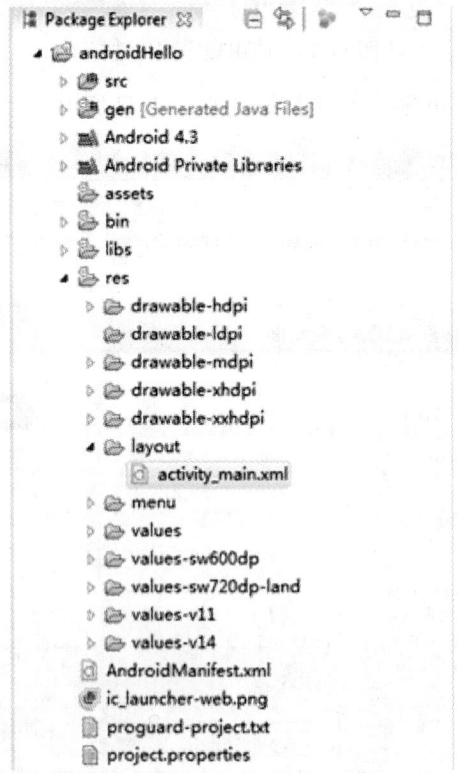

图 11-29　Hello Android 项目的目录结构

在 Hello Android 目录中，src 目录用于存放源代码，gen 目录用于存放系统自动生成的类，res 和 assets 目录中存放了程序中的非代码资源。

我们可以在 res-layout-activity_main.xml 中找到页面布局文件，完整代码如下：

```xml
<RelativeLayout xmlns:android = "http://schemas.android.com/apk/res/android"
    xmlns:tools = "http://schemas.android.com/tools"
    android:layout_width = "match_parent"
    android:layout_height = "match_parent"
    android:paddingBottom = "@dimen/activity_vertical_margin"
    android:paddingLeft = "@dimen/activity_horizontal_margin"
    android:paddingRight = "@dimen/activity_horizontal_margin"
    android:paddingTop = "@dimen/activity_vertical_margin"
    tools:context = ".MainActivity" >

    <TextView
        android:layout_width = "wrap_content"
        android:layout_height = "wrap_content"
        android:text = "@string/hello_world" />

</RelativeLayout>
```

2）启动虚拟设备，在 Hello Android 项目上单击右键，按照如图 11-30 所示，从菜单中选择 "Run As" - "Android Application"，这时如果没有已启动的虚拟设备，系统将会自动启动一个虚拟设备，并将应用程序在此设备中运行。

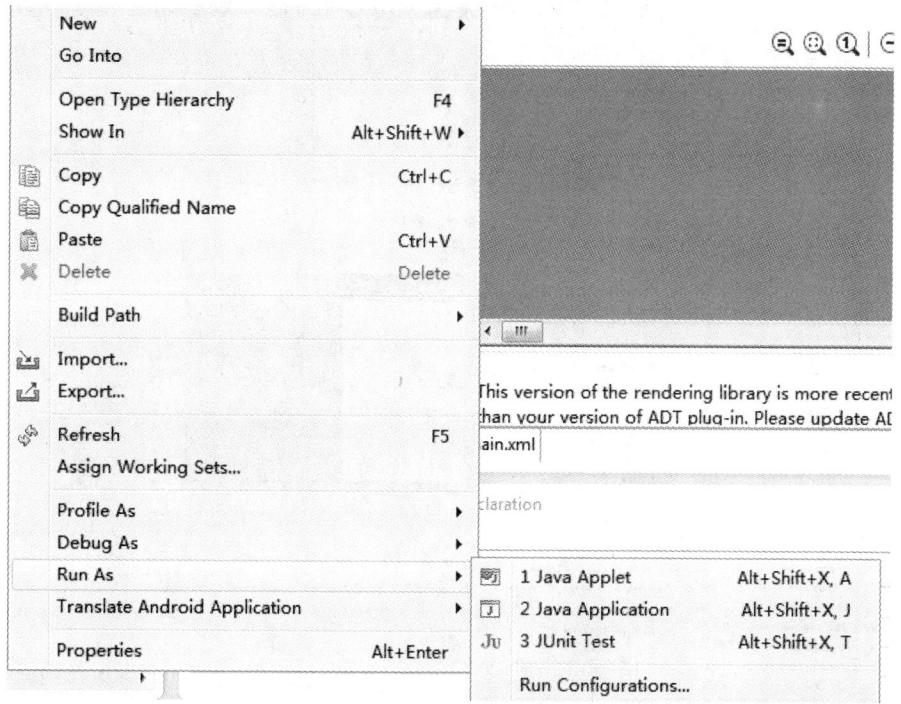

图 11-30　运行项目菜单选项

3）运行项目后，观察虚拟设备的屏幕，显示如图 11-31 所示的界面。

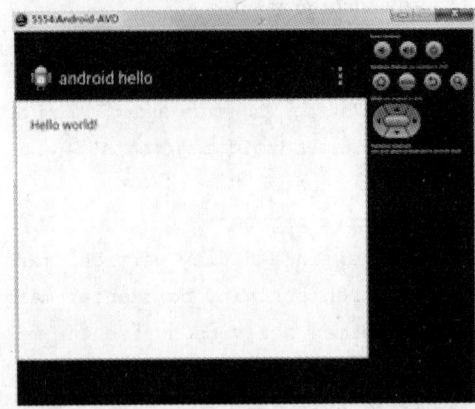

图 11-31　Hello Android 运行示意图

这样就完成了第一个简单程序"Hello Android"的开发。

## 11.4　Android 应用开发扩展

这一节，我们主要讲解如何在 eclipse 的开发界面中进行应用程序的开发，以及如何形成可以使用的 apk 文件，供手机等 android 设备使用。

如上一节所讲，启动 Eclipse，按照如图 11-22 所示依次选择"File"-"New"-"Android Project"，新建一个项目，命名为 HelloAndroid。依次填好相应的信息。得到以下界面，如图 11-32 所示。

图 11-32　HelloAndroid 项目界面

界面设计在应用程序设计中占有至关重要的位置，因为界面是由一个个 UI 组件组成，而 UI 组件主要实现与用户交互。可以看到，在主界面的一侧有一排界面组件，如图 11-33 所示。下面尝试使用 UI 组件进行一个程序的开发，步骤如下：

（1）加入标签文本（TextView）　在这里我们首先拖入一个 TextView 控件，通过左边的属性设置框可以进行相应设置，如图 11-34 所示。

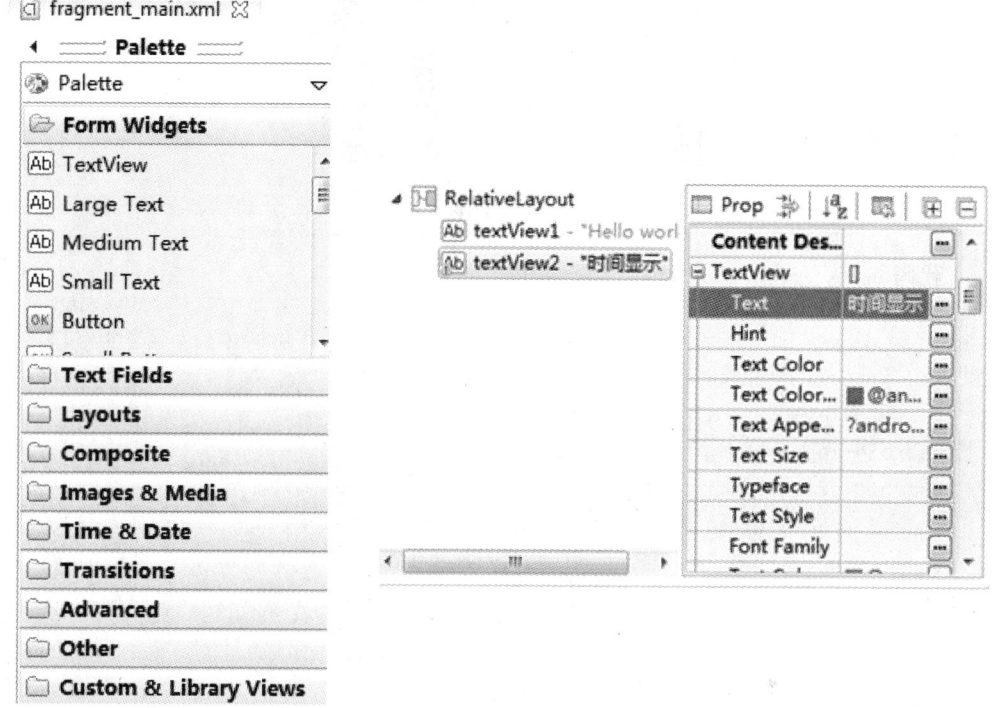

图 11-33　UI 组件　　　　　　　　图 11-34　TextView 属性设置框

其中，Text 用来设置要显示的文本信息。其他常用的属性设置如下：

```
android:layout_width
android:layout_height
android:textSize
android:textColor
android:background
android:padding
android:layout_margin
```

首先对 Text 的文本进行编辑，输入"时间显示"，如图 11-35 所示。

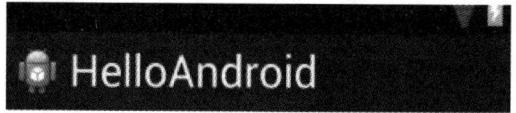

图 11-35　文本编辑

这个项目中，我们仅对字体大小进行设置，其他设置不变。将字体大小设置为32sp，效果如图11-36所示。

图11-36　字体设置

全部代码如下：

```
<RelativeLayout xmlns:android="http://schemas.android.com/apk/res/android"
    xmlns:tools="http://schemas.android.com/tools"
    android:layout_width="match_parent"
    android:layout_height="match_parent"
    android:paddingBottom="@dimen/activity_vertical_margin"
    android:paddingLeft="@dimen/activity_horizontal_margin"
    android:paddingRight="@dimen/activity_horizontal_margin"
    android:paddingTop="@dimen/activity_vertical_margin"
    tools:context=".MainActivity" >

    <TextView
        android:id="@+id/textView1"
        android:layout_width="wrap_content"
        android:layout_height="wrap_content"
        android:text="@string/hello_world" />

    <TextView
        android:id="@+id/textView2"
        android:layout_width="wrap_content"
        android:layout_height="wrap_content"
        android:layout_alignLeft="@+id/textView1"
        android:layout_below="@+id/textView1"
        android:layout_marginLeft="36dp"
        android:layout_marginTop="35dp"
        android:text="时间显示"
        android:textSize="32sp"
        android:textStyle="normal" />

</RelativeLayout>
```

对其他属性进行设置,方法类似,不再赘述。

(2) 加入 TimePicker  在 Time&Date 里边找到 TimePicker,拖入界面,调整好位置,效果如图 11-37 所示。

图 11-37  拖入 TimePicker

增加的 TimePicker 代码如下:

```
<TimePicker
        android:id = "@ + id/timePicker1"
        android:layout_width = "wrap_content"
        android:layout_height = "wrap_content"
        android:layout_below = "@ + id/textView2"
        android:layout_centerHorizontal = "true"
        android:layout_marginTop = "26dp" />
```

(3) 加入 AnalogClock  类似,在 Time&Date 里边找到 AnalogClock,拖入界面,调整好位置,效果如图 11-38 所示。

图 11-38  拖入 AnalogClock

增加代码如下:

```
<AnalogClock
        android:id = "@ + id/analogClock1"
        android:layout_width = "wrap_content"
        android:layout_height = "wrap_content"
        android:layout_below = "@ + id/timePicker1"
        android:layout_centerHorizontal = "true"
        android:layout_marginTop = "34dp" / >
```

(4) 在 File 的下拉菜单中单击 Save All,保存工程。

(5) 在模拟器中运行程序 右键单击 HelloAndroid 项目,在下拉菜单中选择 Run As-Android Application。效果如图 11-39 所示。

图 11-39 模拟运行效果

(6) 运行完成 可以发现,在 HelloAndroid-bin-res 中生成了一个 apk 文件,如图 11-40 所示。

图 11-40 生成 apk 文件

这个 apk 文件就可以安装到手机等 android 设备中去。

## 11.5　小结

本章详细讲解了 Android 的基本知识及其应用，前半部分主要向读者介绍了 Android 平台的来历和背景，以及 Android 平台的内部架构，了解这些知识有助于读者以后更深入地学习 Android 开发。本章的后半部分主要介绍了如何搭建 Android 的开发环境和如何进行应用开发。相信读者在学习本章之后，已经熟练掌握了在 Eclipse 环境下开发 Android 应用程序的步骤。

## 11.6　复习思考题

1. Android 的特性有哪些？
2. Android 的优点有哪些，各有什么意义？
3. 简述 Android 的系统架构。
4. 简述 Android 应用程序框架。
5. OMS 有什么优点？
6. 如何搭建 Android 开发环境？
7. 如何在 eclipse 的开发界面中进行应用程序的开发，如何形成可以使用的 apk 文件？

# 第 12 章 楼宇供能智能控制系统应用案例

**本章主要内容**

- 楼宇供能智能控制系统简介
- 给排水监测控制子系统
- 系统架构及控制策略系统
- 楼宇供能智能控制系统工程施工内容
- 楼宇供能智能控制系统效益分析
- 中央空调监测控制子系统
- 供配电监测控制子系统
- 楼宇供能智能控制系统软件应用系统
- 楼宇供能智能控制系统特点

本章以某集团科教楼楼宇供能智能控制系统为案例,对其中央空调监测控制子系统、给排水监测子系统、供配电监测子系统进行了较为详细的介绍。同时从系统架构及控制策略、软件应用系统、工程施工、系统特点、效益分析等方面对该案例进行了简单的介绍。

楼宇供能智能控制系统是智能建筑的一个分支。智能建筑是利用系统集成方法,将现代计算机技术、现代通信技术、现代控制技术和现代建筑艺术有机地优化组合,向业主提供一个投资合理,具有安全、高效、舒适、便利和灵活的建筑环境。楼宇供能智能控制系统侧重实现楼宇供能系统的实时监测和智能控制功能,主要实时监测楼宇的用电、用气、用水、用热等供能数据,利用自然光和大气冷(热)量来自动调节室内环境,按时间程序(基于用户实际需求划分不同时段)自动控制空调和照明;通过变频调速恒压无塔供水技术实现对供水阀门的控制;根据用户活动规律实时调整运行模式,最终达到楼宇用电、用气、用水、用热等供能系统智能化控制的目的。本系统全面实施,可以综合节能30%～40%,一般投资回报期为3.41年左右。

经过3次与该集团总工程师为首的项目组成员交流、沟通、协商,通过现场考察,结合该集团科教楼的实际运营情况,确定该集团科教楼楼宇供能智能控制系统一期工程实现中央空调子系统、给排水子系统、供配电子系统的监测控制,现制定初步实施方案如下:

## 12.1 中央空调监测控制子系统

### 12.1.1 现场考察及用户意见总结

2013年7月,编者实地考察了某集团科教大楼,重点对空调、给排水、供配电三个系统的设备、管线等进行了调查,现将科教楼的中央空调系统现状总结如下:

1) 科教楼中央空调安装于2010年,于2011年投入使用,系统设置冷容量为3425kW,服务面积为3.1万平方米,分别给科技楼、科教楼、电教楼、机关8#楼、一层和二层商户提供热源和冷源,用于冬季供暖和夏季供冷。空调系统总共有3台机组,按照一使用一备用一检修的原则设置,现在有一台机组运行,即可满足需要。空调系统夏季供冷机组为三台30XW1152型螺杆式冷水机组,设计制冷/制热量1142kW,额定功率为200kW,冷冻水出水温度为7℃,冷却水进水温度为30℃,冷却水、冷冻水流量为229$m^3$/h、196$m^3$/h,额定电流为329A。

该中央空调本身带有一套控制系统：PRO-DIALOG 控制系统。PRO-DIALOG 通过控制压缩机的启停和能量限制把进水或出水温度精确控制在设定点，还能对电气回路持续进行安全监控。它还具备快速检测功能，用于对机组的输入和输出量进行测试。所有 PRO-DIALOG 的控制可以工作在以下三个不同的模式下。①本地模式：机组由用户面板发出的命令进行控制。②遥控模式：机组由遥控触点（无源触点，模拟量信号）进行控制。③CCN 模式：机组由开利舒适网络（Carrier Comfort Network）系统发出命令进行控制，前提是将机组与 CCN 通信总线用数据通信电缆相互联接。运行模式必须通过启停键进行选择。机组本身有滑阀无极调节技术，使机组能匹配负荷变化的 15%~100%，这样，在水泵变频调速时，机组不会因为冷冻水流量的变化而受到损坏。

中央空调系统安装有 3 台冷冻水泵、3 台冷却水泵、3 台供暖水泵。其中，供冷水泵安装有 6 台变频器分别控制，供热水泵无变频器控制。由于变频器没有接入控制，没有控制信号，故现在变频器实际上只起到一个软启动的目的，没有起到调速的作用，这样就不能完全发挥变频器的作用。

变频器为 SINE303 型，变频器工作的范围为 0.75~400kW，提供多种基本输入方式，采用开放式的输入平台，由客户编程实现各种基本输入方式的组合输入方式，包括①速度输入：以电动机的运转速度为控制目标，由主速度输入、辅助速度输入和点动速度输入等组成，实际有效的综合。速度输入可为三者之一或为三者的两两组合；②力矩输入：以电动机的输出转矩为控制目标。直接设定电动机的输出转矩，特别适合于有张力控制需求的应用场合。当过程 PID 控制输出量作为变频器的速度输入时即为速度过程 PID 控制，速度过程 PID 控制常用于①压力控制：以压力信号作为反馈量，调节电动机的转速，可控制压力恒定；②流量控制：以流量信号作为反馈量，调节电动机的转速，可控制流量恒定；③温度控制：以温度信号作为反馈量，调节电动机的转速，可控制温度恒定。

变频器支持 RS-485 通信，由上位机为主机，变频器为从机，可对多台变频器进行主从控制，通信协议的格式由变频器厂家提供。

2）新风机组安装在新风机房上部吊顶中，所以这次实地考察并没有看到新风机的实物，只看到新风机已安装但未使用的 DDC 控制器。DDC 控制器本身带有 8 个通用 I/O 口，支持 BACnet/modbus 协议，支持 10M/100M 自适应以太网卡，RS232/RS485 接口等通信接口，并且在控制器内部集成有时间表、日期表，可用于安排自身或其他设备的输出操作；集成有 PID 等简单算法，内部程序可由编程工具改变，保证 DDC 控制器的独立运行。编程软件由厂家提供。

3）风机盘管安装在每个房间及楼道中，由于盘管已安装在墙体内，所以本次考察也未看到风机盘管实物，因为图纸上提供的信息不够详细，不能准确得到其电动阀门的信息。风机盘管由三速开关控制，其只能控制风机开关和风机风速，不能控制出风口温度，可能的原因是没有将温控器接入或没有相关的设备。

4）新风出风口在立面墙上，由安装于楼道吊顶中的风管提供处理后的新风，无控制设备，新风机由人工合闸开始后，新风口就会供风。

## 12.1.2 技术方案

### 1. 空调主机及水泵系统改造技术方案

对于空调主机，可以通过其现有的 PRO-DIALOG 控制系统将主机设置为自动调整负荷模式，并且设置为 CCN 网络监控模式，通过加装 3 台 CCN 网络控制器以及 3 台协议转换模块实现上位机远程控制。

对于冷冻水主管道，需在回水主管道上安装回水温度检测装置，数量为 1 台。

对于冷却水主管道，冷凝器进/出水管道安装温度检测装置，数量为 2 台。

对于水泵系统，加装 2 台 S7-200 变频器，一台用于 3 台冷冻水泵的联动控制，一台用于 3 台冷却水泵的联动控制，这样即可以实现 3 台水泵之间的自主切换，实现更可靠的控制，而且可以通过集控平台实现水泵系统与空调主机的联动控制。

**2. 新风机组及新风出风口改造技术方案**

对于新风机组，将新风机监控设备（主要是一些传感器）与 DDC 控制器连接，DDC 控制器通过现有的以太网与控制中心上位机相连，实现远程监控。新风机的变频改造需与用户协商后进行，变频器型号需在得知新风机的型号的基础上选择。原方案中，提到的新风机出风口处安装变风量末端装置，现场考察后，其新风口的位置在立面墙体中，没有空间安装变风量末端装置，故只在新风出风口安装电动风阀，以在其不需要的时候可以关闭。

**3. 各传感器安装及通信**

现有方案中，主要的检测信号有冷冻机组主回水温度检测，房间室温检测，房间 $CO_2$ 浓度检测，房间湿度检测，冷却机组冷凝器进/回水温度检测，房间风机盘管压差检测，室外温度检测等，传感器选型、数量、型号、价格及安装位置见 12.1.3 设备选型部分。通信选择上，由于传感器大部分要安装在室内，故需尽可能降低对工作和室内装潢的影响，同时也要考虑安装美观的因素。通信采取无线的形式，选择室内有接线盒的地方安装电源模块，分别提供传感器电源和 Zigbee 无线模块电源，电源选型见 12.1.3 设备选型部分。

**4. 风机盘管及房间控制器改造技术方案**

风机盘管现状为只能控制风速，不能控制温度，因此，若现场有空调温控水阀门，则只需改造房间中的控制器，若现场无空调供水阀，则需在风机盘管的回水管道上安装电动二通阀。现有的控制器简单而且控制量少，故需将现有的控制器更换，更换后的控制器应具备以下功能：手/自动切换、定时、温控、风速选择、LCD 显示等功能。通信模块是 Zigbee 无线模块。

在会议室/重点办公室中的盘管中安装压差检测，采集会议室/重点办公室的盘管压力差，实时反馈用户侧负荷变化。对会议室/重点办公室进行重点控制。

## 12.1.3 设备选型

**1. 空调机房**

（1）变频器 变频器选用 S7-200 型 PLC，为 SINE303 变频器推荐安装的外接 PLC，数量 2 台，安装地点为空调机房，设置 PLC 控制柜 1 台。

（2）水温传感器 水温传感器选用 SLST2-17 型表贴式温度传感器，将温度传感器贴在水管表面就能探测到水管中的水温，可以避免破坏主水管。数量 3 台，安装地点为空调主机蒸发器进水口，以及冷凝器进出水口。

| | |
|---|---|
| 内置传感器：PT100 | 温度精度：±0.5℃（可选 ±0.3℃、±0.15℃） |
| 测温范围：-30~150℃ | 热响应系数：10mΩ/K |
| 0℃时传感器的阻值：100Ω±0.12Ω | 0~100℃时传感器的阻值：0.385Ω/K |
| 参考执行标准：采用 EN60751B 类标准 | 绝缘强度：AC 1.5kV |
| 铠装材质：不锈钢 | 导线：长度 100cm（可根据需求订制）三线制 |

**2. 房间**

（1）温湿度传感器 温湿度传感器选择 SM2110M 型温湿度变送器，温湿度传感器主要是测量新风的温湿度，通过反馈，调节新风的温湿度。数量 10 台，安装位置为新风机主管道。

温度测量范围：-30℃~80℃　　　　　传感器精度：温度：±0.5%；湿度：±4.5%

## 第12章 楼宇供能智能控制系统应用案例

显示测湿范围：0~100%RH　　　　　　测量精度：1%FSD
通信端口：RS485，可选配 RS232　　　输出接口：4~20mA；0.5℃
耗电：<4mA　　　　　　　　　　　　存储温度：-40~85℃
运行环境：-40~85℃　　　　　　　　外形尺寸：110×85×40mm³

（2）电动二通阀　电动二通阀选用 ZAJQ 型电动球阀，主要目的是根据温控器来调节水阀的开闭，数量284台。技术参数如下：

结构原理：直通铸造阀、台湾三片式球阀、超短型对夹式球阀
公称通径：15~300mm　　　　　　　公称压力：PN1.6、4.0、6.4MPa
阀体材料：HT200、ZG25、ZG1Cr18Ni9Ti、WCB、CF8、CF8M、ZG0Cr18i12Mo2　衬聚四氟乙烯
上阀盖：常温型：-20~150℃　　　　散热型：-40~450℃
压盖形式：螺栓压紧式　　　　　　　填料：V型聚四氟乙烯填料，柔性石墨等
阀芯形式：O型阀芯　　　　　　　　流量特性：快开型
阀芯材料：1Cr18Ni9Ti、0Cr17Ni12Mo2、衬聚四氟乙烯
密封面材料：聚四氟乙烯、PPL、硬密封

（3）压差传感器　压差传感器选用 QBE61.3-DP2 型压差传感器，压差传感器主要用于风机盘管水管压力测量，数量预计5台，参数如下：

电源：AC 24V　　　　　　　　　　输出信号：0~10V
测量范围：0~2bar　　　　　　　　时间常数：5ms　　防护等级：IP65

（4）房间温控器　房间控制器由原先的三速开关改造为 HL2008 型温度控制器，可以在原先的位置上安装，数量284台，参数如下：

感温元件：NTC　　控温精度：±1℃　　温度设定范围：5~35℃
显示方式：LCD　　按键：轻触按键　　电源电压：AC85~260V，50/60Hz
自耗功率：<1W　　外壳材料：pc+ABS（阻燃）　外形尺寸：86×86×13mm（宽×高×厚）
安装方式：标准86盒，安装孔距60mm（标准）　接线方式：端子压接
导线截面积：0.5~2.5mm²　　　　　　工作环境：0~45℃，5~95%RH（不结露）
存储温度：-10~55℃　　　　　　　　储存温度：-10~55℃

（5）$CO_2$ 传感器　$CO_2$ 传感器选用 BM3000 型 $CO_2$ 变送器，使用这个变送器检测环境的 $CO_2$ 浓度来控制通风，这样可以大大节省能源，数量5台，参数如下：

温度范围：0~50℃　　　　湿度范围：0~95%RH　　　检测方法：NDIR
测量范围：0~2000ppm　　检测精度：±20ppm±3%　　读数性能参数：采样时间3秒
响应时间：60秒　　　　　尺寸：70×122×32（mm）　使用寿命：10年以上
电器参数：电源输入 24VDC/VAC（50~60Hz），2.5W 输出信号
模拟量：0~10VDC 或者 0~20mA（跳线选择）

（6）新风电动风口　新风电动出风口选择电动一体双层送风口，其能根据信号开闭新风出风口。

产品型号：LA-YTFK
外观特征：电动一体双层送风口前排为横向电动百叶，后排为手调垂直百叶
控制输入：0~10V 或 4~20mA　　位置输出：0~10V 位置反馈　　使用寿命：60000次
防护等级：IP44　　　　　　　　环境温湿度：-20~50℃

**3. 新风机组**

（1）温度传感器　温度传感器选择 HG-G-T2-P1-A420 温度变送器，温度传感器主要是检测

进入新风机组的新风温度以及室外温度。数量 10 台,安装地点为新风机进风口。

供电电压:DC12~24V　　测量精度(温度):±0.5℃　　电源功耗:≤1VA

输出:4~20mA(两线制)　　测量范围(温度)0~50℃

(2)压差传感器　压差传感器选用 CYH-130 型压差传感器,安装于新风机两侧及新风机滤网两侧,检测压差。

测量范围:-100~10kPa　　最大过载:标准量程的 2 倍

压力形式:表压、微差压　　精度等级:0.2%F·S　　电源电压:24VDC

负载电阻:≤500Ω　　测量介质:蒸汽压力或气体、液体　　长期稳定性:±0.2%F·S/年

环境相对湿度:0~95%　　补偿温度:0~70℃　　工作温度:-10~70℃

### 12.1.4　中央空调监测控制子系统

中央空调监测控制子系统结构如图 12-1 所示。

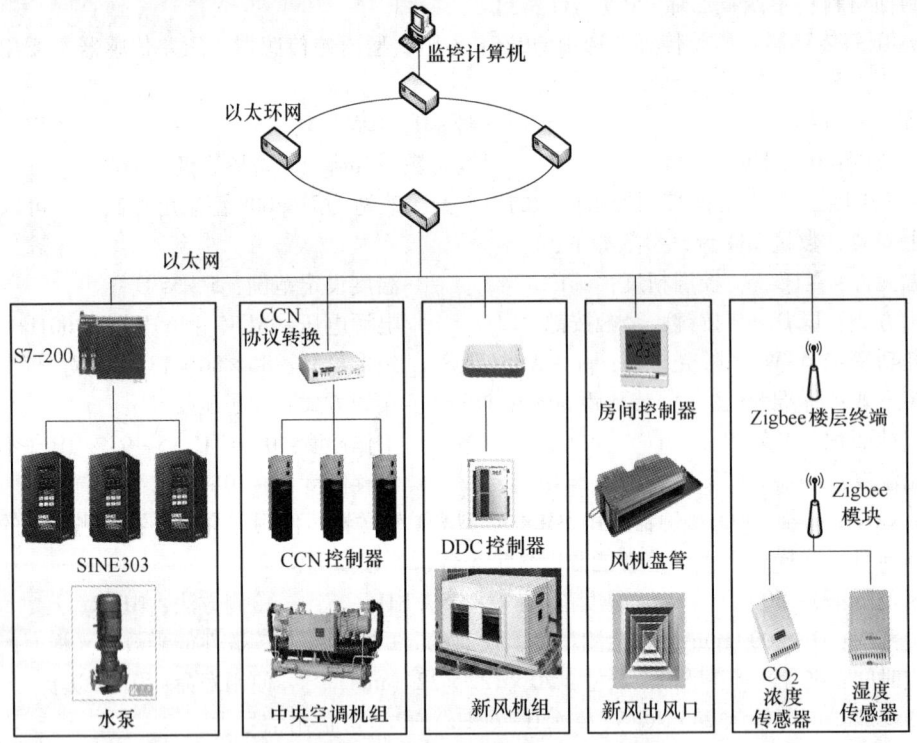

图 12-1　中央空调监测控制子系统结构图

## 12.2　给排水监测控制子系统

### 12.2.1　给排水系统主要架构

给排水系统按三层架构设计,保证系统能有效实现监控功能,同时使用无线网络可以有效减少布线带来的不变,用户通过还可以 Internet 网络远程监控给排水系统。给排水系统的三层架构

如下：

(1) 现场传感器层　现场传感器层主要是负责采集给排水系统所需要的信号，如水压，流量等，也包含给排水系统的执行机构，如电磁蝶阀。现场传感器层是整个系统的最低层，其主要元件安置在控制现场。给排水系统根据每层所需要实现的功能，在每层布置相应的现场元件，如地下室需要控制水泵的变频器，而十层需要监视水质的 pH 值传感器。由图 12-2 可见，地下室传感器层与十层传感器层各异，而一～九层传感器基本相同。

(2) 现场控制层　现场控制层是给排水自动化系统的决策机构。其主要由具有支撑 Zigbee 协议的无线收发模块和主控 MCU 组成，就近安排在每层的传感器和执行器附近，通过信号线接收来自各个传感器的监测量，并根据其内部的控制策略，运算出相应的控制输出量，并输出给执行机构，执行相应命令。现场控制层不仅可以与传感器层相互通信，还可以通过 Zigbee 无线网络互相通信，将数据共享、交互执行指令。所有的现场控制层，都可以将采集到的数据和发出的指令上传到服务器，并可以根据服务器发出的命令执行相应功能。所以说现场控制层是整个给排水系统无线网络的纽带。

(3) 服务器层　服务器层是整个给排水自动控制系统的核心。其主要是一台具有无线接收功能的服务器。它将所有现场层所采集回来的信息存储起来，并可以实时监控各个现场层的工作状态，是整个系统的调度中心。用户可以通过 web 网页远程浏览监测信息，当具有相应权限时，可以向服务器写入相应命令，服务器再通过无线网向现场控制层发出控制指令，执行相应命令。服务器不但具有人机交互功能，也是整个给排水自动控制系统与其他系统的交互接口，所有的系统都通过服务器交换信息，达到协调工作，统一控制的目标。可见，服务器不仅是给排水系统的中枢大脑，也是整个楼宇自动化系统的核心所在。

给排水系统根据上述三层架构，按照星形网络拓扑分布。以服务器层为核心，各个现场层控制器分布在每一层，各行其责，如图 12-2 所示。

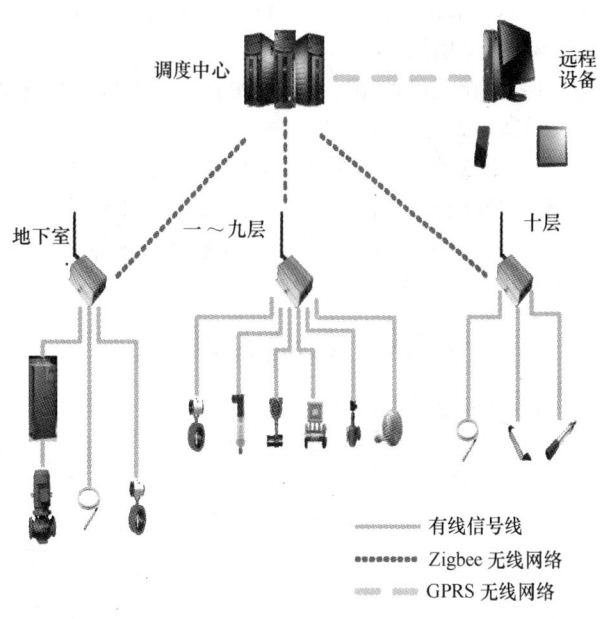

图 12-2　给排水监测控制子系统原理图

## 12.2.2　给排水系统实现功能

### 1. 监测功能

1) 在每层生活用水出口处加设压力传感器，采集每层水压力，对每层水压实现实时监测。

2) 对每层生活水出口水流量进行监测，根据用水量判断用水是否正常，是否有管线泄漏情况。

3) 对水箱液位进行监测，根据采集回的水箱液位，控制生活水泵和饮用水泵的开停，以及调整水泵转速功率大小，当液位过低时发出报警信号。

4) 对每层生活污水管道流量进行监测并记录，发回给调度中心。

5) 对各个水泵的电压、电流、温度进行监测，记录其运行时间，监测每个水泵的工作状态，确定工作是否正常，并将其运行信息上传给集控中心。

6) 对 10 层水箱内水质实时定时监测，若水质不符合要求，则发出报警信号。

**2. 控制功能**

1) 实现对每层生活用水闸阀控制，控制每层水量，达到节水目的。

2) 对生活水泵的启停和输出功率通过变频器进行控制，时刻调整液位高低，满足供水需求，达到节约电能的目的。

3) 实现对每层排污管道阀门控制，控制每层排污水量。当排污达到上限时，关闭该层阀门，迫使楼层减少排污，达到环保目的。

**3. 保护功能**

1) 水泵的保护。对水泵的状态进行监测，若水泵出现异常情况，及时切换备用水泵，并发出报警信号。

2) 水管泄漏保护。对水管流量、压力进行监测，一旦监测到流量、压力异常，及时关闭相应总阀门，并发出报警信号。

3) 水箱液位报警。对 10 层及地下室水箱液位进行监测，当水箱液位过高时，发出溢流报警，当水箱液位过低时，发出水箱液位下限报警，保证供水，消防安全。

**4. 其他功能**

1) 水泵均衡使用。根据水泵运行的时间，均衡调整水泵的运行时间，启动次数，延长水泵寿命，减少检修次数。

2) 避峰填谷。系统自动根据用户用水规律，水箱水位，选择水泵启动时间，按照分时电价规律，选择经济、合适启动时间，节约用电成本。

3) 水箱污染提示。系统可以根据水箱水质传感器，分析得出水箱水质情况，提示清理水箱，防止水箱对水体的二次污染。

## 12.2.3 给排水系统改造方案

**1. 地下室改造方案**

地下室主要设备为两个水箱及两台供水水泵，所以地下室的改造方案主要是围绕着水泵和水箱实施。具体改造如图 12-3 所示。

1) 加装变频器。给两台生活给水泵加装一个变频器，控制两台水泵的起动与运行功率。

2) 加装液位传感器。两个水箱尺寸为 $3.2 \times 2.4 \times 3m$。需要对水箱的液位实时监测，根据液位控制进水电磁蝶阀的开关，所以需要对两个水箱各安装一个液位传感器。

3) 电磁蝶阀。地下室控制系统需要根据水箱的液位控制电磁蝶阀的开关，所以电磁蝶阀作为进水的执行机构，必须能连接自动控制系统。

4) 控制器的安装。可在水泵房布置一变频器柜，在其内部安放变频器，同时可

图 12-3 地下室改造方案

以将地下室控制器安装在变频器柜里,方便各个传感器的布线,并可将数据传回服务器。

**2. 一层改造方案**

一层为生活给水的第一层也是污水出口的最后一层。生活给水经给水立管首先进入一层,主要是用于卫生设施,所以一层的给排水控制主要在于卫生间的控制。一层卫生间与二~九层共用一根给水管,在给水方面并无区别,其主要区别在于排水。一层的排水为单独的 2 条排污管道。与二~九层的 3 条排污管道构成整栋大楼的排污系统。一层的改造方案如图 12-4 所示。

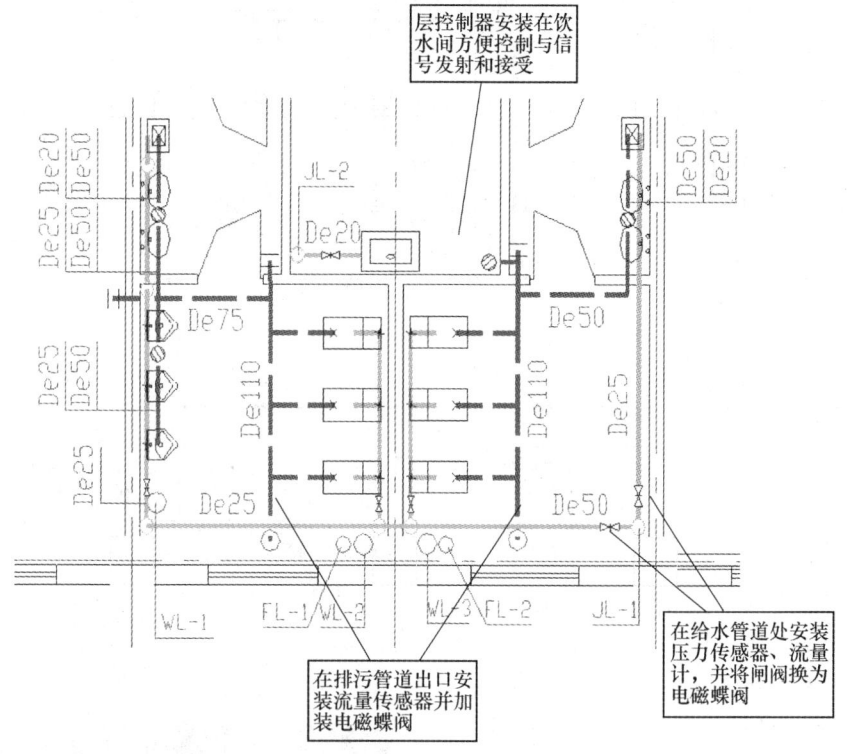

图 12-4  一层改造方案

1)传感器安装。一层的传感器主要有流量传感器、水压传感器。其中在供水的 2 条支管加装流量传感器和水压传感器,在 2 条污水管道加装流量传感器,监测污水流量。

2)电磁蝶阀安装。为了实现对给排水管道通断的控制,需要在 2 条供水管道和 2 条排水管道安装电磁蝶阀,通过控制器给出信号,控制管道压力、流量。

3)LED 灯安装。在一层卫生间安装一个提示 LED,用来提示卫生间是否可用,排污是否超出上限。

4)控制器安装。控制器可安装在一层饮水间,方便与男女卫生间的信号线连接,同时有利于控制和向服务器的数据上传。

**3. 二~九层改造方案**

二~九层主要结构与一层相似,区别在于二~九层的排污管道有 3 条,而一层有 2 条。所以,其改造方案基本一致,如图 12-5 所示。

**4. 十层改造方案**

十层是给排水系统的转折点,地下室的供水经各个楼层最终供给十层水箱,水箱经过优质饮水机净化后,再向各个楼层供给饮用水。所以,十层主要的用水设施为 2 个水箱。由于高层水箱

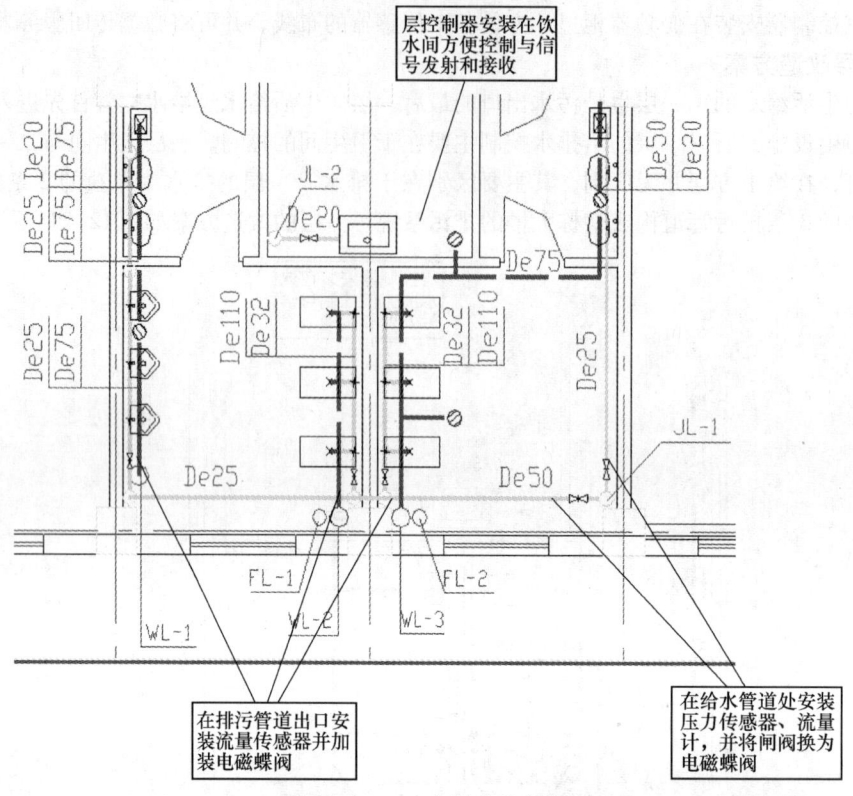

图 12-5 二～九层改造方案

存在二次污染问题,所以要对水箱水质进行监测,其主要改造方案如图 12-6 所示。

1)液位传感器。楼顶水箱为 2 个独立水箱,所以在每个水箱中安装液位传感器各一个,监测水箱液位,控制地下室水泵的起动与运行功率。

2)水质传感器。水质传感器主要是对水箱内的水质进行在线监测,监测其是否符合生活饮用指标,当出现水质异常时发出报警信号。水质传感器主要是监测水箱内水的 pH 值与浊度。当水箱内水质 pH 值超出 5.5～7.5 的范围时,发出报警信号;或当水质过于浑浊,其浊度超过 5NTU 时,系统报警。

3)控制器安装。可在十层内水箱附近设置控制器,易于采集水箱传感器信号,并方便数据传输。

图 12-6 十层改造方案

## 12.2.4 传感器选型

### 1. 水压传感器选型

水压传感器选用 PY206 通用压力传感器,PY206 产品特点如下:

采用进口高精度感应芯体，先进的贴片工艺，配套带有零点、满量程补偿，温度补偿的高精度和高稳定性放大集成电路，将被测量介质的压力转换成 4～20mA、0～5V DC、0～10V DC、0.5～4.5V DC 等标准电信号。

采用全不锈钢封焊结构，具有良好的防潮能力及优异的介质兼容性。广泛用于工业设备、水利、化工、医疗、电力、空调、金刚石压机、冶金、车辆制动、楼宇供水等领域的压力测量与控制。

数量：18 个。

**2. 给水流量传感器选型**

给水流量传感器选用 LWY 系列智能液体涡轮流量计。LWY 产品特点如下：
1）结构简单，压力损失小，测量精度高。
2）采用进口轴承，始动流量低，性能可靠、寿命长。
3）有较强抗电磁干扰和振动能力、整机功能强、功耗低。
4）可测量腐蚀性介质，高温、高压介质。
5）可测量微小液体流量至 5L/h。
6）有非线性补偿功能的智能液晶显示器。
7）仪表系数可在线设置并在 LCD 屏显示。
8）采用 EEPROM 对累积流量和仪表系数保护可达十年。

数量：DN25 型：9 个；DN50 型：9 个。

**3. 排水流量传感器选型**

排水流量传感器选用 LD 系列电磁流量计。LD 系列产品特点如下：
1）适用于导电率大于 5μs/cm 导电流体的体积流量测量。
2）测量精度高、测量范围大。
3）测量管内无活动及阻流部件、压力损失小。
4）具有不同材质的衬里和电极有良好的防腐性能。
5）不受介质、密度、粘度、温度、压力和导电率的影响。
6）低频矩形波励磁、不易受干扰、性能稳定可靠。
7）转换器耗能低、安装简单方便、用户不需调试。
8）可带上下限报警。

数量：DN50 型，26 个。

**4. 液位传感器选型**

液位传感器选用 UFK 系列浮球远传液位计。UFK 液位计产品特点如下：
1）结构简单、安装方便。
2）可传输电阻信号和 4～20mA 标准信号。
3）可根据用户要求调节磁敏元件数量和位置。
4）不锈钢材质经济实用。

数量：3 米 4 个。

**5. pH 值传感器选型**

pH 值传感器选用 WQ201pH 值传感器，其主要用于 pH 值在线监测。

WQ201pH 值传感器坚固耐用、值得信赖。配备 7.6 米的船舶级电缆，电缆长度根据需要，最长可定制到 150 米。pH 值传感器输出是 3 线配置的 4～20mA，使用船舶级环氧树脂将电子部件完全封装在不锈钢外壳里。pH 值传感器还使用了可拆卸的防护罩、可更换的 pH 电极，易于维护。其特点如下：
1) 全电子封装。
2) 4~20mA 输出。
3) 船舶级电缆。
4) 不锈钢外壳。
5) 可更换 pH 电极。

数量：2 个。

**6. 浊度传感器选型**

浊度传感器选用 WQ730 浊度传感器。

WQ730 浊度传感器是一款高精确度的入水式仪器，可用于现场环境或过程监测。WQ730 的应用范围包括：水质检测及监管、河道监测、水流测量、水库水质检测、地下水检测、废水处理及工业排污控制。WQ730 符合 USEPA Method 180.1 标准，90℃ 散射测量。

用在环境或实验监测时，可直接将 WQ730 置入要检测浊度的水中位置。其特点如下：
1) 简单易用。
2) 船舶级电缆。
3) 不锈钢及聚甲奎树脂外壳。

数量：2 个。

**7. 电动蝶阀选型**

电动阀门选用 D941X 电动蝶阀。

D941X 电动法兰式软密封蝶阀阀体由橡胶密封蝶阀和碳钢或不锈钢阀板、阀杆构成。适用于温度 120℃ 以下，如轻纺、造纸、食品、医药、化工、石油、电力、等给排水、气体管道上作调节流量和截流介质的作用。其主要特点如下：
1) 功能强劲。分为智能型、调节型、开关式。
2) 体积小巧。体积仅相当于同类产品的 35% 左右。
3) 使用方便。采用单相电源，接线简单；采用独创的球型凸出结构，使观察更方便；免加油免点检、防水防锈、任意角度安装。
4) 保护装置有双重限位、过热保护、过载保护。全行程时间 15 秒、30 秒、45 秒、60 秒，并且带手动功能。
5) 智能数控。内置模块采用先进计算机单片及智能控制软件直接接收计算机或工业仪表等输出的标准信号（4~20mA DC/1~5V DC），实现阀门开度的智能控制和精确定位。

数量：DN50 型，18 个。

**8. 变频器选型**

生活水泵变频器选用 SINAMICS G120C 紧凑型变频器。其产品特点如下：

SINAMICS G120C 是专门为满足 OEM 用户对于高性价比和节省空间的要求而设计的变频器，同时它还具有操作简单和功能丰富的特点。这个系列的变频器与同类相比，相同的功率具有更小的尺寸，并且安装快速，调试简便，以及友好的用户接线方式和简单的调试工具都使它与众不同。它集成众多功能，例如安全功能（STO，可通过端子或 PROFIsafe 激活），还有多种可选的通用现场总线接口，以及用于参数复制的存储卡槽。

SINAMICS G120C 变频器包含三个不同的尺寸功率范围，从 0.55kW 到 18.5kW。为了提高能效，变频器集成了矢量控制，实现能量的优化利用，并自动降低了磁通。该系列的变频器是全集成自动化的组成部分，并且可选 PROFIBUS, ModbusRTU, CAN 以及 USS 等通信接口。操作控制和调试可以快速简单地采用 PC 通过 USB 接口，或者采用 BOP-2（基本操作面板）或 IOP（智能操作面板）来实现。其主要优点如下：

1）机械设计：紧凑、安装维护简单、可并排紧密安装不降容，可插拔的接线端子。

2）电气设计：内置制动单元、STO 安全功能、IOP，BOP-2 和 USB 接口、集成存储卡（SD）卡槽，带电气隔离的输入。

3）通信功能：DP、CAN、USS、ModbusRTU，可完全集成于全集成的自动化（TIA）。

数量：1 个。

## 12.3 供配电监测控制子系统

### 12.3.1 供配电系统改造整体方案

本项目的主要目标是根据该集团办公楼的现状，对现有设备进行自动化、智能化改造，建立供配电、照明、动力的监控系统，实现远程监控、现场自动控制、现场手动控制等控制方式，自动检测电气设备运行状态和电气参量等参数，控制楼层配电箱、热水器配电箱等的供配电运行，以图形、图像、数据、文字等方式，实时地动态显示系统工作状态、运行参数及报警信息，实现楼宇供配电的自动化、智能化运行。

**1. 照明系统**

电气照明是建筑物的重要组成部分。照明系统主要由照明装置及其电气部分组成。照明装置主要是指灯具，照明装置的电气部分包括照明开关、照明线路等。照明系统的基本功能是创造一个良好的人工视觉环境。按照所具有的功能和作用，可以将照明分为公共区域照明、办公室照明、室外照明和事故照明。通过对照明线路的监控监测，实现照明的智能化管理，既满足正常的照明需求又达到节能的目的。

**2. 插座和动力用电的管理和控制**

办公室内常常因为人的粗心大意，下班后忘记关掉用电设备造成电能的浪费，甚至产生安全隐患，例如可能由于忘记关掉热水器而发生火灾，所以需要对办公室内的插座和动力用电进行监测和控制。

**3. 变配电系统的监测**

安全、可靠的供电是智能楼宇正常运行的先决条件。供配电系统除常规的继电保护与备用电源自动投入等功能要求外，必须具备对开关与变压器状态、系统的电源、电压、有功功率和无功功率等参数进行监控，进而实现全面的能量管理。

### 12.3.2 改造后供配电系统的主要功能

**1. 电气照明的监测和控制**

本系统要实现对公共区域照明、办公室照明、室外照明和事故照明的监视与控制。主要功能如下：

1）根据季节的不同和测量的室内、室外光照强度作为衡量条件，编制照明状态运行时间表，并且设置多种情景模式，比如清扫模式、节假日模式、夜晚安保模式等。通过合理的控制，既能满足正常灯光的需要，又要尽可能的节约电能。

2）检测照明线路的运行状态，并及时将数据传输到主控机上，在人机界面上实时显示各照明线路的开、关状态。

3）管理员可根据实际情况（如大雾天）通过对数字控制器进行直接操作，灵活设置照明系统供应。

**2. 插座和动力用电的管理和控制**

办公室内的插座和动力用电进行监测和控制，主要功能如下：

1）如到下班时间且无人加班，则可远程控制关掉电源，以实现利用技术加管理的方式达到办公室节电的目的。

2）热水器是一个大功率电器，耗电量大，在晚上下班后需要关闭。可以通过控制接触器实现定时开关热水器，防止电能的浪费。

3）当遇到故障状态时，可以及时找到故障处，并切断故障处的供电电源，启动应急灯并在主机进行提示报警。

**3. 变配电系统的监测**

本系统主要对变配电系统的2路高压进线、2台变压器、各低压配电回路开关状态等进行监控。主要功能如下：

1）自动监测并定期记录变压器低压出线的电压、电流、频率、有功功率和无功功率等参数，并将测得的数据传输到主机进行记录。如果有需要可以打印。

2）监视2台变压器的温度，如果超过限值则报警。

3）监视楼层配电箱等的通断状态，并能控制配电箱的开关状态。

4）通过实时的监测信息，可以及时发现存在故障的设备点，并基于配变控制终端实施远程控制操作，进行故障区段与非故障区段配电网的隔离。

## 12.3.3 供配电系统具体改造方案

**1. 配电室的监控监测**

（1）变压器温度的监测　经过考察发现位于地下室的变压器柜具有一个自带的变压器温控仪，型号为CHSM BWDK 5800B-R，属于干式变压器智能温控仪。这个仪器能够实时监测变压器三相的温度，并能与上位机实现信息传送。数据传送可以实现电流和RS485双模式输出，因此改造方案是利用已有的温控仪，将数据传输给现场控制器，然后传送给中央控制器。

（2）配电线路的监测监控　配电线路的监测监控主要是监测配电系统的运行状况。通过考察发现，原有的配电柜运行状态的监控是通过电流互感器，将电流降低后通过指针式的电流表显示运行状态。这样的机械设备不便于将数据实时记录，也不能查询过去时刻的运行状态，出现问题时也不能立即自动报警并作出处理，所以决定将电流的监测监控智能化。

首先，是对互感器的改造。决定对原有的电流测量系统予以保留，通过加入新的电流互感器，将测得的电流信号传输给现场控制器，进而传输给中央处理器。该方案不仅能实时显示配电系统的运行状态，而且还可以调出任意时刻、任意时间段的运行状态，如有需要也可以打印相应的状态记录。

接着，是增加接触器。原有的配电系统是通过断路器实现配电控制的，如果需要关断某一线路的供电，还需要人工操作。这样不仅效率慢，而且浪费人力。改造方案是加入接触器，可以通过中央处理器实现远程控制，也可以通过现场控制器控制，节省时间和人力。

而且需要监测低压电源进线端的电能参数，改造方案是在电源进线柜增加能监测电压、电流、频率、功率因数等的测量仪器。

1）传感器、控制器选型。

电流传感器选用CSNP661，其主要参数如下：

额定电流（有效值）：50A。测量范围（峰值）：0～90A。输出/输入电流比：50mA/50A。

供电电压：DC12～15V。响应时间：<0.5μs。精度：0.5%。

接触器选用 A63-30-11 系列交流接触器，该系列接触器主要用于交流50Hz或60Hz，额定绝缘电压为660～1000V，在AC-3使用类别下额定工作电压为380V时，额定工作电流为9～400A的电力线路中。

智能电表选用 LCD Size96 电能表。主要参数如下：

电压额定值：AC 400V。电压过负荷：测量：1.2倍；瞬时：2倍/10s。

精度等级：0.5%。电流过负荷：持续：1.2倍；瞬时：10倍/10s。

电流精度等级：0.5%。频率：40～60Hz，精度0.1Hz。功率：有功、无功、视在功率：精度0.5%。

地下室配电柜总共需要电流传感器30个，接触器30个，三相多功能电力仪表1个。

2）安装示意图如图12-7所示。

（3）配电柜门的开关状态监测。

配电室是整栋大楼的供电中心，必须保证其安全性。改造方案是给现有的配电柜门增加行程开关，通过行程开关监测门的关闭与否，并将这一信息传给中央控制器，在监测屏上显示。若是非法打开，则进行相应提示和报警。

1）行程开关选型。行程开关选用 Suketame en60947-5-1 型号；每个柜子安装1个，共需要13个。

2）安装示意图如图12-8所示。

**2. 热水器的控制**

据了解，现有的热水器控制方式是人工开关，而且一般晚上不关。这样的控制方式不仅造成电能的极大浪费，而且水的反复加热也会使水质变差。

将水煮开后饮用，一方面是为了消毒，杀灭生水中存在的有害微生物；另一方面是由于城市自来水都经过氯化处

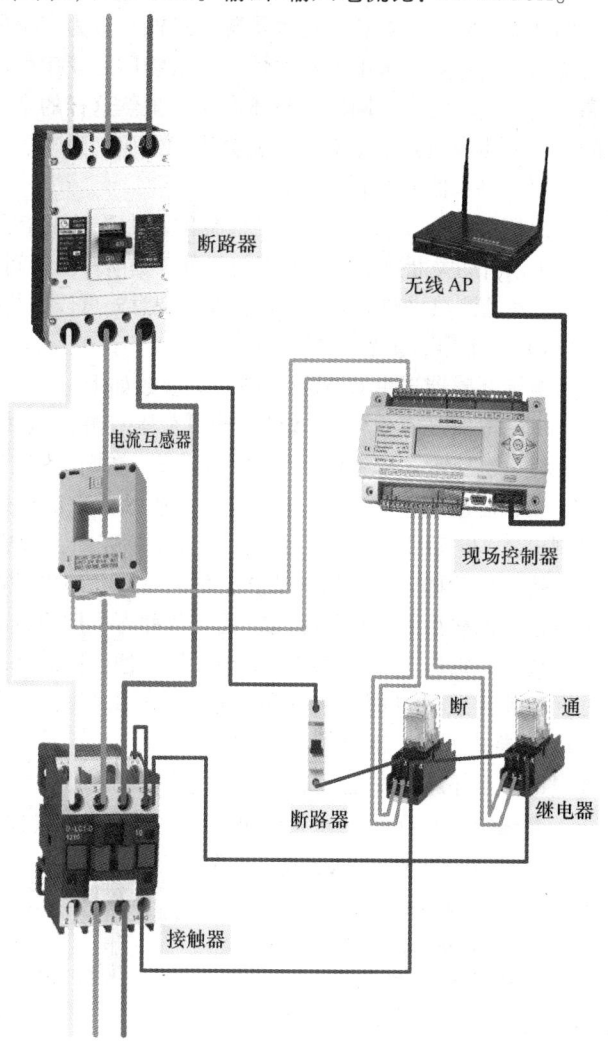

图12-7 配电柜监控安装示意图

图12-8 行程开关安装示意图

理，氯与水中残留的有机物相互作用，会生成卤代烃、氯仿等有毒的致癌化合物，而经过适当时间的沸腾后，卤代烃和氯仿含量降到最低，成为安全的饮用水。但开水也不是烧得越久越好，因为烧的时间越久，水中无挥发性的有害物质和亚硝酸盐，就会因为水的蒸发而浓缩，含量相对增高，喝了这样的水，同样对身体有害。虽然这样的水中的亚硝酸盐含量不至于这么高，但当亚硝酸盐在人体内达到一定剂量时就会形成致癌、致畸、致突变的物质，可严重危害人体健康。所以我们要对热水器的控制方式实现改造。

改造方法是通过增加电流互感器和接触器，利用现场控制器实现热水器的自动开关。例如下班后，可以自动关断热水器。上班前，可以提前一段时间开启热水器，方便人们使用。增加电流传感器是为了监测热水器的运行状态，如出现意外可以进行提示和报修，尽快恢复热水器的正常使用。

1）传感器、接触器选型。

电流互感器选用 CSNP661 型号。参数如下：

额定电流（有效值）：50A。测量范围（峰值）：0~90A。输出/输入电流比：50mA/50A。

供电电压：±12~15V。响应时间：<0.5μs。精度：0.5%。

接触器选用 A26-30-10 接触器。此接触器为正装直动式双断点结构，罩盖与躯壳采用耐弧塑料制成，A26-30-10 有 U 型的灭弧片置于躯壳中，形成封闭灭弧室灭弧好，飞弧距离为零。触头采用抗熔焊及耐电磨损的银基合金材料制成，导电性能好，寿命长，对环境无污染。铁芯采用 E 形结构，体积小。线圈的接线方式有两种可供用户选择，一种两接线端在产品的同一端，另一种两接线端分别在产品的两端，接线灵活方便。底座用玻璃纤维增强塑料制成，强度高，介电性能好。安装方式可以用螺钉安装，也可以用导轨安装，拆装方便迅速。导电部件不外露，安全性能好。

整栋楼一共 9 个热水器，共需要 9 个 CSNP661 电流互感器，9 个 A26-30-10 接触器。

2）安装示意图如图 12-9 所示。

### 3. 走廊灯的控制

据了解，现有的走廊灯通过普通开关控制。经常出现走廊没人却一直开着的情况，这样不仅造成能源的浪费，而且还增加了人力。现通过增加人体红外传感器和现场控制器，实现走廊灯的智能控制。如检测到有人，则亮起相应区域和临近区域的灯，人走后经过一段时间延时后自动关闭。

传感器采用热释电人体红外传感器。热释电人体红外传感器只有配合菲涅尔透镜使用才能发挥最大作用，不加菲涅尔透镜时，该传感器的探测半径可能不足 2m，配上菲涅尔透镜则可达 10m，甚至更远。

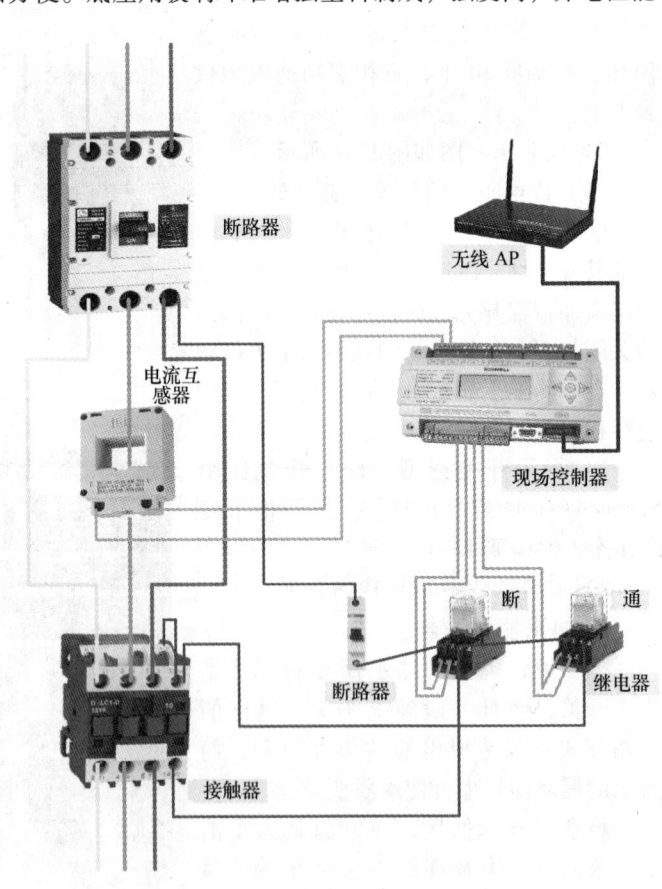

图 12-9 配电柜监控安装示意图

1）红外传感器选用 RE200B，共需要 110 个热释电人体红外传感器，10 个光照度传感器。
2）安装示意图如图 12-10、图 12-11 所示。

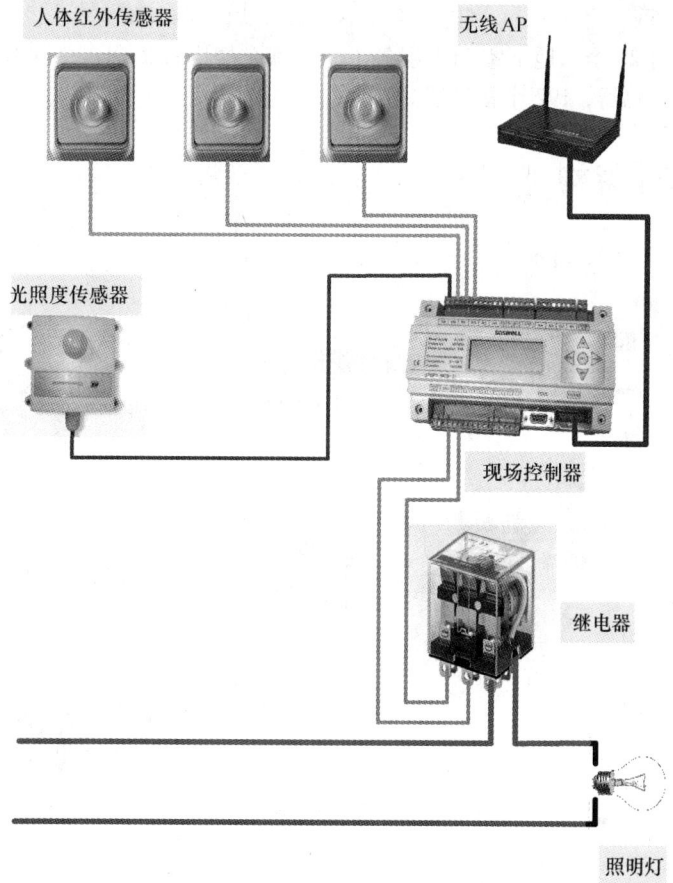

图 12-10　安装示意图

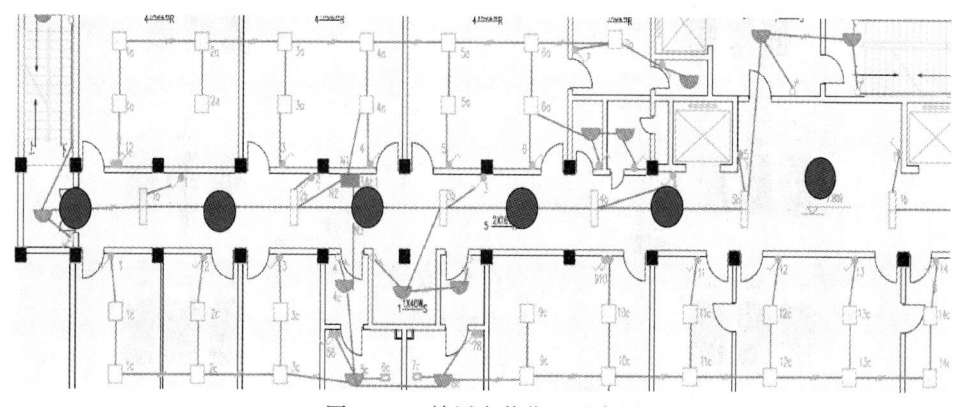

图 12-11　楼层安装位置示意图

**4. 各楼层配电箱的监控监测**

与热水器的监控监测类似，各楼层配电箱的监控监测也是采用增加电流传感器、接触器的方式。只是根据需要，在传感器、接触器选型上有一些区别。

接触器选用 A16-30-10 型号。

电流传感器选用 CSNE151-104 型号,参数如下:
额定电流(有效值):25A　　测量范围(峰值):0~55A　　输出/输入电流比:12.5mA/25A
供电电压:±15V　　　　　响应时间:<1μs　　精度:1%

楼层配电箱共有 20 个,地下室和十层各 1 个,其余楼层各 2 个。总共有 192 个控制点,所以需要 192 个电流互感器,192 个接触器。

## 12.4　系统整体架构

系统的结构如图 12-12 所示。

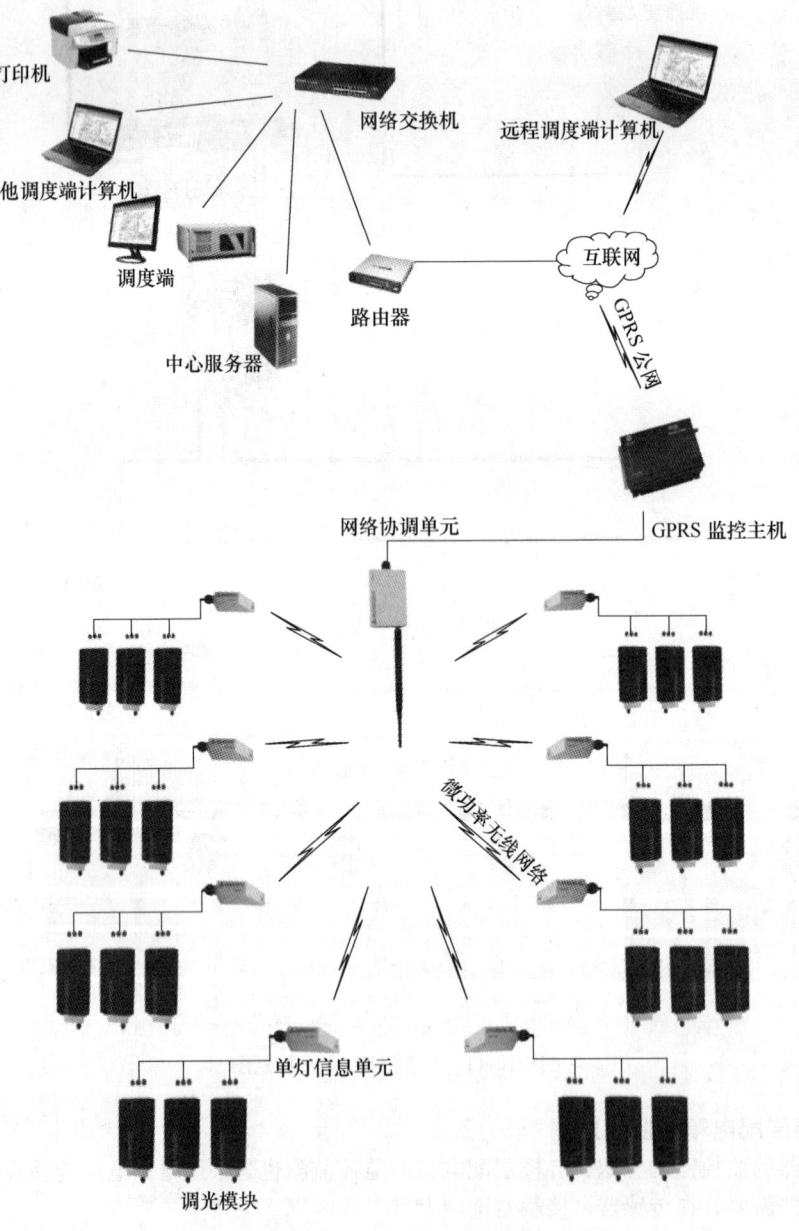

图 12-12　系统结构示意图(照明控制子系统)

## 12.5 软件应用系统

每一个监控子系统的应用软件包括：能耗监测数据采集、能耗监测数据分析、能耗监测智能决策、能耗监测远程控制四个功能模块。通过这四个功能模块可实现能耗监测的数据采集、分析、决策和远程控制，从而最终实现楼宇能耗智能控制的目的。具体参照建设部《国家机关办公建筑和大型公共建筑能耗监测系统分项能耗数据采集技术导则》的相关规定。

### 12.5.1 能耗监测数据采集功能模块

利用安装在用户端的终端控制器，实时采集水、电、暖等计量设备和相应传感器测回来的能耗数据，通过 GPRS 网络分在线和定期离线两种方式上传到控制中心的数据库服务器。同时对于有中央空调系统的建筑，增加适量的温度传感器采集不同场地的温度，为远程控制提供参考依据。对于无塔供水系统也需增加适量的压力传感器，随时测回供水管道不同部位的压力。在楼道和楼梯等公共部位安装红外感应器，随时在线检测是否有人活动，为决策提供相应的参考信息。

### 12.5.2 能耗监测数据分析功能模块

对采集回来的数据进行加工处理，统计分析，生成决策系统需要的输入数据，同时自动完成各种数据的报表统计功能。

### 12.5.3 能耗监测智能决策功能模块

利用 RBF 神经网络建立相应的水、电、暖能耗控制模型和相应的能耗控制策略，通过不断的数据训练和经验积累，逐步形成能耗监测专家决策系统。

### 12.5.4 能耗监测远程控制功能模块

根据能耗监测智能决策子系统分析结果，结合实际情况，采用 GPRS 网络，通过远程客户控制终端对用户配电箱内的接触器、进水阀门、热力阀门实现远程操控。分为在线实时控制和离线脱机运行两种控制模式。

### 12.5.5 系统扩展功能

预留充足的通信端口和存储空间，为建筑场地的安防监控系统、消防系统、收费（水、电、暖、气）系统等其他现有系统的接入，提供软硬件扩展平台。

## 12.6 工程施工内容

### 12.6.1 通信网络构建及设备安装

利用短距离无线通信网络将各个设备及传感器数据汇集到有线网络节点入口，通信网络架构有别于传统的智能布线方式。本方案将一栋楼宇作为一个子网进行建设，子网中包含各级无线数据集中器，用来收集设备及传感器数据，各级集中器将数据逐渐汇集到有线节点入口，进入大楼的局域网，大楼内的管理者可以获得数据，系统楼宇层级的管理可以从大楼本地网络中获得数据和权限，而系统监控中心则通过网络的互联网接入点获得数据，也可以通过 GPRS 通信终端进行连接。

和传感器配置的控制柜可提供控制器工作所必需的电源、继电器板、接线端子等，控制器内置于控制柜中。控制柜安装在被控对象附近，便于操作及施工，每台现场控制柜需提供一个 220V，1000W 的电源，或在附近留有电源插座。需要控制的风机或水泵等设备的配电柜内需设置手/自动转换开关，转换开关置于手动状态时，用手动启停按扭控制风机或水泵启停；转换开关置于自动状态时，由现场控制机提供的无源常开触点控制风机、水泵启停。被控风机或水泵配电柜需提供一对常开无源辅助触点，供现场控制机使用，以检测风机或水泵的运行状态。

传感器、执行器安装在工艺管道上，每个元件需要的电缆视不同产品而有所不同。当风道温度传感器与湿度传感器一同安装时，应注意顺风走向，温度传感器应置湿度传感器上侧。各个传感器不应安装于管路弯头处。风阀驱动器安装一定要注意阀的叶片轴与驱动器轴同心。电动阀门驱动器安装需注意阀的实际开启方向应与驱动器指示方向相符。流量计一定要于直管段竖直安装，流量计前至少要有 10 倍流量计通径的距离；流量计后至少要有 5 倍流量计通径的距离。

## 12.6.2 系统供电

中央控制室设专用配电盘，采用末端自动切换的双回路供电方式，直接数字控制器由现场供电。

## 12.6.3 接地

用联合接地，接地电阻不大于 1 欧姆。正常情况下不带电的仪表外壳、设备及控制箱均应接地。

## 12.7 系统特点

本系统以实现热力、燃气及自来水阀门远程控制、用电负荷开关远程控制为主要目标，并辅以接入各类数字传感器获得系统决策数据。

本系统以控制为手段、以舒适为前提、以节能为效果、以环保为目的。

## 12.8 效益分析

本系统的具体实施，办公楼改造费用在 150 ~ 295 元/每平方米，住宅楼的改造费用在 120 ~ 150 元/每平方米。上述工程案例的具体测算工程如下：

1）施工改造一次性投入：$295 \times 11000 = 3245000$ 元。

2）目前该建筑年单位建筑面积能耗为 180（$kWh/m^2$）。每年的运营费为 $180 \times 11000 \times 1.2 = 2376000$ 元。

3）节能回收：冷热源系统、空调系统、送排风系统的节能效果为 40%。

4）给排水系统的节能效果为 28%；变配电系统、照明系统的节能效果为 45%；综合节能效果为 40%。年节能费用为：$2376000 \times 40\% = 950400$ 元。

5）回收期：$3245000/950400 = 3.41$ 年。

# 第13章 嵌入式系统实验指导

**本章主要内容**

- 实验大纲
- 物联网嵌入式网关平台搭建
- CC2530 基础实验——LED 闪烁
- CC2530 基础实验——按键轮询
- CC2530 基础实验——LED、电机控制实验

本章以市面上较为流行的中软国际公司的 CC2530 物联网教学实验平台实验箱为实验硬件环境，对学生和初学者进行实验指导。

## 13.1 实验大纲

课程编号：*****3579
课程性质：专业必修
适用专业：物联网工程、计算机应用、电气工程及其自动化等
计划内实验总学时：8

**1. 实验的目的和任务**

随着物联网的普及，嵌入式系统技术已被广泛地应用于工业控制系统、信息家电、通信设备、医疗仪器、智能仪器仪表等众多领域。通过物联网嵌入式网关平台搭建、网关编程、Qt 图形界面编程、CC2530 基础实验、LED 闪烁控制等实验，加深对嵌入式系统基本理论和工作原理的理解，并增强嵌入式系统工程应用开发的能力。

培养学生社会责任感、工程职业道德、团队协作精神、文献检索与利用、综合运用嵌入式系统理论和技术分析以及解决物联网应用过程中相关的嵌入式系统工程的实践能力。

**2. 实验基本要求**

搭建起物联网嵌入式网关平台。（必须完成）
搭建起嵌入式图形界面编程的开发环境。（必须完成）
编写出 CC2530 基础实验——LED 闪烁控制的源代码并调试成功。（必须完成）
编写出 CC2530 基础实验——按键轮询的源代码并调试成功。（选择完成）
编写出 CC2530 基础实验——LED、电机控制实验的源代码并调试成功。（选择完成）

**3. 实验项目与具体时间安排**

| 序号 | 实验名称 | 实验学时 | 实验类型 | 内容提要 |
| --- | --- | --- | --- | --- |
| 1 | 物联网嵌入式网关平台搭建 | 2 | 验证 | 嵌入式网关硬件系统：<br>CPU、NandFlash、Ram、外设（网卡、SD 卡、USB、串口等）<br>嵌入式网关软件系统：<br>U-Boot、Kernel、Filesystem |

(续)

| 序号 | 实验名称 | 实验学时 | 实验类型 | 内容提要 |
|---|---|---|---|---|
| 2 | 物联网 Qt 界面编程（详细内容见本书第 10 章） | 2 | 设计 | Qt 开发平台概述<br>虚拟机安装<br>虚拟机共享数据<br>Hello Qt 的实现 |
| 3 | CC2530 基础实验——LED 闪烁控制 | 2 | 设计 | 利用 CC2530 数据手册及 LED 灯的原理图，来编程 LED 灯的驱动程序，设置与小灯相应的端口 P1_0 和 P1_1 方向为输出，当这两个端口为低电平时小灯将被点亮 |
| 4 | CC2530 基础实验——按键轮询 | 2 | 设计 | 按下按键后点亮相应的 LED 小灯 |
| 5 | CC2530 基础实验——LED、电机控制实验 | 2 | 设计 | 通过串口助手实现对电机模块上的四个 LED 和电机状态的控制。<br>LED 能够单独开关，也能整体开关，电机能够正转、反正和停止 |

### 4. 主要设备及器材

1）装有 IAR8.10 软件的 PC 机一台。
2）CC2530 仿真器一台。
3）物联网教学实验平台实验箱一台。

### 5. 考核方式

1）考核以平时实验考核和实验报告相结合的方式进行。
2）实验成绩评定方法：实验成绩单独按五级记录考核成绩。凡实验成绩不及格者，该门课程必须重修。学生试验成绩的评定按照实验的要求，以实验能力的强弱作为主要依据。
3）实验成绩评定标准

- 优秀

能正确理解实验的目的要求，能独立、正确地完成各项实验操作，会分析和处理实验中遇到的问题，能掌握所学的各项实验技能，较好地完成实验报告，有一定的创新精神和能力，有良好的实验室工作作风和习惯。

- 良好

能理解实验的目的要求，能认真而正确地完成各项实验操作，能分析和处理实验中遇到的一些问题。能掌握所学实验技能的绝大部分，对难点较大的操作完成有困难。能一般地完成实验报告和其他实验作业，有较好的实验习惯和工作作风。

- 中等

能基本理解实验的目的要求，认真努力进行各项实验操作，但技巧较差。能分析和处理实验中一些较容易的问题，掌握实验技能的大部分。有 30% 掌握的不好。能一般地完成各项实验作业和报告。工作作风较好。能认真遵守各项规章制度，学习努力。

- 及格

勉强了解实验内容，能按照实验步骤"按图索骥"完成实验操作，能完成 60% 的试验内容。遇到问题常常缺乏解决的办法，能一般地完成实验报告，认真遵守各项规章制度。

- 不及格

盲目地"照方抓药"，只完成 50% 的实验内容，操作不正确，工作忙乱无条理。一般能遵守实验室规章制度，遇到问题常常说不清原因，在老师的指导下也较难完成各项试验任务。

## 13.2 物联网嵌入式网关平台搭建

### 1. 实验目的
系统平台搭建：
了解 BootLoader 原理；了解 UBOOT 目录结构；掌握 UBOOT 常用命令；使用烧写嵌入式网关软件系统。

### 2. 实验设备
1) 嵌入式网关硬件系统：CPU、NandFlash、Ram、外设（网卡、SD 卡、USB、串口等）。
2) 嵌入式网关软件系统：UBoot、Kernel、Filesystem。

### 3. 实验要求
1) 熟练搭建物联网嵌入式网关。
2) 熟练了解相关的工具和系统的使用。
3) 熟练使用 UBOOT 常用命令。

### 4. BootLoader 原理
一个嵌入式系统从软件角度来看分为三个层次：
1) 引导加载程序：包括固化在固件（firmware）中的 boot 代码（可选），和 BootLoader 两大部分。
2) Linux 内核：特定于嵌入式平台的定制内核。
3) 文件系统：包括系统命令和应用程序。

一个同时装有 BootLoader、内核的启动参数、内核映像和根文件系统映像的固态存储设备的典型空间分配结构如图 13-1 所示：

PC 机中的引导加载程序由 BIOS（其本质是一段固件程序）和位于硬盘 MBR 中的引导程序（GRUB 或 LILO）一起组成。BIOS 在完成硬件检测和资源分配后，将硬盘中的引导程序读到系统内存中，然后将控制权交给引导程序。引导程序的主要任务是将内核从硬盘上读到内存中，然后跳转到内核的入口点去运行，即启动操作系统。

图 13-1　固态存储设备的典型空间分配结构

在嵌入式系统中，通常没有像 BIOS 那样的固件程序，因此整个系统的加载启动任务就完全由 BootLoader 来完成。比如在一个基于 ARM7TDMI core 的嵌入式系统中，系统在上电或复位时都从地址 0x00000000 开始执行，而在这个地址处安排的通常就是系统的 BootLoader 程序。

简单地说，BootLoader 就是在操作系统运行之前运行的一段小程序。通过这段小程序，可以初始化硬件设备，从而将系统的软硬件环境带到一个合适的状态，以便为最终调用操作系统做好准备。

BootLoader 的主要任务是初始化硬件（如：串口，内存），然后将内核映像从 Flash 中读到 RAM 中，最后跳转到内核的入口点去运行，也就是启动操作系统。

### 5. UBOOT 目录结构
UBOOT 是德国 DENX 小组开发的用于多种嵌入式 CPU（MIPS、x86、ARM、XScale 等）的 BootLoader 程序，UBOOT 不仅支持嵌入式 Linux 系统的引导，还支持 VxWorks，QNX 等多种嵌入式操作系统。

进入到 UBOOT 目录,可以得到如下的目录结构:

```
|board
|common
|cpu
|disk
|doc
|drivers
|dtt
|examples
|fs
|include
|lib_arm
|lib_generic
|lib_i386
|lib_m68k
|lib_microblaze
|lib_mips
|lib_nios
|lib_nios2
|lib_ppc
|net
|post
|rtc
|tools
```

- board:和开发板有关的文件。每一个开发板都以一个子目录出现在当前目录中,比如 SMDK2410,子目录中存放与开发板相关的文件。
- common:实现 UBOOT 支持的命令。
- cpu:与特定 CPU 架构相关的代码,每一款 UBOOT 下支持的 CPU 在该目录下对应一个子目录,比如有子目录 arm920t 等。
- disk:对磁盘的支持。
- doc:文档目录。UBOOT 有非常完善的文档,推荐大家参考阅读。
- drivers:UBOOT 支持的设备驱动程序都放在该目录,比如各种网卡、支持 CFI 的 Flash、串口和 USB 等。
- fs:文件系统的支持。
- include:UBOOT 使用的头文件。该目录下 configs 目录有与开发板相关的配置头文件,如 smdk2410.h。该目录下的 asm 目录有与 CPU 体系结构相关的头文件。
- net:与网络协议栈相关的代码,例如 TFTP 协议、RARP 协议的实现。
- tools:生成 UBOOT 的工具,如 mkimage,crc 等。

### 6. UBOOT 常用命令

尽管 UBOOT 提供了丰富的命令集,但不同的单板所支持的命令并不一定一样,help 命令可用于察看当前单板所支持的命令:

# 第 13 章 嵌入式系统实验指导

```
# help
    autoscr -run script from memory
    base -print or set address offset
    bdinfo -print Board Info structure
    boot -boot default,i.e.,run 'bootcmd'
    bootm -boot application image from memory
    bootp -boot image via network using BootP/TFTP protocol
```

printenv 打印环境变量。

```
    usage:    printenv
    - print values of all environment variables
    printenv name...
    - print value of environment variable 'name'
    Uboot > printenv
    baudrate=115200
    ipaddr=192.168.1.1
    ethaddr=12:34:56:78:9A:BC
    serverip=192.168.1.5
```

setenv：设置新的变量（修改已有变量）。

```
 • setenv name value...
        - set environment variable 'name' to 'value...'
 • setenv name
        - delete environment variable 'name'
Uboot > setenv myboard AT91RM9200DK
 Uboot > printenv
 ethaddr=12:34:56:78:9A:BC
 serverip=192.168.1.5
    myboard=AT91RM9200DK
```

saveenv：保存变量。将当前定义的所有变量及其值存入 flash 中。

md：显示内存区的内容。

  md 采用十六进制和 ASCII 码两种形式来显示存储单元的内容。

  这条命令还可以采用长度标识符 .l、.w 和 .b：

```
md [.b,.w,.l] address
md.w 100000
00100000: 2705 1956 5050 4342 6f6f 7420 312e 312e    '..VPPCBoot 1.1.
00100010: 3520 284d 6172 2032 3120 3230 3032 202d    5 (Mar 21 2002 -
00100020: 2031 393a 3535 3a30 3429 0000 0000 0000     19:55:04).....
```

mm：修改内存，地址自动递增。

```
mm [.b,.w,.l] address
```

  mm 提供了一种互动修改存储器内容的方法。它会显示地址和当前值，然后提示用户输入，如果你输入了一个合法的十六进制数，这个新的值将会被写入该地址，然后提示下一个地址；如果你没有输入任何值，只是按了一下回车，那么该地址的内容保持不变。如果想结束输入，则输入空格，然后回车。

```
= > mm 100000
00100000:27051956 ? 0
00100004: 50504342 ? AABBCCDD
00100008: 6f6f7420 ? 01234567
```

flinfo：查看 Flash 扇区信息。

Usage:Uboot > Flinfo

protect：Flash 写保护。打开或关闭扇区写保护

用法：

| | |
|---|---|
| protect off al | 关闭所有扇区的写保护 |
| protect on all | 打开所有扇区的写保护 |
| protect off start end | 关闭从 start 到 end 扇区的写保护(start 为要关闭的第一个扇区的起始地址,end 为要关闭的最后一个扇区的结束地址)。 |
| protect on start end | 打开从 start 到 end 扇区的写保护。 |

erase：擦除 flash 扇区。

用法： erase start end

擦除从 start 到 end 的扇区，start 为要擦除的第一个扇区的起始地址，end 为要擦除的最后一个扇区的结束地址(在使用 cp 命令向 Nor 型 Flash 写入数据之前必须先使用 erase 命令擦除 flash，因为 nor flash 按字节写入时,无法写入1,所以必须通过擦除来写入1)。

例:erase 30000 1effff。

cp：复制数据。

cp [.b,.w,.l] saddress daddress len

cp 提供了一种内存与内存，内存与 Flash 之间数据复制的方法。

例:

cp.b 30008000 20000 100000 将内存地址 0x30008000 处的数据(长度为 0x100000)复制到地址 0x20000 处(Flash 中)。

cp.b 30800000 130000 70000 将内存地址 0x30800000 处的数据(长度为 0x70000)复制到地址 0x130000 处(Flash 中)。

go：执行内存中的二进制代码，简单地跳转到指定地址。

go addr [arg...]

- start application at address 'addr',passing 'arg' as arguments

bootm：执行内存中的二进制代码。

bootm [addr [arg...]]

-boot application image stored in memory

passing arguments 'arg...'; when booting a Linux kernel, 'arg' can be the address of an initrd image

要求二进制代码为制定格式的，通常为 mkimage 处理过的二进制文件。

bdinfo：显示开发板信息。

bdinfo 命令（简写为 bdi）将在终端显示诸如内存地址和大小、时钟频率、MAC 地址等信

息。这些信息在传递给 Linux 内核一些参数时可能会用到。

**7. 烧写嵌入式网关软件系统**

SD 卡启动烧写软件系统。

NandFlash 启动烧写软件系统。

**8. 实验总结**

本实验旨在学生动手搭建起物联网嵌入式网关平台，同时掌握 BootLoader 原理，了解 UBOOT 目录结构，熟练使用 UBOOT 常用命令和烧写嵌入式网关软件系统。

## 13.3 CC2530 基础实验——LED 闪烁

**1. 实验目的**

1）掌握 IAR 的配置、程序代码的编写，以及编译和调试的过程。

2）学会如何运用 IAR 编写并在线调试程序 LED 灯闪烁实验。

**2. 实验设备**

1）IAR 开发环境。

2）中软国际 USB ZigBee Debug Adapter（仿真器）一个。

3）ETC—WSN 物联网实验平台一套。

**3. 实验要求**

1）熟悉 IAR 开发环境。

2）能够在 IAR 开发环境中建设 LED 灯闪烁实验工程项目，并完成程序编写和调试。

**4. 实验原理**

利用 CC2530 数据手册及 LED 灯的原理图，来编程 LED 灯的驱动程序，设置与小灯相应的端口 P1_0 和 P1_1 方向为输出，当这两个端口为低电平时小灯将被点亮。

**5. 实验流程图**

实验流程如图 13-2 所示。

**6. 实验步骤**

（1）IAR 的配置。

IAR 是一个强大的嵌入式开发平台，支持非常多种类的芯片。IAR 中的每一个 Project，都可以拥有自己的配置，具体包括 Device 类型、堆/栈、Linker、Debugger 等。

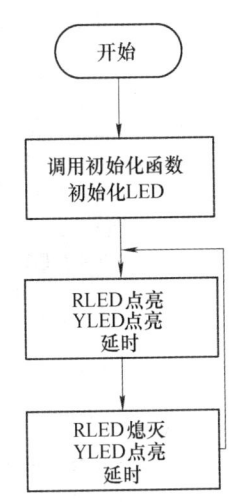

图 13-2  LED 灯闪烁实验流程图

1）新建 Workspace 和 Project。

首先新建文件夹 ledtest。打开 IAR，选择主菜单 File→New→Workspace 建立新的工作区域。

选择 Project→Create New Project→Empty Project，单击 OK，把此工程文件保存到文件夹 ledtest 中，命名为 ledtest.ewp（如图 13-3 所示）。

2）配置 General Options。

如图 13-4 所示。

Target 设置：

```
Device:CC2530
Code model:Banked
```

Data model:Large
Calling convention:XDATA stack reetrant

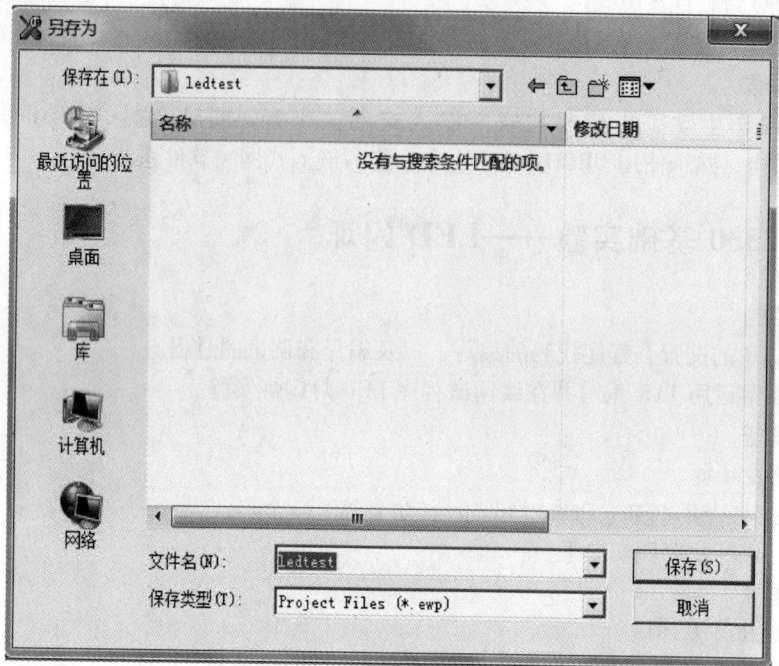

图 13-3 新建 Workspace 和 Project

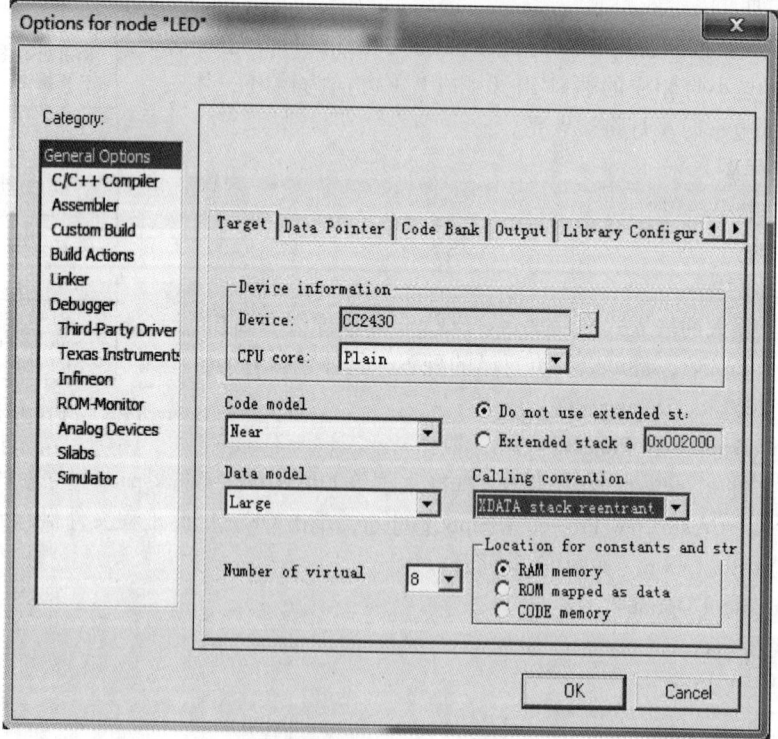

图 13-4 配置 General Option

3) Debugger 设置。

如图 13-5 所示。

Driver：Texas Instruments（本实验为真机调试，所以选择 TI；其他程序要使用 IAR 仿真器，可选 Simulator）。

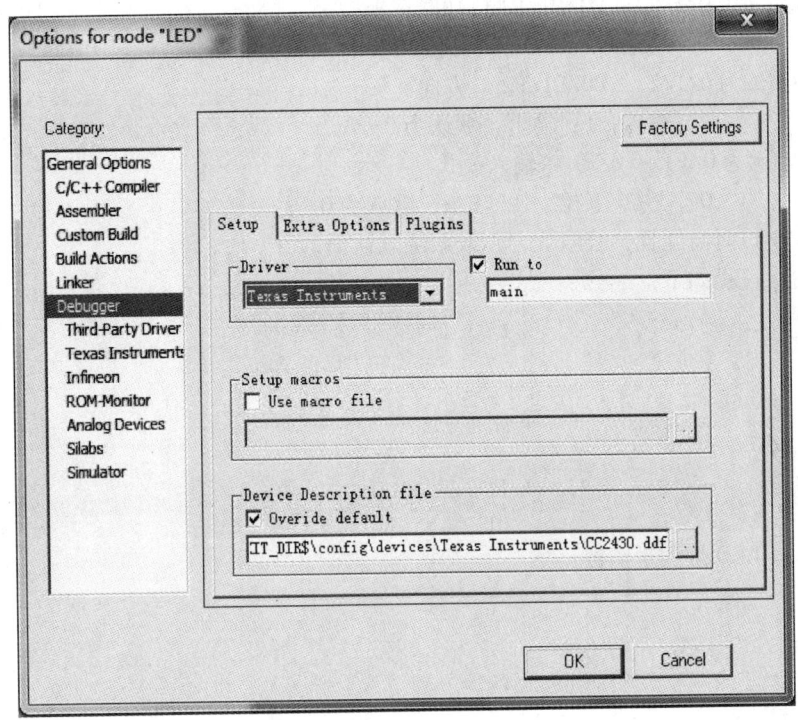

图 13-5  Debugger 设置

至此，针对本实验的 IAR 配置基本结束，下面来介绍其编码实现。

（2）程序代码的编写

1) 新建程序文件。选择 File→New→File，新建文件 main.c。

2) 引入头文件。基于 CC2530 的程序，必须包含对 ioCC2530.h 的引用，此文件定义了 CC2530 的各类特殊功能寄存器（SFR）的地址映射。

#include <ioCC2530.h>    //引入 CC2530 所对应的头文件（包含各 SFR 的定义）

此文件内置于 IAR 中（类似于 stdio.h），将鼠标放在此行代码上，右键单击，选择 Open" ioCC2530.h"，即可看到此头文件的全部内容。

3) 定义 LED 引脚。开发板电路图如图 13-6 所示。

从图中可知 LED1~2 分别受引脚 P1_0~P1_1 的控制，因此可以定义 LED1、LED2 分别为引脚 P1_0、P1_1。

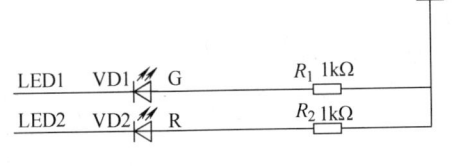

图 13-6  开发板电路图

```
#define RLED    P1_0        //定义 RLED 为 P1_0 口控制（红灯）
#define GLED    P1_1        //定义 GLED 为 P1_1 口控制（绿灯）
```

4) main() 函数。

首先，在使用 P1_0~P1_1 端口前，需对其工作方式以及输入/输出方向进行设置，其中涉及两个 SFR：P1SEL、P1DIR。

CC2530 具有 P0_0 ~ P0_7，P1_0 ~ P1_7，P2_0 ~ P2_7 共 21 个 I/O 口。它们可作为通用数字 I/O，也可用于连接 ADC、定时/计数器或 USART 等外设 I/O。

CC2530 的 SFR 中有三类寄存器可用于配置这些 I/O 口：

① PxSEL（x 为 0/1/2）：P0/P1/P2 口功能选择

　　　　　　　0：通用数字 I/O，1：外设 I/O，默认为 0

② PxDIR（x 为 0/1/2）：P0/P1/P2 口方向

　　　　　　　0：输入，1：输出，默认为 0

③ PxINP（x 为 0/1）：P0/P1 口输入模式

　　　　　　　0：上拉/下拉，1：三态，默认为 0

在使用 I/O 口时需配置，若默认，则取系统默认值。

具体初始化过程如下：

```
void Led_Initial(void)
{
  P1DIR |= 0x03;  //P1_0、P1_1 定义为输出
  RLED = 1;
  GLED = 1;       //LED 熄灭
}
```

然后，编写 LED 灯闪烁函数：

```
void Led_Blink(void)
{
    RLED = 0;       //LED1 闪烁
    Delay(1000);
    RLED = 1;
    Delay(1000);
    GLED = 0;       //LED2 闪烁
    Delay(1000);
    GLED = 1;
    Delay(1000);
}
```

其中涉及一个延时子函数 Delay (uint n)：

```
void Delay(uint n)
{
  uint i;
  while(n--)
  {
    for(i=500;i>0;i--);
  }
}
```

最后，编写 main( ) 函数实现死循环，如下：

```
void main(void)
{
```

```
   Led_Initial();
     while(1)              //开始循环
   {
     Led_Blink();
   }
 }
```

5) 实验源码。

将上述代码合并为一个整体,如下所示:

```
//******************************************************************
* 文 件 名:     main.c
* 作   者:     CTO办公室
* 目标器件:     cc2530
* 版   本:     1.0
* 修   订:     2012-6-11
* 描   述:     cc2530核心板上两个LED小灯依次闪烁
********************************************************************/
//引入头文件
#include <ioCC2530.h>        //引入CC2530所对应的头文件(含各SFR的定义)
#define uint unsigned int    //定义LED引脚
#define RLED    P1_0         //定义RLED为P1_0口控制(红灯)
#define GLED    P1_1         //定义GLED为P1_1口控制(绿灯)
void Led_Initial(void)
{
 P1DIR |= 0x03;              //P1_0、P1_1定义为输出
 RLED = 1;
 GLED = 1;                   //LED熄灭
}
void Delay(uint n)
{
 uint i;
 while(n--)
 {
  for(i=500;i>0;i--);
 }
}
void Led_Blink(void)
{
  RLED = 0;                  //LED1闪烁
  Delay(1000);
  RLED = 1;
  Delay(1000);
    GLED = 0;                //LED2闪烁
  Delay(1000);
```

```
        GLED = 1;
        Delay(1000);
}
void main(void)
{
    Led_Initial();
    while(1)                                        //开始循环
    {
        Led_Blink();
    }
}
```

本实验主要用到的寄存器见表 13-1：

**表 13-1　实验用到的寄存器**

P1DIR(0xFE)-Port1 Direction

| Bit | Name | Reset | R/W | Description |
|---|---|---|---|---|
| 7:0 | DIRP1_[7:0] | 0x00 | R/W | P1.7 to P1.0 I/O direction<br>0: Input<br>1: Output |

P1SEL(0xF4)-Port1 Function Select

| Bit | Name | Reset | R/W | Description |
|---|---|---|---|---|
| 7:0 | SELP1_[7:0] | 0x00 | R/W | P1.7 to P1.0 function select<br>0: General-purpose I/O<br>1: Peripheral function |

### 7. 实验现象

选择 Project→Make，编译代码，若成功，则会出现以下输出，如图 13-7 所示：

按照 Zigbee 开发板→调试器→PC 的 USB 接口的顺序连接 Zigbee 设备，然后选择 Project→Debug，程序就会被自动下载到开发板中。

选择 Debug→Go，即可启动程序，实验结果为 2 个 LED 灯依次闪烁。

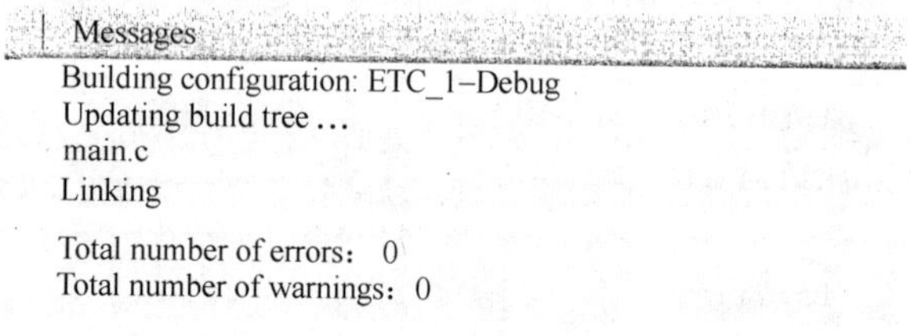

```
Messages
Building configuration: ETC_1-Debug
Updating build tree ...
main.c
Linking

Total number of errors:   0
Total number of warnings: 0
```

图 13-7　编译结果

### 8. 实验总结

本节以"LED 灯闪烁实验"为基础，分别从 IAR 的配置、程序代码的编写，以及编译及调试的过程介绍了 LED 灯闪烁的实现过程。

## 13.4　CC2530 基础实验——按键轮询

### 1. 实验目的

1）学会使用 IAR 开发外部中断程序。
2）学会按键的基本原理。

## 2. 实验设备

1) IAR 开发环境。
2) 中软国际 USB ZigBee Debug Adapter（仿真器）一个。
3) ETC—WSN 物联网实验平台一套。

## 3. 实验要求

1) 掌握按键基本原理。
2) 能够搭建 IAR 环境，建设按键轮询的工程项目。

## 4. 实验原理

按键轮询的基本原理：本实验中，将 CPU 置于循环的状态中，当按下按键后，会使与按键相关的 I/O 口的电平拉低，此时检测 I/O 口的电压高低来控制相应的小灯亮灭。

## 5. 程序流程图

实验流程图如图 13-8 所示。

## 6. 实验步骤

（1）实验源码

```
/***********************************************
 * 文 件 名：   main.c
 * 作    者：   CTO办公室
 * 目标器件：   cc2530
 * 版    本：   1.0.3
 * 修    订：   2012-6-11
 * 描    述：   按下按键后点亮相应的LED小灯
 ***********************************************/
#include <ioCC2530.h>
#define uint  unsigned int
#define uchar unsigned char
//定义控制灯的端口
#define RLED P1_0        //定义LED1为P10口控制
#define YLED P1_1        //定义LED2为P11口控制
#define K1 P0_0
#define K2 P0_1
//函数声明
void Delay(uint);        //延时函数
void Initial(void);
uchar KeyScan(void);
//*************************
//延时
//*************************/
void Delay(uint n)
{
    uchar i;
    while(n--)
    {
```

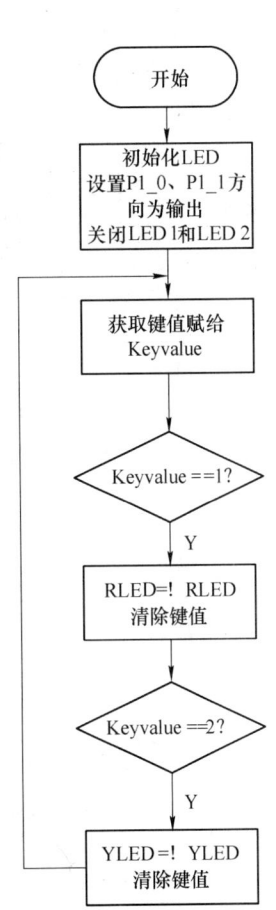

图 13-8 按键轮询实验流程图

```c
        for(i=200;i>0;i--);
    }
}
/***************************
//初始化程序
***************************/
void Initial(void)
{
    P1DIR |= 0x03;                          //P10、P11 定义为输出
    RLED = 1;
    YLED = 1;                               //LED
}
/******************************************
//读键值
******************************************/
uchar KeyScan(void)
{
    if(K1 == 0)                             //低电平有效
    {
        Delay(100);                         //检测到按键
        if(K1 == 0)
        {
            while(!K1);                     //直到松开按键
            return(1);
        }
    }
    if(K2 == 0)
    {
        Delay(100);
        if(K2 == 0)
        {
            while(!K2);
            return(2);
        }
    }
    return(0);
}
/***************************
//主函数
***************************/
void main(void)
{
    uchar Keyvalue = 0;
    Initial();                              //调用初始化函数
```

```
        while(1)
        {
            Keyvalue = KeyScan();
            if(Keyvalue == 1)
            {
                RLED = ! RLED;                    //red
                Keyvalue = 0;                     //清除键值
            }
            if(Keyvalue == 2)
            {
                YLED = ! YLED;                    //green
                Keyvalue = 0;
            }
        }
}
```

本实验主要用到的寄存器见表 13-2，表 13-3：

表 13-2　实验用寄存器 1

P1DIR(0xFE)-Port 1 Direction

| Bit | Name | Reset | R/W | Description |
|---|---|---|---|---|
| 7:0 | DIRP1_ [7:0] | 0x00 | R/W | P1.7 to P1.0 I/O direction<br>0： Input<br>1： Output |

表 13-3　实验用寄存器 2

P1SEL(0xF4)-Port 1 Function Select

| Bit | Name | Reset | R/W | Description |
|---|---|---|---|---|
| 7:0 | SELP1_ [7:0] | 0x00 | R/W | P1.7 to P1.0 function select<br>0： General-purpose I/O<br>1： Peripheral function |

(2) 代码分析

1) 获取按键的值。

```
uchar KeyScan(void)
{
    if(K1 == 0)              //低电平有效
    {
        Delay(100);          //检测到按键
        if(K1 == 0)
        {
            while(! K1);     //直到松开按键
            return(1);
```

```
      }
    }
    if(K2 = = 0)
    {
      Delay(100);
      if(K2 = = 0)
      {
        while(! K2);
        return(2);
      }
    }
    return(0);
}
```

该函数实现了识别到底是哪个按键被按下的功能。首先检测 K1 是否等于 0，如果一旦检测到等于 0，说明有相应的按键被按下，延时一段时间，又来判断（if（K1 = = 0）），这个判断是为了防止按键抖动。

同理检测按键 K2 是否被按下。

2）主函数功能。主函数实现了一按键被按下后，使相应的小灯点亮，同时清除标志位的功能。

**7. 实验现象**

当按键被按下后，点亮相应的小灯。

**8. 实验总结**

本节主要讲述了按键的使用以及按键的基本原理，即将按键按下后，就会将对应的 I/O 引脚的电平拉低，此时通过检测 I/O 口的电平来点亮小灯。

## 13.5 CC2530 基础实验——LED、电机控制实验

**1. 实验目的**

1）了解 LED 灯的控制原理和使用方法。
2）了解直流电机的控制方法和原理。
3）掌握在 Z-STACK 协议中网关向传感器节点广播数据包的方法。
4）学习在传感器中接收和处理数据的方法。
5）掌握在 Z-STACK 任务中添加事件的方式。
6）掌握周期性事件的处理方法。

**2. 实验设备**

1）装有 IAR8.10 软件的 PC 机一台。
2）CC2530 仿真器一台。
3）物联网教学实验平台实验箱一台。

**3. 实验要求**

1）编程要求：按照实验步骤实现应用程序。
2）实现功能：通过串口助手实现对电机模块上的 4 个 LED 和电机状态的控制。LED 能够单

独和整体开关,电机能够正转、反正和停止。

**4. 实验原理**

1) LED 控制电路和 CC2530 连接原理图如图 13-9 所示。从原理图可以看出,4 个独立的 I/O 口控制 4 个 LED,当控制 LED 的 I/O 口为低电平时,LED 点亮;当 I/O 口为高电平时,LED 熄灭。

2) 电机控制电路和 CC2530 连接原理图如图 13-10 所示。

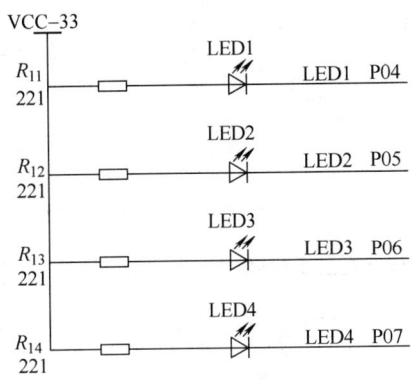
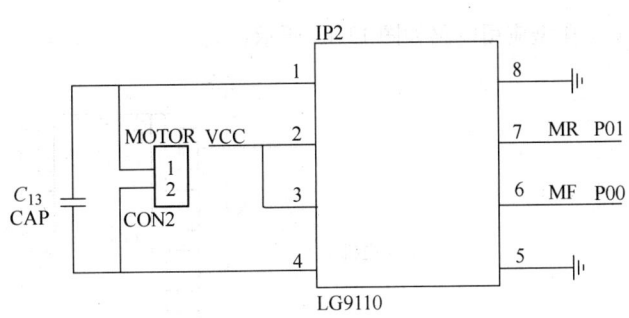

图 13-9  LED 控制电路和 CC2530
连接原理图

图 13-10  电机控制电路和 CC2530
连接原理图

由原理图可以看出,通过 CC2530 的 P0_0 和 P0_1 实现对电机的控制,当 P0_0 等于 P0_1 时,电机停止转动;当 P0_0 不等于 P0_1 时,电机转动,反转两个 I/O 口的电平即可实现电机的正反转。

LG9110 为电机驱动芯片,具有以下特点:

- ◆ 低静态工作电流。
- ◆ 宽电源电压范围:2.5~12V。
- ◆ 每通道具有 800mA 连续电流输出能力。
- ◆ 较低的饱和压降。
- ◆ TTL/CMOS 输出电平兼容,可直接 CPU。
- ◆ 输出内置钳位二极管,适用于感性负载。
- ◆ 控制和驱动集成于单片 IC。
- ◆ 具备引脚高压保护功能。

LG9110 引脚定义和引脚图如图 13-11 所示:

引脚定义:

| 序号 | 符号 | 功能 |
|---|---|---|
| 1 | OA | A 路输出引脚 |
| 2 | VCC | 电源电压 |
| 3 | VCC | 电源电压 |
| 4 | OB | B 路输出引脚 |
| 5 | GND | 地线 |
| 6 | IA | A 路输入引脚 |
| 7 | IB | B 路输入引脚 |
| 8 | GND | 地线 |

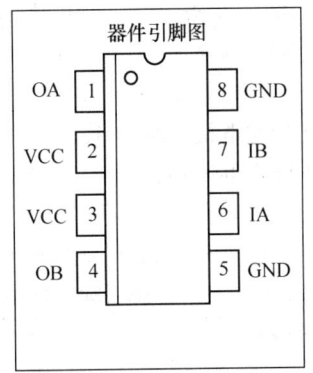

a)                    b)

图 13-11  电机驱动芯片 LG9110
a) 引脚定义  b) 器件引脚图

逻辑关系如图 13-12 所示：

| IA | IB | OA | OB |
|----|----|----|----|
| H  | L  | H  | L  |
| L  | H  | L  | H  |
| L  | L  | L  | L  |
| H  | H  | —  | —  |

图 13-12　逻辑关系

典型应用电路如图 13-13 所示：

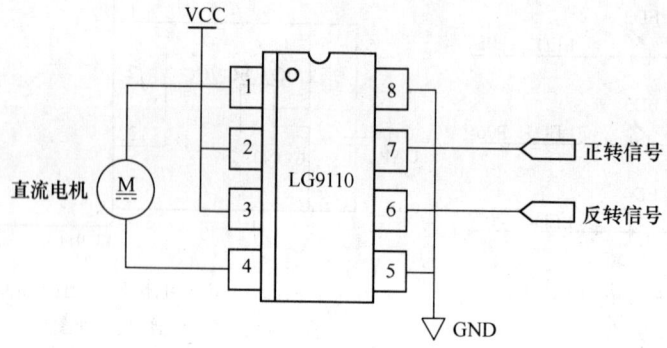

图 13-13　典型应用电路

### 5. 实验步骤

1）编写基于 Z-STACK 的 LED 和电机驱动程序。
2）在电机控制模块中接收并解析协调器发来的控制命令，并回复。
3）在协调器代码中添加串口接收数据的功能，然后将数据发送给电机控制节点。
4）分别烧写网关和传感器对应的代码。
5）通过串口助手发送命令，并观察传感器结果。

### 6. 关键代码分析

1）static void Motor_Init（void）

```
{
    P0DIR |= 0x03;       //P0_0,P0_1 设置为输出模式
    LG9110_MF = LOW;     //MF 端口设置为低电平
    LG9110_MR = LOW;     //MR 端口设置为低电平
}
```

函数功能：初始化电机控制 I/O，并给其一个初始状态，停止转动。

2）static void LED_Init（void）

```
{
    P0DIR |= 0xf0;       //P0_4 到 P0_7 设置为输出
    LED_1 = HIGH;        //熄灭所有 LED
    LED_2 = HIGH;
    LED_3 = HIGH;
    LED_4 = HIGH;
}
```

函数功能：初始化 LED 控制引脚，并熄灭所有 LED。

3）static void Motor_Control（uint8 command）

```
{
  if(command = = FRONT)
  {
    LG9110_MF = HIGH;
    LG9110_MR = LOW;
  }
  else if(command = = BACK)
  {
    LG9110_MF = LOW;
    LG9110_MR = HIGH;
  }
      else
      {
    LG9110_MF = LOW;
    LG9110_MR = LOW;
      }
}
```

函数功能：根据接收到的命令来控制电机转动。

入口参数：command，电机的控制命令，定义如下：

```
#define FRONT            9
#define BACK             10
#define HALT             11
```

4）static void LED_Control（uint8 option）

```
{
     switch(option)
      {
     case LED_1_ON:
  LED_1 = ON;
         break;
     case LED_1_OFF:
  LED_1 = OFF;
         break;
     case LED_2_ON:
  LED_2 = ON;
   break;
  case LED_2_OFF:
    LED_2 = OFF;
   break;
  case LED_3_ON:
    LED_3 = ON;
```

```
            break;
    case LED_3_OFF:
        LED_3 = OFF;
        break;
    case LED_4_ON:
        LED_4 = ON;
            break;
    case LED_4_OFF:
        LED_4 = OFF;
        break;
    case LED_ALL_OFF:
        LED_1 = LED_2 = LED_3 = LED_4 = OFF;
        break;
    case LED_ALL_ON:
        LED_1 = LED_2 = LED_3 = LED_4 = ON;
        break;
    default:break;
    }
}
```

函数功能：控制 LED。

入口参数：option，LED 的状态，定义如下：

| | |
|---|---|
| #define LED_1_ON | 1 |
| #define LED_1_OFF | 2 |
| #define LED_2_ON | 3 |
| #define LED_2_OFF | 4 |
| #define LED_3_ON | 5 |
| #define LED_3_OFF | 6 |
| #define LED_4_ON | 7 |
| #define LED_4_OFF | 8 |
| #define LED_ALL_ON | 12 |
| #define LED_ALL_OFF | 13 |

5) void SerialApp_ProcessMSGCmd（afIncomingMSGPacket_t * pkt）

```
{
//声明一个 UART_Format 类型的指针,方便对接收到的数据进行访问
    static UART_Format* receiveData;
//声明一个 UART_Format 类型的数据结构,用来发送回复消息
    static UART_Format Rsp;
Rsp.Header_1 = 0xee;
Rsp.Header_2 = 0xcc;
Rsp.NodeSeq  = 0x01;
Rsp.NodeID   = Motor;
Rsp.Command  = MSG_RSP;        //标定该数据是回复类型
```

```c
Rsp.Tailer   = 0xff;
switch ( pkt->clusterId )
{
    case SERIALAPP_CLUSTERID1:              //处理各个传感器节数据的 CLUSTERID
                                            //将接收到的数组转化成需要的类型 UART_Format
      receiveData = (UART_Format *)(pkt->cmd.Data);
      HalLedBlink(HAL_LED_1,1,50,200);
     if((receiveData->Header_1 == 0xcc)&&(receiveData->Header_2 == 0xee)&&(receive-
Data->Tailer == 0xff))                      //校验包头包尾
      {
if(receiveData->NodeID == Motor)            //地址校验
    {
    if(receiveData->Command == LED_1_ON)    //打开 LED1 的命令
        {
            LED_Control(LED_1_ON);
            Rsp.Data[0] = LED_1_ON;
        }
    else if(receiveData->Command == LED_1_OFF)  //关闭 LED1 的命令
        {
            LED_Control(LED_1_OFF);
            Rsp.Data[0] = LED_1_OFF;
        }
    else if(receiveData->Command == LED_2_ON)   //打开 LED2 的命令
        {
            LED_Control(LED_2_ON);
            Rsp.Data[0] = LED_2_ON;
        }
    else if(receiveData->Command == LED_2_OFF)  //关闭 LED2 的命令
        {
            LED_Control(LED_2_OFF);
            Rsp.Data[0] = LED_2_OFF;
        }
    else if(receiveData->Command == LED_3_ON)   //打开 LED3 的命令
        {
            LED_Control(LED_3_ON);
            Rsp.Data[0] = LED_3_ON;
        }
    else if(receiveData->Command == LED_3_OFF)  //关闭 LED3 的命令
        {
            LED_Control(LED_3_OFF);
            Rsp.Data[0] = LED_3_OFF;
```

```c
        }
    else if(receiveData->Command == LED_4_ON)        //打开 LED4 的命令
        {
            LED_Control(LED_4_ON);
            Rsp.Data[0] = LED_4_ON;
        }
    else if(receiveData->Command == LED_4_OFF)       //关闭 LED4 的命令
        {
            LED_Control(LED_4_OFF);
            Rsp.Data[0] = LED_4_OFF;
        }
    else if(receiveData->Command == FRONT)           //电机正转的命令
        {
            Motor_Control(FRONT);
            Rsp.Data[0] = FRONT;
        }
    else if(receiveData->Command == BACK)            //电机反转的命令
        {
            Motor_Control(BACK);
            Rsp.Data[0] = BACK;
        }
    else if(receiveData->Command == HALT)            //停止电机转动的命令
        {
            Motor_Control(HALT);
            Rsp.Data[0] = HALT;
        }
    else if(receiveData->Command == LED_ALL_ON)      //打开所有 LED 的命令
        {
            LED_Control(LED_ALL_ON);
            Rsp.Data[0] = LED_ALL_ON;
        }
    else if(receiveData->Command == LED_ALL_OFF)     //关闭所有 LED 的命令
        {
            LED_Control(LED_ALL_OFF);
            Rsp.Data[0] = LED_ALL_OFF;
        }
//发送回复消息给协调器,确保已经收到命令
SerialApp_OTAData(&SerialApp_TxAddr,SERIALAPP_CLUSTERID1,&Rsp,sizeof(UART_Format));
        }
    }
    break;
case SERIALAPP_CLUSTERID2:
    break;
```

```
    default:
        break;
    }
}
```

函数功能：传感器中接收网关发来的 RF 消息，并解析出控制命令。

入口参数：接收到的数据包的指针。

6) static void SerialApp_CallBack（uint8 port，uint8 event）

```
{
  (void)port;
  UART_Format* p;
if((event&(HAL_UART_RX_FULL|HAL_UART_RX_ABOUT_FULL|HAL_UART_RX_TIMEOUT))&&
#if SERIAL_APP_LOOPBACK
   (SerialApp_TxLen < SERIAL_APP_TX_MAX))
#else
   !SerialApp_TxLen)
#endif
   {
//将串口数据读入 buf
SerialApp_TxLen=HalUARTRead(SERIAL_APP_PORT,SerialApp_TxBuf,SERIAL_APP_TX_MAX);
   if(SerialApp_TxLen > 0)               //如果接收到数据
     {
     p = (UART_Format* )SerialApp_TxBuf;   //转化为指定的数据类型
       //包头包尾校验
   if((p->Header_1 = =0xcc)&&(p->Header_2 = =0xee)&&(p->Tailer = =0xff))
     {
     if(p->NodeID ! = Coor)            //确定不是发送给网关的消息
       {
         osal_set_event(SerialApp_TaskID, SERIALAPP_SEND_EVT);
       //将串口数据通过 RF 发送
       }
     }
   }
       SerialApp_TxLen = 0;              //清零,为下次接收做准备
   }
 }
```

**7. 实验结果**

在串口助手数据接收窗口，观察到如图 13-14 所示界面。

这个实验为协调器向传感器发送数据，所有数据要在串口助手发送区操作，必须选择十六进制发送才可以。

**8. 实验总结**

这个实验实现了上位机通过 Zigbee 网络控制 LED 和电机的功能，知识点包括：

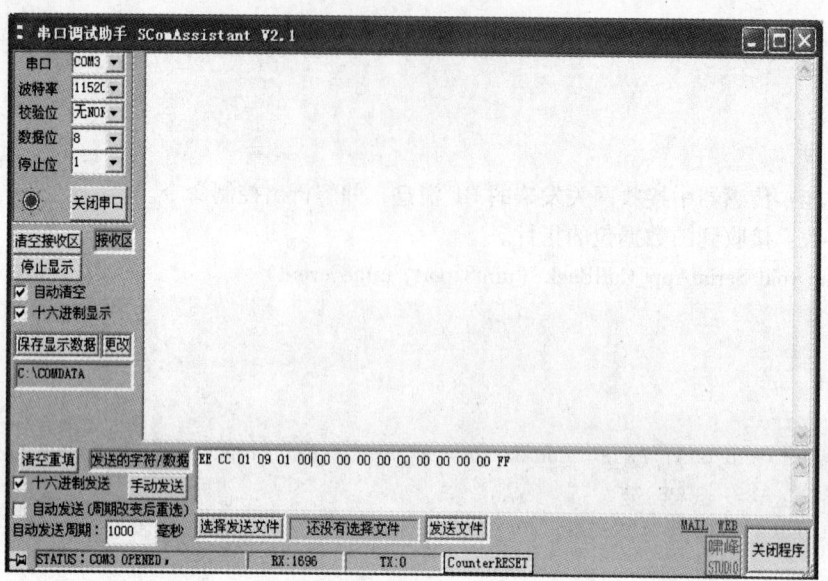

图 13-14　实验结果

◆ CC2530 的 GPIO 配置。
◆ 周期消息的设置。
◆ 串口收发函数的使用。
◆ 事件的设置。
◆ 广播发送数据的方法。

# 参 考 文 献

[1] 朱恺，吉逸，储昊明. 嵌入式系统基础［M］. 北京：机械工业出版社，2012.
[2] 陈文智，王总辉. 嵌入式系统原理与设计［M］. 北京：清华大学出版社，2011.
[3] 李秀娟. 嵌入式系统设计［M］. 北京：机械工业出版社，2013.
[4] 马维华. 嵌入式系统原理及应用［M］. 北京：北京邮电大学出版社，2006.
[5] 苏曙光. 嵌入式系统原理与设计［M］. 武汉：华中科技大学出版社，2011.
[6] 于明，范书瑞，曾祥烨. ARM9嵌入式系统设计与开发教程［M］. 北京：电子工业出版社，2006.
[7] 周立功. ARM微控制器基础与实战［M］. 北京：北京航空航天大学出版社，2003.
[8] 纪金水. 嵌入式系统组成与设计［M］. 兰州：兰州大学出版社，2010.
[9] 孙天泽，袁文菊，张海峰. 嵌入式设计及linux驱动开发指南——基于ARM9处理器［M］. 北京：电子工业出版社，2005.
[10] 李建清. 从零开始学单片机C语言［M］. 北京：国防工业出版社，2006.